GRUNDZÜGE DER PFLANZENANATOMIE

VERSUCH EINER ZEITGEMÄSSEN NEUDARSTELLUNG

VON

BRUNO HUBER

O. PROFESSOR AN DER UNIVERSITÄT MÜNCHEN

MIT 199 ABBILDUNGEN

SPRINGER-VERLAG
BERLIN · GÖTTINGEN · HEIDELBERG
1961

ISBN-13: 978-3-642-86914-3   e-ISBN-13: 978-3-642-86913-6
DOI: 10.1007/ 978-3-642-86913-6

Vorwort

Dank der bewährten Verbindung von Forschung und Lehre werden unsere Hochschullehrbücher in der Regel von Wissenschaftlern geschrieben, welche auf dem von ihnen bearbeiteten Gebiet als Forscher führend hervorgetreten sind. Natürlich kann in unserem Zeitalter, das trotz aller Rufe nach Synthese in der Naturforschung zwangsläufig zu immer weiterer Spezialisierung gedrängt wird, dieser Satz nicht dahin verstanden werden, daß der Verfasser eines Lehrbuches auch in alle von ihm dargestellten Teilfragen eigene Einblicke haben kann. Trotzdem darf es wohl als auffällig bezeichnet werden, daß von den Verfassern unserer deutschen Hochschullehrbücher der Allgemeinen Botanik nur noch HABERLANDTs langjähriger Mitarbeiter v. GUTTENBERG als Pflanzenanatom gelten kann, während sich fast alle anderen ihren wissenschaftlichen Ruf als Physiologen erworben haben[1]. Wohl hat das große Gebiet der Pflanzenanatomie im Hochschul*unterricht* ähnlich wie die Systematik seine traditionelle grundlegende Stellung bewahrt, es wird aber fast nur noch von Botanikern gelehrt, die auf diesem Gebiete nicht mehr selbst schöpferisch tätig sind, sondern in der Hauptsache das ererbte Lehrgut von DE BARY und HABERLANDT weiterreichen.

Das hängt natürlich damit zusammen, daß die mit den damaligen Hilfsmitteln leichter zugängliche Anatomie im Laufe des 19. Jahrhunderts einen solchen Vorsprung vor der Physiologie erreicht hatte, daß sie um die Jahrhundertwende als relativ abgeschlossen gelten konnte und sich eine ganze Generation von Forschern den unbestreitbar größeren Aufgaben auf physiologischem Gebiete zuwandte. Es kann aber keinem aufmerksamen Beobachter entgangen sein, daß gerade dank dieser Schwerpunktsbildung die Physiologie den Vorsprung der Anatomie aufgeholt, ja diese wohl überflügelt hat. Seit mindestens zwei Jahrzehnten sind es gerade die Physiologen, die bei der Verfeinerung ihrer Untersuchungen immer wieder auf die Unzulänglichkeit unserer anatomischen Vorstellungen stoßen und vielfach selbst zur Neubearbeitung dieser Probleme greifen, mag es sich um die Feinbauforschung von Zellkern und Plastiden durch Genetiker und Assimilationsforscher oder die Untersuchung von Gefäß- und Siebbahnen durch Physiologen u. ä. handeln. So darf man wohl von einer *Renaissance der Pflanzenanatomie* sprechen, die sich keineswegs nur auf die Erforschung der durch die Fortschritte der mikroskopischen Technik, besonders der Elektronenmikroskopie, neu erschlossenen Größenbereiche, sondern durchaus auf das jedem Kursmikroskop zugängliche Gebiet der Gewebelehre erstreckt.

Auch der Verfasser war zwar während seines Hochschulstudiums durch HEINRICHER, einen Schüler LEITGEBs und Studiengenossen HABERLANDTs, später durch HABERLANDTs einstigen Assistenten PORSCH und die De Bary-Schüler WILHELM und OLTMANNS in der Pflanzenanatomie gründlich geschult worden. Zu eigenen anatomischen Arbeiten über Holz-, Rinden- und

---

[1] Der Eintritt des Morphologen W. TROLL in die Reihe unserer Lehrbuchautoren bedeutet vom Standpunkt der Mannigfaltigkeit eine überaus wertvolle Bereicherung.

Nadelanatomie aber führte mich erst verhältnismäßig spät die oben gekennzeichnete Lage der Physiologie. Je mehr ich mir dabei einen eigenen Einblick in die anatomischen Probleme erarbeitete, desto erstaunter war ich zu sehen, in welchem Maße unser anatomisches Gesamtbild überholt und veraltet ist. So reifte allmählich der Wunsch, einmal selbst eine moderne Darstellung der Pflanzenanatomie zu versuchen[1]. Um mehr als einen ersten Versuch kann es sich nach so langer Pause kaum handeln. Ich hoffe aber, daß er auch andere dazu anregt, über diese Fragen nachzudenken und an einem Neubau unserer Pflanzenanatomie mitzuarbeiten.

Das Schwergewicht der Darstellung liegt dabei naturgemäß bei der *Histologie der Cormophyten*, für welche das eingangs Gesagte in erster Linie zutrifft, während wir auf den Gebieten der Cytologie, insbesondere der Karyologie und der submikroskopischen Strukturforschung bereits über vorzügliche moderne Monographien verfügen. Daß unter den Cormophyten wiederum die ausdauernden Gehölze bevorzugt behandelt werden, ist nicht nur darauf zurückzuführen, daß der Verfasser einen Großteil seiner Lebensarbeit der Forstbotanik gewidmet hat; die Bäume stellen vielmehr ganz objektiv den Höhepunkt anatomischer Differenzierung im Pflanzenreich dar. Eine Darstellung der sog. „sekundären" Gewebesysteme in Haut (Periderm mit Lenticellen), Rinde und Holz ist um so dringlicher, als sie im Gegensatz zu den primären Gewebesystemen in LINSBAUERs Handbuch der Pflanzenanatomie mit einer einzigen Ausnahme (PFEIFFER, Abnormes Dickenwachstum) noch keine Bearbeiter gefunden haben.

Ich fragte mich unter diesen Umständen sogar, ob ich meine Darstellung nicht nach DE BARYs klassischem Vorbild von vornherein auf die Cormophyten-Histologie beschränken sollte, doch bestimmte mich die Rücksicht auf unsere Studenten, welche heute leider vielfach nicht in der Lage sind, sich mehrere Lehrbücher nebeneinander anzuschaffen, die Cytologie in ihren Grundzügen mitzubehandeln. Dies geschieht aber mit dem ausdrücklichen Hinweis darauf, daß es auf diesem Gebiete bereits bessere Werke aus erster Hand gibt, deren Benützung nicht nachdrücklich genug empfohlen werden kann. Dasselbe gilt von der Lehre der *äußeren* Gestalt, der Morphologie und Organographie, de n Gebiet, welches GOEBEL und W. TROLL unserem Verständnis in unnachahmlicher Weise nahegebracht haben.

Ein leitender Gesichtspunkt sei der Einzeldarstellung vorangestellt: Kein Eingeweihter bezweifelt heute, daß der Systematik das natürliche System zugrunde zu legen ist; aber trotz der grundsätzlichen Anerkennung dieses Prinzips wird es immer wieder Meinungsverschiedenheiten geben, weil wir nicht Zeugen der natürlichen Entwicklung waren, sondern ihren Ablauf aus zahllosen mehr oder weniger wichtigen Indizien erschließen. In der Pflanzenanatomie sind wir in der selten glücklichen Lage, daß wir die ontogenetische Differenzierung Schritt für Schritt verfolgen können. Der entwicklungsgeschichtliche Zusammenhang liegt klar, und *somit haben wir ein natürliches System der Pflanzenanatomie*[2]. Ich will damit gar nicht bestreiten, daß künstliche Systeme wie etwa HABERLANDTs physiologische Einteilung der Gewebe für spezielle Zwecke überaus anregend sein können,

---

[1] ESAUs „Plant Anatomy", das heute führende Werk unseres Faches, erschien erst, nachdem wichtige Kapitel meines Buches, darunter auch diese Einleitung, bereits niedergeschrieben waren. ESAU selbst hat den Verfasser freundlich ermuntert, an seiner ganz anders aufgebauten Darstellung trotzdem weiterzuarbeiten.

[2] Die 1960 erschienenen Werke v. GUTTENBERG, Grundzüge der Histogenese höherer Pflanzen, und SINNOTT, Plant Morphogenesis, entspringen ähnlichen Gedankengängen.

aber der Vorrang gebührt stets dem entwicklungsgeschichtlichen Zusammenhang. Am auffälligsten wird das bei der Betrachtung des sekundären Holzes und der sekundären Rinde, die selbst HABERLANDT nicht in eine getrennte Betrachtung ihrer Leit-, Speicher- und Festigungselemente zu zerreißen wagte, weshalb er den zwölf Abschnitten seiner Gewebesysteme einen dreizehnten über das sekundäre Dickenwachstum anfügte. In unserer eigenen Darstellung bildet aus diesem Grunde *die Topographie das erste Einteilungsprinzip*, d. h. wir schildern gleich den inneren Aufbau von Organen und verzichten ganz auf die herkömmliche Gliederung nach Gewebesystemen, obwohl damit gewisse Wiederholungen in Kauf genommen werden müssen.

Neben dem unbestreitbaren ontogenetischen stellt die *Suche nach dem phylogenetischen Zusammenhang* des Gewordenen gerade wegen der Einfühlung, die dieses nie voll beweisbare Streben verlangt, eines der reizvollsten Forschungsziele dar. Unvergeßlich sind mir dabei die Anregungen, die ich als junger Student und Assistent in dieser Richtung vom Verfasser des ,,Spaltöffnungsapparates im Lichte der Phylogenie'', meinem damaligen Chef, Prof. PORSCH, und dem ,,Meister der Phylogenie'', meinem Lehrer RICHARD VON WETTSTEIN, empfing.

Schließlich ringt unsere Zeit um ein *entwicklungsphysiologisches Verständnis der anatomischen Differenzierung*. In dieser Hinsicht wird die Botanik Mühe haben, den gewaltigen Vorsprung der Zoologie (SPEMANN und seine Schule) einigermaßen aufzuholen. Eine Reihe verheißungsvoller Ansätze läßt aber hoffen, daß das zweite halbe Jahrhundert der experimentellen Genetik im Zeichen der Entwicklungsphysiologie stehen wird, und so möchte man in einer modernen Pflanzenanatomie auch davon einen Hauch verspüren. Verfasser ist überzeugt, daß die überschaubare Zahl elementarer Schritte, in welche sich die anatomische Differenzierung bei aller Mannigfaltigkeit zerlegen läßt und welche er als Ergebnis unserer Betrachtungen im abschließenden ,,Rückblick'' darzulegen versucht, physiologisch analysierbar ist und eines Tages ebenso dem Wollen des Versuchsanstellers gehorchen wird wie seit KLEBS' bahnbrechenden Untersuchungen weite Bereiche der morphologischen Entwicklung.

Wenn man so im Bau der höheren Pflanzen nicht etwas fertig Starres, sondern etwas Gewordenes und immer wieder neu Werdendes erblickt, verliert die Anatomie den Ruf einer verhältnismäßig toten Wissenschaft und wird zu einem spannungsreichen Drama.

Nach dieser Erklärung meiner Ziele bedarf es kaum mehr eines Hinweises, daß diese ,,Grundzüge'' nicht das elementare Wissen im bisherigen Sinne zusammenstellen wollen, was in den bewährten Lehrbüchern ausreichend geschieht; viel mehr als auf Vollständigkeit kommt es mir auf Herausarbeitung der leitenden Gesichtspunkte an, wenn ich von ,,Grundzügen'' spreche.

München, im Herbst 1961

BRUNO HUBER

Inhaltsverzeichnis

Zweiter Teil
Anatomie der Vegetationsorgane

Allgemeine Literatur

Lehr- und Handbücher der Pflanzenanatomie. (Nicht aufgeführt werden die Lehrbücher der Allgemeinen Botanik, obwohl diese stets einen anatomischen Teil enthalten.)

ALEKSANDROV, V. G.: Anatomiia rastenii. Moskau 1954.

BARY, A. DE: Vergleichende Anatomie der Vegetationsorgane der Phanerogamen und Farne. Leipzig 1877.

BOUREAU, E.: Anatomie végétale. 3 Bde. Paris 1954—1957.

EAMES, A. J., and L. H. MACDANIELS: An introduction to plant anatomy, 2. Aufl. New York 1947.

ESAU, K.: Plant anatomy. New York 1953.

— Anatomy of seed plants. New York 1960.

FOSTER, A. S.: Practical plant anatomy, 2. Aufl. Princeton 1949.

HABERLANDT, G.: Physiologische Pflanzenanatomie, 6. Aufl. Leipzig 1924.

JEFFREY, E. C.: The anatomy of woody plants. Chicago 1917.

LINSBAUER, K.: Handbuch der Pflanzenanatomie. Berlin. Erscheint seit 1922 in zahlreichen Bänden, deren Verff. in den einschlägigen Kapiteln zitiert werden.

METCALFE, C. R.: Anatomy of the Monocotyledons. I. Gramineae. Oxford 1960.

METCALFE, C. R., and L. CHALK: Anatomy of the dicotyledons. 2 Bde. Oxford 1950.

MOLISCH, H.: Anatomie der Pflanze, 7. Aufl., bearb. von K. HÖFLER. Jena 1961.

MÜLLER, D.: Pflanzenanatomie. 2. Aufl. Kopenhagen 1946.

REINDERS, E.: Handleiding bij de plantenanatomie, 4. Aufl. Wageningen 1951.

SOLEREDER, H.: Systematische Anatomie der Dicotyledonen. Handbuch und Ergänzungsband. Stuttgart 1899 u. 1908.

—, u. F. J. MEYER: Systematische Anatomie der Monokotyledonen. Berlin 1928—1933 (unvollständig).

Die mikroskopischen Hilfsmittel des Pflanzenanatomen

1. Allgemeines

Die Entwicklung der Pflanzenanatomie ist so eng mit der der mikroskopischen Technik verknüpft, daß ich in eine Darstellung der anatomischen Befunde nicht eintreten möchte, ohne daß wir uns zuerst auf das Werkzeug besinnen, dem diese Aufschlüsse fast ausnahmslos zu verdanken sind[1]. Gewiß haben die Physik und Chemie auf indirektem Wege erstaunlich genaue Vorstellungen über den Feinbau der Materie entwickelt, lange ehe wenigstens die Moleküle durch das Elektronenmikroskop in den Bereich unmittelbarer Abbildbarkeit rückten, und FREY-WYSSLING nimmt in der zweiten Auflage seiner „Submikroskopischen Morphologie des Protoplasmas und seiner Derivate" fast wehmütig Abschied von dem romantischen Zauber, der dem Gebiete durch die Entwicklung des Elektronenmikroskops verlorengegangen ist. Aber im Reiche der organischen Gestaltung und insbesondere der organischen Mannigfaltigkeit hätte wohl keine Phantasie erschließen können, was uns die sinnliche Beobachtung des bewaffneten Auges enthüllt. So hat schon der Erfinder des Mikroskopes die Leistungsfähigkeit seines Instrumentes an Rasiermesserschnitten des Flaschenkorkes geprüft und dabei den Zellenbau entdeckt, und bis heute sind pflanzliche Objekte, die Kieselpanzer der Diatomeen, die Testobjekte für die Leistungsfähigkeit der Mikroskope, neuerdings auch der Elektronenmikroskope, geblieben.

2. Auflösungsvermögen

Die Auflösungsgrenze des freien Auges liegt bei etwa einem zehntel Millimeter, d. h. das Auge vermag zwei Punkte noch als getrennt zu erkennen, wenn sie etwa eine Bogenminute voneinander entfernt sind. Wollten wir noch kleinere Abstände unterscheiden, so wäre das nur möglich, wenn wir durch Verkürzung der Sehweite die Dinge unter einen größeren Öffnungswinkel brächten. Da setzt aber bekanntlich selbst dem Kurzsichtigen die Brennweite unserer Augenlinse bald eine Grenze, indem sie wesentlich nähere Gegenstände nicht mehr scharf auf der Netzhautebene abzubilden vermag.

Schon mit einer einfachen Lupe können wir uns aber dem Gegenstand unserer Betrachtung viel weiter nähern, ihn unter größerem Öffnungswinkel, also größer, sehen, ohne die Abbildungsschärfe auf der Netzhaut zu verringern. Durch einen Satz von Linsen läßt sich diese Annäherung und damit Vergrößerung noch wesentlich weitertreiben. Für die Auflösung maßgebend ist aber nicht, wie man lange gemeint hatte, einfach der Sinus ω des halben Öffnungswinkels zwischen optischer Achse und „Grenzstrahl" (Sinusgesetz), sondern — wie ABBE um 1870 erkannte — das Produkt von Brechungsindex (n) und $\sin \omega$, welches er *numerische Apertur (A)* nannte. Um das

---

[1] Mit den nachstehenden kurzen Ausführungen möchte ich mit den im Schriftenverzeichnis angeführten einschlägigen Fachwerken nicht in Wettbewerb treten, sondern lediglich dem Biologen unter Verzicht auf speziell physikalisches Rüstzeug die Grundlinien der technischen Entwicklung nahebringen und ihn anregen, sich über sein Instrumentarium anhand der Spezialliteratur eingehender vertraut zu machen.

ohne Einzelheiten einigermaßen verständlich zu machen, sei anhand von Abb. 1 daran erinnert, wieviel von dem in die Linse eintretenden Strahlenkegel beim Übergang vom Deckglas in Luft und wiederum das Glas der Linse durch zweimalige Brechung verlorengeht. Zur Erreichung stärkster Vergrößerungen sucht man diesen Verlust dadurch zu vermeiden, daß man den Strahlengang durch Medien möglichst gleicher optischer Dichte führt. Das ist der Sinn der *Immersions-Systeme*, insbesondere der „homogenen" Ölimmersion, aber auch des Einschlusses der mikroskopischen Präparate in Kanadabalsam.

Der zweite wichtige „Trick" des Mikroskopes besteht bekanntlich darin, daß das vom Objektiv entworfene reelle Zwischenbild durch ein zweites Linsensystem, das „*Okular*" noch einmal nachvergrößert wird. Freilich handelt es sich dabei um eine rein mechanische Vergrößerung, d. h. das Endbild enthält nichts, was nicht bereits im Objektiv abgebildet wurde, also im Bereich seines Auflösungsvermögens lag. Die Okular-Vergrößerung ist daher wie die einer Photographie nur innerhalb gewisser Grenzen sinnvoll, und der Anfänger blamiert sich leicht durch „leere" Okularvergrößerungen.

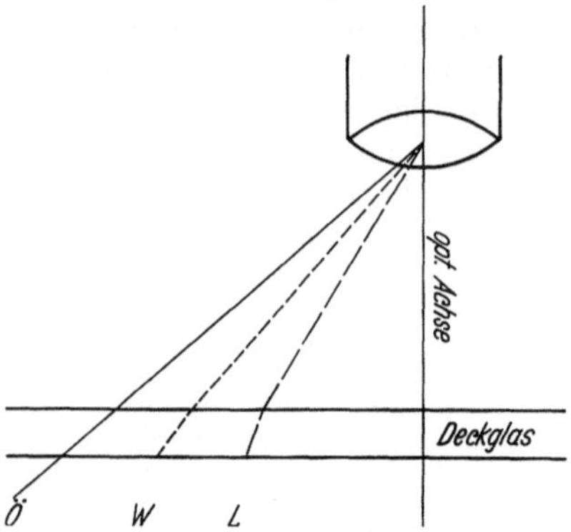

Neben die numerische Apertur (A) tritt als zweiter die Auflösungsgrenze des Mikroskopes bestimmender Faktor die *Wellenlänge des abbildenden Lichtes* (λ), und zwar gilt die Beziehung

$$\text{Auflösung} = k \cdot \frac{\lambda}{A}\,,$$

wobei der Koeffizient k um $^1/_2$ liegt, d. h. bei um Eins liegenden numerischen Aperturen unserer Mikroskop-Objektive (Immersionen erreichen als Grenzwert 1,4) liegt die Auflösungsgrenze bei der halben Wellenlänge des verwendeten Lichtes[1]. Man hat diesen Tatbestand durch den Vergleich veranschaulicht, man könne mit einem Netz keine kleineren Fische fangen, als seine Maschenweite beträgt;

Abb. 1. Schema des Verlaufs des äußersten ins Objektiv eindringenden „Grenzstrahls" bei homogener Ölimmersion, Wasserimmersion und im Trockensystem; um das grundsätzlich zu veranschaulichen, sind die Lichtbrechungsunterschiede zwischen Öl, Wasser und Luft übertrieben dargestellt. Tatsächlich betragen die Öffnungswinkel gegen die Achse 67,5, 64,5 und 41,5°, die numerischen Aperturen 1,4, 1,2 und 0,95

noch richtiger ist es, daran zu erinnern, daß man den Umriß der ausgespreizten Hand durch Aufstreuen von Mehl, Gries oder Linsen gut, durch Erbsen schlecht und durch Nüsse oder Äpfel gar nicht abbilden kann. So kann man auch vom Licht nicht erwarten, daß es Strukturen abbildet, welche unter dem Größenbereich seiner Sinusschwingung liegen und daher seine Fortbewegung gar nicht beeinflussen können.

In meiner Studienzeit nach dem ersten Weltkrieg lernten wir daher, daß die Auflösungsgrenze des Mikroskops mit etwa 0,2 μ grundsätzlich erreicht sei. Die Zeiss-Werke bemühten sich damals, auf dem Wege der *Ultraviolett-*

---

[1] Zur Verständigung über die mikroskopischen Maße sei folgendes in Erinnerung gebracht:
Erdumfang = 40 000 000 m
demnach 1 m = 1 : 10 000 000 des Erdmeridian-Quadranten
1 cm (physikalische Grundeinheit) = $^1/_{100}$ m
1 mm = $^1/_{1000}$ m
1 Mikron (mikroskopische Einheit), abgekürzt μ = $^1/_{1000}$ mm
1 Millimikron, abgekürzt mμ = $^1/_{1\,000\,000}$ mm
1 Å (Ångström, Maßeinheit der Atomphysiker) = 10^{-8} cm
1 X = 10^{-11} cm.
Das sichtbare Licht reicht von rund 400 mμ (Violett) bis 800 mμ Wellenlänge (Rot).

Mikrophotographie das Letzte aus der mikroskopischen Auflösung herauszuholen. Bei der Schädlichkeit der UV-Strahlen für viele organische Strukturen war das in erster Linie eine Frage der Belichtungszeit und damit der Lichtintensität, ein Problem, das durch die Köhlersche UV-Lampe in der bestmöglichen Weise gelöst wurde (diese Lampe arbeitet mit rotierenden Kohlenscheiben, um ein Schmelzen bei den für eine intensive UV-Produktion erforderlichen hohen Temperaturen zu vermeiden).

Die Erfolge der UV-Mikroskopie waren in der Tat erstaunlich, aber nicht so sehr wegen der Verschiebung der Auflösungsgrenze von vielleicht 0,2 auf äußerstenfalls 0,1 μ, sondern weil gerade im UV-Bereich so starke Absorptionsbande der Nucleinsäuren liegen, daß auf diese Weise bisher unbekannte Einzelheiten der Chromosomenstruktur festgestellt werden konnten (CASPERSSON).

Man muß an dieses zähe Ringen um die Verschiebung der Auflösungsgrenze des Mikroskopes um bestenfalls 50% erinnern, um den wahrhaft umwälzenden Fortschritt zu ermessen, den die um 1930 einsetzende Entwicklung der *Elektronenmikroskopie* bedeutete, welche das Auflösungsvermögen mit einem Schlage um etwa zwei Zehnerpotenzen hinausrückte. Mit Recht schreibt FREY-WYSSLING [Fortschr. Bot. 12, 70 (1949)]: „Wenn man bedenkt, daß die Hinausschiebung der Abbildungsgrenze des Lichtmikroskopes von 0,5 μ auf 0,2 μ 50 Jahre dauerte und die großartigen Entdeckungen der Cytologie, besonders der Karyologie und der Bakteriologie ermöglicht hat, so ist mit dem plötzlich hundertmal gesteigerten Auflösungsvermögen wohl genügend Arbeit für eine ganze Biologengeneration vorhanden."

Daß der Gedanke, die mikroskopische Auflösung durch Einsatz noch kurzwelligerer Strahlen als UV hinauszuschieben, nicht schon früher ernstlich erwogen wurde, beruht darauf, daß man noch keine Methoden zur Bündelung solcher Strahlen kannte: Röntgen- und Höhenstrahlen durchdringen wohl die Materie mit erstaunlicher Durchschlagskraft und liefern Schattenbilder dichter Stellen wie der Knochen im menschlichen Körper, aber nur in natürlicher Größe. Erst als BUSCH 1927 die *Elektronenbeugung im Magnetfeld* entdeckte, war die elektromagnetische Linse geboren, und die Entwicklung des Elektronenmikroskopes folgte auf dem Fuße. Allerdings haben die Materie-Wellen der Elektronen im Gegensatz zu Röntgenstrahlen eine überaus geringe Durchschlagskraft, so daß elektronenoptische Untersuchungen nur im Hochvakuum und damit naturgemäß auch in absolut trockenem Raum, also niemals im Leben durchgeführt werden können. Sofern nicht bloße Schattenrisse erstrebt, sondern die Objekte selbst durchstrahlt werden sollen, darf feste Materie nur in Schichtdicken unter etwa 0,1 μ untersucht werden.

3. Beleuchtung

a) Durchlicht

Nun aber wieder zurück zum gewöhnlichen Lichtmikroskop! Die Steigerung der mikroskopischen Vergrößerung ist zwangsläufig an eine entsprechende der Beleuchtung gebunden. Wird doch ein Gegenstand nur durch die von ihm ausgehende Strahlung sichtbar. Wenn wir nun einen Gegenstand auch nur 100fach vergrößert betrachten, so wird die Helligkeit jedes Flächenelementes auf das $100 \times 100 = 10\,000$fache geschwächt. Wir können daher zu stärkeren mikroskopischen Vergrößerungen nur dann fortschreiten, wenn wir zugleich für eine konzentrierte Beleuchtung des Beobachtungspunktes sorgen. Am leichtesten ist diese Forderung bei der *Beobachtung dünner Objekte im durchfallenden Lichte* zu erfüllen, und so konzentrierte sich lange Zeit die technische Entwicklung ganz auf diese Möglichkeit.

a) Präparationstechnik

Im Dienste der Durchlicht-Mikroskopie steht die gesamte *Präpariertechnik*, welche die Objekte in dünne Schnitte zerlegt, vom einfachen Rasiermesser bis zum Hochleistungs-*Mikrotom*. Wir können auf diese Präpariertechnik hier nicht eingehen, sondern verweisen auf die im Literaturverzeichnis angeführten Praktika. Für die Bedürfnisse der Elektronenmikroskopie sind noch feinere Zerlegungen notwendig (Ultramikrotome). Über ihre Arbeitsweise unterrichten SJÖSTRAND, SITTE und zuletzt REIMER. Rühmend hervorgehoben zu werden verdient im Rahmen der mikroskopischen Präpariertechnik auch die Entwicklung der *Mikromanipulatoren*, welche im Zeissschen Gleitmikromanipulator eine gewisse Krönung erreicht hat: Während früher mikroskopische Feinbewegungen im Raume mühsam und langwierig durch die Betätigung dreier Mikrometerschrauben bewerkstelligt werden mußten, lagert der Gleitmikromanipulator die Präpariergeräte auf geölten Gleitflächen, welche die Bewegungen unserer Muskeln auf mikroskopische Maße abbremsen; nur für die Höheneinstellung ist noch eine Mikrometerschraube notwendig, alle übrigen Bewegungen werden genau wie im makroskopischen Bereich von Hand ausgeführt.

Wenn auch der Schnitt das weitaus wichtigste Hilfsmittel des Anatomen darstellt — Anatomie heißt ja: Aufschneiden — so verdient doch gerade der Anfänger darauf hingewiesen zu werden, daß besonders für eine erste Orientierung bisweilen einfachere Hilfsmittel mindestens ebensoweit führen: Schon in den ersten Stunden eines Anfängerpraktikums bedient man sich gerne einzellschichtiger Moosblättchen oder der leicht abziehbaren oberen Epidermis der Schuppen unserer Küchenzwiebel, um Zellverbände ohne weitere Präparation im Durchlicht zu beobachten. Aber auch mehrschichtige Blätter können durch Vertreibung der Luft aus den Intercellularen so durchsichtig werden, daß man mit der Mikrometerschraube Haut und Mesophyll abtasten kann. *Aufhellungsmittel* wie Javellsche Lauge oder Chloralhydrat können die Durchsichtigkeit noch wesentlich steigern. Ein großer Vorteil dieser Technik liegt darin, daß sie die Lagebeziehungen ungestört läßt und eine räumliche Vorstellung von den Objekten erleichtert. Bis zu welcher Meisterschaft sich die Aufhellungstechnik heute steigern läßt, mag ein Bild FOSTERs von der neukaledonischen Rutacee *Boronia serrulata* zeigen (Abb. 2). Zur Darstellung des Leitbündelverlaufs in Achsen und Blattorganen bedient man sich überdies seit langem der „*Skelettierung*" (vgl. S. 166).

Eine andere wichtige Ergänzung der Schneidetechnik ist die *Maceration*, die Auflösung des Zellgefüges. Sie beruht darauf, daß die die Zellen verkittenden „Mittellamellen" (s. u., S. 46) chemisch anders aufgebaut und leichter angreifbar sind als die übrige Zellwand. Es sind zahlreiche natürliche und künstliche Mittel bekannt, welche auf dieser Grundlage die Zellverbände trennen, vom Mehlig- bzw. Teigigwerden vieler fleischiger Früchte bei der Reife und der uralten Kunst der Flachs- und Hanf-„Röste" bis zur modernen Zellstoffindustrie. Unter den Macerationsmitteln des Mikroskopikers erwähnen wir nur das Kochen mit Carmin-Essigsäure und anschließende Quetschen nach HEITZ, welches die Untersuchung von Kernteilungen so sehr erleichtert und beschleunigt hat, daß sie heute im kleinen Kurs durchgeführt werden kann (GEITLER). Das Verfahren hat RESCH und GRAF auch das Studium der Siebröhren und ihrer Geleitzellen sowie der Gefäße und ihrer Begleitzellen erleichtert; dem Holzanatomen ermöglichen andere Macerationsverfahren die Messung von Gefäß- und Faserlängen, während der Schnitt langgestreckte Elemente nur ausnahmsweise von Ende zu Ende zu verfolgen gestattet.

β) Kondensoren (einschließlich Dunkelfeld und Phasenkontrast)

Um das Licht auf den Beobachtungsgegenstand zu vereinen, benützte man anfangs den einfachen Hohlspiegel, neuerdings die von ABBE zur Vollendung gebrachten Linsenkombinationen des *Kondensors*, dessen Lichtfülle durch Irisblenden nach Bedarf gedrosselt werden kann. Der Kondensor ist im Grunde nichts anderes als ein umgekehrtes Objektiv, welches genau in demselben Maße das Licht auf das Objekt konzentriert, wie es nachher von ihm wieder ausgeht, um das vergrößerte Bild zu liefern. Aus diesem Grunde gehört eigentlich zu jedem Objektiv ein eigener Kondensor entsprechender Apertur und Brennweite, doch findet man aus Preisgründen dieser Forderung nur bei den großen Mikroprojektionseinrichtungen[1] Rechnung getragen, bei denen Objektive und Kondensoren durch Schlitten (Leitz) oder Revolver (Zeiss) gleichzeitig gewechselt werden. Bei den gewöhnlichen Kursmikroskopen pflegt man bei schwachen Objektiv-Vergrößerungen die an sich zu hohe Apertur des Kondensors durch Tieferschrauben einigermaßen auszugleichen. Erst in den letzten Jahren werden bessere Instrumente mit Kondensoren ausgestattet, welche durch einfaches Aus- und Einklappen einer Linse der schwächeren bzw. stärkeren Vergrößerung angepaßt werden können.

Mit Kondensoren hoher Apertur kann man durch Einlegen einer Zentralblende ein Objekt allseits so schräg beleuchten, daß keiner der direkten Strahlen ins Objektiv kleinerer Apertur eintritt. Das Objekt leuchtet dann auf dunklem Grund im eigenen Streulicht auf *(Dunkelfeld-Beobachtung)*. Auf diese Weise konnten vom Kolloidchemiker ZSIGMONDY schon 1911 selbst Teilchen jenseits der normalen mikroskopischen Sichtbarkeitsgrenze wahrgenommen werden, ein Fortschritt, der damals durch die Verleihung des Nobelpreises verdiente Anerkennung fand. Neben vielem anderen ist beispielsweise von METZNER der Schlag der Bakteriengeißeln im Dunkelfeld analysiert worden.

Als eine raffinierte Weiterentwicklung des Dunkelfeldprinzips kann das *Phasenkontrast-Verfahren* betrachtet werden: Ohne auf technische Einzelheiten einzugehen, sei angedeutet, daß analog der Zentralblende des Dunkelfeldkondensors das direkte Licht beim Phasenkontrast zwar nicht völlig herausgeblendet, aber geschwächt, das Streulicht dafür relativ begünstigt wird. Der verblüffende Erfolg dieser Beleuchtungsweise, die durch eine verhältnismäßig einfache Ringblende im Kondensor erreicht wird, ist, daß Teilchen, die sich vorher von

---

[1] Die *Mikroprojektion* für ein größeres Auditorium erfordert Nachvergrößerungen, welche nicht nur auf Kosten des Auflösungsvermögens gehen und wichtige Einzelheiten überstrahlen, sondern auch häufig die Objekte und Präparate schädigen. Hier hilft das Verstärkungsprinzip des Fernsehens weiter, durch das die Nachvergrößerung vom Originalbild unabhängig wird (HASELMANN 1958). Mit solchen — freilich sehr teueren — Einrichtungen können Lebensvorgänge wie die Schwimmbewegung von Algen (*Volvox*) oder Plasmolyse und Deplasmolyse einem großen Hörerkreis unmittelbar vorgeführt werden, während das bisher nur über den Film möglich war.

ihrer Umgebung kaum abhoben, nun beinahe wie künstlich gefärbt erscheinen[1]. Der größte Triumph für den Biologen war, daß er auf diese Weise die Kernteilungsvorgänge ohne Fixierung und Färbung im Leben verfolgen und sogar filmen kann (MICHEL, STRUGGER).

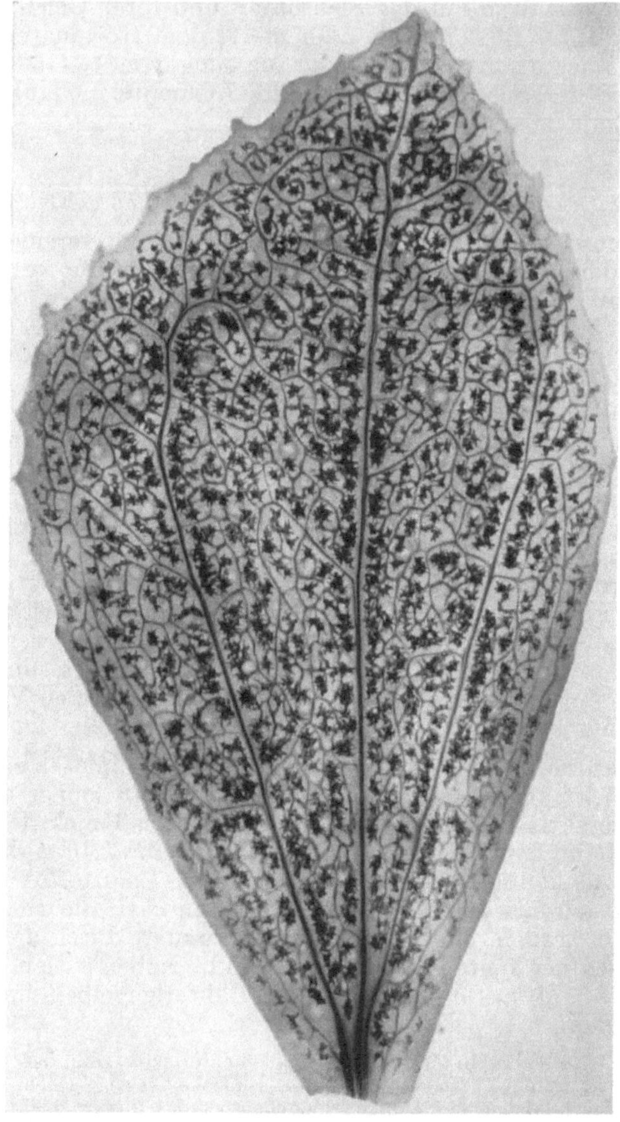

Abb. 2 a u. b. Aufhellungspräparat eines Blattes von *Boronia serrulata*, die Nervatur und die Steinzellgruppen in den Nervenenden zeigend. a Übersicht 16:1. b Ausschnitt 100:1. (Nach FOSTER)

Eine andere bedeutsame Weiterentwicklung des Dunkelfeldprinzips ist die *Fluorescenzmikroskopie:* Sie arbeitet mit einer unserem Auge nicht mehr

---

[1] Auf die enorme Bedeutung der *Färbetechnik* für die Erhöhung der Kontraste und die Differenzierung verschiedener Zellelemente durch Doppelfärbung kann hier nur hingewiesen werden (vgl. ROMEIS); selbst die Elektronenmikroskopie steigert neuerdings ihre Kontraste durch Schwermetalleinlagerung (STRUGGER).

sichtbaren UV-Strahlung oder allenfalls schwachem Blaulicht (weil für dieses auch die gewöhnliche Glasoptik ausreichend durchlässig ist, während das UV-Licht Quarzkondensoren erfordert). Auf diese Weise erscheint das Gesichtsfeld dunkel, solange nicht das Objekt selbst primär oder sekundär die Eigenschaft der Fluorescenz aufweist, d. h. das aufgenommene kurz-

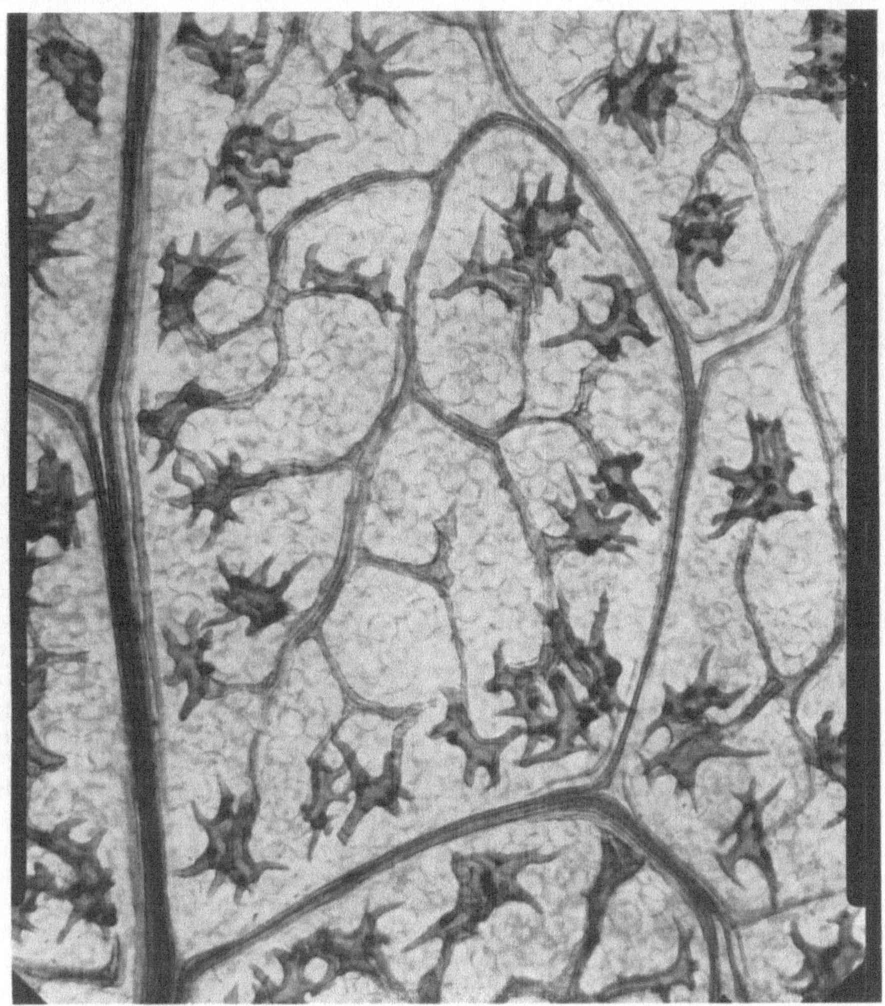

Abb. 2 b

wellige Licht in irgend eine sichtbare Wellenlänge umwandelt. Das betreffende Objekt strahlt dann im sonst dunkeln Gesichtsfeld in um so auffälligerem Fluorescenzlicht. Neben der primären *Eigenfluorescenz* (beispielsweise Chlorophyll rot [Abb. 3], Lignin blaugrau) hat man immer besser auch die Möglichkeiten einer sekundären *Anfärbung mit „Fluorochromen"* wie Fluorescein, Berberin-Sulfat, Acridin-Orange usw. auszunützen gelernt. Am wertvollsten sind jene Fluorochrome, die physiologisch unschädlich sind und daher eine Lebendfärbung gestatten; durch ihre Leuchtkraft im Dunkelfeld gehören sie zu den allerempfindlichsten Stoffnachweismethoden überhaupt. Näheres ist den einschlägigen Monographien (z. B. STRUGGER 1949, PERNER in FREUNDs Handbuch) zu entnehmen.

b) Auflicht

Neben der Durchlicht-Mikroskopie spielt die *Auflicht-Mikroskopie* in der Biologie eine untergeordnete Rolle, doch hat auch diese vor allem aus den Bedürfnissen der Petrographie, Metallographie u. ä. mit der Erforschung undurchsichtiger Materie verknüpfter Arbeitsgebiete heraus eine erhebliche Weiterentwicklung erfahren. Bei schwachen Vergrößerungen, etwa Vermessung von Jahrringbreiten auf einer geglätteten Stammscheibe, erhellt schon das Licht eines stabförmigen Taschenlämpchens die Oberfläche ausreichend. Bei stärkeren Vergrößerungen ist es aber nicht ganz einfach, einen undurchsichtigen Gegenstand zu beleuchten, ohne in den Schattenkegel des kurzbrennweitigen Objektives zu kommen. Hier gibt es zwei grundverschiedene Wege der Beleuchtung, entweder die *Schrägbeleuchtung*, welche nach dem Prinzip des Dunkelfeldes arbeitet, weil in diesem Falle kein direktes, sondern nur abgebeugtes Streulicht ins Objektiv kommt, und anderseits die *Vertikalbeleuchtung* durch das Objektiv selbst. Als Beispiel für die erste Möglichkeit sei der einfache Parabolspiegel erwähnt, dessen Selbstanfertigung uns METZNER gelehrt hat (Abb. 4). Er reflektiert das parallel einfallende Himmels- oder Lampenlicht und sammelt es im Brennpunkt der Parabel zu beträchtlicher Helligkeit. Dieses flach streichende Licht läßt Oberflächenstrukturen wie Cuticularleisten, Haare u. ä.

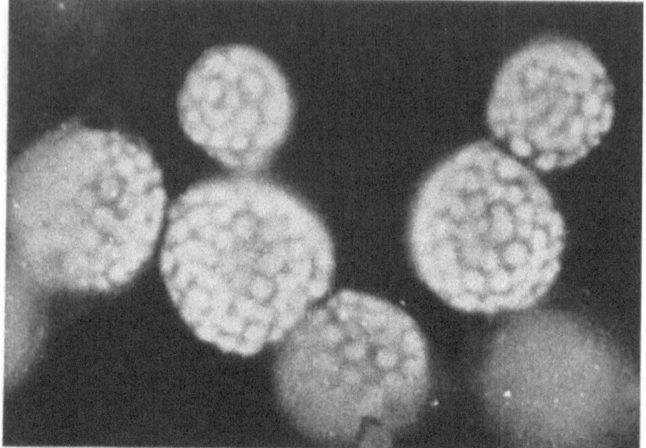

Abb. 3. Musterbeispiel einer Fluorescenzaufnahme. Die Eigenfluorescenz der Chloroplasten von *Dracaena* ist auf die Grana beschränkt. 800:1. (Nach DÜVEL und MEVIUS)

Einzelheiten der Epidermis im Dunkelfeld kontrastreich aufleuchten, es vermag aber wegen der starken Reflexion bei kleinen Einfallwinkeln kaum eine Tiefenschärfe zu erreichen. Es war daher eine überaus wichtige Ergänzung dieses Beleuchtungsprinzips, als Zeiss schon sehr früh den Vertikalilluminator nach NACHET herausbrachte, der das Beobachtungs-Objektiv selbst zugleich als Kondensor für das durch einen seitlichen Stutzen zugeführte und an einem Prisma ins Objektiv gespiegelte Licht benützte. Es ergab sich nur die praktische Schwierigkeit, daß das mikroskopische Bild durch die damals unvermeidliche Reflexion verschleiert erschien; seitdem aber die Reflexion durch die Interferenz einer Auflageschicht von ein Viertel Wellenlänge gelöscht werden kann („vergütete Optik"), ist diese Schwierigkeit weggefallen und die Neuherausgabe eines Vertikalilluminators wäre zu wünschen.

In der Zwischenzeit hatte zuerst Leitz die Nachteile des flachen Schräglichtes mit seinem „Ultropak" umgangen, der dem enggefaßten Spezialobjektiv das Licht durch geeignete Ringkondensoren *steil von oben* zuführt.

Auf diese Weise werden Dunkelfeldbilder von beachtenswerter Tiefenschärfe erzielt und beispielsweise Spaltweitenmessungen am unversehrten Blatt in situ möglich.

Daß auch dem Elektronenmikroskop undurchsichtige Objekte durch eine raffiniert entwickelte Relief-*Abdrucktechnik* wenigstens oberflächlich zugänglich gemacht werden können, muß in der Spezialliteratur nachgelesen werden; dabei pflegt man die Oberflächenkontraste durch schräges Aufdampfen von Schwermetallen noch zu steigern.

4. Mikroskopische Nebenapparate

Von den mikroskopischen Nebenapparaten seien nur die *Grob- und Feintriebe* zur Scharfeinstellung der Optik einerseits, zur *Kreuzverschiebung* der Objekte andererseits erwähnt. So wertvoll, ja unentbehrlich letztere in schwierigen Fällen sind — über die Notwendigkeit der Mikrometerschraube sind keine Worte zu verlieren — so wollen wir doch nicht übersehen,

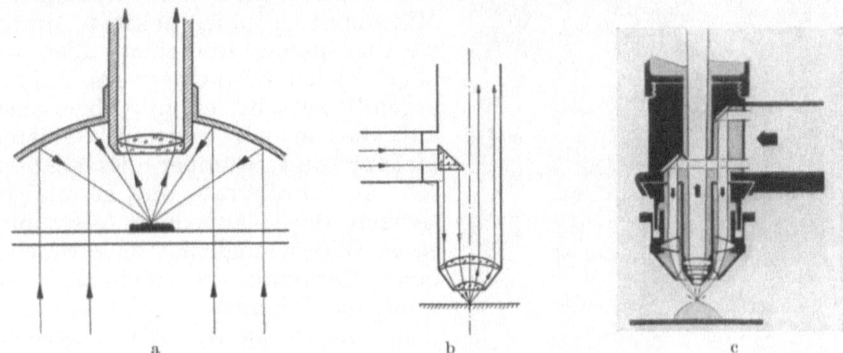

Abb. 4a—c. Schema der Auflichtbeleuchtung durch Lieberkühn-Spiegel (a), Vertikal-Illuminator (b) und Ultropak (c). (Nach FREUNDs Handbuch)

daß ein Übermaß an Schrauben unsere Aufmerksamkeit zersplittert. Histologische Präparate werden in der Regel von einer ruhigen Hand schneller gemustert als mit Hilfe eines Kreuztisches, während für die Protokollierung bestimmter Stadien in einem Mitosen-Präparat die Koordinaten des Kreuztisches unschätzbare Dienste leisten. Ich empfinde es als großen Gewinn, daß neuerdings die beiden Gewinde für den Kreuztisch und der Grob- und Feintrieb für die optische Einstellung konzentrisch auf einer Achse geführt werden, so daß das nervöse Tasten nach der anderen Schraube fortfällt.

Auf weitere Einzelheiten wie die Durchführung mikroskopischer Messungen möchte ich im Rahmen dieses kurzen Überblickes nicht eingehen, sondern den Weiterstrebenden auf die im Literaturverzeichnis angeführten Werke verweisen.

5. Bildwiedergabe mikroskopischer Befunde

Wenn man im Mikroskop nicht nur selbst sehen, sondern das Geschaute auch anderen vermitteln will, dann ist wie bei der Wiedergabe aller optischen Eindrücke *das Bild jeder Beschreibung vorzuziehen.* Mit Recht wird in jedem mikroskopischen Praktikum verlangt, daß der Student das Geschaute in einer Zeichnung festhält. Aber wie sich der eilige Reisende von heute nicht mehr die Zeit nimmt, nach Väterbrauch zum Skizzenbuch zu greifen, sondern das Motiv mit seinem Photoapparat sekundenschnell „knipst" („Schnappschuß"), so verdrängt auch in der Anatomie die *Mikrophotographie* die klassische Zeichnung. Diese Entwicklung hat viele Vorteile, aber auch einige Nachteile: In der Wissenschaft gilt die Photographie als objektiver Beleg, während die Zeichnung — selbst wenn sie mit dem Zeichenapparat angefertigt wird — dem Subjektiven mehr Spielraum läßt.

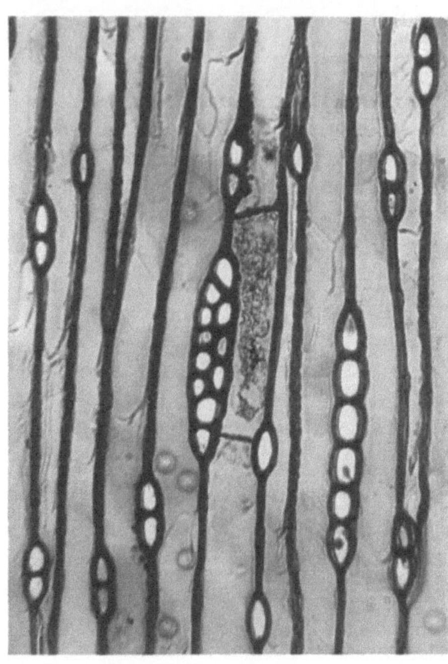

Abb. 5. Tangentialschnitt durch das Holz von *Sequoia gigantea*. Der Bildausschnitt zeigt eine Kombination seltener Sondermerkmale: einen zweischichtigen Markstrahl, Strangparenchym mit schwach geknotelten Querwänden und Hoftüpfel auf den Tangentialwänden. (Nach HUBER)

Die subjektive Freiheit, Wichtiges gegenüber Unwichtigem hervorzuheben, bedeutet aber pädagogisch einen großen Vorzug, und man kann nachfühlen, daß ein so meisterhafter Beobachter und Zeichner wie GEITLER in den „Fortschritten der Botanik" [**13**, 5 (1951)] das Überhandnehmen nichtssagender Mikrophotographien beklagt. Mikrophotographien brauchen aber bei aller Objektivität keineswegs „nichtssagend" zu sein; es gibt eben auch auf diesem wie anderen Gebieten Meister und Stümper. Es gehören sehr gute Präparate und geduldiges Suchen dazu, auf dem Ausschnitt eines Bildes möglichst viele wesentliche Merkmale zu vereinen (während der Zeichner in solchen Fällen kombinieren kann!). Es entwickelt sich dabei ein förmlicher Jagdtrieb (Abb. 5). Unersetzlich scheint mir die Mikrophotographie bei so komplexen Gewebeverbänden wie Holz und Rinde, zumal wenn — wie in holz- und rindenanatomischen Atlanten — ein umfangreiches Vergleichsmaterial vorgelegt werden soll. Hier hat N. J. C. MÜLLER schon 1888 zur Mikrophotographie seine Zuflucht genommen und in allen Ländern der Erde ein Heer von Nachfolgern gefunden. In unserer Darstellung sollen Zeichnung und Photographie gleichberechtigt zur Geltung kommen.

Ein Nachteil aller Schnitte und Schnittdarstellungen ist, daß sie erst in Serien oder als Kombination verschiedener Schnittrichtungen eine Vorstellung von den wahren räumlichen Verhältnissen geben. Viele althergebrachte Bezeichnungen wie Jahresringe, Parenchymbänder, Casparyscher Punkt und Cutinhörner der Spalten gehen auf einseitige Schnittbetrachtung zurück. Die neuere Anatomie strebt aber immer mehr nach *räumlichen Vorstellungen* und einer entsprechenden Terminologie (Jahresschichten, Parenchymlagen, Casparysche Streifen, Cutinleisten); zur Veranschaulichung bedient sie sich daher zunehmend räumlicher Darstellungen, von denen auch wir zu gegebener Zeit Gebrauch machen werden (Abb. 74 und 138a).

Überhaupt kann am Ende dieses naturgemäß stark technischen Abschnittes nicht nachdrücklich genug betont werden, daß anatomische Meisterschaft über das bloße Schauen hinaus eine *geistige Durchdringung* des Stoffes verlangt, wie das schon SACHS in seiner „Geschichte der Botanik", S. 237—239, in wahrhaft klassischer Weise formuliert hat: „Durch die Erfindung des Mikroskops wurde das Auge nicht nur befähigt, kleine Dinge groß, das unsichtbar Kleine überhaupt zu sehen; vielmehr war mit dem Gebrauch der Vergrößerungsgläser noch ein ganz anderer Vorteil verbunden; ... indem man das Auge mit einem Vergrößerungsglas bewaffnete, concentrierte sich die Aufmerksamkeit auf bestimmte Punkte des Objektes; ... der Wahrnehmung des Sehnerven mußte sich ein ... intensives Nachdenken beigesellen, um das ... stückweise beobachtete Objekt auch dem geistigen Auge in seinem inneren Zusammenhang klar zu machen. ... Wir finden ... das Streben, durch angestrengtes Nachdenken die mit bewaffnetem Auge gesehenen Bilder mit dem Verstand zu bearbeiten, sich über die wahre Natur der mikroskopischen Objekte klar zu werden, theoretisch in das innere Wesen einzudringen ... Diese Steigerung auch der geistigen Fähigkeiten ... wird jedoch nur durch lange Übung gewonnen; auch das beste Mikroskop bleibt in den Händen eines Ungeübten ein sehr bald langweilig werdendes Spielzeug. Ein großer Irrtum wäre auch zu glauben, daß der Fortschritt der Pflanzenanatomie einfach von der fortschreitenden Vervollkommnung der Mikroskope abhängig gewesen sei... Wie bei jeder Wissenschaft kommt es auch bei der Untersuchung der Struktur der Pflanze zunächst darauf an, die sinnliche Wahrnehmung mit dem Verstand zu bearbeiten, das Wichtige vom Unwichtigen zu unterscheiden, in die einzelnen Wahrnehmungen logischen Zusammenhang zu bringen... Sorgfältige Combination der verschiedenen Bilder und lange Übung sind nötig, um jenes Ziel zu erreichen. Die Geschichte der Phytotomie zeigt, wie schwer es den Beobachtern gefallen ist, das zerstückelt Gesehene nach und nach zu klarer zusammenhängender Vorstellung zu gestalten." Ein Zitat SCHOPENHAUERs abwandelnd, möchte ich mit dem Satze schließen: Ein guter Anatom soll nicht nur sehen, was noch niemand sah, sondern auch bei dem, was jeder sieht, denken, was noch niemand dachte!

Literatur

ABBE, E.: Biographie von M. VON ROHR. Jena 1940.

BIEBL, R., u. H. GERM: Praktikum der Pflanzenanatomie. Wien 1950.

DÜVEL, D., u. W. MEVIUS jr.: Zur Fluoreszenz der Granen im Chloroplasten. Naturwissenschaften **39**, 23 (1952).

FOSTER, A. S.: Techniques for the study of venation patterns in the leaves of angiosperms. Proc. 7th Intern. Bot. Congr. Stockholm 1950, S. 586—587 (erschienen 1953).

— Structure and ontogeny of terminal sclereids in *Boronia serrulata*. Amer. J. Bot. **42**, 551—560 (1955).

FREUND, H.: Handbuch der Mikroskopie in der Technik. Bd. I: Die optischen Grundlagen, die Instrumente und Nebenapparate für die Mikroskopie in der Technik. Teil 1: Durchlichtmikroskopie (mit Beiträgen über Phasenkontrast, Fluoreszenzmikroskopie, Mikromanipulation und Mikrotomie). Frankfurt a. Main 1957. Teil 2: Auflichtmikroskopie. Frankfurt a. Main 1960.

FREY-WYSSLING, A.: Elektronenmikroskopie. Vjschr. naturforsch. Ges. Zürich **95**, Beih. Nr 4 (1950).

GEITLER, L.: Schnellmethoden der Kern- und Chromosomenuntersuchung, 3. Aufl. Berlin 1949.

HASELMANN, H.: Das neue Zeiss-Siemens-Fernsehmikroskop. Zeiss-Werkzeitschr. **6**, 42—45 (1958).

HEITINGER, M.: Fluoreszenzmikroskopie. Leipzig 1938.

HUBER, B.: Schnittbetrachtung und räumliche Betrachtung in der pflanzenanatomischen Terminologie. Öst. bot. Z. **102**, 387—392 (1955).

KISSER, J.: Die Mazerationsmethoden für rezente Pflanzengewebe. In ABDERHALDENS Handbuch der biologischen Arbeitsmethoden, Bd. 4/1, S. 285—330. 1939. Anschließend behandelt ebenda S. 331—352, K. A. JURASKY, Die Mazerationsmethoden in der Paläobotanik.

METZNER, P.: Die Bewegung und Reizbeantwortung der bipolar begeißelten Spirillen. Jb. wiss. Bot. **59**, 325—412 (1920).

MICHEL, K.: Film, zit. S. 32.

— Die Mikrophotographie, Bd. 10 der Reihe „Die wissenschaftliche und angewandte Photographie". Wien 1957.

REIMER, L.: Elektronenmikroskopische Untersuchungs- und Präparationsmethoden. Berlin 1959.

RESCH, A.: Zit. S. 136.

ROMEIS, B.: Mikroskopische Technik, 15. Aufl. München 1948.

SACHS, J.: Geschichte der Botanik vom 16. Jahrhundert bis 1860. München 1875.

STRASBURGER, E.: Das botanische Praktikum, 7. Aufl., bearb. von M. KOERNICKE. Jena 1923.

— u. M. KOERNICKE: Das kleine botanische Praktikum, 14. Aufl. Stuttgart: Gustav Fischer 1954.

STRUGGER, S.: Film, zit. S. 32.

— Fluoreszenzmikroskopie und Mikrobiologie. Hannover 1949.

WESTPHAL, W. H.: Physik, ein Lehrbuch, 20./21. Aufl. Berlin 1959.

Erster Teil

Zellenlehre

A. Einführung

Nicht gedankenloses Wandeln auf gewohnten Pfaden soll uns veranlassen, die anatomischen Betrachtungen mit der Zelle zu beginnen. Wir wollen uns vielmehr durchaus bewußt sein, daß unsere nach Ganzheit strebende und daher um Synthese ringende Zeit die Frage, ob man bei der Betrachtung vom Ganzen oder seinen Teilen ausgehen soll, immer wieder in ihrer ganzen Tiefe aufwirft.

Ich möchte über meine persönliche Einstellung zu diesen Fragen keinen Zweifel lassen: Wenn wir nur erwachsene höhere Organismen kennten, dann würde ich es für richtig halten, mit W. TROLL von der Gestalt auszugehen, und ihre Differenzierung in einzelne Teile, zuletzt auch die Zellen, folgen lassen. Das Ganze schafft sich seine Teile, nicht umgekehrt.

Nun erneuert sich aber Tag für Tag vor unseren Augen das Lebenswunder, daß frische Wesen aus einzelligen Keimen hervorgehen. Es ist daher eine naheliegende Extrapolation, anzunehmen, daß auch die einfacheren Lebewesen, welche unserer heutigen Lebewelt in früheren Erdperioden vorangingen, ihre leiblichen Vorfahren waren. *Am Beginn der Ontogenie* (der Entwicklung des Einzelwesens) *steht sicher, am Beginn der Phylogenie* (Stammesgeschichte) *mit der größten bei erdgeschichtlichen Forschungen überhaupt erschließbaren Wahrscheinlichkeit der Einzeller.* In ihm schlummern die Potenzen, sich im Laufe der Individual- wie der Stammesentwicklung zum vielzelligen Lebewesen zu differenzieren. Die eine Zelle des Keims ist demnach dem ganzen höheren Organismus homolog. Wir beginnen deshalb auch unsere Betrachtung mit der Zelle und behandeln die Differenzierung der Mehrzeller erst im zweiten Teil im Rahmen der Gewebelehre.

1. Zellbegriff, Protoplasma

Es war eines der größten Ereignisse in der Geschichte der Naturwissenschaften, als der Erfinder des Mikroskopes, der Holländer HOOKE, 1665, um die Leistungsfähigkeit seines Instrumentes zu prüfen, Rasiermesserschnitte des Flaschenkorks ins Gesichtsfeld brachte und dabei zu seiner Überraschung wahrnahm, daß dieser keine homogene Masse darstellt, sondern aus Kämmerchen aufgebaut ist, welche er *Zellen* nannte. Dieser anschauliche Name blieb auch, als man im Laufe des 19. Jahrhunderts erkannte, daß nicht die Kammern, sondern ihr Inhalt das Wesentliche, *der gemeinsame Elementarbaustein aller Lebewesen* ist. Dieser lebende Inhalt wurde zunächst von verschiedenen Forschern mit verschiedenen Namen belegt; den Sieg trug der zweifellos schönste und der Bedeutung der Sache angemessenste davon, der Name

Protoplasma

d. h. das zuerst Erschaffene, womit die Kirchenväter einst Adam als Stammvater des Menschengeschlechtes bezeichnet hatten. Seit 1926 widmet sich der Erforschung dieser Substanz eine internationale Zeitschrift gleichen Namens, von der 1960 der 52. Band erschien. Mancher auf diesem Gebiete tätige Forscher bezeichnet sich selbst stolz als Protoplasmatiker.

Die Erkenntnis, daß gerade dieses Protoplasma und nicht etwa die Zellwand der stoffliche Träger des Lebens ist, gründet sich nicht auf so unmittelbare Sinneneindrücke wie die Tatsache, daß dieses vielfach geheimnisvolle *Strömungsbewegungen* zeigt (fließendes Wasser wird ja nur bildlich als „lebendig" bezeichnet); entscheidend dafür war auch nicht die bald näher zu besprechende Erscheinung der *Plasmolyse*, obwohl diese nachweisbar an den lebenden Zustand gebunden ist. Als Träger des Lebens erweist sich das Plasma vielmehr durch das *Kontinuitätskriterium*, die Tatsache, daß es allein von Zelle zu Zelle, von Generation zu Generation bleibt und weitergegeben wird, während alles andere verlorengehen und wieder neu gebildet werden kann. Insbesondere kann bis hinauf zu den Keimzellen des Menschen das Protoplasma als „*Gymnoplasten*"-Stadium (Stadium des nackten Plasmas) das Gehäuse der Zellkammer verlassen, neues Leben zeugen und, zur Ruhe gekommen, wieder eine Membran abscheiden. Damit ist die Zellwand als Abscheidungsprodukt und nicht als Träger des Lebens gekennzeichnet. Dasselbe gilt für den Zellsaftraum oder die Vacuole, welche sich beim Heranwachsen der Zelle durch Entmischung vom Protoplasma abzusetzen pflegt. Die alte Weisheit, daß alles Leben nur aus seinesgleichen hervorgeht, das

„omne vivum e vivo",

von Troll als „*Biologisches Grundgesetz*" bezeichnet, präzisiert sich demnach zur Fassung

„omne protoplasma e protoplasmate".

2. Die drei plasmatischen Grundelemente: Cytoplasma, Zellkern und Plastiden

Für diese Erkenntnis des Protoplasmas als Grundlage des Lebens höchst überraschend, fast möchte man sagen erschwerend, kam aber bald die weitere, daß sich drei im Mikroskop leicht unterscheidbare Erscheinungsformen des Protoplasmas, die als *Cytoplasma* (Zellplasma) bezeichnete Grundmasse, und gewisse geformte Einschlußkörper, nämlich der *Zellkern* oder Nucleus (meist einer in jeder Zelle) und aufs Pflanzenreich beschränkte, meist in größerer Zahl vorhandene kleinere Körper, welche besonders als Träger des grünen Blattfarbstoffs eine wichtige Rolle spielen, die *Plastiden*, nicht beliebig ineinander umformen lassen, sondern gleichfalls nur aus ihresgleichen hervorgehen, also

Cytoplasma nur wieder aus Cytoplasma,
jeder Zellkern nur wieder aus einem Zellkern,
alle Plastiden nur aus der Teilung von Plastiden.

Man möchte demnach geradezu von einer Dreifaltigkeit des Lebens sprechen.

Nach der Entdeckung dieser drei verschiedenen Lebensträger hat zunächst eine begreifliche Jagd nach der Entdeckung weiterer selbständiger Lebenselemente eingesetzt: De Vries hielt zeitweilig die Grenzhaut gegen den Zellsaftraum, den Tonoplasten, für ein solches, während heute, durch elektronenoptische Befunde gestützt, die selbständige Kontinuität cytoplasmatischer Einschlüsse, besonders der *Chondriosomen* zur Diskussion steht (s. u.).

3. Die einfachsten Zellen: Akaryobionta

Bevor wir uns mit diesen drei Erscheinungsformen des Protoplasmas näher beschäftigen, können wir berichten, daß in der Tat Lebewesen bekannt geworden sind, welche diese Dreifaltigkeit des Protoplasmas noch nicht aufweisen, nämlich die Bakterien und die ihnen verwandten blaugrünen Algen (Cyanophyceen). Weil beide, soweit bekannt, keine geschlechtliche Fortpflanzung besitzen, sondern sich durch einfache Zweiteilung vermehren, hat man sie auch als Spaltpilze (Schizomyceten) und Spaltalgen (Schizophyceen) zum Stamme der Spaltpflanzen (*Schizophyta* R. v. WETTSTEIN) zusammengefaßt. In jüngster Zeit vertritt man aber mit Recht den Standpunkt, daß Lebewesen, welche der Trennung der Organismenwelt in Pflanzen und Tiere vorangehen, weder als Pflanzen noch als Tiere, sondern einfach als Lebewesen (Bionta) bezeichnet werden sollten. Darnach wären auch die gekennzeichneten Organismen nicht als *Schizophyta*, sondern als Schizobionta oder wegen des Fehlens eines typischen Zellkerns als Akaryobionta (ROTHMALER), sprachlich schlechter Anucleobionta, zu bezeichnen. Ihnen stünde die Gesamtheit aller übrigen Lebewesen mit ihren wichtigen Gemeinsamkeiten der Sexualität und der wohl damit zusammenhängenden Konzentrierung der Erbanlagen in einem Zellkern als Karyobionta (Zellkern-Lebewesen) gegenüber.

Nach dieser mehr philosophischen Grundlegung wollen wir uns das konkrete Aussehen solcher Akaryobionten-Zellen anhand der überaus zahlreichen Untersuchungen, die begreiflicherweise gerade diese urtümlichsten Zellformen erfahren haben, etwas näher betrachten. Volle Klarheit und Übereinstimmung ist dabei noch immer nicht über alle Einzelheiten erzielt, weil es sich zugleich um die kleinsten aller Zellen handelt (vielfach unter 1 μ groß).

Das Lichtmikroskop vermochte in diesen Zellen eine Wand vom Plasma, in diesem ein dichteres Binnenplasma (Zentralkörper) vom Außenplasma (Ektoplasma) zu unterscheiden, welches bei gefärbten Organismen allein die Farbstoffe enthält (daher auch Chromatoplasma genannt). Aussagen über die Natur von Zelleinschlüssen waren aber wegen ihrer Kleinheit schwer möglich; sie galten — wie etwa die Schwefeltröpfchen der Schwefelbakterien — vorwiegend als Speicherstoffe.

Das Zeitalter des Elektronenmikroskops verspricht hier wesentliche Fortschritte. Zunächst ist die alte Kluft zwischen Akaryobionten und Karyobionten etwas überbrückt worden: Im Chromatoplasma der blaugrünen Algen sind die Assimilationspigmente (Chlorophylle und Begleitfarbstoffe) ebenso in Lamellensystemen gespreitet wie in den Plastiden. Im Elektronenmikroskop entdeckt, sind sie u. U. sogar im Lichtmikroskop erkennbar (GEITLER, Fortschr. Bot. **19**, 1). Vor allem aber sind Ribonucleinsäuren als Träger der identischen Reproduktion auch in der Akaryobiontenzelle einwandfrei nachgewiesen: Sie liegen als Chromatinkörper meist zu mehreren in der Zelle und teilen sich nichtmitotisch, d. h. ohne Chromosomen- und Spindelbildung. Wir teilen daher den Standpunkt GEITLERs, daß man in diesem Fall nicht von Kernen, sondern nur von *Nucleoiden* (Kernäquivalenten) sprechen sollte. ,,Was ein Zellkern ist, können nicht die Chemie und die Genetik entscheiden, sondern nur die Morphologie.'' So berechtigt die Genugtuung darüber ist, daß sich die Einheit aller Lebewesen auch auf die biochemischen Grundlagen der identischen Reproduktion erstreckt, so wäre es doch gefährlich, aus Freude über das Gemeinsame das Unterscheidende zu verwischen. Auch das physiologische Prinzip der Sexualität ist erst später als Anisogamie und Oogamie morphologisch erkennbar geworden; ganz entsprechend hat die Natur auch die Organelle der identischen Reproduktion erst allmählich zu jener wunderbaren Form konzentriert, deren Weitergabe wir in der geregelten Kernteilung bewundern. So wie wir die Vorstufen der Tracheen Tracheiden heißen, so erscheint auch die Bezeichnung Nucleoide für die Vorläufer des Nucleus zweckmäßig, weil auch die unterscheidende Bezeichnung das Gemeinsame andeutet.

Daß die primitive Stellung dieser Gruppe *auch physiologisch* durch die unerhörte Mannigfaltigkeit ihres Stoffwechsels, darunter die Fähigkeit zu autotropher Ernährung ohne Chlorophyll und ohne Licht gestützt wird, kann im Rahmen dieser Darstellung nur nebenbei erwähnt werden. Auch ihre hohe Hitzeresistenz (sie stellen fast allein die Besiedler heißer Quellen) und ihre Vorliebe für vulkanische Schwefelquellen läßt sie als Erstbesiedler unserer erkaltenden Erde möglich erscheinen.

4. Anfänge des Lebens

Ehe wir von den Akaryobionten zu den komplizierteren Zellformen aufsteigen, sind wir noch Antwort auf die Frage schuldig, ob denn nicht noch einfachere Vorläufer des Lebens bekannt geworden sind. Ist doch selbst die Bakterienzelle trotz ihrer Kleinheit schon ein reichlich komplizierter Organismus, in welchem gestaltlich und chemisch gegeneinander abgrenzbare Gebiete (Organelle) geordnet nebeneinander liegen. Leider kann der Naturforscher, der sich an die Erfahrungstatsachen hält, diese Frage zur Zeit nur negativ beantworten.

Insbesondere möchte ich mit der Mehrzahl der mit dieser Materie vertrauten Forscher den Standpunkt vertreten, daß die *Viren*, mit denen wir uns gleich näher zu beschäftigen haben, als Vorläufer des Lebens nicht in Betracht kommen[1]. Es handelt sich dabei im Gegensatz zu den Bakterien nicht um „Organismen" mit einem geordneten Nebeneinander verschiedener Stoffe, sondern um chemisch reine kristallisierbare Eiweißkörper, welche mit den Organismen freilich die überaus wichtige Eigenschaft der Vermehrbarkeit, der „identischen Reproduktion" gemeinsam haben. Da aber diese Vermehrung nur in lebenden Substraten stattfindet, können sie unmöglich Vorläufer des Lebens sein. Es spricht vielmehr alles dafür, daß es sich um entartete Erbsubstanz (Gene) des Zellkerns oder (wohl wahrscheinlicher) des Cytoplasmas handelt, so wie der Krebs eine Entartung normaler Gewebebildung darstellt.

Am längsten bekannt und auch heute noch am genauesten erforscht ist das Tabak-Mosaik-Virus, welches ein übertragbares Fleckigwerden der Tabakblätter verursacht. Die Erreger präsentieren sich im Elektronenmikroskop als Stäbchen von ziemlich gleichmäßig wiederkehrenden Abmessungen (300 mμ). Bei der Präparation zeigte sich, daß die Stäbchen aus einem flach gewundenen Zentralfaden bestehen, der von Scheibchen entsprechender Anordnung umhüllt wird (Abb. 6). Der Zentralfaden enthält etwa 6%, die Hülle 94% der Gesamtmasse. Die chemische Analyse ergab, daß der Zentralfaden aus Desoxy-Ribo-Nucleinsäure (DNS) besteht, wobei etwa 6000 Phosphorsäurereste polymerisiert und mit dem Zucker Desoxy-

---

[1] Obige Ausführungen beziehen sich auf die von W. TROLL (1951) als „Euviren" bezeichneten molekularen Viren, nicht die lediglich nach dem Kriterium der Ultrafiltrierbarkeit hierher gestellten organisierten „Pseudoviren", welche einer erst im Elektronenmikroskop nachweisbaren Organismengruppe (den Cysticetes TURNERS) angehören.

ribose verestert sind; die Umhüllung besteht aus Eiweiß. Der Verbindung zwischen dem Nucleinsäurefaden und den Eiweißscheibchen (Nucleoproteid) wird ein Molekulargewicht von etwa 40 Millionen zugeschrieben. Es ließ sich nun zeigen, daß die Fähigkeit zu identischer Reproduktion dem Nucleinsäurefaden allein und nicht der Eiweißhülle zukommt, daß vielmehr DNS als Matrize für die Eiweißbildung dient. Es geht nicht, wie man früher meinte, Eiweiß nur aus Eiweiß, sondern letzten Endes Nucleinsäure nur aus Nucleinsäure hervor. *Die Nucleinsäuren sind die stofflichen Träger des „omne vivum e vivo".* Das gilt auch für die später zu besprechenden Erbträger des Zellkerns, die Chromosomen, Chromatide und Chromomeren, die gleichfalls aus DNS bestehen.

Auch die einst mit voller Zuversicht begonnene Suche nach einer unmittelbaren Entstehung des Lebens aus unbelebter Substanz, nach *Urzeugung*, hat zu einer ununterbrochenen Kette von Mißerfolgen geführt

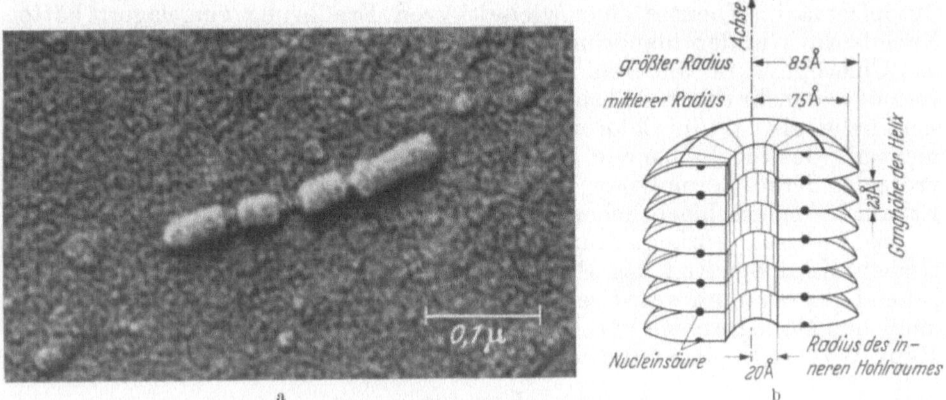

Abb. 6a u. b. a Stäbchen des Tabakmosaikvirus mit teilweise abgelöstem Eiweiß, so daß im Inneren des Stäbchens der Nucleinsäurefaden zum Vorschein kommt. b Schema dazu, nur 6 der insgesamt 130 Windungen gezeichnet. (Aus FRIEDRICH-FRESKA)

und erscheint daher unter den heutigen Bedingungen so gut wie aussichtslos. Dagegen haben sich in letzter Zeit Anhaltspunkte dafür ergeben, daß unter den anaeroben Bedingungen der erkaltenden Erde in der „Ursuppe" (Wasser im Gleichgewicht mit einer Stickstoff-, Wasserstoff-, Methan- und Schwefelwasserstoff-Atmosphäre) mindestens Aminosäuren spontan entstehen konnten (ROKA, Mosbacher Kolloquien 1956). Der Weg von einzelnen Aminosäuren zum komplizierten Kettenbau der Eiweißmoleküle und erst recht zu organisiertem Leben ist aber immer noch schwer vorstellbar. Auf jeden Fall muß es sich auch damals um ein äußerst unwahrscheinliches und seltenes Ereignis gehandelt haben. Der einheitliche Drehsinn aller natürlichen Eiweißkörper (linksdrehend) wird von den Biochemikern als Anzeichen dafür gewertet, daß die gesamte heutige Lebewelt monophyletisch auf einen einmaligen Ursprung zurückgeht, während allfällige andere Entwicklungslinien (rechtsdrehende „Antiorganismen") untergegangen sind.

Die empirische Naturforschung vermag daher die Frage nach dem Ursprung des Lebens heute noch nicht zu beantworten. Das soll und wird aber kein Hindernis sein, daß der Naturforscher auch weiterhin um dieses größte Problem der Biologie ringt. Wer sich mit diesem „ignoramus" nicht bescheiden will, muß aus anderen Quellen Antwort schöpfen.

5. Die Karyobiontenzelle

So schmerzlich für den Naturforscher diese Unkenntnis über die Anfänge des Lebens ist, so ist es für unser philosophisches Einheitsbedürfnis doch bereits ein großer Gewinn, daß wir in den Akaryobionten wenigstens Lebewesen ohne die spätere genetische Dreifalt des Protoplasmas kennen gelernt haben. Wir stehen aber nun umgekehrt vor der Frage, wie dann die spätere Komplikation entstanden ist.

Für den Verfasser kann es dabei keinen Zweifel darüber geben, daß es das in unseren weiteren Betrachtungen immer wieder bewährte und bestätigte *Prinzip der Arbeitsteilung* war, welches die Natur veranlaßte, die ursprünglich von einem einheitlichen Plasma getragenen Aufgaben auf verschiedene Zellorganelle zu verteilen. Nur der Vollständigkeit halber sei darauf hingewiesen, daß daneben gelegentlich eine „*Symbiose-Hypothese*" erörtert wurde, wonach insbesondere die Chlorophyllkörner ursprünglich selbständige Lebewesen gewesen seien, welche sich das chlorophyllfreie Cytoplasma im Dienste einer vielseitigeren Ernährung eingelagert hätte. Nachdem wir in den blaugrünen Algen Zellen kennengelernt haben, welche das Chlorophyll im äußeren Teil ihres Cytoplasmas diffus verteilt tragen, spricht viel mehr dafür, daß sich diese Lokalisierung allmählich noch spezialisiert habe, als daß die Chloroplasten von außen bezogen worden seien. Erst recht gilt das für die bei den Bakterien noch diffuse Verteilung der Nucleoproteide, deren Vereinigung in einem wohlabgegrenzten Zellkern für den Erbakt bei der geschlechtlichen Fortpflanzung so offenkundige Vorteile bietet.

Nach diesen Vorbemerkungen betrachten wir nunmehr die drei genetischen Komponenten des Protoplasmas in ihren Grundzügen. Für eingehenderes Studium verweisen wir gerade auf diesem Gebiete auf die vorzüglichen Monographien von KÜSTER, SEIFRIZ, BELAR, GEITLER, TISCHLER, FREY-WYSSLING, BANCHER u. HÖFLER u. a.

Literatur

BUTENANDT, A.: Das Leben als Gegenstand chemischer Forschung. Münch. Universitätsreden, N.F., H. **23**, 10—26 (1958).

FRIEDRICH-FRESKA, H.: Genetik und biochemische Genetik in den Instituten der Kaiser-Wilhelm-Gesellschaft und der Max-Planck-Gesellschaft. Naturwissenschaften 48, 10—22 (1961).

GEITLER, L.: Morphologie und Entwicklungsgeschichte der Zelle. Jährliche Sammelberichte in „Fortschritte der Botanik".

HUBER, B.: Einheit und Mannigfaltigkeit des Lebens. Studien und Berichte der Kathol. Akademie in Bayern, H. 4, 87—105 (1958).

MÖBIUS, M.: Über die Herkunft der Wörter Cambium und Protoplasma. Ber. dtsch. bot. Ges. **52**, 154—161 (1934).

PIEKARSKI, G.: Die Zellkernäquivalente der Bakterien. 2. Coll. der Dtsch. Ges. für Physiol. Chemie, Mosbach/Baden, 6./7. April 1951, S. 83—101. Berlin-Göttingen-Heidelberg 1952.

ROKA, L.: Vermutungen über die Entstehung des Lebens. 6. Coll. der Ges. für Physiol. Chemie, Mosbach/Baden 20./22. April 1955, S. 1—24. Berlin-Göttingen-Heidelberg 1956.

ROTHMALER, W.: Über das natürliche System der Organismen. Biol. Zbl. **67**, 242—250 (1948). — Allgemeine Taxonomie und Chorologie der Pflanzen, 2. Aufl. Jena 1955.

TROLL, W.: Das Virusproblem in ontologischer Sicht. Wiesbaden 1951.

WEIDEL, W.: Virus. Die Geschichte vom geborgten Leben, Bd. 60 der Reihe „Verständliche Wissenschaft". Berlin-Göttingen-Heidelberg 1957.

ZIMMERMANN, W.: Die Phylogenie der Pflanzen, 2. Aufl. Stuttgart: Gustav Fischer 1959.

B. Cytoplasma

1. Lichtmikroskopie

Das Cytoplasma erfüllt als schleimig-zähflüssige Masse die jungen (embryonalen) Zellen ganz. Wenn sich die Zellen später unter starker

Wasseraufnahme strecken und dabei ein Vielfaches ihres ursprünglichen Inhaltes erreichen, pflegt sich durch kolloidale Entmischung ein Teil des überschüssigen Quellungswassers samt darin gelösten Stoffen in Tropfenform abzusetzen, und diese Tropfen fließen nach und nach zu einem einzigen großen *Zellsaftraum,* der *Vacuole,* zusammen, die wir schon oben als nicht mehr selbst lebendes Abscheidungsprodukt gekennzeichnet hatten. Das Cytoplasma wird auf diese Weise an die Wand gedrängt; höchstens einzelne Stränge können besonders in der Nähe des Zellkerns das Innere der Zelle durchsetzen. Auch die Plastiden erscheinen vielfach wie Marionetten an etwas kompakteren Cytoplasmasträngen aufgereiht.

Das Quellungsgleichgewicht zwischen Cytoplasma und Vacuole liegt aber nicht unabänderlich fest. Vielmehr sind verschiedene Reizanlässe bekannt, unter denen das Cytoplasma nachträglich wieder auf Kosten des Zellsaftes auf ein Vielfaches seiner normalen Breite aufquellen kann. Als ältestes solches Beispiel ist die *Aggregation* des Plasmas in den *Drosera*-Tentakeln bekannt, die BANCHER und HÖFLER, S. 156, folgendermaßen beschreiben: „Die Blatt-Tentakeln unserer fleischfressenden Pflanze *Drosera rotundifolia* ... bauen sich aus einem Köpfchen und einem wenige Zellschichten dicken Stiel auf. Nach Fütterung der Blätter tritt zuerst in den Zellen der Drüsenköpfchen, später in denen des Stieles, die der Beobachtung besser zugänglich sind, eine höchst eigenartige Veränderung auf: Das wandständige Plasma beginnt lebhaft zu strömen, es quillt dabei auf, d. h. sein Volumen vergrößert sich bis auf das Mehrfache. Die anfänglich reine Rotationsströmung geht bald in

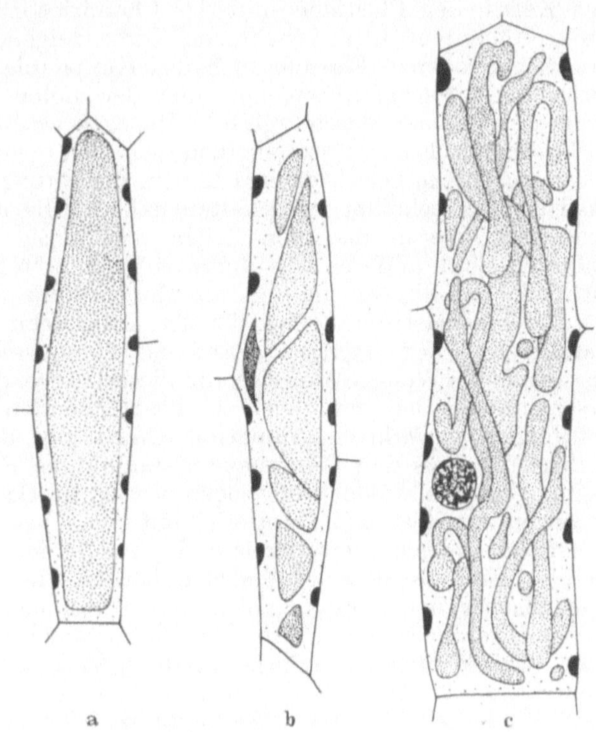

Abb. 7 a—c. Aggregation in den Epidermiszellen der Tentakeln von *Drosera rotundifolia.* Von a nach c fortschreitende Zerklüftung der Vacuole durch das Cytoplasma nach Reizung. (Nach ÅKERMAN aus BANCHER u. HÖFLER)

eine deutliche Zirkulationsströmung über; es werden Plasmafäden sichtbar, welche die Vacuole in verschiedener Richtung durchsetzen und bald in Lamellen übergehen, wodurch der vorher einheitliche Zellsaftraum in mehrere Kammern geteilt wird. Diese Zerklüftung geht immer weiter, und die Vacuole wird durch das lebhaft bewegte Plasma fortschreitend in immer kleinere Kammern zerlegt, welchen dann durch das bewegte Plasma oft eine langgestreckte, strang- oder wurmähnliche Gestalt aufgezwängt wird (Abb. 7)." Der gesamte Zellraum zwischen diesen, oft anthocyanroten Vacuolen und der Zellwand ist von mächtig aufgequollenem lebendem Cytoplasma erfüllt (ÅKERMAN 1917). „Die Volumzunahme des Plasmas kommt dadurch zustande, daß dieses dem Zellsaft Wasser entzieht, welches also von der Vacuole in das Plasma übergeht. ... Die roten Vacuolen werden bei der Einengung dunkler und der osmotische Wert der Zellsäfte steigt Hand in Hand mit der Konzentrierung ganz bedeutend (auf das Eineinhalb- oder selbst das Zweifache) an. Auch das relative spezifische Gewicht von Plasma und Zellsaft ändert sich: In den ungereizten Zellen ist das Protoplasma spezifisch schwerer als der Zellsaft und sammelt sich wie in anderen Pflanzenzellen bei der Einwirkung von Schleuderkräften am zentrifugalen Ende an; wenn in gereizten Zellen das Plasma stark gequollen ist, ist der eingeengte Zellsaft spezifisch schwerer geworden, so daß er sich beim Zentrifugieren am Außenende der Zelle ansammelt." Der ganze Vorgang ist nach

Abschluß der Verdauung restlos reversibel, „das Musterbeispiel eines natürlicherweise vital und reversibel verlaufenden Quellungsvorganges am Plasma".

In neuerer Zeit viel häufiger untersucht ist die von KÜSTER entdeckte „*Vacuolenkontraktion*", die bei vielen Objekten unter der Einwirkung von Neutralrot verläßlich erzielbar ist. (Näheres in STRUGGERS Praktikum der Zell- und Gewebephysiologie, 2. Aufl., S. 71 ff.) Auch die sog. *Kappenplasmolyse* stellt eine Plasmaquellung auf Kosten der Vacuole dar.

An strukturellen Einzelheiten vermag das Lichtmikroskop in diesem cytoplasmatischen Wandbelag zunächst nicht allzuviel wahrzunehmen. Die Masse erscheint nur ausnahmsweise glasig homogen, meist läßt sie — auch abgesehen von den später gesondert zu besprechenden Einschlüssen des Kerns, der Plastiden und der Chondriosomen — kleinste Körnchen (Mikrosomen) eben wahrnehmen. Diese zeigen, von Sonderfällen hochgradig gequollenen Plasmas (z. B. bei Kappenplasmolyse) abgesehen, *keine Brownsche Molekularbewegung*, einer der vielen Beweise für eine gewisse Zähflüssigkeit der Masse (vgl. u.). Dagegen werden die Körnchen wie auch die gröberen Einschlüsse vielfach von den geheimnisvollen Kräften der *Plasmaströmung* gerichtet verschoben, die FRENZEL u. STRUGGER in einem instruktiven Lehrfilm festgehalten haben. Die nähere Analyse dieser Erscheinung, die in manchen Zellen regelmäßig und spontan stattfindet, während sie in anderen erst durch besondere Reize ausgelöst werden muß, ist Sache der Physiologie (vgl. die Monographie von KAMIYA).

Die Plasmaströmung ist für den Anatomen der sinnfälligste Hinweis darauf, *daß der Aggregatzustand des Cytoplasmas als flüssig bezeichnet werden darf*. Weitere Beweise für diese Auffassung liefern die Rundungserscheinungen bei der gleich zu besprechenden Plasmolyse und die Erfahrungen der Mikromanipulation (CHAMBERS und HÖFLER, HOFMEISTER, welche u. a. aus den Protoplasten spinnfähige Fäden herauszogen, welche beim Abreißen wieder eingezogen werden). Da aber der Übergang vom flüssigen zum festen Zustand gleitend ist — in sehr langen Zeiträumen erweist sich ja auch Gletschereis und sogar die feste Erdkruste als verschieblich — dient als Maß der Verschiebbarkeit die *Viscosität*, welche auch für das Plasma in überaus zahlreichen Untersuchungen mit mannigfachen sinnreich erdachten Verfahren bestimmt wurde (z. B. Sinkgeschwindigkeit von Stärkekörnchen bei Lageänderung, Verlagerungsgeschwindigkeit beim Zentrifugieren, Ausmaß der Brownschen Molekularbewegung, Rundungsgeschwindigkeit bei der Plasmolyse und Form des Plasmolyseeintritts). Diese Untersuchungen bestätigen, daß das Plasma eine Flüssigkeit von der mittleren Zähigkeit etwa der konzentrierten Schwefelsäure (23mal zäher als Wasser), aber mit sehr großen auch zustandsmäßigen Schwankungen von leichter Beweglichkeit bis zu völliger Erstarrung darstellt. Bei Spirogyra kündet z. B. eine schwerere Verschiebbarkeit im Zentrifugierungsversuch Kopulationsbereitschaft an (WEBER). STÅLFELT hat gezeigt, daß sich die Viscosität bereits durch kleinste Licht- und chemische Reize verändern läßt. Für das Studium solcher Erscheinungen sind eigene „*Zentrifugenmikroskope*" konstruiert worden, welche das Präparat während des Schleuderns beim Durchgang durch einen ganz bestimmten Kontrollpunkt durch einen gleichzeitigen Lichtblitz zu beobachten und so die Verlagerung Schritt für Schritt zu verfolgen gestatten (VIRGIN).

Die relativ hohe Zähigkeit des Cytoplasmas beruht natürlich darauf, daß es nicht einfach eine wäßrige Lösung, sondern ein *mehrphasiges Kolloid* darstellt, als dessen wichtigste Bausteine seit REINKEs klassischen „Studien über Protoplasmamechanik" (1882) bis zu MENKEs moderner Zentrifugentrennung alle Untersucher immer wieder Eiweißkörper erkannten. Diese

Eiweißfäden bilden nach FREY-WYSSLINGs Klarlegungen ein zwar verschiebliches, aber doch ziemlich zähes Gerüst, ähnlich wie die Cellulosefäden in der Viscoselösung. *Das Wesentliche der cytoplasmatischen Struktur liegt demnach im submikroskopischen Bereich.*

2. Plasmolyse und Permeabilität; Grenzschichtenproblem

Zur Aufklärung dieses submikroskopischen Feinbaues hat lange vor dem Einsatz des Elektronenmikroskops die Auswertung eines Versuches beigetragen, der bereits in jedem mikroskopischen Anfängerpraktikum vorgeführt wird, die *Plasmolyse:* Beim Zusatz etwas konzentrierterer Lösungen, beispielsweise einer 5%igen Kochsalz- oder 20%igen Rohrzuckerlösung,

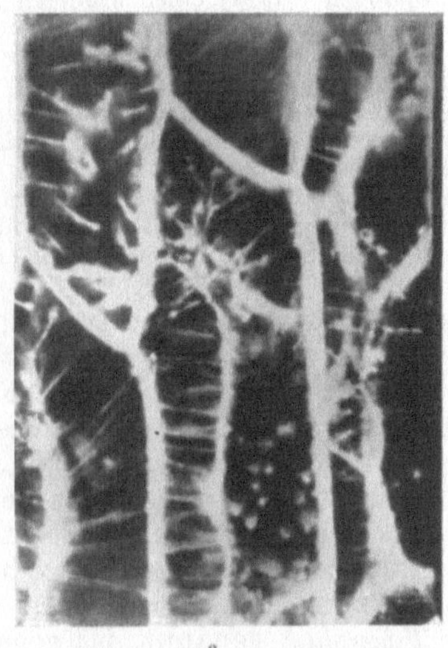
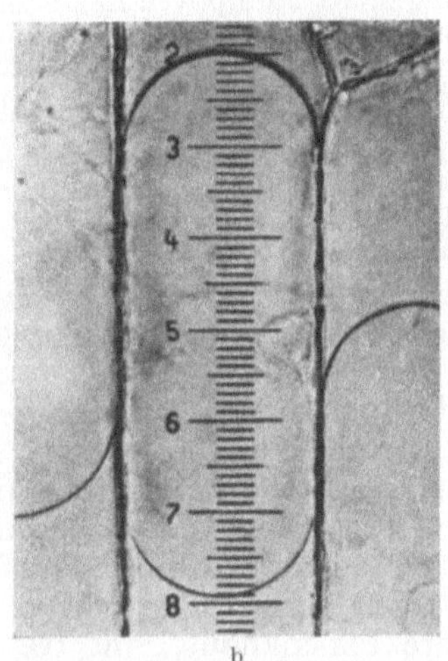

Abb. 8a u. b. a Krampfig-konkaver Beginn der Plasmolyse in (entquellender) $CaCl_2$-Lösung, die Oberfläche des Protoplasmas durch Hechtsche Fäden mit der Wand verbunden. Dunkelfeldaufnahme nach PERNER. b Perfekte Konvex-Plasmolyse in (quellender) KCl-Lösung ermöglicht genaue Messungen des Plasmolysegrades (Protoplastenvolumen:Zellvolumen). (Nach HUBER, Pflanzenphysiologie)

wird der Vacuole Wasser entzogen, und der vorher vielfach schlecht sichtbare dünne plasmatische Wandbelag löst sich von der Zellwand ab, anfangs oft noch mit hunderten feiner Plasmodesmen-Fäden an ihr haftend, „krampfig" konkav, später — je nach der Plasmaviscosität schneller oder langsamer — sich konvex abrundend, bis schließlich in zylindrischen Zellen die ideal meßbaren Formen eines zylindrischen Mittelteils mit zwei halbkugeligen Menisken erreicht werden, welche eine exakte Verfolgung aller weiteren Volumänderungen ermöglichen (Abb. 8).

In erster Annäherung wurde diese Erscheinung der Plasmolyse bekanntlich als Ausdruck der „Semipermeabilität des Plasmas", einer auswählenden Durchlässigkeit betrachtet, d. h. das Cytoplasma sollte für Wasser als Lösungsmittel leicht, für die darin gelösten Stoffe nicht durchlässig sein. In Wirklichkeit ist dieses etwas starre Schema längst durch eine zahlenmäßig genaue Erfassung der *Durchlässigkeit* (Permeabilität) gegenüber den verschiedensten Stoffen abgelöst worden, wobei die Geschwindigkeit des Plasmolyseeintritts (die ja auf Wasseraustritt beruht) die Permeabilität gegenüber Wasser, die Geschwindigkeit des Plasmolyserückgangs (infolge allmählichen Eindringens der Außenlösung) die Permeabilität gegenüber den gelösten Stoffen ergibt. Nach all diesen Untersuchungen — die Plasmolyse ist neben der Kernteilung zweifellos der am meisten studierte Lebensvorgang der Zelle — steht fest, daß *das Cytoplasma ein Molekülsieb* darstellt, welches die Stoffe in erster Linie nach ihrer Größe sondert, dabei aber fettlösliche gegenüber wasserlöslichen beim Durchtritt begünstigt (Lipoid-Filtertheorie). Nach der Größe der durchtretenden und zurückgehaltenen Moleküle dürften die Eiweißfäden mit beträchtlicher Streuung Maschen von der Größenordnung eines millionstel Millimeters für den Stoffdurchtritt freigeben.

Zur Erklärung des bevorzugten Durchtritts lipoidlöslicher Moleküle werden zwei für die Vorstellungen vom Feinbau des Cytoplasmas wichtige Möglichkeiten erörtert: BOGEN weist darauf hin, daß gegebene Poren gegenüber hydrophoben Stoffen einen größeren „freien" Durchmesser aufweisen als gegenüber hydrophilen, weil letztere in der Nähe der Porenumgrenzung in den adsorptiven Anziehungsbereich des Porengerüstes geraten. Neben dieser Vorstellung, und diese keineswegs ausschließend, wird schon viel länger angenommen, daß sich in den Grenzschichten des Cytoplasmas Lipoide nach den Gesetzen der Oberflächenspannung ansammeln wie Fettaugen auf der Suppe. Da diese lipoiden Grenzschichten lipophile Stoffe bevorzugt lösen, bzw. adsorbieren — im molekularen Bereich verwischen sich die Grenzen zwischen diesen beiden Begriffen — warten diese an bevorzugter Stelle auf den Durchtritt, wie Vortrittsberechtigte an einer Bahnsteigsperre; der Durchtritt spielt sich dann für solche Stoffe auf kürzerer Strecke mit steilerem Diffusionsgefälle ab als für Stoffe, welche nicht an der Plasmaoberfläche adsorbiert werden.

Im Rahmen unserer Anatomie ist nun die Feststellung wichtig, daß sich die *Sondernatur der Plasmagrenzschichten,* und zwar der äußeren wie der inneren, im Mikroskop direkt beobachten bzw. nachweisen läßt: Für die äußere Plasmahaut, das *Plasmalemma* gilt das freilich mit Sicherheit nur für den Zustand der Plasmolyse; solange sie der Zellwand anliegt und diese mit ihren Plasmodesmen durchdringt, entzieht sie sich unmittelbarer Beobachtung; nach Plasmolyse hebt sich aber das Plasmalemma nach STRUGGER beispielsweise bei der Fluorescenzfärbung mit Acridinorange infolge höherer Farbstoffkonzentration gleißend kupferrot vom grünen *Mesoplasma* ab. Die innere Plasmahaut, von DE VRIES *Tonoplast* genannt, ist gegen den plasmolytischen Eingriff widerstandsfähiger als das übrige Plasma und bleibt vielfach am Leben, wenn das übrige Plasma gerinnt. Für beide Grenzschichten gilt aber heute als sicher, daß sie keine selbständig bleibenden Zell-Organelle darstellen, sondern nach den Gesetzen der Oberflächenbildung vom Mesoplasma her immer wieder regeneriert werden. Nach vergleichenden Permeabilitätsversuchen mit und ohne Plasmolyse hat das Plasmalemma in manchen Fällen in der plasmolysierten Zelle sogar nachweislich erheblich andere Durchlässigkeitseigenschaften als vor der Plasmolyse.

3. Elektronenmikroskopie

Aus den in der Einleitung dargelegten Gründen hat das Elektronenmikroskop anfangs — und zwar in einer Zeit, in der es bei der Darstellung des Feinbaus der Zellwände bereits Triumphe feierte — zur Kenntnis des Plasmabaus wenig beigetragen, fast möchte man sagen enttäuscht. Die absolute Trocknung im Hochvakuum brachte zusammen mit der intensiven Bestrahlung Artefakte zur Anschauung, mit denen man wenig anfangen konnte. Noch 1948 sagte mir CASPERSON bei einer Führung durch sein Nobel-Institut für Zellforschung in Stockholm, ihn hätte der Phasenkontrast wesentlich weiter gebracht, als das Elektronenmikroskop. In den letzten zehn Jahren hat sich das aber mit den Fortschritten der Fixiertechnik und vor allem der Ultramikrotomie wesentlich geändert. Immerhin steht die Elektronenmikroskopie des Cytoplasmas erst an einem verheißungsvollen Anfang; aber schon jetzt hat sie keineswegs nur Dinge bestätigt, die der Lichtmikroskopiker bereits ahnte, sondern Strukturen zutage gefördert, von denen niemand etwas wußte. Die Vorführung der neuesten Bilder durch PORTER vom Rockefeller-Institut New York, den Entdecker des endoplasmatischen Reticulums (s. u.), war für viele der Höhepunkt des IX. Internationalen Botanischen Kongresses in Montreal (Kanada), August 1959 (Abb. 9).

Zunächst zeigt sich auch das lichtmikroskopisch leere „Hyaloplasma" mit kugeligen Körperchen von 8—30 mμ Durchmesser erfüllt, welche der Entdecker PALADE 1954 einfach als „a small particulate component of

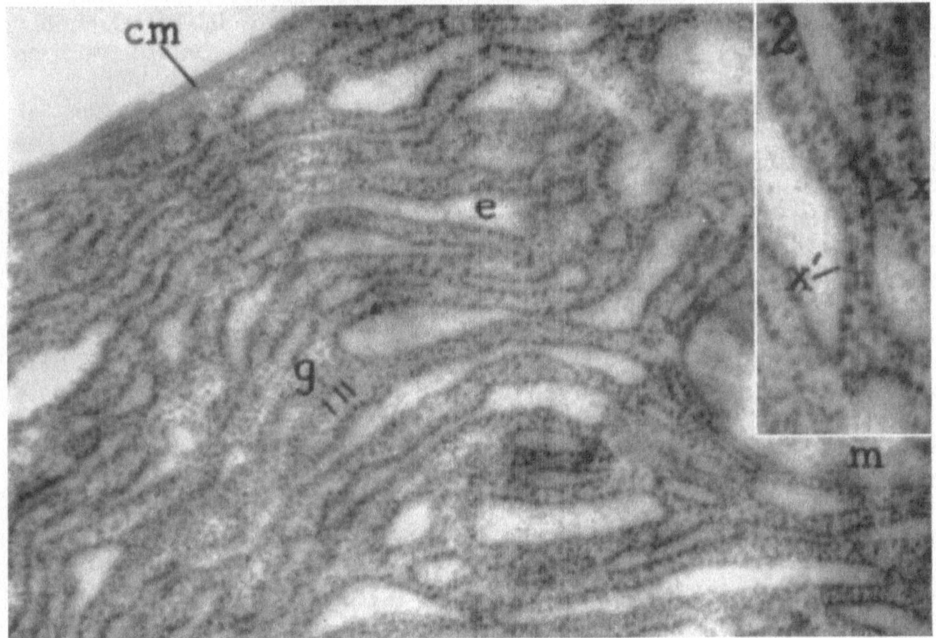

Abb. 9. Grundplasma (*g*) mit Meiosomen (*x'*) und endoplasmatischem Reticulum (*e*). *cm* Zellmembran. Pankreaszellen der Ratte. (Nach PALADE aus HÖFLER)

cytoplasm" beschrieb, während sie andere zu den Mikrosomen rechneten. Da aber dieser Ausdruck seit bald 100 Jahren für die im Lichtmikroskop eben noch sichtbaren Einschlüsse des Cytoplasmas verwendet wird, schlägt HÖFLER vor, diese kleineren, im Lichtmikroskop nicht mehr sichtbaren Körperchen *Meiosomen* zu nennen (im Griechischen heißt mikros klein, meion kleiner). Als Synonyme werden die Bezeichnungen Ultramikrosomen und Palade-Granula (nach dem Entdecker) benützt. Sie sind osmiophil und reich an Ribonucleinsäuren und werden daher neuerdings auch *Ribosomen* genannt. Man hält sie für den Sitz der Proteinsynthese und vermutet in ihnen das lange gesuchte Substrat der Plasmavererbung.

Fast noch bedeutsamer ist die Entdeckung des *endoplasmatischen Reticulums* zunächst in tierischen, später auch pflanzlichen Zellen. Der nicht ganz glückliche Name, der sich auf die Interpretation von Schnittbildern gründet, bezieht sich nicht auf ein Netzwerk, sondern ein dreidimensionales System weitverzweigter und kommunizierender Schläuche. Seit man das erkannt hat, spricht man gerne von einem „*Endomembransystem*" oder auch von Zisternen und unterscheidet *intra- und extrazisternale Räume*. Die einzelnen Zisternen sind flache Behälter (etwa Gummibettflaschen vergleichbar) mit 50—80 mμ Querdurchmesser, aber einigen M k on Flächenausdehnung. Die Grenze gegen das Grundplasma bilden äußerst dünne (7 mμ dicke), aber elektronenmikroskopisch gut abbildbare Doppelmembranen mit nachweisbar semipermeablen Eigenschaften. Durch wechselnde Außenbedingungen lassen sich nämlich die Volumanteile der intra- und extrazisternalen Räume beträchtlich verschieben; z. B. quillt das Grundplasma (cytoplasmic matrix PORTERs und PALADEs) im alkalischen, das Lumen der Zisternen im sauren Bereich (KLIMA). Die oben erwähnten Meiosomen finden sich nur außerhalb der Zisternen, bevorzugt der Außenwand der Zisternen angelagert. Die Elektronenoptiker glauben in diesen getrennten Räumen endlich das Substrat gefunden zu haben, welches ein ungestörtes Nebeneinander der verschiedensten Stoffwechselvorgänge ermöglicht.

Schon lichtmikroskopisch bekannt und besonders im Phasenkontrast gut sichtbar, aber nun erst in ihrem Feinbau und ihrer physiologischen Bedeutung genauer erforscht, sind die *Chondriosomen* (oder Mitochondrien). Sie heben sich aus der Hauptmasse kugeliger Mikrosomen, die man heute zur Unterscheidung von den Chondriosomen Sphärosomen nennt, durch ihre mehr stäbchen- bis hantelförmige Gestalt hervor (Chondriosomen heißt wörtlich Knorpelkörperchen). Durch eine massive Doppelmembran vom Hyaloplasma isoliert, ist ihr Inneres durch unvollständige Scheidewände (christae mitochondriales) gefächert oder durch Röhrchen (tubuli mitochondriales) unterteilt. Seitdem man die Chondriosomen durch Ultrazentrifugierung anzureichern gelernt hat, haben sie sich als bevorzugte Behälter besonders der Atmungsfermente erwiesen. Mit den Frühstadien der Plastidenentwicklung (Proplastiden s. u.), mit denen sie zeitweilig verwechselt worden waren, haben sie nichts zu tun.

Auch die *Sphärosomen* sind gegen das Cytoplasma durch eine Doppelmembran abgegrenzt. Ihre Innenstruktur ist noch nicht geklärt; auf jeden Fall sind sie lipoidreich. Über die Elektronenmikroskopie der inneren und äußeren Plasmahaut liegen zum Unterschied der Kernmembran mit ihren Poren meines Wissens noch keine brauchbaren Bilder vor. Auch über das lamellare System des *Golgi-Apparates* ist noch so wenig bekannt, daß ich darauf nicht eingehen möchte.

Noch in keinem Falle entschieden ist die *Frage der genetischen Selbständigkeit* der geschilderten Strukturen. Sie liegt besonders bei den Chondriosomen gewiß nahe und wird schon zur Sicherung von Prioritätsansprüchen bei jedem neuen Zellorganell erst einmal vorsorglich behauptet. Zum Beweis gehören aber als Indizien zum mindesten einigermaßen glaubhafte Teilungsbilder und möglichst dichte Beobachtungsfolgen über die Vermehrung der Zahl der Elemente. Vorläufig ist die Gegenhypothese einer Neubildung aus der selbst elektronenoptisch noch immer leer bleibenden Grundmasse des Cytoplasmas, soweit ich sehen kann, noch nirgends zwingend widerlegt. Wir tun gut daran, uns über die Schwierigkeiten einer Entscheidung keiner Täuschung hinzugeben.

Literatur

BANCHER, E., u. K. HÖFLER: Protoplasma und Zelle. In: Grundlagen der allgemeinen Vitalchemie in Einzeldarstellungen, Bd. VI. Wien u. Innsbruck 1959.
DANGEARD, P.: Le chondrione de la cellule végétale: morphologie. In: Protoplasmatologia, Bd. III, Teil A 1. Wien 1958.

FRENZEL, P.: Protoplasmaströmungen in pflanzlichen Zellen. FWU-Hochschulflim C 250 (1938).

FREY-WYSSLING, A.: Submicroscopic morphology of protoplasm and its derivatives. New York 1948.

— Die submikroskopische Struktur des Cytoplasmas. In: Protoplasmatologia, Bd. II, Teil A 2. Wien 1955.

HEILBRUNN, L. V.: The viscosity of protoplasm. In: Protoplasmatologia, Bd. II, Teil C 1. Wien 1958.

HÖFLER, K.: Das Protoplasma im Elektronenmikroskop. Öst. Apotheker-Ztg 14, 247—249 (1960).

— Meiosomes and groundplasm. Protoplasma (Wien) 52, 295—305 (1960).

KAMIYA, N.: Protoplasmic streaming. In: Protoplasmatologia, Bd. VIII, Teil 3 a. Wien 1959.

KLIMA, J.: Das Bild des endoplasmatischen Reticulums von *Planaria alpina* in Abhängigkeit vom p_H-Wert des Fixierungsmittels. I. Protoplasma (Wien) 51, 415—435 (1960).

KÜSTER, E.: Die Pflanzenzelle, 3. Aufl., unter Mitwirkung von K. HÖFLER herausgeg. von G. KÜSTER-WINKELMANN. Jena 1956.

MENKE, W.: Untersuchung der einzelnen Zellorgane in Spinatblättern auf Grund präparativ-chemischer Methodik. Z. Bot. 32, 273—295 (1938).

PERNER, E. S.: Die Sphärosomen der Pflanzenwelt. In: Protoplasmatologia, Bd. III, Teil A 2. Wien 1958.

REINKE, J., u. H. RODEWALD: Studien über das Protoplasma I. Die chemische Zusammensetzung des Protoplasma von *Aethalium septicum*. Unters. bot. Lab. Univ. Göttingen H. 2, 1—75 (1881).

SEIFRIZ, W.: Protoplasm. New York and London 1936.

STRUGGER, S.: Praktikum der Zell- und Gewebephysiologie der Pflanze, 2. Aufl. Pflanzenphysiologische Praktika, Bd. II. Berlin-Göttingen-Heidelberg 1949.

— Plasmolyse. FWU-Hochschulfilm C 576 (1950).

VIRGIN, H.: The effect of light on the protoplasmic viscosity. Physiol. Plantarum (Cph.) 4, 255—357 (1951).

WARTIOVAARA, V., u. R. COLLANDER: Permeabilitätstheorien. In: Protoplasmatologia, Bd. II, Teil C 8 d. Wien 1960.

WEBER, F.: Protoplasma-Viscosität copulierender Spirogyren. Ber. dtsch. bot. Ges. 42 279—284 (1924).

C. Zellkern

1. Arbeitskern

Auch vom Zellkern (lateinisch nucleus, griechisch karyon, daher Karyologie = Zellkernforschung) vermag das gewöhnliche Lichtmikroskop wenig strukturelle Einzelheiten wahrzunehmen, besonders wenn er sich nicht gerade in Teilung, sondern, wie man früher, aber recht unzutreffend sagte, „in Ruhe" befindet. Dem Vorschlag von OEHLKERS und MARQUARDT folgend, bezeichnet aber das Bonner „Lehrbuch der Botanik für Hochschulen" in seiner neuesten Auflage (1958) den bisherigen „Ruhekern" als *Arbeitskern"* und stellt ihm den Teilungszustand als „Teilungskern" gegenüber. Wir schließen uns dieser physiologisch zutreffenderen Terminologie an. Daß der Arbeitskern in der Tat sehr aktiv sein kann, beweisen u. a. die großen Kernvolumina in allen Drüsengeweben, z. B. in der Verdauungsschicht der Mycorrhiza, den Antipoden der Embryosäcke u. a., die Kernverlagerungen bei Verwundung, im Umkreis tätiger Spaltöffnungen (BÜNNING u. SAGROMSKY) und die Formänderungen der Kerne beim Öffnen und Schließen der Spalten (FRIEDL WEBER).

Der Arbeitskern ist gegen das Cytoplasma, in das er eingebettet ist, durch eine *Kernhaut* scharf abgegrenzt[1], kann aber im übrigen bis auf das klar

---

[1] Im Elektronenmikroskop zeigen Ultradünnschnitte in der Kernmembran deutliche Poren, die wesentlich gröber sind als die — vorläufig erst aus den Durchlässigkeitseigenschaften erschlossenen, aber noch nicht abgebildeten — der Cytoplasma-Grenzschichten (s. o. S. 24); offenbar ist der heterotrophe Zellkern auf den Austausch wesentlich größerer organischer Moleküle angewiesen als das Cytoplasma (AFZELIUS).

erkennbare *Kernkörperchen* (nucleolus) vielfach fast homogen erscheinen. Daß seine Umrißform keineswegs immer kugelig, sondern häufig linsen- oder brotlaibförmig ist, beweist, daß er von festerer Beschaffenheit ist als das Cytoplasma; denn sonst müßte ihn die Oberflächenspannung zur Kugel runden.

Daß diese Homogenität nicht wirklich besteht, sondern nur durch den Mangel an Helligkeitskontrasten vorgetäuscht wird, zeigt sich beim Absterben der Kerne: Durch Gerinnung wird dann sofort ein netziges Eiweißgerüst sichtbar und der vorher glasig erscheinende Kern viel deutlicher. Durch künstliche Färbungen lassen sich diese Gegensätze noch wesentlich steigern. Nach STRUGGER kann man das Kerngerüst auch im Leben je nach dem p_H reversibel sichtbar machen oder zum Verschwinden bringen. Vor allem aber können UV-Licht und Phasenkontrast die Feinstruktur des Kerns schon im Leben anschaulich machen. Wir bezeichnen diese Gerüstsubstanz als *Karyotin*, die flüssige Grundmasse als *Karyolymphe* (= Kernsaft).

2. Äquationsteilung (Mitose)

Genaueres über den Kernfeinbau ergab das Studium der *Kernteilung*, die im allgemeinen nicht durch einfache Durchschnürung („direkt"), sondern unter Wahrung eines umständlichen Zeremoniells „indirekt" vor sich geht. Die Erscheinung wurde zunächst an Geweben, in welchen eine rasche Zellvermehrung und daher auch viele Kernteilungen ablaufen, etwa den Wurzelspitzen von *Vicia faba*, studiert. Man „fixierte" solche Gewebe, d. h. tötete sie mit rasch eindringenden Mitteln wie Alkohol-Eisessig, um ihre Struktur möglichst wenig zu verändern (das Abtöten ist freilich auf jeden Fall eine überaus radikale Zustandsänderung!). Das Carmin-Essigsäureverfahren von HEITZ ermöglicht es heute, solche Präparate im Rahmen des kleinen Praktikums anzufertigen, wofür GEITLER genaue Anweisungen gibt. Man findet ein buntes Nebeneinander verschiedener Teilungsstadien, welche man mit glücklichem Einfühlungsvermögen in einen natürlichen Ablauf umdeutete. Aus der Häufigkeit der einzelnen Stadien wagte man sogar auf die unterschiedliche Schnelligkeit zu schließen, mit der die einzelnen Stadien durchlaufen werden. Alle diese Hypothesen wurden im wesentlichen bestätigt, als in günstigen Fällen — zuerst STRASBURGER in den Staubfadenhaaren von *Tradescantia* — die *Lebendbeobachtung* des gesamten Ablaufes gelang. Neuerdings ermöglicht es das Phasenkontrastverfahren den ganzen Vorgang mit Zeitraffung zu filmen und weiten Kreisen objektiv vor Augen zu führen (MICHEL, STRUGGER).

Das erste, was bei diesen Beobachtungen auffiel, war, daß im Kern anläßlich der Teilung in ganz bestimmter Zahl und vielfach sogar unterscheidbarer Form stark färbbare Körper wahrgenommen werden, welche man deshalb als *Chromosomen* (= Farbkörper) bezeichnet. Als erster hatte WILHELM HOFMEISTER, der berühmte Entdecker des Generationswechsels der Archegoniaten, diese Gebilde bei der Pollenentwicklung von *Tradescantia* 1848 gesehen und abgebildet (Abb. 10), aber erst STRASBURGER, FLEMING, RICHARD HERTWIG u. a. erkannten die Gesetzmäßigkeiten ihrer Verteilung und deren physiologische Bedeutung.

Die *Zahl der Chromosomen* schwankt je nach dem Objekt zwischen haploid zwei und einigen hundert. Wegen ihrer niedrigen Chromosomenzahl als Objekte bevorzugt werden die Korbblütlergattung *Crepis* (PIPPAU) mit zwei bis drei, die Taufliege *(Drosophila)* mit vier, der Mais mit acht Chromosomen. Die höchsten haploiden Chromosomenzahlen kommen bei Farnen vor [bis über 600 bei *Ophioglossum*; nach POELT, Fortschr. Bot. *21*, 88 (1959)]. Der Mensch hat bekanntlich zweimal 24 Chromosomen. Die Unterscheidbarkeit der einzelnen Chromosomen und damit der Beweis ihrer Individualität ist natürlich bei kleinen Chromosomenzahlen leichter zu erbringen als bei hohen. Durch abweichende Größe und stärkere Färbbarkeit („Heterochromatin") besonders gut kenntlich pflegen die *Geschlechts-Chromosomen* zu sein (Abb. 11). TISCHLERs „Pflanzenkaryologie" verzeichnet Tausende von Chromosomen-Grundzahlen, darunter die fast aller heimischen Pflanzen.

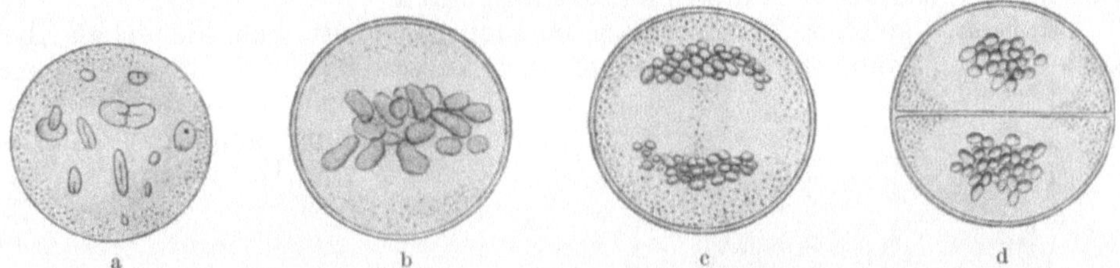

Abb. 10a—d. Die ersten Kernteilungs- und Chromosomenbilder WILHELM HOFMEISTERS (1848). Sie stellen nach der heutigen Terminologie Prophase (a), Metaphase (b), Anaphase (c) und Telophase (d) dar

Durch *Polyploidie* (Vervielfachung), insbesondere auch Endopolyploidie (GEITLER), können die Zahlen noch wesentlich gesteigert werden, doch sind dann genaue Zählungen schwer möglich. Nach indirekten Anhaltspunkten, über die bei GEITLER nachzulesen ist, rechnet man z. B. in den

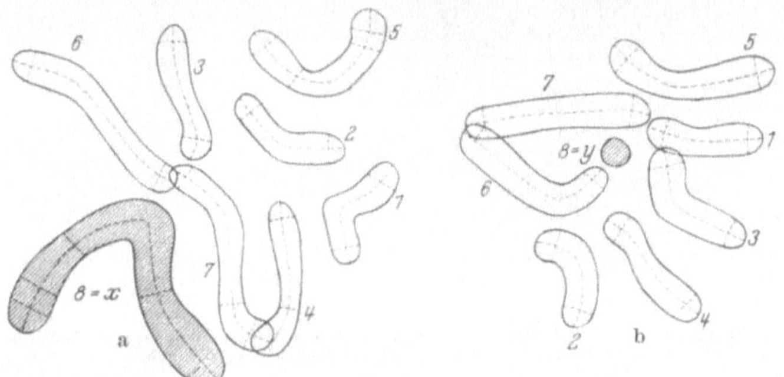

Abb. 11a u. b. Chromosomensatz im weiblichen (a) und männlichen Gametophyten (b) des Lebermooses *Sphaerocarpus Donnellii* AUST. Neben sieben gemeinsamen Autosomen besitzt die weibliche Zelle als achtes ein größeres x-, die männliche ein kleineres y-Chromosom. 6100:1. (Nach LORBEER)

Riesen-Antipoden mancher Embryosäcke mit Polyploidiegraden von 128 und mehr und dementsprechend über tausend Chromosomen (Abb. 12).

Eine Darstellung der *Physiologie der Kernteilung* gehört nicht in diesen Rahmen. Es genüge, hier zu sagen, daß es sich darum handelt, daß die im Kern lokalisierte Erbmasse (das Genom) möglichst gleichmäßig auf die Tochterkerne verteilt wird. Das geschieht durch eine saubere *Längsteilung jedes einzelnen Chromosoms*, auf dem die einzelnen Erbanlagen (Gene) wie Perlen auf einer Schnur linear aufgereiht sind. Einer verfeinerten Färbetechnik gelingt es in der Tat vielfach sogar den Sitz (locus) jeder einzelnen Erbanlage als distinkt färbbares Körperchen (*Chromomer* = Farbteilchen) auf dem „*Chromonema*" (= Farbfaden) nachzuweisen; freilich ist dieser Faden, um eine große Zahl von Chromomeren auf kleinem Raume unterzubringen, vielfach mehr oder weniger eng gewunden.

Endopolyploide *Riesenchromosomen* haben seit ihrer Entdeckung durch
HEITZ und BAUER 1935 das Studium des Chromosomenfeinbaus entscheidend gefördert (ein Jahr nach der Entdeckung lagen bereits über 100 einschlägige Veröffentlichungen vor). In den Speicheldrüsen der Taufliege
bleiben die Chromosomen über viele Teilungen hinweg in einer gemeinsamen
Matrix, wobei sich die Chromomeren zu mikroskopisch gut trennbaren
„Chromomeren-Scheibchen" verbreitern (Abbildungen in allen Lehrbüchern
der Genetik). Das Chromonema ist gestreckt (entspiralisiert) und erreicht
Längen von 1—2 mm, weshalb man diese makroskopisch sichtbaren Gebilde
früher gar nicht als Chromosomen erkannt hatte.

Im Lichte solcher Erkenntnisse betrachtet, spielt sich die erbgleiche
Kernteilung (*Äquationsteilung*, wegen des Auftretens einer fadenförmigen
Spindelstruktur auch Mitose =
Fadenteilung genannt) in fol-
genden vier Hauptschritten ab
(Abb. 13):

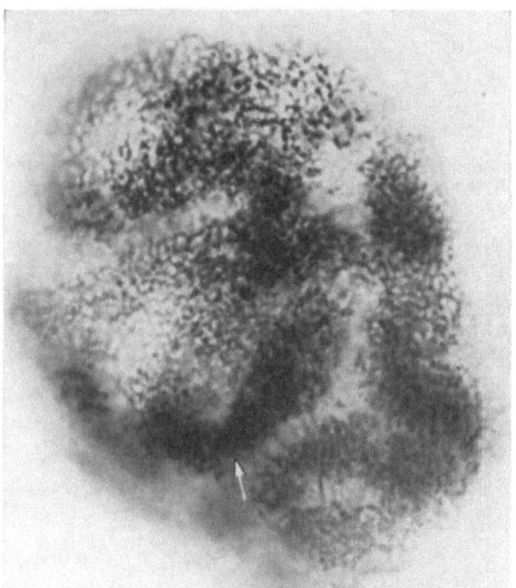

Abb. 12 a u. b. Antipodenkerne von *Clivia* mit hochpolyploiden Riesenchromosomen (b ein solches einzeln
herausgezeichnet). 1600:1. (Nach TSCHERMAK-WOESS)

1. Die Chromosomen werden sichtbar und bereiten sich zur Längs-
spaltung vor. Voraussetzung für diese Längsspaltung ist die *identische
Reproduktion* jedes einzelnen Chromomers, wodurch in jedem Chromosom
Längsspalt-Stücke (Chromatide) vorgebildet werden. Der Zeitpunkt der
Erkennung dieser Spaltstücke, der *Chromatid-Spaltung*, ist eine Frage der
Färbe- und Beobachtungstechnik; er hat sich in den letzten Jahren immer
weiter nach vorne verschoben. Wahrscheinlich eilt die identische Reproduktion der eigentlichen Teilung so weit voraus, daß vielfach schon eine Anzahl
von Teilungen vorbereitet ist und die Chromosomen demnach zwei, vier,
acht oder sogar noch mehr Chromatide erkennen lassen. Diesen Vorbe-
reitungsabschnitt bezeichnet man als *Prophase*.

2. Die Chromosomen rücken in die Äquatorialebene; der Teilungsspalt
wird deutlicher (*Metaphase*; dieser Abschnitt dauert viel kürzer als die Vorbereitungen der Prophase).

3. Die Spalthälften weichen auseinander und wandern verhältnismäßig
schnell nach den Polen *(Anaphase)*. Wie weit diese Bewegungen auf dem

Zug der von den Polen ausgehenden Spindelfasern, dem Quellungsdruck eines äquatorialen „Stemmkörpers" oder Eigenbewegungen der Chromosomen beruhen, ist noch immer nicht sicher entschieden.

4. Die Teilung der Zelle wird durch den rapiden Niederschlag einer Trennungswand abgeschlossen; die Tochterkerne bilden sich zu „Ruhekernen" um, sofern nicht gleich eine neue Teilung anschließt *(Telophase)*.

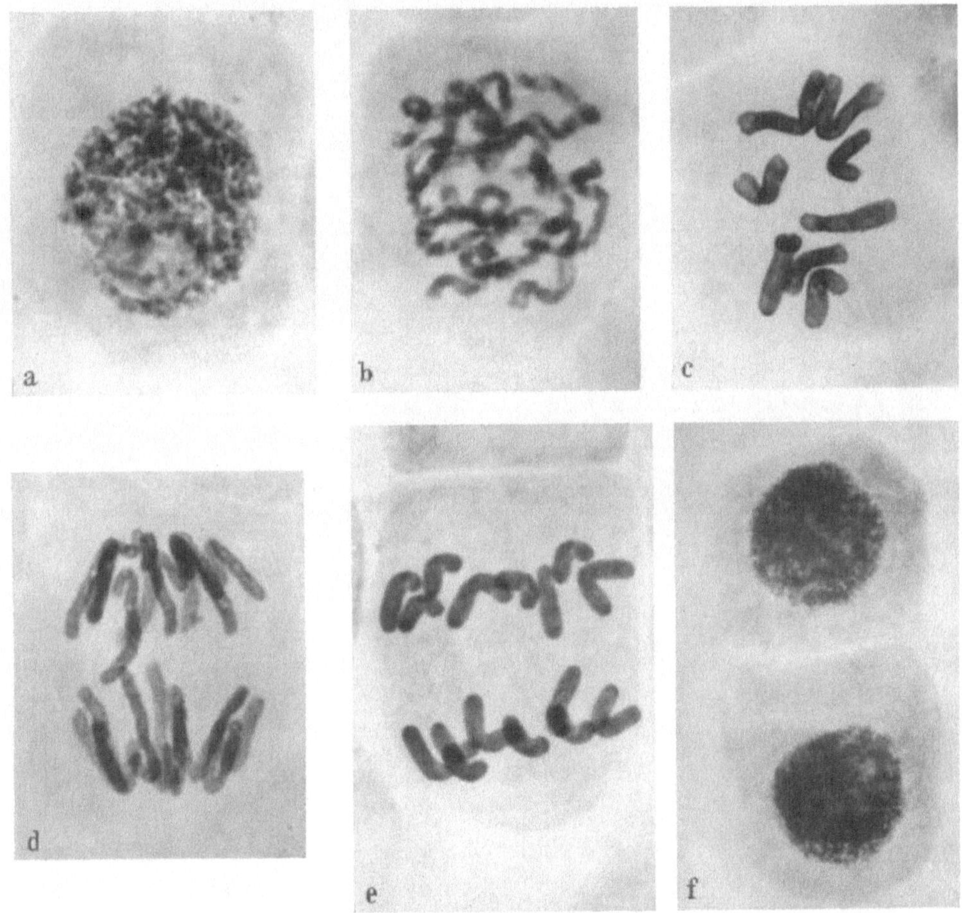

Abb. 13a—f. Mitose aus der Wurzelspitze von *Bellevalia romana*. a Ruhekern. b Prophase mit erkennbarer Chromatidspaltung. c Metaphase, die acht Chromosomen in Äquatorialplatte (Polansicht). d und e beginnende und fortschreitende Anaphase (Seitenansicht). f Telophase. 2000:1. (Nach OEHLKERS)

Daß dabei die Chromosomen auch im Arbeitskern als solche erhalten bleiben und nur durch stärkere Quellung und Entspiralisierung schwerer nachweisbar werden, ist durch zahlreiche neuere Untersuchungen, insbesondere UV- und Phasenkontrast-Beobachtungen, erwiesen. Chromosomenabschnitte, welche sich nicht entspiralisieren und daher auch im Ruhekern stark färbbar bleiben, bezeichnet man als heterochromatisch. Heterochromatisch pflegen aus physiologischen Gründen, deren Erörterung hier zu weit führen würde, namentlich die Geschlechtschromosomen zu sein.

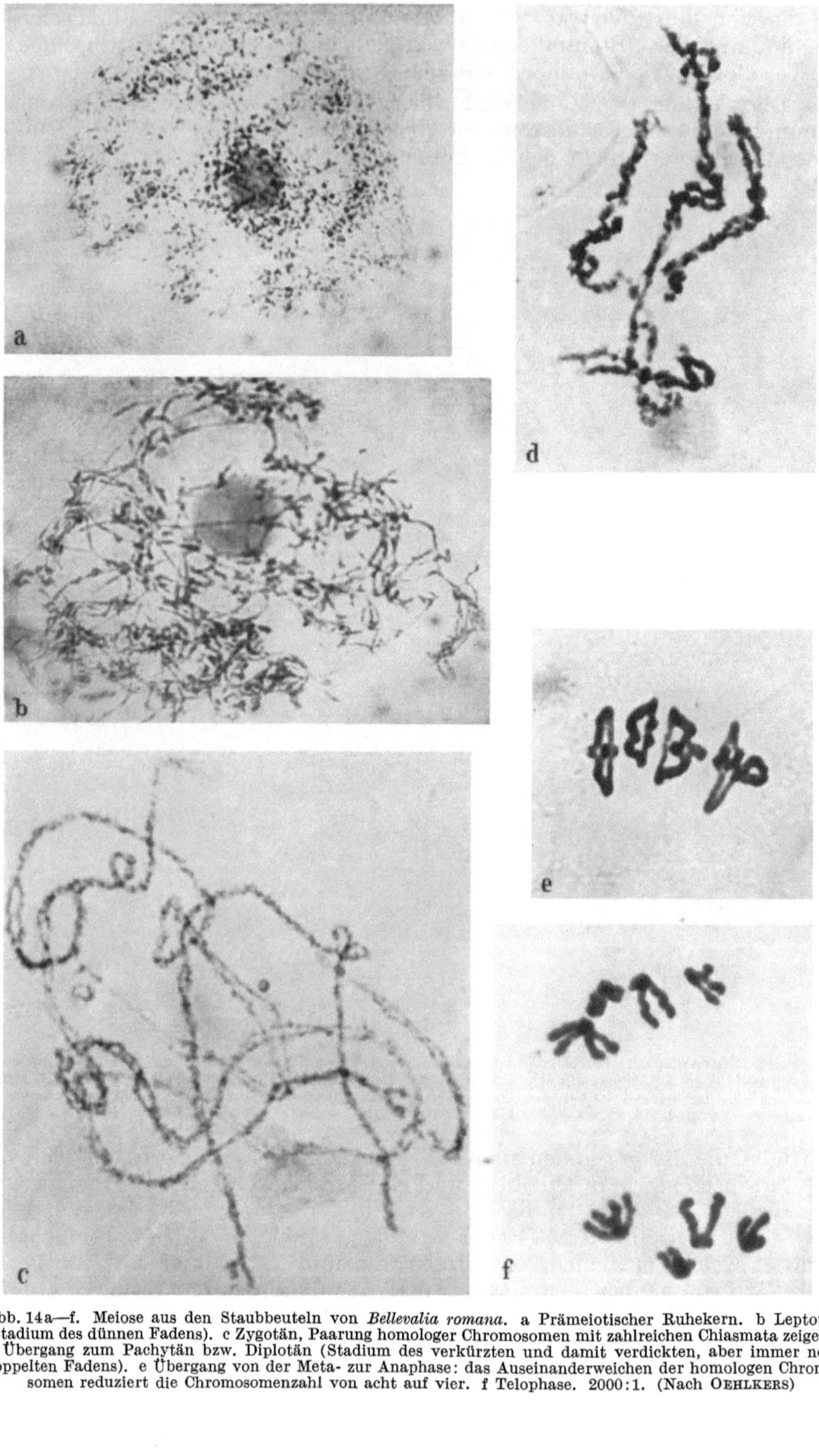

Abb. 14a—f. Meiose aus den Staubbeuteln von *Bellevalia romana*. a Prämeiotischer Ruhekern. b Leptotän (Stadium des dünnen Fadens). c Zygotän, Paarung homologer Chromosomen mit zahlreichen Chiasmata zeigend. d Übergang zum Pachytän bzw. Diplotän (Stadium des verkürzten und damit verdickten, aber immer noch doppelten Fadens). e Übergang von der Meta- zur Anaphase: das Auseinanderweichen der homologen Chromosomen reduziert die Chromosomenzahl von acht auf vier. f Telophase. 2000:1. (Nach OEHLKERS)

3. Reduktionsteilung (Meiosis)

Das volle Verständnis dieser Teilungsvorgänge wurde anfangs dadurch verzögert, daß es neben der erbgleichen Teilung noch eine zweite Teilungsform gibt, bei der sich während der Prophase die Chromosomen nicht zur Längsteilung vorbereiten, sondern mit ihresgleichen paaren (Erklärung folgt gleich), als Paare in die Äquatorialplatte rücken (Metaphase) und dementsprechend bei der Anaphase nicht Spalthälften, sondern ganze Chromosomen auseinanderweichen. Die Zahl der Chromosomen wird daher bei dieser Teilung herabreguliert, vermindert, weshalb diese Teilung als *Meiosis* (Minderung) oder *Reduktionsteilung* bezeichnet wird (Abb. 14).

Die Notwendigkeit einer solchen Reduktionsteilung ist heute allgemein bekannt: Seitdem man weiß, daß das Wesen der Befruchtung in einer Verschmelzung zweier Geschlechtskerne, einer Vereinigung ihrer Erbmassen, einer Verdoppelung ihrer Chromosomensätze liegt, weiß man auch, daß dieser Verdoppelung früher oder später eine Reduktion auf den einfachen Satz folgen muß, wenn die Zahl der Chromosomen nicht ins Uferlose steigen soll. Spätestens bei der Bildung neuer Geschlechtszellen muß sich die Meiose abspielen, die man in diesem Falle Reifeteilung zu nennen pflegt. Der Botaniker bevorzugt aber den umfassenderen Ausdruck Meiose oder Reduktionsteilung, weil im Pflanzenreich ihr Zeitpunkt vielfach nicht mit der Bildung der Geschlechtszellen zusammenfällt, sondern beim Vorhandensein eines Gametophyten viel oder wenig früher (bei der Gonosporenbildung) liegt. Die Darstellung der physiologischen Folgen der Meiosis — sie ist u. a. der Schauplatz der Mendel-Spaltung — liegt außerhalb des Rahmens eines anatomischen Lehrbuches und muß den Lehrbüchern der Physiologie und Genetik entnommen werden.

Als abweichender Vorgang wurde die Meiose zunächst durch das Unterbleiben der Chromatidspaltung in der Metaphase und die daraus zwangsläufig resultierende Reduktion der Chromosomenzahl in der Anaphase erkannt. Das physiologische Schwergewicht liegt aber wiederum auf der vorbereitenden Prophase, welche in Michels eindrucksvollem Reifeteilungsfilm fast zehnmal so lange dauert wie die weiteren Vorgänge zusammen (20 gegen 2 Std): Hier finden sich durch chemische Anziehung die homologen Chromosomen des väterlichen und mütterlichen Erbsatzes und paaren sich; es kommt zu mehr oder weniger innigen Umschlingungen (crossing over) und Überkreuzungen (Chiasmata). Die Trennung der Partner beginnt dann in der Mitte und schreitet gegen die Enden fort (Terminalisation der Chiasmata). Bei dieser *Conjugation* kann — wie vor allem im Erbversuch physiologisch, in besonderen Fällen aber auch direkt morphologisch nachweisbar ist — ein gegenseitiger Stückaustausch der beiden Partner stattfinden, so daß dem mütterlichen Chromosom Gene des väterlichen eingefügt werden und umgekehrt (cytologische Grundlage des Faktorenaustausches gegenüber Koppelungserscheinungen).

Diese Erscheinungen sind meist zuerst aus dem Erbverhalten erschlossen und erst nachträglich auch anatomisch nachgewiesen worden. In erhöhtem Maße gilt das von den vielen Störungen, welche als Pathologie der Mitose und Meiose zusammengefaßt werden. Leicht verständliche Störungen treten bei der Rückkreuzung künstlicher Polyploider mit ihren diploiden Ausgangsrassen auf, weil dann ein Teil der Chromosomen bei der Meiose keinen Partner findet und Kerne mit den verschiedensten unter- und überzähligen (hypo- und hyperploiden) Sätzen und entsprechenden Abweichungen im Erbverhalten auftreten.

Mehr Mühe macht der Nachweis von Störungen innerhalb des einzelnen Chromosoms. Unter Hinweis auf die ausführlichen Darstellungen von Oehlkers, Renner, Straub und Marquardt soll hier nur die Ringbildung der Oenotheren als wohl berühmtestes Beispiel einer solchen cytologischen Aufklärung eines gestörten Erbverhaltens erwähnt werden.

Literatur

Afzelius, B. A.: The ultrastructure of the nuclear membrane of the sea urchin oocyte as studied with the electron microscope. Exp. Cell Res. 8, 147—158 (1955).

Belar, K.: Die cytologischen Grundlagen der Vererbung. In Handbuch der Vererbungswissenschaft, Bd. I. Berlin 1928.

Bünning, E., u. H. Sagromsky: Zit. S. 177.

Geitler, L.: Zit. S. 11.

— Endomitose und endomitotische Polyploidisierung. In: Protoplasmatologia, Bd. VI, Teil C. Wien 1953.

Heitz, E.: Der Nachweis der Chromosomen. Vergleichende Studien über ihre Zahl, Größe und Form im Pflanzenreich. I. Z. Bot. 18, 625—681 (1926).

Hofmeister, W.: Über die Entwicklung des Pollens. Bot. Ztg 6, 425—434, 649—661 (1848).

Lorbeer, G.: Geschlechtsunterschiede im Chromosomensatz und in der Zellgröße bei *Sphaerocarpus Donnellii* Aust. Z. Bot. 23. 932—956 (1930).

Marquardt, H.: Natürliche und künstliche Erbänderungen. Probleme der Mutationsforschung. Hamburg 1957.

Michel, K.: Die Reifeteilungen (Meiose) bei der Spermatogenese der Schnarrheuschrecke (*Psophus stridulus* L.). FWU-Hochschulfilm C 443 (1944).

Oehlkers, F.: Das Leben der Gewächse. Berlin-Göttingen-Heidelberg 1956.

Renner, O.: Artbildung in der Gattung *Oenothera*. Naturwissenschaften 33, 211—218 (1946).

Strugger, S.: Kern- und Zellteilung bei *Tradescantia virginica* L. FWU-Hochschulfim C 559 (1949).

Tischler, G.: Die Chromosomenzahlen der Gefäßpflanzen Mitteleuropas. s-Gravenhage 1950.

— Allgemeine Pflanzenkaryologie. 2 Teile. In Linsbauers Handbuch der Pflanzenanatomie, 2. Aufl. Berlin 1934 u. 1951. Ergänzungsband: Angewandte Pflanzenkaryologie. In: Linsbauers Handbuch der Pflanzenanatomie, 2. Aufl., erscheint in Lieferungen seit 1953.

Tschermak-Woess, E.: Über Kernstrukturen in den endopolyploiden Antipoden von *Clivia miniata*. Chromosoma (Berl.) 8, 637—649 (1957).

Weber, F.: Cytoplasma- und Kern-Zustandsänderungen bei Schließzellen. Protoplasma (Berl.) 2, 305—311 (1927).

D. Plastiden

1. Chloroplastenformen der Algen

Die Plastiden haben sich im Reiche der Algen als geformte Träger der lebenswichtigen Assimilations-Farbstoffe, der Chlorophylle, Carotinoide und allfälliger Begleitfarbstoffe vom Cytoplasma abgesetzt und eine eigene Vermehrungsweise entwickelt. Bei den zu den Anucleobionten gehörigen blaugrünen Algen fanden wir ja diese Pigmente ähnlich wie die Nucleoproteide noch diffus im Cytoplasma, und zwar in der als Ektoplasma bezeichneten Außenschicht.

Wie in vielen anderen Fällen steht gerade am Beginn der Plastidenentwicklung eine erstaunliche Mannigfaltigkeit, die erst mit der Erreichung des offenbar überlegenen Typs des „Chlorophyll*korns*" einer weitgehenden Uniformierung weicht.

Die auffälligsten Formen unter den *Chloroplasten* — so nennt man die *grünen* Farbstoffträger — hat die Klasse der Conjugaten, besonders die vielgestaltige Gruppe der einzelligen Schmuckalgen *(Desmidiaceen)* entwickelt (Abb. 15). In jedem Praktikum vorgeführt werden ferner die in Fadenverbänden vereint bleibenden *Zygnemales*, *Mougeotia* mit einem einzigen plattenförmigen Chloroplasten als Ausgangsform und, daraus ableitbar, die schraubenförmig gewundenen Chloroplasten von *Spirogyra* wie die sternförmigen von *Zygnema*. Zu den primitivsten Chloroplastenformen dürfte auch die Mulden- oder Napfform gehören, welche bereits unter den Flagellaten bei Chlamydomonas auftritt, aber auch noch beim Lebermoos *Anthoceros* vorkommt, in dem sich wie bei keiner anderen Gattung des Pflanzenreiches primitivste mit fortgeschrittenen Merkmalen begegnen (algenartige Plastiden mit Pyrenoid und echte Spaltöffnungen; vgl. Herzog, Zur Phylogenie der Gattung *Anthoceros* mit besonderer

Berücksichtigung ihrer Beziehungen zu den Psilophyten. Staatsexamenarbeit Darmstadt 1933; nicht gedruckt).

So ausgedehnte Chloroplasten lassen neben den äußeren Umrissen an strukturellen Einzelheiten meist leicht bestimmte „Stärkeherde" oder *Pyrenoide* erkennen, stärker färbbare kugelige Massenzentren, an denen die Ablagerung von Stärke einsetzt (Abb. 15). Diesen Pyrenoiden gegenüber erscheint der übrige Chloroplast dünn ausgewalzt, gleichmäßig lichtgrün, im kurzwelligen Licht blutrot fluorescierend. Bei *Closterium* sitzen die dünnen Leisten sternförmig einer massiven Mittelsäule auf.

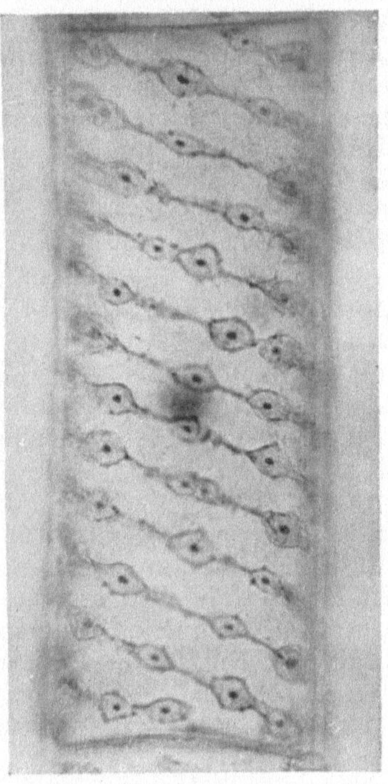
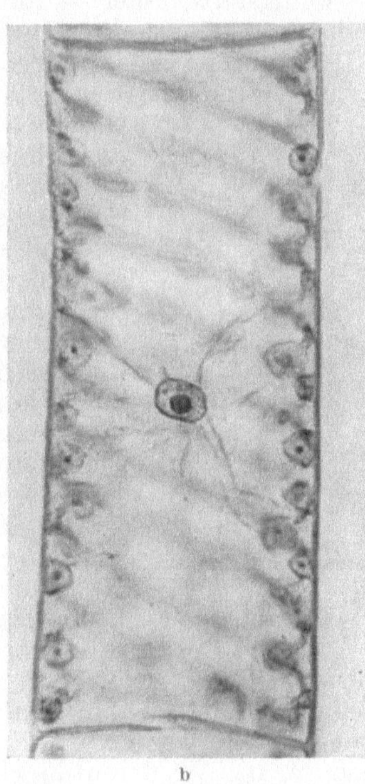

a   b

Abb. 15a u. b. *Spirogyra* bei hoher und mittlerer Einstellung. Bei ersterer (a) den schraubigen Chloroplasten in Flächenansicht, bei letzterer (b) hauptsächlich den zentralen Zellkern zeigend. Die Fäden dieser Alge sind aus lauter gleichartigen Zellen aufgebaut. (Nach Biebl und Germ)

Die *Vermehrung* solcher Chloroplastenformen läßt sich vor allem bei den *Desmidiaceen*, etwa *Micrasterias* und *Euastrum* schön verfolgen: Wenn im Gefolge einer Teilung des „in der Brücke" liegenden Zellkerns die beiden Zellhälften auseinanderweichen und die verlorene Zellhälfte durch Sprossung regenerieren, sieht man auch den Chloroplasten in die neue Hälfte hineinwachsen und diese schließlich genau so ausfüllen wie es in der ersten Hälfte der Fall war. Beinahe noch einfacher erscheint die Chloroplastenteilung bei Spirogyra, wo bei der Zellteilung einfach die Spiralen der Chloroplasten durchgeschnürt werden.

2. Feinbau der Chlorophyllkörner: Lamellen und Grana

Neben dem Zelltyp mit einem einzigen oder wenigen großen Chloroplasten gibt es wahrscheinlich schon von Anfang an, jedenfalls bei zahlreichen Grünalgen einen Zelltyp mit vielen kleinen Chlorophyll*körnern*, meist linsenförmigen Gebilden von wenigen μ Größe. Von den Moosen aufwärts hat sich mit Ausnahme des bereits erwähnten *Anthoceros* und gewisser *Selaginella*-Arten dieser Typ bei allen Cormophyten allein durchgesetzt.

Sein Vorzug dürfte in der relativ größeren Oberfläche liegen, welche Zu-
und Abfuhr der Stoffe beim Assimilationsvorgang erleichtert.

Zur Herkunft dieses Typs ist zu sagen, daß wir uns stammesgeschichtlich eher eine nachträgliche Zerlegung großer Chloroplasten in kleinere Einheiten vorstellen können als umgekehrt den Zusammentritt von Chlorophyllkörnern zu großen Plastiden. Wahrscheinlicher aber
ist, daß beide Typen bei der Sonderung der Plastiden aus dem Cytoplasma zunächst unabhängig voneinander als gleichberechtigte Möglichkeiten entstanden sind und erst im Laufe
der Entwicklung der Korntyp das Übergewicht erlangt hat.

Überraschenderweise ist nun gerade bei dieser scheinbar einfacheren
Form des Chlorophyll*korns* ein verwickelterer Feinbau nachgewiesen worden,
als er — wenigstens bisher — für die größeren Chloroplasten bekannt ist:
Wie schon SCHIMPER und ARTHUR MEYER wußten und DUTRELIGNE und
HEITZ 1935 durch viele Neubeobachtungen und mikrophotographische
Belege (Abb. 16) endgültig der Vergessenheit entrissen, kann man bei günstigen

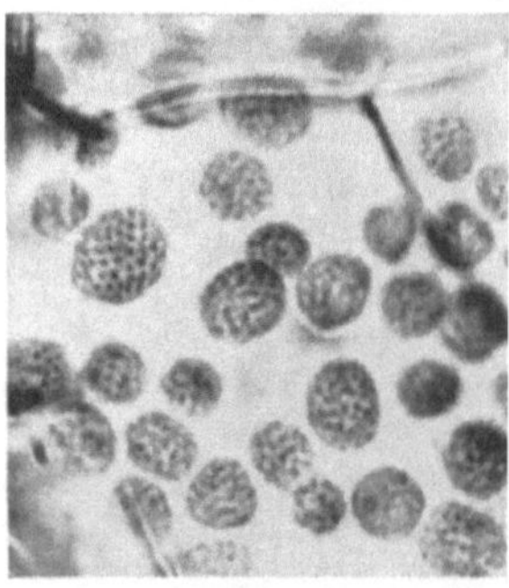

Abb. 16. Aufnahme der Chloro-
plasten in einem intakten Blatt
der Wasserpflanze *Aponogeton*.
Alle Chloroplasten zeigen deut-
lichen Granabau, der nur an der
Einschnürung eines sich teilenden
Chloroplasten (unten) aussetzt.
(Nach HEITZ)

Objekten schon im Lichtmikroskop erkennen, daß
die grünen Farbstoffe nicht gleichmäßig über die
Chloroplastenmasse verteilt, sondern in besonderen
Scheibchen, den *Grana*, konzentriert sind, welche
in der Flächenansicht kreisförmig, bei dichter Lage
auch polygonal abgeplattet, in der Seitenansicht
aber schmal strichförmig erscheinen. Das „Stroma"
zwischen den Grana ist farblos; davon kann man
sich besonders im Dunkelfeld des Fluorescenz-
mikroskopes überzeugen, in welchem ausschließlich
die Grana in der blutroten Fluorescenzfarbe des
Chlorophylls aufleuchten (Abb. 3). Da die Grana
mit Durchmessern von wenigen zehntel Mikron
knapp an der Auflösungsgrenze des Lichtmikroskopes liegen, blieb die Entscheidung der Frage, ob
sie eine allgemein verbreitete Feinstruktur der
Chloroplasten darstellen, dem Elektronenmikroskop vorbehalten, dessen Einsatz hier die ersten
Triumphe auf dem Gebiete der botanischen Cytologie feierte. Bevor wir
diese Befunde darstellen, muß aber noch einer anderen Feinstruktur der
Plastiden gedacht werden.

Schon vor der Wiederentdeckung der Grana durch HEITZ war von den
Physiologen eine Feinstruktur noch höherer Ordnung postuliert worden:
Die gewaltige Oberflächenaktivität, welche die Chloroplasten beim Assi-
milationsvorgang zeigen, legte zusammen mit den Befunden der chemischen
Analyse, wonach in der Trockensubstanz der Plastiden neben rund $^2/_3$ Eiweiß
$^1/_3$ Lipoide vorkommen, die Vorstellung nahe, daß das Chlorophyll zwischen
alternierenden Eiweiß- und Fettschichten monomolekular gespreitet sein
könnte. Bemerkenswerterweise ließ sich auch diese Vorstellung anatomisch
erhärten: Zunächst wiesen die Polarisationsoptiker darauf hin, daß die
Doppelbrechung der Chloroplasten auf einen lamellaren Aufbau (Schichten-
Mischkörper) deute. 1939 konnte dann MENKE an den schon erwähnten
großen Chloroplasten von Anthoceros eine an der Grenze der mikroskopischen Sichtbarkeit liegende *Lamellierung parallel zur Oberfläche* erstmals
direkt beobachten und mikrophotographisch belegen. Unter der quellenden
Einwirkung von Rhodankalium wies STRUGGER 1947 mit Hilfe des inzwischen
verfügbar gewordenen Phasenkontrasts die weite Verbreitung solcher
Lamellenstrukturen nach.

Entscheidende Fortschritte brachte aber erst der Einsatz des Elektronenmikroskops: Schon die ersten Prospekte zum Sjöstrandschen Ultra-

mikrotom brachten in 220000facher Vergrößerung den Lamellenbau überwältigend schön und überzeugend zur Anschauung (Abb. 17). Seither haben alle Untersuchungen — und der Chloroplastenfeinbau gehört nach den ermunternden Anfangserfolgen zu den elektronenoptisch meistbearbeiteten Teilgebieten der Cytologie — für sämtliche Plastiden der Algen und Cormophyten einen lamellaren Aufbau ergeben, wobei die Zahl der Lamellen zwischen wenigen und etwa 60 schwankt. Ihre Vermehrung scheint durch identische Reduplikation, Verdickung und Aufspaltung der Lamellen, zu erfolgen, die von der Mitte gegen den Rand des Plastiden verläuft.

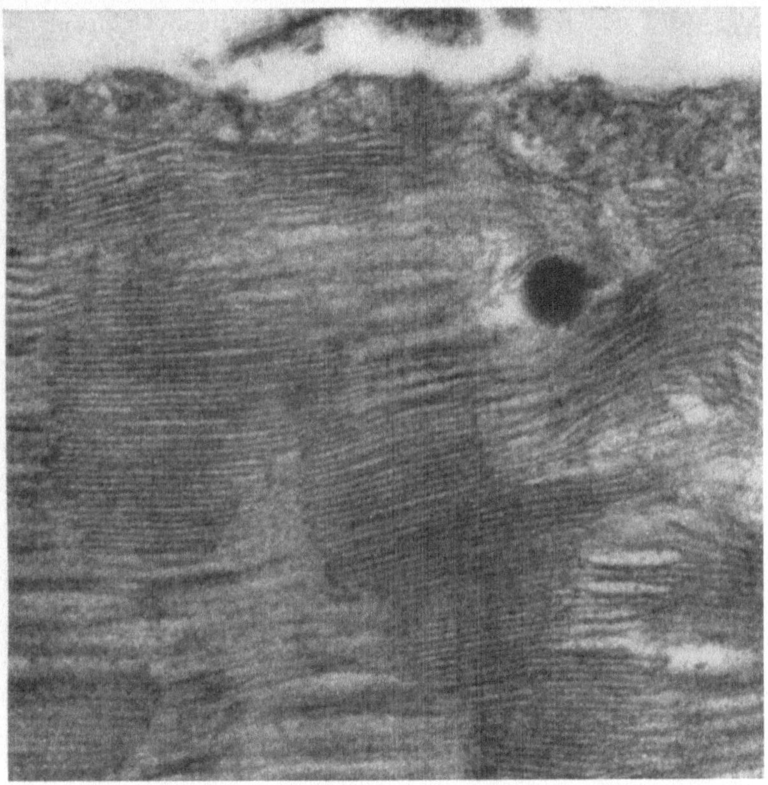

Abb. 17. Lamellenbau im Chloroplasten von *Aspidistra* nach Osmiumfixierung und Ultradünnschnitten mit dem Ultramikrotom von SJÖSTRAND. Ausschnittsvergrößerung 200000:1

Im Gegensatz zur Lamellenstruktur hat sich die *Lokalisierung des Chlorophylls in den Grana* als *ein zusätzliches höheres Differenzierungsprinzip* erwiesen, das den Algenchloroplasten noch fehlt und erst bei den Cormophyten — und auch hier nicht allgemein — auftritt. Das neue Prinzip fügt sich in der Weise in den vorhandenen Schichtenbau ein, daß die „Trägerlamellen" örtlich aufspalten und chlorophyllführende Granascheibchen entwickeln, welche in benachbarten Lamellen wie Geldrollen übereinanderliegen können[1]. Noch vor Erfindung des Ultramikrotoms haben

---

[1] In Chloroplasten- und Grana-Suspensionen können die Trägerlamellen verquellen, ohne daß die photosynthetischen Leistungen der Grana-Stapel zunächst verlorengehen. Da es sich demnach offenbar nicht um offene Lamellsysteme, sondern geschlossene Behälter handelt, wurde auf der Deutschen Botanikertagung in Halle 1961 empfohlen, von Grana- und Träger- oder Stroma-*Vesikeln* zu sprechen.

FREY-WYSSLING und MÜHLETHALER in Quetschpräparaten solche um-
gekippte Geldrollen zur Anschauung bringen können. Die Ordnung braucht
aber nicht immer so streng zu sein, wie das STRUGGER in seinem bekannten
Schema dargestellt hat; diese Anordnung hängt vielmehr eng mit der Frage
der *Ontogenie* dieser komplizierten Strukturen zusammen.

Über diese hatte sich STRUGGER bereits 1950 auf Grund seiner lichtmikroskopischen Beobachtungen Vorstellungen zu machen versucht. Er
stieß an den Vegetationspunkten auf Frühstadien der Plastiden *(Proplastiden)*, welche immer weniger, aber doch stets wenigstens ein Granum
besaßen, welches er daher Primärgranum nannte. Er stellte sich vor, daß
die größere Zahl der Grana (bis über 50) im fertigen Chloroplasten aus

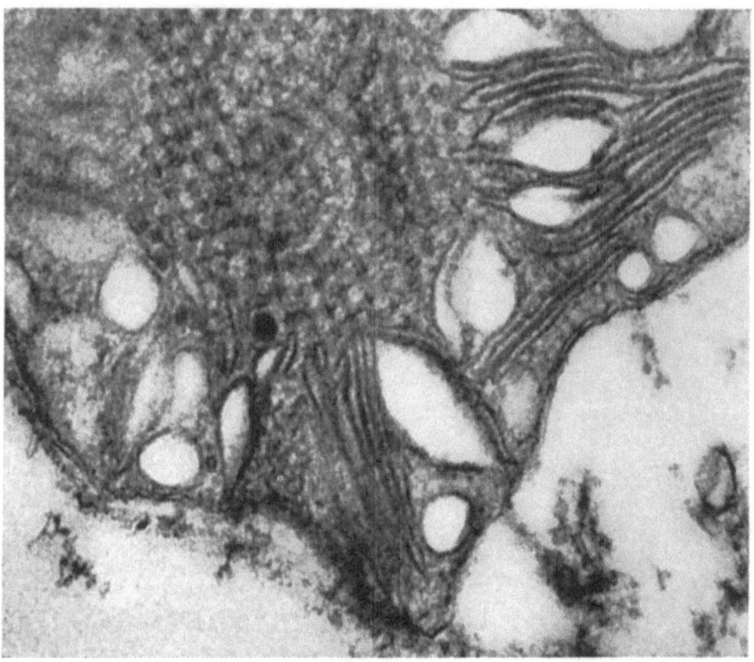

Abb. 18. Querschnitt durch einen jungen Chloroplasten von *Chlorophytum*. Aus dem gitterförmig gebauten
Prolamellarkörper (Primär- oder Programm) sprossen rechts und unten Stromalamellen. 44000:1. (Nach
PERNER)

sukzessiven Teilungen des Primärgranums hervorgeht. Die elektronenoptische Durcharbeitung durch verschiedene Forschungsgruppen hat aber
diese einfache Vorstellung nicht bestätigt: Zwar wurde STRUGGERs Primärgranum, dessen Existenz von manchen bestritten worden war, inzwischen
auch von seinen Gegnern gefunden; es liefert aber die späteren Grana nicht
durch einfache Teilung, sondern sproßt zunächst Lamellen aus, in denen
sich die Grana erst sekundär differenzieren können (Abb. 18). MÜHLETHALER
hat diesen Zusammenhang in einem unserem heutigen Wissensstand entsprechenden Schema (Abb. 19) wiedergegeben und schlägt vor, STRUGGERs
Primärgranum sachlich richtiger „*Prolamellarkörper*" zu nennen. Nachdem
STRUGGERs Priorität in der Entdeckung des Gebildes heute unbestritten
ist, würde er die internationale Diskussion erleichtern, wenn er sich diesem
Namensvorschlag anschließen und auf die zumindest mißverständliche
Bezeichnung Primärgranum verzichten würde. Prioritätsregeln haben in

der Terminologie ja erst nach einer gewissen grundsätzlichen Klärung einen Sinn; vorher ringt man besser gemeinsam um die sachgemäßeste Benennung.

Der Prolamellarkörper hat einen hochgradig kristallinen Gitterbau, der beim Sprossen der Lamellen allmählich schwindet und aufgezehrt wird.

Als Gegenstand mikroskopischer Beobachtung sei schließlich noch kurz auf die Tatsache der *Chloroplastenbewegung* hingewiesen: Viele Pflanzen aller Klassen (Algen, Moose, Farne und Blütenpflanzen) besitzen die Fähigkeit, die Chlorophyllkörner bzw. Chloroplasten *(Mougeotia)* bei Schwachlicht durch das Cytoplasma in Flächenstellung zu dirigieren, während sie bei Überschreitung des zuträglichen Lichtgenusses an den antiklinen (d. h. zur Oberfläche senkrecht stehenden) Wänden aufmarschieren. Die Umstellung ist von einem selbst dem

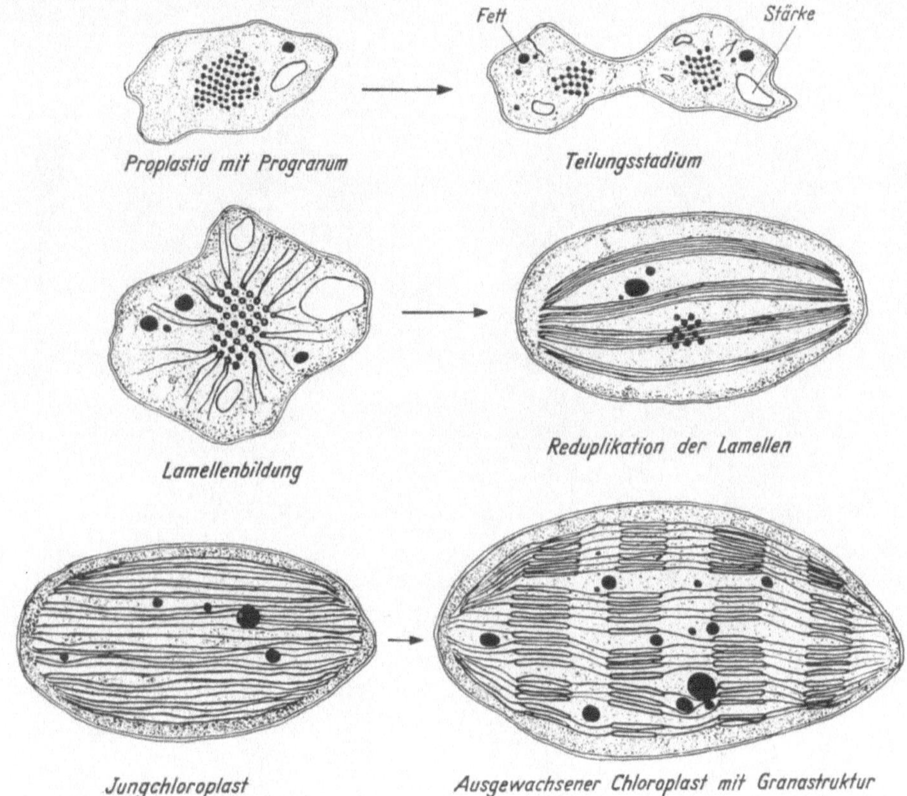

Abb. 19. Schema der Chloroplastenentwicklung nach MÜHLETHALER

freien Auge erkennbaren und optisch gut meßbaren Farbwechsel begleitet. Die ansprechende Erscheinung hat in jüngster Zeit nicht nur eine Reihe neuer experimenteller Untersuchungen, sondern auch eine fesselnde Sammeldarstellung (HAUPT im Handbuch der Pflanzenphysiologie) erfahren, auf die verwiesen sei. — Plasmolyse kann die Chloroplasten zur Ballung um den Zellkern veranlassen, während das übrige Cytoplasma wasserklar wird (vgl. den Unterrichtsfilm „Plasmolyse und Permeabilität von STRUGGER und PERNER). Die von KÜSTER entdeckte und seither wiederholt untersuchte Erscheinung wird *Systrophe* genannt.

3. Leukoplasten und Chromoplasten

Die Betrachtung der Frühstadien der Plastiden veranlaßt uns nunmehr nachzutragen, daß sich bei höheren Pflanzen nicht alle Plastiden zu assimilationsfähigen Chloroplasten entwickeln, sondern z. T. auf einfacheren Differenzierungsstufen stehenbleiben oder über das grüne Stadium hinaus

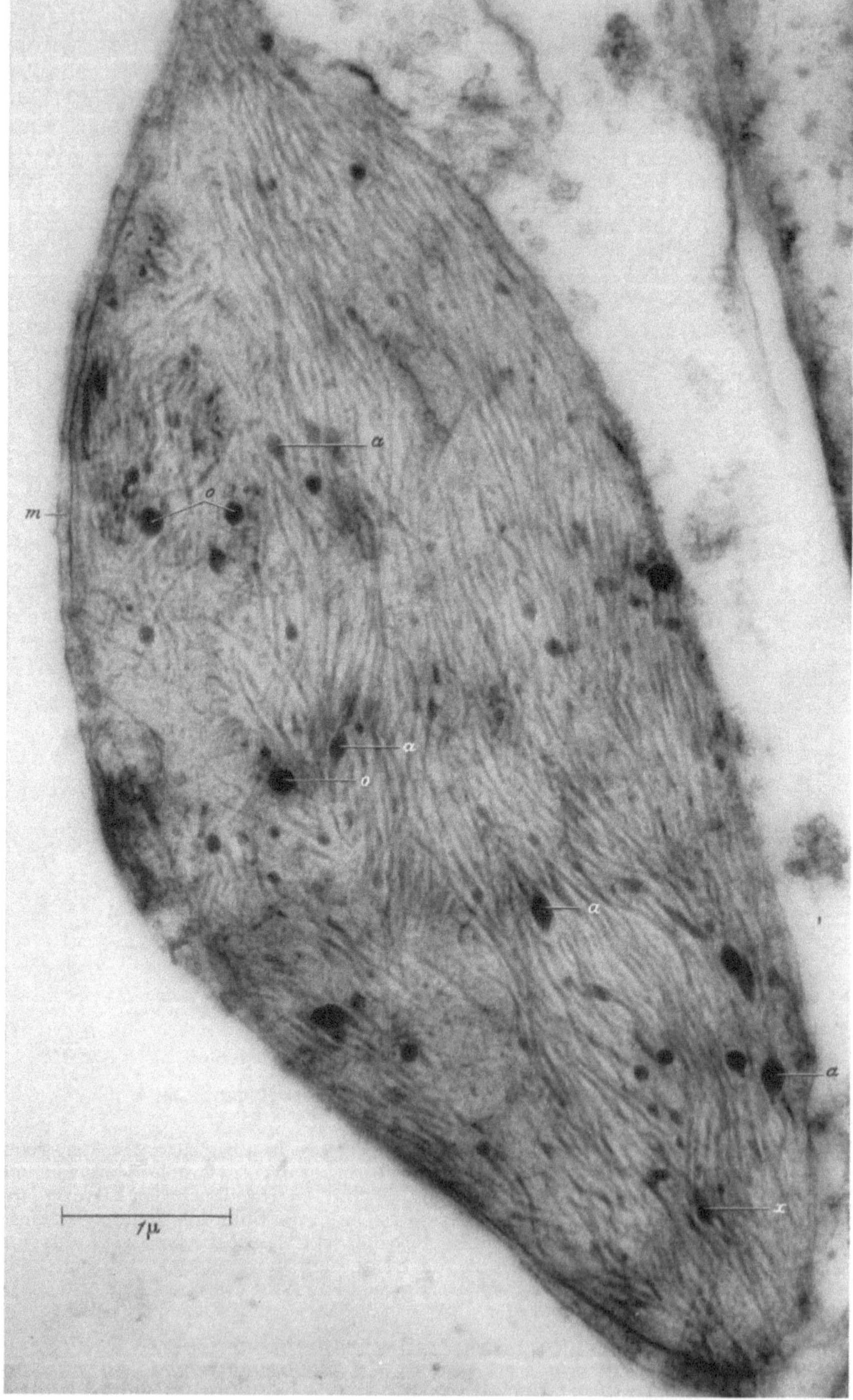

Abb. 20. Längsschnitt durch einen Chromoplasten aus dem Fruchtfleisch von *Solanum capsicastrum*. Der ursprüngliche Aufbau des Plastiden hat sich in ein System von Mikrofibrillen umgewandelt. *m* Plastidenmembran; *o* osmiophile Granula; *x* Überkreuzungsstellen der Mikrofibrillen; *a* lokale, den osmiophilen Granula ähnelnde Anschwellungen der Mikrofibrillen. (Nach STEFFEN und WALTER)

altern können. Bilden die Plastiden überhaupt keine Farbstoffe aus, so sprechen wir von *Leukoplasten*, enthalten sie nur die gelb-roten Carotinoide, aber kein Chlorophyll, so heißen wir sie *Chromoplasten*. Letztere können entweder unmittelbar aus farblosen Leukoplasten entstehen (Beispiel: Gelbe Rübe, *Daucus carota*), häufiger aber stellen sie Altersstadien der Chloroplasten dar, in welchen die grünen Farbstoffe vor den gelben abgebaut werden (Herbstfärbung von Laubblättern, manche Blüten, welche das Chloroplastenstadium bereits in der Knospe durchlaufen, Reifwerden zunächst grüner Früchte). In diesem zweiten Fall werden Lamellenstrukturen weitgehend eingeschmolzen und entsteht schließlich ein fibrillärer Feinbau (STEFFEN und WALTER 1955; Abb. 20). Ein Wiederergrünen von Chromoplasten, also eine Rückbildung zu Chloroplasten findet niemals statt: Der Weg vom Chloro- zum Chromoplasten ist irreversibel (monotroper Entwicklungsablauf; FREY-WYSSLING, RUCH und BERGER, SEYBOLD).

Auch diese Differenzierung der Plastiden in Protoplastiden, Leuko-, Chloro- und Chromoplasten stellt eine Errungenschaft der Cormophyten dar. Bei Protisten und Algen gibt es nur ganz ausnahmsweise pigmentlose Plastiden (mixotrophe Flagellaten, Haftscheiben der Laminarien und Fucaceen?). Bei den höheren Pflanzen ermöglicht aber das embryonale Stadium in Keimzellen und Meristemen, nicht alle Plastiden ergrünen zu lassen, sondern sie zum Teil anderen Zwecken zuzuführen. Diese Arbeitsteilung findet sich bereits im Vorkeim der Moose, der bei der Sporenkeimung farblose Rhizoide und grüne Chloronemen entwickelt. Selbst in den Assimilationsorganen der Laubblätter ergrünen keineswegs alle Zellen, obwohl sie alle Proplastiden besitzen, sondern Epidermis und Nervatur pflegen bei Landpflanzen farblos zu bleiben (vgl. dazu unten S. 183). Bei Orchideen und anderen Monocotylen findet man aber in der Epidermis um den Zellkern geschart recht auffällige Leukoplasten.

Literatur

LINSBAUERs Handbuch der Pflanzenanatomie: Die Plastiden v. P. N. SCHÜRHOFF, 1924.

HAUPT, W.: Chloroplastenbewegung. In Handbuch der Pflanzenphysiologie, Bd. 17/1, S. 278—317. 1959.

HEITZ, E.: Untersuchungen über den Bau der Plastiden. I. Die gerichteten Chlorophyllscheiben der Chloroplasten. Planta (Berl.) **26**, 134—163 (1936).

HUBERT, B.: The physical state of chlorophyll in the living plastid. (Diss. Leiden.) Rec. Trav. bot. néerl. **32**, 323—390 (1935).

MENKE, W.: Die Lamellarstruktur der Chloroplasten im ultravioletten Licht. Naturwissenschaften **28**, 158 (1940).

MEYER, A.: Das Chlorophyllkorn in chemischer, morphologischer und biologischer Beziehung. Leipzig 1883.

MÜHLETHALER, K.: Submikroskopische Morphologie. Jährliche Sammelberichte in den „Fortschritten der Botanik".

PERNER, E. S.: Die ontogenetische Entwicklung der Chloroplasten von *Chlorophytum comosum*. I. u. II. Z. Naturforsch. 11 b, 560—566, 567—573 (1956).

SCHMITZ, F.: Beiträge zur Kenntnis der Chromatophoren. Jb. wiss. Bot. **15**, 1—177 (1884).

SENN, G.: Die Gestalts- und Lageveränderungen der Pflanzen-Chromatophoren. Leipzig 1908.

SJÖSTRAND, F. S.: A new ultra-microtome. LKB-Produkter, Fabriksaktiebolag Stockholm (Prospekt ohne Jahreszahl, etwa 1953).

STEFFEN, K., u. F. WALTER: Die Chromoplasten von *Solanum capsicastrum L.* und ihre Genese. Elektronenmikroskopische Untersuchungen zur Plastidenmetamorphose. Planta (Berl.) **50**, 640—670 (1958).

STRUGGER, S.: Die Strukturordnung im Chloroplasten. Ber. dtsch. bot. Ges. **64**, 69—83 (1951).

E. Die nicht lebenden Zellbestandteile

1. Zellsaft

Nach Besprechung des Protoplasmas wollen wir — wesentlich kürzer — auch noch auf die toten Bestandteile der Zelle eingehen, zunächst auf den Zellsaft, der sich beim Heranwachsen der Zelle vom Plasma anfangs in mehreren getrennten *Vacuolen* absetzt, später aber meist zu einem einzigen großen *Zellsaftraum* zusammenfließt, der vom Cytoplasma durch die plasmatische Grenzschicht des *Tonoplasten* getrennt ist. Der Zellsaft erscheint als optisch homogene wäßrige Lösung, kann aber durch gelöste Inhaltsstoffe, besonders Anthocyane und Anthochlore rot bis blau bzw. gelb gefärbt sein.

Daß neben solchen durch ihre Färbung sichtbaren Stoffen auch andere im Zellsaft gelöst sind, beweist die oben eingehend besprochene Plasmolyse: Wenn wir im allgemeinen 0,2- bis etwa 1molare Lösungen, bei Salzpflanzen sogar z. T. 3molare Lösungen anwenden müssen, um Grenzplasmolyse zu erzielen, so müssen wir im Zellsaft eine gleich hohe Konzentration gelöster Moleküle annehmen. Um welche Stoffe es sich dabei handelt, läßt sich freilich in der Hauptsache nicht mehr mit anatomischen Methoden einschließlich lokalisierter mikrochemischer Reaktionen entscheiden, sondern ist erst durch die chemische Analyse abgepreßter Zellsäfte aufgeklärt worden. Wir verweisen auf die Darstellung von PISEK im Handbuch der Pflanzenphysiologie.

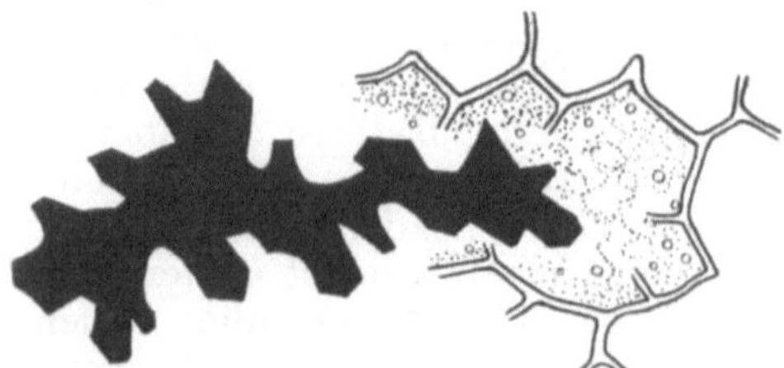

Abb. 21. Frei ins Wasser ragender sternförmiger Zell-„Saft" einer angerissenen Mesophyllzelle eines Blütenblattes von *Echium italicum*. (Nach GICKLHORN und WEBER aus STRUGGERS Praktikum)

Auch mit zellphysiologischen Methoden sind in jüngerer Zeit einige nette Beobachtungen gelungen, welche die scheinbare Einförmigkeit differenzieren: So fließt aus angerissenen *Borraginaceen*-Zellen der Zellsaft nicht aus, sondern erweist sich als gallertig verfestigt (Abb. 21). Auch fluorescierende Vitalfarbstoffe wie Acridin-Orange werden von Zellsäften unterschiedlich adsorbiert; HÖFLER unterscheidet darnach „volle", d. h. adsorptionsfähige Körper enthaltende, und „leere" Zellsäfte ohne solche.

2. Geformte Zellinhaltskörper

Mikroskopisch auffälliger und daher in den deskriptiven Darstellungen gerne mit einer ihrer Bedeutung kaum gebührenden Breite behandelt sind die festen Inhaltskörper, welche z. T. im Plasma, z. T. im Zellsaft ausfallen können. Hierher müßte man vielleicht bereits die im Cytoplasma erkennbaren Mikrosomen einschließlich der Mitochondrien (Chondriosomen) rechnen, welche bereits oben S. 24 besprochen wurden.

Weitest verbreitet sind die *Stärkekörner*, welche ausschließlich in bzw. auf den Plastiden abgeschieden werden. Als Erzeugnisse des Lebens sind sie trotz ihres kristallinen Aufbaues nicht uniform, sondern spezifisch verschieden, je nach den Bildungsbedingungen, welche sie im Plastiden vorfinden: Geht nämlich ihre Bildung innerhalb des Plastiden von einem einzigen Kristallisationszentrum aus, so entstehen einfache Stärkekörner, erfolgt sie dagegen von mehreren Zentren gleichzeitig, so gibt es mehr oder weniger zusammengesetzte Körner (bis zu 30000 Teilkörner beim Spinat). Die Rhythmik ihrer Absetzung und ihres Wachstums kann, besonders im gequollenen Zustande, als Schichtung sichtbar werden und bei Entquellung, z. B. in konzentriertem Glycerin, wieder verschwinden. Solche Schichtung läßt uns erkennen, daß bei exzentrischer Lage des Bildungszentrums im Plastiden auch das Wachstum entsprechend exzentrisch erfolgt (Kartoffel), während bei zentraler Lage streng kugelige oder wenigstens rotationssymmetrische Stärkekörner heranwachsen. Das kreuzförmige Aufleuchten der Stärkekörner im Polarisationsmikroskop (Abbildung 22) beweist eine sphäritische Anordnung kristalliner Einheiten. Es wird daher angenommen, daß im Polysaccharid Stärke die Glucoseeinheiten im Gegensatz zur Cellulose (s. u.) nicht in einfachen Fa-

Abb. 22. Kartoffelstärke im Polarisationsmikroskop. Der kreuzweise Wechsel von Auslöschung und Aufl uchten beweist einen kristallinen Feinbau. 350:1

denmolekülen, sondern in verästelter oder vernetzter Anordnung polymerisieren (Näheres in den Darstellungen von BADENHUIZEN und WHELAN im Handbuch der Pflanzenphysiologie.)

Zu den geformten Abscheidungen des Plasmas gehören auch die in ihrer Verbreitung wesentlich beschränkteren *Öl- und Eiweißkörper:* Die Ölkörper der Lebermoose (MÜLLER 1939) bestehen meist aus zahlreichen kleineren oder größeren Tröpfchen, die von einer cytoplasmatischen Hülle zusammengehalten werden. Meist liegen sie zu mehreren in einer Zelle (Abb. 23); seltener fließen sie zu einer einzigen großen Ölkugel zusammen. Die in ihnen enthaltenen ätherischen Öle sind so mannigfaltig, daß Gattungen und selbst Untergattungen nach dem Geruch erkannt und unterschieden werden können (Beispiel: *Grimaldia fragrans*). — Eiweiß- oder Aleuronkörner finden sich in mannigfacher Gestalt (Spindeln, kugelige „Globoide", Kristalloide) als Speicherstoffe besonders in Samen und

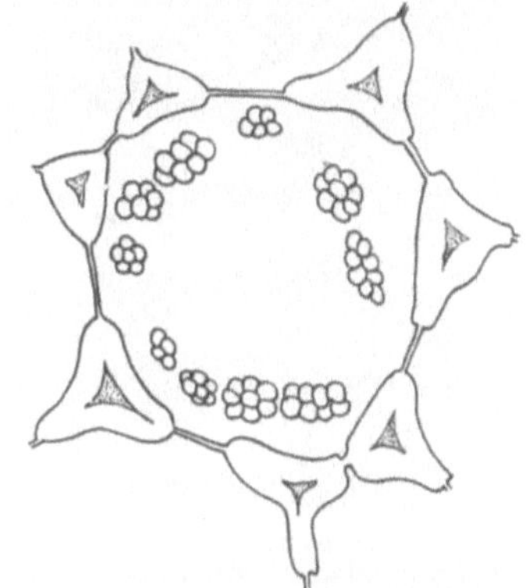

Abb. 23. Zehn kugelig zusammengesetzte Ölkörper in einer Zelle des Lebermooses *Mylia anomala*. (Nach MÜLLER)

anderen Speicherorganen (Kartoffelknolle nahe der Korkhaut). Neben solchen physiologischen Vorkommen können auch krankhafte Viruskörper (x-bodies) gelegentlich lichtmikroskopisch sichtbare Maße erreichen (Näheres in KÜSTERs „Pflanzenzelle", S. 485—492.)

Von Kristalleinschlüssen sollen nur die beiden auffälligsten und verbreitetsten besprochen werden, nämlich *Calcium-Oxalat* und Kieselsäure (SiO_2). Beide bleiben bei schonender Veraschung in ihrer histologischen

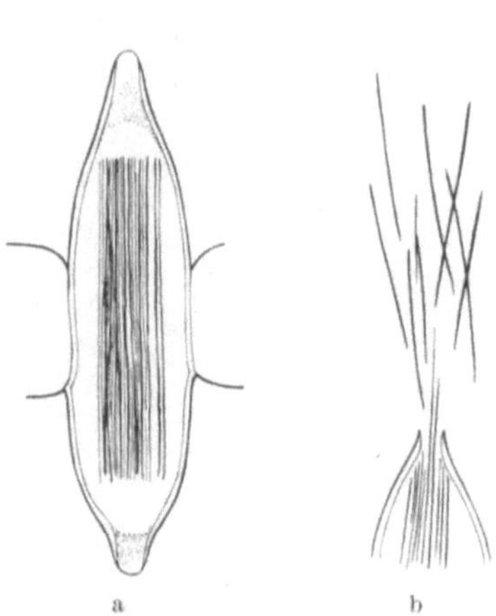

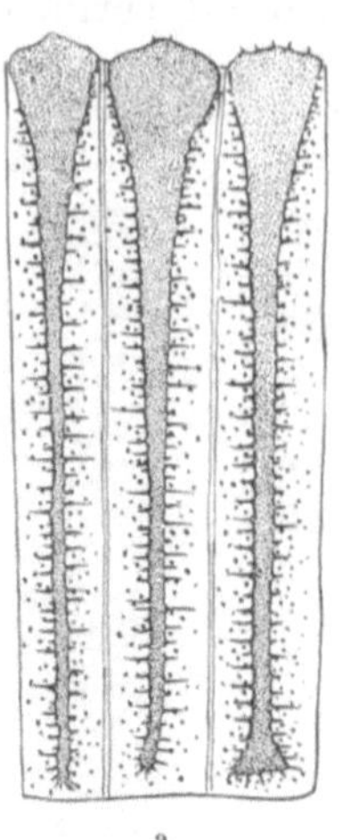

Abb. 24 a u. b. a Raphidenzelle in der einschichtigen Parenchymlamelle des Aerenchyms von *Pistia Stratiotes*. b Geöffnetes Ende einer solchen Raphidenzelle mit teilweise abgeschossenen Raphiden. (Nach HABERLANDT)

Abb. 25 a u. b. Lumen- und tüpfelfüllende Kieselkörper im Endokarp der Palme *Phytelephas* (vegetabilisches Elfenbein) a in natürlicher Lage; bei der Veraschung sintern diese Kieselkörper nur wenig zusammen (b). (Nach MOLISCH)

Lage erhalten und können so ohne störendes Beiwerk studiert werden (MOLISCHs „*Spodogramme*", Abb. 25 und 26).

Das *Ca-Oxalat* kristallisiert je nach dem Gehalt an Kristallwasser monoklin oder triklin (FREY-WYSSLING). Es findet sich als Kristallsand, in Einzelkristallen, Kristalldrusen und — besonders auffallend — nadelförmig gebüschelt als „Raphiden" in besonderen Einzelzellen (Idioblasten), die sich bei der cytologischen Prüfung als polyploid erwiesen haben (RENNER u. Mitarb.). Bei der Schwerlöslichkeit dieses Salzes fällt es zwangsläufig aus, wo Oxalsäure und Calcium zusammentreffen; es ist aber glaubhaft, daß das Leben diese Möglichkeit zur Festlegung überschüssigen Calciums einerseits, der Entsäuerung andererseits „ausnützt". Ob die Raphiden, welche bei Araceen aus in den Intercellulargängen aufgehängten Idioblasten durch vorgebildete Dünnstellen regelrecht abgeschossen werden (Abb. 24), wirklich Schneckenfraß verhindern, wie STAHL meinte, ist strittig.

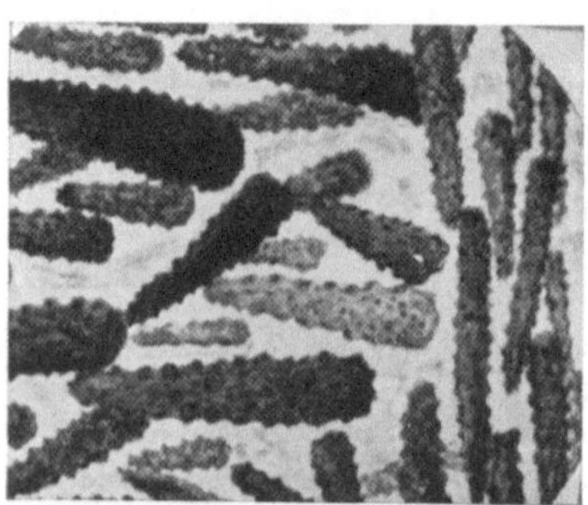

Abb. 26. Aschenbild der Acanthacee *Strobilanthes isophyllus* mit maiskolbenähnlichen Cystolithen; diese liegen in der rechten Bildhälfte über einem Blattnerven längs, in der linken quer zur Blattachse; letztere sind derber gebaut. (Nach MOLISCH)

Mikrochemisch lassen sich die Ca-Oxalatvorkommen von den anschließend zu besprechenden Kieselkörpern leicht dadurch unterscheiden, daß sie sich in Schwefelsäure lösen und an ihrer Stelle Gipsnadeln als noch schwerer lösliches Produkt ausfallen.

Kieselkörper finden sich in größerer Verbreitung und den mannigfachsten Formen besonders bei Palmen (Abb. 25)[1], aber auch bei Gräsern, Sauergräsern (Cyperaceen) und anderen Monocotylen (z. B. in der Bromeliaceen-Epidermis). Bei Gräsern liegen sie vor allem als „Deckzellen" (Stegmata) über den Blattnerven und sollen diese mechanisch vor Tierfraß schützen.

Schließlich seien noch die für ganze Familien wie Moraceen, Urticaceen und Acanthaceen kennzeichnenden *Cystolithen* (= Blasensteine) erwähnt. Sie sitzen an einem Stielchen der äußeren Zellwand auf, gehören also, streng genommen, bereits zu der anschließend zu besprechenden Membran. An diesen Membranfortsatz sind aber so reichlich mineralische Inkrusten ein- und angelagert, daß sie schon hier besprochen werden sollen. Die Inkrustation erweist sich als kohlensaurer Kalk, der bei starker Atmung in Bicarbonat übergehen und nach Spaltenschluß noch eine gewisse Assimilation ermöglichen kann (Carbonat-Bicarbonatpuffer; RABIGER). Auch diese Cystolithen widerstehen (mindestens als Calciumoxyd) der Veraschung und ermöglichen im Spodogramm Familien- und Gattungsdiagnosen (MOLISCH, Abb. 26).

3. Zellwand

a) Mikroskopische Struktur

Als letztes, aber auch auffälligstes Abscheidungsprodukt der Pflanzenzelle haben wir schließlich noch die Zellwand zu betrachten: Wir sahen sie im letzten Akt der Kern- und Zellteilung aus tröpfchenförmigen Verdikkungen der Spindelfasern zusammenfließen und schließlich seitlich an die vorhandene Wand anschließen. Diese Primärlamelle ist augenscheinlich noch sehr plastisch und einer erstaunlichen Flächendehnung fähig. Es genügt, auf das von OVERBECK näher analysierte Beispiel der Sporogonstiele des Lebermooses *Pellia epiphylla* hinzuweisen, welche sich innerhalb weniger Tage ohne weitere Zellteilung von zwei auf über 40 mm strecken. Da dabei die Wände trotzdem nicht dünner werden, liegt klar zutage, daß die Wandsubstanz von der Zelle her laufend ergänzt wird (die osmotischen Werte des Zellsaftes sinken dabei beträchtlich). Man führt dieses Flächenwachstum der Wände auf *Intussusception*, d. h. Einlagerung gleichartiger Bausteine zwischen die bereits vorhandenen zurück. Aus physiologischen Untersuchungen wissen wir, daß die Wuchsstoffe bei diesem plastisch dehnbaren Zustand der Wände eine wesentliche Rolle spielen. Auf die Vorstellungen, welche das Elektronenmikroskop über diese Vorgänge vermittelt, werden wir später zu sprechen kommen.

Hat die Zellwand schließlich ihre endgültige Flächenausdehnung erreicht, so kann sie oft noch lange und sehr beträchtlich in die Dicke wachsen. Wenn diese Zuwächse rhythmisch erfolgen, können auch chemisch unterscheidbare Schichten abgegrenzt werden, welche man als Primär-, Sekundär- und Tertiär-Lamellen bezeichnet hat. Diese Form des Membranwachstums nennt man *Apposition* (Anlagerung). Sie löst naturgemäß das Intussusceptions-Wachstum ab, doch können sich die beiden Vorgänge noch teil-

---

[1] Als ich 1921 in MOLISCHs Pflanzenphysiologischem Institut der Universität Wien an meiner Dissertation saß, arbeitete dort ein anderer Doktorand, GAUBA, die Palmensammlung des Naturhistorischen Museums auf die Verbreitung von Kieselkörpern durch. Er fand sie in mannigfachen Abwandlungen wohl überall, doch scheint die Arbeit in den Nöten der Nachkriegszeit nicht veröffentlicht worden zu sein. In die Lehrbuchliteratur hat nur das auch hier wiedergegebene Bild aus MOLISCHs „Mikrochemie der Pflanze" Eingang gefunden.

weise überschneiden, d. h. auch die teilweise verdickte Wand ist eine Zeitlang noch einer gewissen plastischen Dehnung fähig.

Erst infolge dieser nachträglichen zentripetalen Apposition erhält jede Zelle über die Trennung der Mittellamelle hinaus eine vollständige eigene Umwandung. Es war eine der grundlegenden Erkenntnisse für die Auffassung vom Organismus als Zellenstaat, als man um die Mitte des vorigen Jahrhunderts lernte, die Zellen durch Auflösung der Mittellamellen *(Maceration)* voneinander zu trennen, und dabei bemerkte, daß die Zellen nicht nur eine gemeinsame, sondern jede für sich eine vollständige eigene Wand besitzt, die Wände demnach gewissermaßen doppelt sind.

Anatomisch noch auffälliger und für die Wandbildung als Lebensvorgang überaus bezeichnend ist, daß Flächen- und Dickenwachstum der Wand nicht allseits gleichmäßig zu erfolgen brauchen, sich vielmehr häufig örtlich streng begrenzt abspielen: So bleiben in der Wurzelepidermis scharf umschriebene Stellen dehnbar und stülpen sich zu Wurzelhaaren aus (Abbildung 41; Näheres unten, S. 67). Ähnlichen Vorgängen verdankt das Sternparenchym im Mark der Simsen (*Juncus*-Arten) und — viel weiter verbreitet — das Schwammparenchym der Laubblätter seine mehrarmige Gestalt. Selbst die Fasern des Holzes sind zwar in ihrer

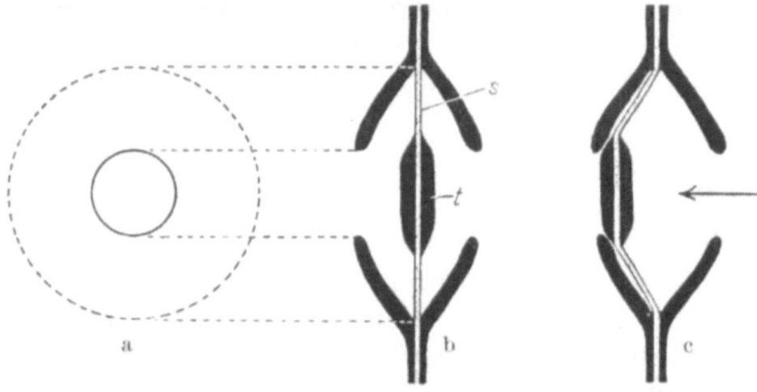

Abb. 27 a—c. Schema eines Nadelholz-Hoftüpfels in Flächenansicht (a) und Schnitt (b und c) Der Torus *t* legt sich bei einseitigem Überdruck durch Dehnung der Schließhaut *s* der Ausmündungsöffnung an. (Nach STOCKER)

Lage ziemlich fixiert, können sich aber durch örtliches Spitzenwachstum noch fester im Verband der Nachbarzellen verkeilen, leitende Elemente ihre gemeinsamen Berührungsflächen vergrößern (S. 95).

Beim Appositionswachstum fällt das örtliche Ausbleiben der Verdickungen an kreisförmig oder elliptisch umgrenzten Stellen auf, welche zur Erleichterung des Stoffdurchtrittes offen gehalten werden. Die alten Autoren, welche diese dünnen Membranstellen zuerst in Flächenansicht wahrnahmen, sprachen von Membran-„*Tüpfeln*", und diese Bezeichnung gebraucht man auch heute noch für alle unverdickten Wandstellen, selbst wenn es sich um mehr oder weniger lange Gänge („Tüpfel*kanäle*") handelt. Wenn sich eine verhältnismäßig breite Tüpfelbasis mit fortschreitendem Appositions-Wachstum blendenartig verengt, so daß beiderseits etwa kegel- oder linsenförmige Tüpfelkanäle entstehen, so sprechen wir von „*Hoftüpfeln*", weil in Flächenansicht die Basis und die Ausmündungsöffnung des Hoftüpfels konzentrische Kreise bilden können (in vielen Fällen sind aber die Ausmündungsöffnungen nicht kreisförmig, sondern schräg elliptisch bis spaltförmig; Abb. 27 und 28).

Trotz des Ausbleibens sekundärer Wandverdickungen bilden die Tüpfel keine offene Verbindung von Zelle zu Zelle, sondern erscheinen im Lichtmikroskop durch die durchlaufende Mittellamelle verschlossen; man nennt daher diese Stelle „Tüpfel-*Schließhaut*". Freilich gelang es schon im vorigen Jahrhundert mittels Quellung und Färbung nachzuweisen, daß die Tüpfelschließhäute, spärlicher auch andere, dickere Wandstellen von Plasmasträngen durchsetzt werden, welche die lebende Verbindung von Protoplast zu Protoplast herstellen (*Plasmodesmen* = Plasmabrücken). Im Elektronenmikroskop lassen sich Zahl, Anordnung und Größe dieser Poren bequem beobachten (Abb. 29). Neuerdings sind solche Plasmafortsätze in wechselnder Zahl und Dicke auch in den Außenwänden beobachtet worden (in den Ranken waren solche „Fühltüpfel" schon länger bekannt); sie werden zum Unterschied von den Plasmaverbindungen zwischen den Zellen (den Plasmodesmen) *Ektodesmen* genannt (SCHUMACHER und Schüler, Abb. 30).

Als Gegenstück der Tüpfel, der unverdickten Wandpartien, brauchen auch die Wand*verdickungen* nicht die ganze Wandfläche gleichmäßig zu überziehen, sondern können örtlich verstärkt erscheinen: Bekannte Beispiele solcher örtlicher Verdickungen sind die Ring- und Spiralleisten, mit denen das Lumen später absterbender Wasserleit- und Wasserspeicher-

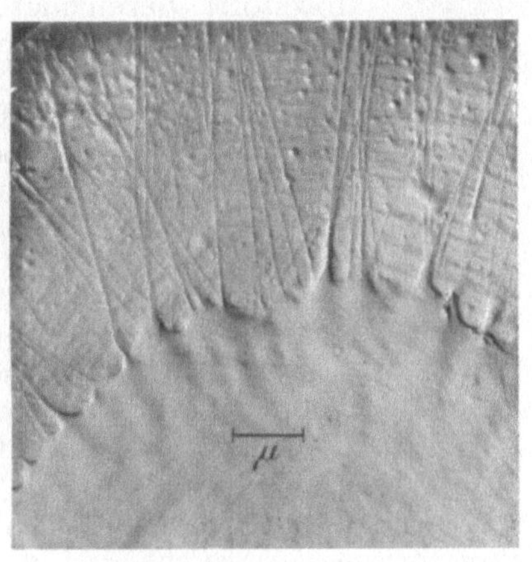

Abb. 28. Aufhängung des Hoftüpfeltorus an Radialfibrillen. Nach einer elektronenmikroskopischen Aufnahme (7500:1) von LIESE u. JOHANN

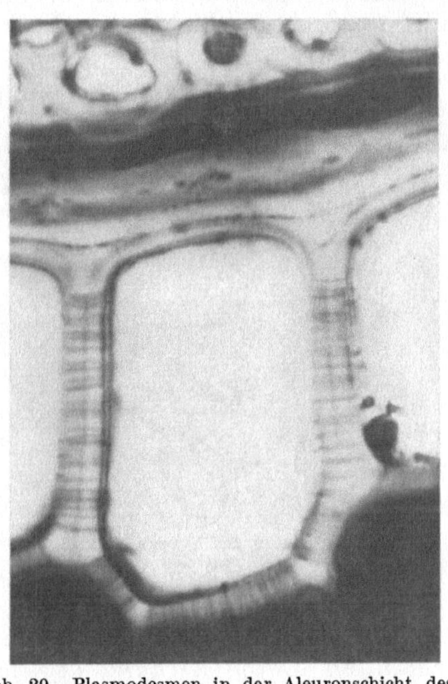

Abb. 29. Plasmodesmen in der Aleuronschicht des lufttrockenen Weizenkorns. 1000:1. (Nach KRULL)

Elemente offengehalten wird *(Sphagnum);* weniger klar ist die Rolle von Zäpfchen- und Zackenverdickungen, welche gleichfalls vorzugsweise in wasserleitenden Elementen beobachtet werden (Stränge des Hausschwammes, Lebermoos-Rhizoiden, Markstrahl-Tracheiden der Kiefer, Warzenstrukturen).

Gemeinsam ist all diesen durch nachträgliche Apposition entstandenen Verdickungen, daß sie entsprechend der Abscheidung durch das Plasma der eigenen Zelle zelleinwärts (also zentripetal) wachsen. Bei der Bildung der Leisten, welche die sog. Armpalisaden der Kiefernnadel nachträglich fächern, sieht man das Plasma zur Bildung dieser Leistung vom Kern spinnenförmig ausstrahlen (HEIMERDINGER). *Zentrifugale Wandverdickungen* kommen demgegenüber in der Hauptsache[1] nur dort zustande, wo reifende Sporen oder Pollenkörner in einer durch Auflösung der „Tapetenschicht"

---

[1] Über die Möglichkeiten eines Ergusses von Membranstoffen durch Membranporen nach außen ist erst wenig bekannt; wahrscheinlich beruht das Anheften der Haftscheiben des wilden Weins auf solchen Ergüssen (HÄRTEL); auch die Abscheidung der Cuticula ist ein solcher Vorgang (FREY-WYSSLING und MÜHLETHALER).

entstandenen nackten Plasmamasse schwimmen, welche diese Außenskulpturen aufsetzt (Näheres S. 196).

b) Chemie und submikroskopische Struktur der Zellwand

Funktionell wichtiger als der mikroskopisch unmittelbar nachweisbare Bau ist der chemische und submikroskopische Feinbau der Zellwände. Die Möglichkeit der Maceration ließ schon frühzeitig erkennen, daß die Mittellamelle aus leichter angreifbaren Stoffen (Pectinen) besteht als die übrige Wand, als deren Grundstoff das Polysaccharid *Cellulose* der Bruttoformel $(C_6H_{10}O_5)_n$ gilt. Zahlreiche Reaktionen und Doppelfärbungen lassen außerdem verholzte und unverholzte Wände unterscheiden, wobei erstere eine stammesgeschichtliche Neuerwerbung der höheren Pflanzen, der Cormophyten, darstellen. Die Verholzung erweist sich dabei als nachträgliche Inkrustation der Cellulose; die als *Lignine* (Holzstoff) bezeichneten Inkrusten lassen sich nämlich durch die Aufschlußmethoden der Zellstoffindustrie, aber auch bestimmte pilzliche Abbauvorgänge (sog. „Weißfäulen", weil sie die farblose Cellulose bloßlegen) wieder herauslösen, so daß reine Cellulosewände übrig bleiben („Zellstoff" der Industrie).

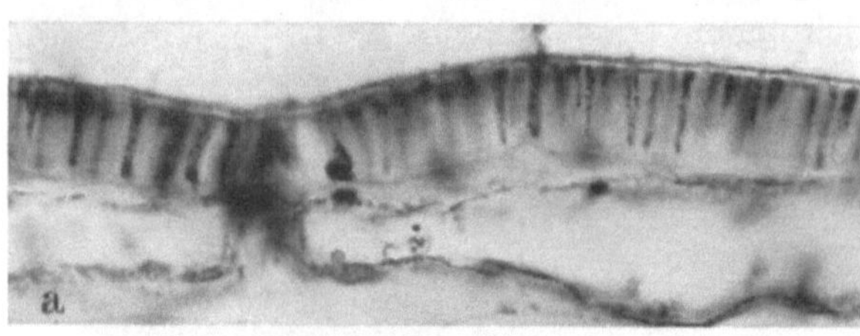

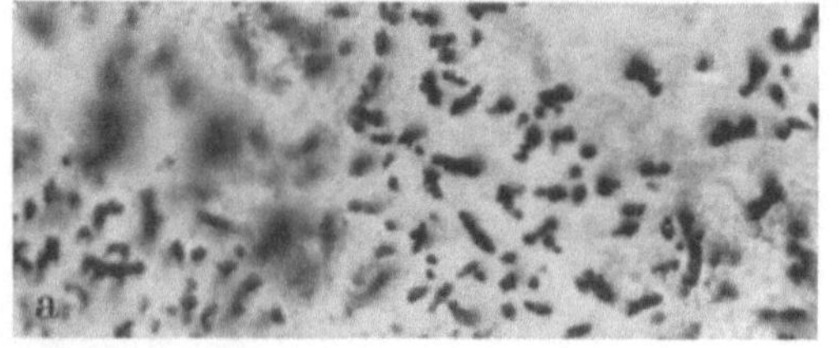

Abb. 30. Ektodesmen in der Epidermis der Blattoberseite von *Cortusa matthioli (Primulaceae)* auf dem Querschnitt (längsgetroffen) und Flächenschnitt (quergetroffen) 900:1. (Nach SCHNEPF)

Dieses Grundgerüst aus Cellulose ist der Träger der bereits NÄGELI bekannten *Doppelbrechung der pflanzlichen Zellwände*, welche auf eine mindestens teilweise kristalline (parallele) Anordnung der Cellulosemoleküle schließen läßt. Auf Grund der begrenzten Quellbarkeit der Zellwände — sie nehmen bis zur „Fasersättigung" durchschnittlich 28 % ihres Eigengewichtes an Wasser auf — verdichtete sich nach und nach die Vorstellung, daß diese kristallinen Elementarbausteine, welche NÄGELI Micelle genannt hatte, irgendwie vernetzt sein müßten.

Die *Elektronenmikroskopie* hat alle diese Vorstellungen glänzend bestätigt und verfeinert: Darnach besteht das Cellulosegerüst aus Mikrofibrillen, welche nach den bisherigen Befunden überraschend einheitliche Dicke aufweisen. Mit Stärken von 100—200 Å stellen sie Bündel von etwa 2000 Cellulose-Fadenmolekeln dar, entsprechen demnach den kristallisierten Einheiten, den Micellen NÄGELIs. Das lockere und ungeordnete Gewebe der jungen und wachsenden Wände („Streutextur", Abb. 31) verdichtet sich durch die Einlagerung (Intussusception) weiterer Mikrofibrillen und kann schließlich für Elektronen bis auf die Lockerstellen der Tüpfelschließhäute und Plasmodesmenporen fast undurchlässig werden; mit dem Abdruckverfahren sind aber dann immer noch die dicht und später zunehmend parallel gelagerten Mikrofibrillen nachweisbar (Paralleltextur, Abb. 31).

Zwischen dem Cellulosenetz der Mikrofibrillen liegt ein ausgedehntes System *inter- und intrafibrillärer Räume* verschiedenster Weite, das nicht nur für Quellungswasser, sondern auch zahlreiche sekundäre Inkrusten Platz

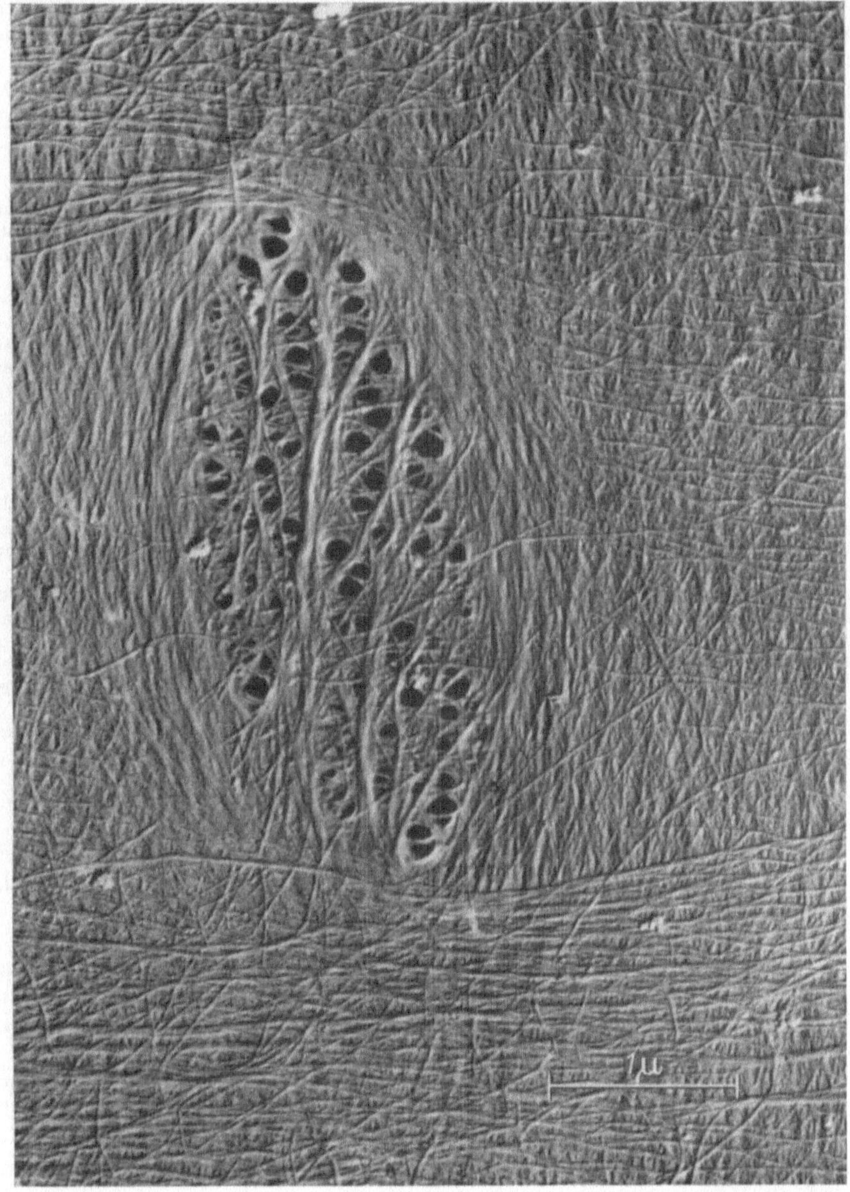

Abb. 31. Übergang von der Streuungstextur der Primärwand zur Paralleltextur der Sekundärwand in der gestreckten *Avena*-Koleoptile; auch die großen Primärtüpfel werden durch Sekundärfibrillen unterteilt. Längsachse in Richtung des Maßstabes. 26000:1. (Nach BöHMER)

bietet. Sind diese fettiger Natur (Cutin, Suberin = Korkstoff), so wird die Membran wasserabweisend und für Wasser und Gase unwegsam. Von dieser mit dem Fettfarbstoff Sudan III in Glycerin leicht nachweisbaren Imprägniermöglichkeit machen vor allem die Abschlußgewebe der

Epidermis (Cuticula) und des Periderms (Korkhaut), aber auch gewisse innere Scheiden Gebrauch (Caspary-Streifen s. u., S. 71).

Viel verbreiteter aber ist die Ummauerung der zugfesten Cellulosefäden, richtiger der aus ihnen bestehenden Mikrofibrillen durch das dreidimensional-amorphe *Lignin*, um dessen Konstitutionsaufklärung sich vor allem FREUDENBERG und HÄGGLUND verdient gemacht haben (Näheres bei FREY-WYSSLING). Vergleichbar der Eisen-Betonkombination verleiht die Verholzung der Zellwand erst die für höhere Landpflanzen erforderliche Biegungs- und Druckfestigkeit, während für Wasserpflanzen die bewundernswerte Zugfestigkeit des Cellulose-Fadenmoleküls ausreichte.

Anders als die Polysaccharide Stärke und Glykogen (Leberstärke) bildet die Cellulose bekanntlich unverzweigte Fadenmoleküle von großer Länge (Polymerisationsgrad mindestens etwa 3000). Der Polymerisationsgrad (P.G.) kann nur auf Grund der Löslichkeit der Cellulose in Kupferoxyd-Ammoniak (SCHWEIZERs Reagens[1]) im Lösungsprodukt, der „Viscose" der Technik, bestimmt werden (zwischen der Kettenlänge und der Viscosität besteht eine strenge Zahlenbeziehung). Da dabei nach neueren Untersuchungen Polymerisationsgrade von etwa 512 (2^9) und Vielfachen davon gehäuft beobachtet werden, ist man geneigt, der Cellulose auch über das Biose-Molekül ($= 2 \times$ Glucose) hinaus eine rhythmische Struktur zuzusprechen, d. h. anzunehmen, daß von Zeit zu Zeit eine andere etwas lockerere Bindung zwischen Zuckermolekülen vorkommt, die als eine Art Werkstück-Einheit dem erzeugenden Protoplasma (den Membranbildnern BOYSEN-JENSENS) entspräche. Ob über solche Lockerstellen hinaus die Cellulosefäden irgendwo enden, oder ob sie in der Wand in sich geschlossene, und damit endlose Ketten bilden können, wird sich empirisch wohl nie zwingend erweisen lassen, weil Kettenlängen immer nur im Lösungsprodukt bestimmt werden können. Jedenfalls sind die Angaben über den Polymerisationsgrad in den letzten Jahren immer weiter hinaufgerückt, ohne daß ein grundsätzliches Ende dieser Tendenz abzusehen wäre. Wichtig ist aber, daß auch gut gestreckte Cellulosefäden (Flachsfasern) trotz ihrer staunenswerten Tragkraft von rund 100·kg je mm² Querschnitt nur $^1/_8$ der theoretischen Tragkraft der entsprechenden Valenzbindung aufweisen; man muß daher entweder annehmen, daß von Zeit zu Zeit etwa $^7/_8$ aller Cellulose-Fadenmoleküle gleichzeitig enden, die natürlichen Mikrofibrillen zum Unterschied von Kunstseide also eine Art Gelenkstruktur aufweisen, was ihre erhöhte Biegsamkeit verständlich machen würde, oder man muß den erwähnten Lockerstellen eine wesentlich schwächere Bindung zuschreiben.

Durch Angriff auf die Kettenmoleküle der Cellulose geht die Festigkeit schon bei erstaunlich geringen Substanzverlusten rapid zurück: So haben TRENDELENBURG, V. PECHMANN und SCHAILE nachgewiesen, daß unter der Einwirkung holzzerstörender Pilze die Festigkeit im Schlag-Biegeversuch bereits auf $^1/_{10}$ sinkt, wenn erst 3% der Trockensubstanz aufgezehrt sind. Ähnliches gilt für alle chemischen Waschmittel.

Wie wir bei Besprechung des Kernholzes noch hören werden, tritt bei der sog. Verkernung eine weitere starke Verkrustung der Intermicellarräume ein, welche von einem deutlichen Verlust der Quellbarkeit begleitet ist.

Die Kenntnis der *Micellierung*, aber auch der Intermicellarräume ist für das Verständnis vieler anatomischer Strukturen, aber auch physiologischer Vorgänge grundlegend wichtig: Im allgemeinen quellen und schwinden alle Membranen durch Wassereinlagerung vorzugsweise senkrecht zur Micellierung (Micellar-Dehnungssatz ZIEGENSPECKs), während sie in der Richtung der Micellen jeder Dehnung stärksten Widerstand entgegensetzen. Es ist daher zweckmäßig, daß Spaltöffnungen radiomicellat, Tüpfelhöfe wie Knopfloch-Einfassungen tangentomicellat sind, daß die Mikrofibrillen in Zugfasern fast längs, in den Gefäßen biegsamer Lianen dagegen in sehr flachen Spiralen verlaufen.

Durch die spiralige Textur der Holzfasern wird die hohe Zugfestigkeit der Cellulosefasern auch bei Biegungsbeanspruchung ausgenützt.

Verlauf und Weite der *Intermicellarräume* interessiert vor allem, seit man erkannt hat, daß die Semipermeabilität des Cytoplasmas für viele

---

[1] Die Fähigkeit, Cellulose zu lösen, besitzen nach JAYME u. Mitarb. außer Kupferoxyd-Ammoniak auch die homologen Verbindungen von Cobalt, Nickel, Zink und Cadmium.

Stoffbewegungen ein so großes Hindernis darstellt, daß Stoffwanderungen in Parenchymen vielfach auf dem „Membranweg" erfolgen, an dessen Ende ein wohlgeordnetes cuticulares Porensystem teils nachgewiesen, teils zu vermuten ist. Durch Blockierung dieses Weges kann man mit beliebigen Stoffen von einem Molekulargewicht um 3000 aufwärts „physikalisches Welken" induzieren (STRUGGER 1939, GÄUMANN und JAAG 1949). In dieser Hinsicht steht die Feinstrukturforschung noch vor großen Aufgaben.

c) Auflösung der Zellwand

Das lebende Plasma, welches die Zellwand geschaffen hat, besitzt auch die Fähigkeit, sie ganz oder teilweise wieder aufzulösen: So oft eine Thallo-
phytenzelle Schwärmer entläßt oder sich ein Antheridialschlauch befruchtend dem Oogonium anschmiegt, kommt es zu einer örtlichen Auflösung der Zellwand. Auch beim Teigigwerden fleischiger Früchte findet eine mehr oder weniger weitgehende Maceration der Zellwände statt (Näheres S. 232). Bei den Cormophyten gehören solche Auflösungsvorgänge vor allem zu den funktionellen Vorbereitungen ihres toten Wasserleitungs- und Wasserspeichersystems: Schon die toten Wasserspeicherzellen der Laubmoose *Sphagnum* und *Leucobryum* zeigen neben der notwendigen Aussteifung durch Verdickungsleisten gesetzmäßig scharf umschriebene Löcher, welche das Eindringen von Wasser und Luft erleichtern. Daher ist es auch nicht verwunderlich,

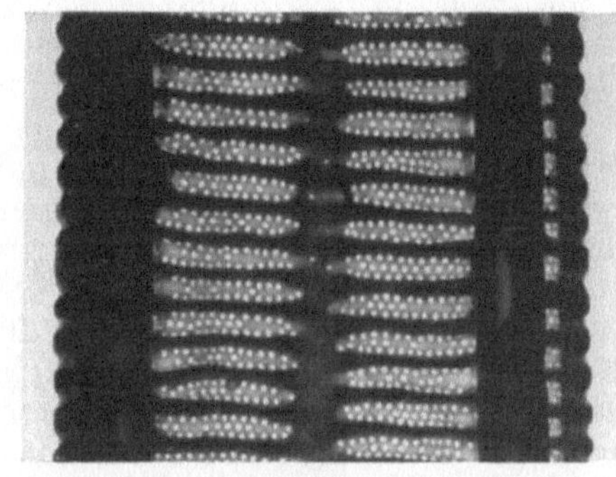

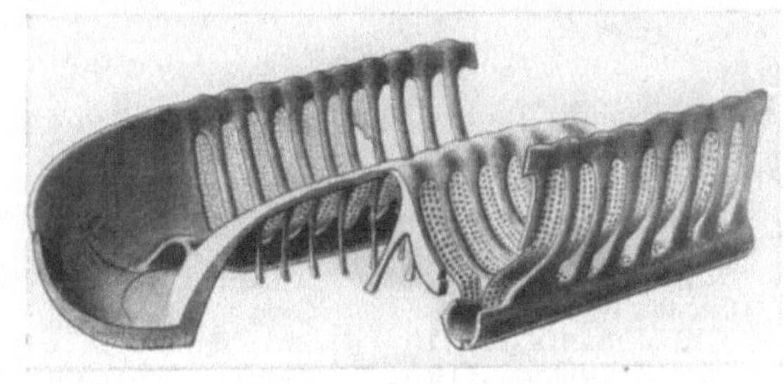

Abb. 32a u. b. Elektronenmikroskopische Aufnahme aus der Schalenmitte der Diatomee *Stenopterobia intermedia* (a) und Versuch einer Rekonstruktion auf Grund von Stereoaufnahmen (b). 6400:1. (Nach HELMCKE und KRIEGER, Naturwissenschaften 1952)

daß nachweislich mehrmals im System (beim Adlerfarn, den Gnetales, Monocotylen und Dicotylen) die wasserleitenden Elemente durch Auflösung trennender Querwände zu echten Gefäßröhren (Tracheen) verschmelzen. Das stammesgeschichtlich ältere Assimilatleitungssystem kennt solche Zellfusionen, die Siebröhren, bereits von den Tangen (Braunalgen) an. Wir werden uns mit diesen Zellfusionen bei der Betrachtung der Leitungssysteme noch ausgiebiger beschäftigen müssen.

d) Andere Membranen

Gegen unseren sonstigen Brauch haben wir bei der Betrachtung der Membranen die der höheren Pflanzen gleich einseitig in den Vordergrund gestellt, ohne uns um ihre Phylogenie zu kümmern. Wir müssen daher noch nachtragen, daß jene Organismen, welche Stadien mit nacktem Plasma durchlaufen, beispielsweise beim Festsetzen ihren Schwärmsporen an der ganzen äußeren Plasmaoberfläche eine Membran abscheiden. Im übrigen werden bei niederen Organismen wie in anderen Fällen mannigfache Möglichkeiten erprobt, ehe sich die Natur auf den bewährtesten Weg festlegt. So schreibt man den Bakterien eine Eiweißmembran (Pellicula), den höheren Pilzen eine chemisch den Insektenpanzern entsprechende Chitin-Membran (Nitrocellulose) zu. Verbreitet sind gallertige Ausscheidungen, welche die Zellverbände kürzer oder länger zusammenhalten.

Als größte Wunderwerke des Membranbaues aber sind neben den Cölestin-($SrCO_3$-)Skeletten der Radiolarien die Kieselpanzer der Diatomeen (Kieselalgen) berühmt. Wir möchten sie schon deswegen nicht übergehen, weil sie, wie eingangs betont, noch heute als Testobjekte für die Trennschärfe unserer Mikroskope dienen. Das Elektronenmikroskop hat dabei alles bis dahin vom Lichtmikroskop zutage Geförderte weit in den Schatten gestellt und bisher ungeahnte Siebstrukturen zweiter und dritter Ordnung sichtbar gemacht (KOLBE; Abb. 32). Daß der Feinheitsgrad dieser Strukturen in der höheren Pflanzenwelt kein Gegenstück mehr hat, ist offenbar dem anderen Baumaterial zuzuschreiben: Mit Kieselsäure (SiO_2, Molekulargewicht 60) lassen sich viel zierlichere Filigranarbeiten ausführen als mit den Makromolekülen der Cellulose oder des Chitins; immerhin weisen auch die Schuppen der Schillerfalter einen wahrhaft wundervollen Feinbau auf [KÜHN in Z. Naturforsch. (1946)]. Es ist nur schade, daß die physiologische Deutung der Diatomeenstrukturen mit der rein deskriptiven Formenfreude vorläufig nicht Schritt gehalten hat.

Literatur

BADENHUIZEN, N. P.: Structure, properties and growth of starch granules. In Handbuch der Pflanzenphysiologie, Bd. 6, S. 137—153. 1958.

BÖHMER, H.: Untersuchungen über das Wachstum und den Feinbau der Zellwände in der Avena-Koleoptile. Planta (Berl.) **50**, 461—497 (1958).

FREY-WYSSLING, A.: Die pflanzliche Zellwand. Berlin-Göttingen-Heidelberg 1959.

— H. H. BOSSHARD u. K. MÜHLETHALER: Die submikroskopische Entwicklung der Hoftüpfel. Planta (Berl.) **47**, 115—126 (1956).

—, u. K. MÜHLETHALER: Über das submikroskopische Geschehen bei der Kutinisierung pflanzlicher Zellwände. Vjschr. naturforsch. Ges. Zürich **104**, 294—299 (1959).

HÄRTEL, O.: Zit. S. 177.

HENGLEIN, F. A.: Die Uron- und Polyuronsäuren (Pektin und Alginsäure). In Handbuch der Pflanzenphysiologie, Bd. 6, S. 405—478. 1958.

JAYME, G., u. K. NEUSCHÄFFER: Über cellulosel ösende Tri-(en)-Zink-hydroxydlösungen. Naturwissenschaften **42**, 536 (1955).

— — Tri-(en)-Cadmiumhydroxyd als neues farbloses, wäßriges Lösungsmittel für Cellulose. Naturwissenschaften **44**, 62—63 (1957).

KOLBE, R. W.: Elektronenmikroskopische Untersuchungen von Diatomeen-Membranen. Ark. Bot. A **33** (1948).

—, u. E. GÖLZ: Elektronenmikroskopische Diatomeen-Studien. Ber. dtsch. bot. Ges. **61**, 91—98 (1943).

KRULL, R.: Untersuchungen über den Bau und die Entwicklung der Plasmodesmen im Rindenparenchym von *Viscum album*. Planta (Berl.) **55**, 598—629 (1960).

KÜHN, A.: Konstruktionsprinzipien von Schmetterlingsschuppen nach elektronenmikroskopischen Aufnahmen. Z. Naturforsch. **1**, 348—351 (1946).

LIESE, W., u. M. FAHNENBROCK: Elektronenmikroskopische Untersuchungen über den Bau der Hoftüpfel. Holz als Roh- u. Werkstoff **10**, 197—201 (1952).

MOLISCH, H.: Aschenbild und Pflanzenverwandtschaft. S.-B. Akad. Wiss. Wien., math.-nat. Kl., Abt. I **129**, 261—294 (1920). Abgedruckt in MOLISCHS gesammelten Abhandlungen, Bd. 1, S. 191—216. Jena 1940.

— Mikrochemie der Pflanze, 3. Aufl. Jena 1923.

Müller, K.: Untersuchungen über die Ölkörper der Lebermoose. Ber. dtsch. bot. Ges. **57**, 326—379 (1939).

Overbeck, F.: Beiträge zur Kenntnis der Zellstreckung. (Untersuchungen am Sporogonstiel von *Pellia epiphylla*.) Z. Bot. **27**, 129—170 (1934).

Rabiger, F. H.: Untersuchungen an einigen Acanthaceen und Urticaceen zur Funktion der Cystolithen. Planta (Berl.) **40**, 121—144 (1951).

Rånby, B. G.: Cellulosen und ähnliche Wandsubstanzen von Kohlenhydratnatur, z. B. Hemicellulosen (Struktur, Eigenschaften und Verbreitung). In Handbuch der Pflanzenphysiologie, Bd. 6, S. 268—304. 1958.

Roelofsen, P. A.: The plant cell-wall. In Linsbauers Handbuch der Pflanzenanatomie, 2. Aufl. Berlin 1959.

Schnepf, E.: Untersuchungen über Darstellung und Bau der Ektodesmen und ihre Beeinflußbarkeit durch stoffliche Faktoren. Planta (Berl.) **52**, 644—708 (1959).

Sievers, A.: Untersuchung über die Darstellbarkeit der Ektodesmen und ihre Beeinflussung durch physikalische Faktoren. Flora (Jena) **147**, 263—316 (1959).

Whelan, W. J.: Starch and similar polysaccharides. In Handbuch der Pflanzenphysiologie, Bd. 6, S. 154—240. 1958.

Ziegenspeck, H.: Der submikroskopische Bau des Holzes im Vergleich mit dem der Fasern im allgemeinen. In Handbuch der Mikroskopie in der Technik, Bd. V/1, S. 369—456. 1951.

Zweiter Teil

Anatomie der Vegetationsorgane

Vorbemerkung

Ich habe es seit jeher als störend empfunden, daß unsere Lehrbücher, voran das Bonner „Lehrbuch der Botanik für Hochschulen", Gewebe- und Organlehre trennen, d.h. die Gewebe erst isoliert und dann noch einmal in ihrem Organzusammenhang behandeln, was eine Menge von Wiederholungen mit sich bringt. Ich versuche hier, wie in meiner Vorlesung, unter dem Leitgedanken der ontogenetischen Einheit die Gewebe gleich topographisch in ihrem Organzusammenhang vorzuführen, obwohl auch das manche Wiederholungen erfordert, weil beispielsweise Wurzel, Stamm und Blatt, eine Haut, ein Leitungssystem u. dgl. besitzen. Es liegt mir fern, diese Anordnung als allein möglich hinzustellen, sondern überlasse dem Leser das Urteil über die logischen und pädagogischen Vorzüge und Nachteile dieser Anordnung. In meiner Vorlesung verbinde ich ähnlich wie WALTER in seinen „Grundzügen des Pflanzenlebens" mit der morphologisch-anatomischen Betrachtung der Organe auch gleich die Darstellung ihrer physiologischen Funktionen (Cytoplasma und Permeabilitätslehre, Zellkern und Vererbungslehre, Plastiden und Photosynthese, Bildungsgewebe und Wachstum, Blattanatomie und Gaswechselphysiologie, Holz- und Rindenanatomie und Stoffwanderungslehre, Wurzel und Bodenernährung; vgl. auch HUBER, Bau und Leben der Waldbäume in „Neudammer Forstliches Lehrbuch").

Mein Lehrer MOLISCH konnte zeitlebens eine innere Abneigung gegen HABERLANDTs „Physiologische Pflanzenanatomie" schwer verbergen. Er schrieb für seine Schüler neben seiner meisterhaften „Pflanzenphysiologie als Theorie der Gärtnerei" eine im Grunde ziemlich elementar deskriptive „Anatomie der Pflanze". Die darin enthaltenen Ausführungen über die physiologische Pflanzenanatomie zeigen die Befangenheit gegenüber dem Altersgenossen und zeitweiligen Rivalen um die österreichischen Lehrstühle. Und doch werden wir aus größerem zeitlichen Abstand einen berechtigten Kern in MOLISCHs Mißbehagen erkennen, den rätselhafterweise keiner der Zeitgenossen durchschaut hat, auch MOLISCH selbst nicht: Eine Einteilung der Pflanzenanatomie nach physiologischen Prinzipien wirkt — unbeschadet ihres zeitweiligen heuristischen Wertes — auf die Dauer gekünstelt, weil sie die natürlichen entwicklungsgeschichtlichen Zusammenhänge zerreißt, während die topographische Anordnung zugleich die entwicklungsgeschichtliche und damit die natürliche ist. Entwicklungsgeschichtlich gehören die Spaltöffnungen zum Hautgewebe, auch wenn sie physiologisch die Ausgänge des „Durchlüftungssystems" darstellen, das Holzparenchym trotz seiner Speicherfunktion zum Holz u. dgl. Übrigens ist ja HABERLANDT selbst über sein geniales Jugendwerk weit hinausgewachsen und hat als Entdecker der Zellteilungshormone und durch seine Bemühungen um die Gewebezüchtung seinem Fach weiterwirkende Impulse gegeben: Der Entwicklungsphysiologe BLOCH und der Gewebezüchter WHITE sind durch seine Schule gegangen.

Literatur

HABERLANDT, G.: Wundhormone als Erreger von Zellteilung. Beitr. allg. Bot. **2** (1921).
HUBER, B.: Bau und Leben der Waldbäume. In Neudammer forstliches Lehrbuch, 11. Aufl.,
  Bd. 1, S. 101—144. Radebeul u. Berlin: 1949—1955.
WALTER, H.: Grundlagen des Pflanzenlebens. (Bd. I der „Einführung in die Phytologie".)
  3. Aufl. Stuttgart 1950.
WHITE, P. R.: A handbook of plant tissue culture. Lancaster, Pa. 1943.
— The cultivation of animal and plant cells. New York 1954.

A. Die Differenzierungsprinzipien der Thallophyten

Nach DE BARYs klassischem Vorbild wird sich auch unsere Darstellung
auf die Gewebedifferenzierung der Cormophyten konzentrieren, bei denen
sie ihren überragenden Höhepunkt erreicht. Trotzdem ist es lehrreich, sich
vorher kurz über die Prinzipien der Gewebedifferenzierung bei den Thallophyten zu unterrichten, die wie ein Präludium des späteren klingen und
manches Thema vorwegnehmen. Wir können uns hier um so leichter kurz
fassen, als die Anatomie jeder einzelnen Thallophytengruppe in LINS-
BAUERs Handbuch vom berufenen Spezialisten erschöpfend behandelt worden ist und der Interessent daraus alle speziellen Informationen schöpfen
kann, während wir auf die Bearbeitung der sekundären Gewebe der Cormophyten an dieser Stelle noch immer warten. Die folgende knappe Darstellung
fußt auf den Anregungen, die Verfasser als Assistent von Geheimrat OLT-
MANNS in Freiburg i. B. (1927—1932) und besonders bei seinen Algenkursen
in Helgoland (1927) und Neapel (1929) empfangen hat, wobei er die hier
beispielsweise herausgegriffenen Objekte aus eigener Anschauung kennen-
lernte.

Schon im Bereich der unbelebten Kristallisation unterscheiden wir eine
in den drei Achsenrichtungen gleichmäßig fortschreitende von solchen, bei
denen eine Achsenrichtung als Wachstumsrichtung bevorzugt wird. Diese
Tendenz setzt sich im makromolekularen Bereich fort, wo wir besonders bei
den Eiweißkörpern zwischen globulären (kugeligen) und fibrillären (fädigen)
Strukturen unterscheiden. Auch bei den Kohlenhydraten steht die Cellulose
mit unverzweigten Fadenmolekülen und Polymerisationsgraden von mehreren
tausend Zuckern den globulären Stärkekörnern gegenüber.

Auch bei Zellkomplexen können wir zwischen isodiametrisch-globulären
und axialen Organisationsformen unterscheiden, bei denen eine Teilungs-
und Wachstumsrichtung mehr oder weniger deutlich bevorzugt wird. Der
zweite Fall ist wohl schon deswegen ungleich verbreiteter, weil sich bereits
im Bereich der Einzelzelle im Zuge der Arbeitsteilung eine axiale Differenzierung durchgesetzt hatte und damit auch die Zellteilung in eine bevorzugte
Richtung gedrängt worden war. Schon im Reiche der Bakterien hat das
Stäbchen *(Bacillus)* über die Kugel *(Coccus)* gesiegt. Erst recht gilt das vom
Formenkreis der Flagellaten, der Wiege aller höheren Organismen, bei denen
schon die Begeißelung eine Zellpolarität festlegt. Alle irgendwie höher
differenzierten Pflanzen bauen auf dem *Prinzip der Achse*, der Bevorzugung
einer Dimension, auf.

1. Die globuläre Organisationsform

Wo Zellteilungen nicht axial festgelegt, sondern in allen Richtungen des
Raumes möglich sind und die Abkömmlinge durch Gallerten einige Zeit
zusammengehalten werden, entstehen Zellpakete wie bei *Sarcina ventriculi*
oder manchen Protococcales. Bei Lockerung des Verbandes ergeben sich
unregelmäßige Zellhaufen.

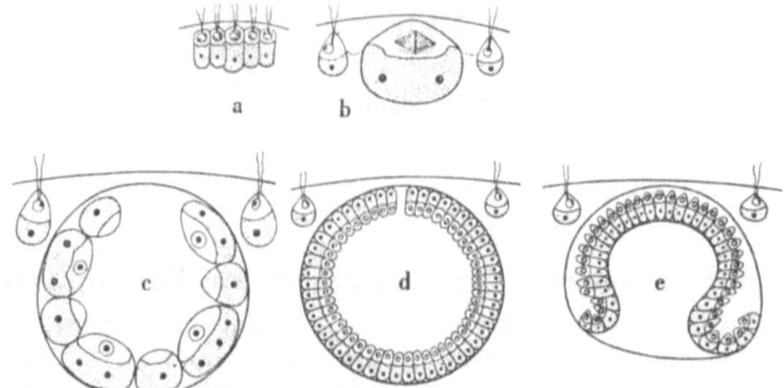

Abb. 33. Einstülpung der Tochterkugeln bei *Volvox aureus* durch rasch aufeinanderfolgende Teilungen einer Mutterzelle; die durch die Einstülpung zunächst umgekehrt (mit dem Geißelpol einwärts) orientierten Zellen erlangen schließlich durch Umkrempelung die richtige Orientierung. (Nach ZIMMERMANN aus OEHLKERS „Das Leben der Gewächse)"

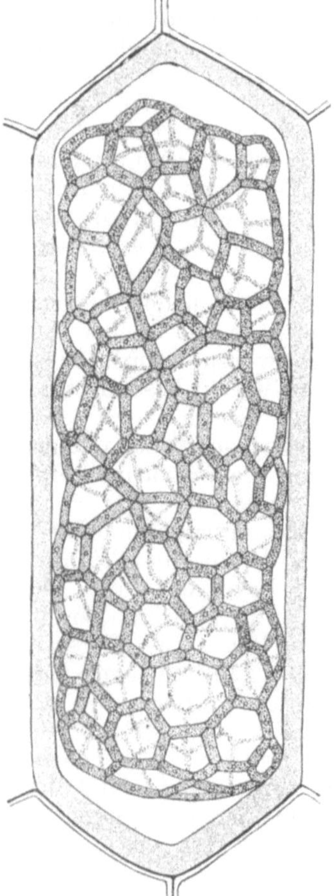

Abb. 34. *Hydrodictyon utriculatum.* Bildung eines Tochternetzes innerhalb der Mutterzelle. (Nach OLTMANNS)

Eine höhere Organisationsform solcher Zellverbände ergibt sich dadurch, daß die Tochterzellen oft nur unter der Voraussetzung lebensfähig bleiben, daß sie obe flächlich liegen. Das gilt besonders für die Flagellaten, deren Geißeln ı.ur frei im Medium bewegt werden können. Das begünstigt antikline Teilungen senkrecht zur Oberfläche des Verbandes und schließt perikline parallel der Oberfläche aus. Diese Tendenz führt über Halbierung, Quadranten- und Oktantenteilung — wie wir sie auch von den ersten Teilungsschritten des befruchteten Eies kennen — zu kugeligen Zellverbänden, wie sie besonders für die Volvocales von der Maulbeeralge *(Pandorina morum)* mit 16 bis zur Kugelalge *Volvox globator* mit etwa 30 000 Tochterzellen typisch sind.

Den Gipfel dieser Entwicklung und zugleich einer relativ weitgehenden Arbeitsteilung hat dabei der erwähnte *Volvox globator* erreicht, dessen Zehntausende begeißelter Einzelzellen sich zu einer Hohlkugel formen. Diese bereits dem freien Auge sichtbare Kugel besitzt am Hinterende ein Loch, dessen Herkunft gleich erklärt werden soll. Die Zellen des Vorderendes, das beim Schwimmen stets vorausgeht, sind durch deutlich größere Augenflecke ausgezeichnet; die Synchronisierung des Geißelschlages wird durch auffällige Plasmodesmenverbindungen von Zelle zu Zelle ermöglicht. Man spricht deshalb vom sensitiven oder animalen Pol. Am „vegetativen" Hinterende spielt sich dagegen die Fortpflanzung in der Weise ab, daß sich bestimmte Tochterzellen in rascher Folge zu Zellflächen unterteilen, welche sich aus Platzgründen zu Tochterkugeln nach innen wölben (Abb. 33). Diese Tochterkugeln sind ihrer Begeißelung nach zunächst umgekehrt orientiert, stülpen sich aber bei der Ablösung von der Mutterkugel — bei der das oben erwähnte Loch als Nabel bleibt — um, so daß die Geißeln wieder nach außen kommen. Die abgelösten Tochterkugeln kreisen einige Zeit in der mütterlichen Leibeshöhle. Erst der Tod der Mutter, der sich durch eine schleimige Auflockerung ankündigt, setzt die Tochterkugeln in Freiheit. Es ist ein Markstein in der Geschichte des Lebens, daß der Tod nicht gewaltsam, sondern physiologisch im Zuge einer Arbeitsteilung zwischen einem höher spezialisierten, aber dafür vergänglichen Körper und überlebenden Fortpflanzungszellen eintritt.

Zum Bereich globulärer Organisationsformen kann man auch noch das eigenartige Wassernetz *Hydrodictyon utriculatum* rechnen: Diese Alge bildet rätselhaft geschlossene Netze aus langgestreckten Einzelzellen (Abb. 34). Ihre Entstehung wird klar, wenn man beim Eintritt ungünstiger Bedingungen die Bildung der Tochternetze beobachtet: Während sich das alte Netz in seine Einzelzellen auflöst, entstehen im Inneren jeder Einzelzelle zahlreiche Schwärmer, die aber nicht wie bei anderen Algen frei werden, sondern sich innerhalb der mütterlichen Membran dieser anlegen und zu einem bienenwabigen Belag ordnen, der sich mit der Auflösung der alten Hülle durch Zellstreckung zu einem neuen Netz weitet (JOST).

2. Die axiale Organisationsform

Auch bei der axialen Organisationsform führt die gerichtete Zellteilung in einfachen Fällen zu lauter gleichartigen Zellen ohne jede weitere Differenzierung. Als Beispiele können *Oscillaria* unter den blaugrünen Algen und *Spirogyra* dienen.

In anderen Fällen aber begegnen wir bis zu drei überaus wichtigen Differenzierungsschritten, die auch noch bei den Cormophyten eine Rolle spielen:

1. Zumal bei festsitzenden Formen entwickelt sich häufig eine *polare Differenzierung zwischen Basis und Spitze*. Schon bei der Schizophycee *Rivularia* werden die Abkömmlinge einer Mutterzelle, die sich auf dem Substrat mittels Schleim festgeklebt hatte, immer kleiner, so daß apikal verjüngte Fäden entstehen (Abb. 35). Im weiteren Verlauf kann es durch Kombination mit den anschließend zu besprechenden Differenzierungsprinzipien zu einer vielzelligen Ausgestaltung der Haftorgane und ebenso der frei flutenden Vegetationskörper kommen (Laminarien).

Abb. 35. Zellausbildung in den haarförmigen Enden von *Rivularia haematites*. (Nach GEITLER)

2. Neben der einmaligen oder stetigen polaren Differenzierung zwischen Basis und Spitze kann es zu einem *rhythmischen Wechsel der Zellgestalt* kommen, wie ihn bereits die Hormogonien von *Nostoc* verwirklichen (Abb. 36).

Die strengste Sicherung einer solchen Rhythmik ist die Alternanz auf der Basis inäqualer Zellteilungen: So wird bei der Braunalge *Sphacelaria* und allen Armleuchteralgen *(Charophyta)* jede zweite Zelle zu einer Knotenzelle, die mit ihr abwechselnde Schwesterzelle dagegen zu einer Internodialzelle (Abb. 37). Während sich letztere einfach streckt, hat erstere die Fähigkeit zu weiterer Unterteilung, was entweder zur Verzweigung oder auch zur Berindung der Internodialzelle führen kann. Seine volle Bedeutung erhält der Wechsel von Knoten und Internodien beim Sproßaufbau der Cormophyten, während den Wurzeln dieses Prinzip bis auf die Seitenwurzelbildung fehlt.

Zellteilungen parallel zur Achse führen, sobald sie von der bloßen Quadrantenteilung zu oberflächenparallelen (periklinen) Teilungen vordringen, zu einer *radialen Differenzierung* zwischen oberflächlich und tiefer gelegenen Zellen. Die äußeren Zellen pflegt man dabei im weitesten Sinne als Rinde, bei sehr tief gestaffelter Differenzierung die äußersten wohl auch als Haut zu bezeichnen, während die tieferen je nach ihrer Erstrek-

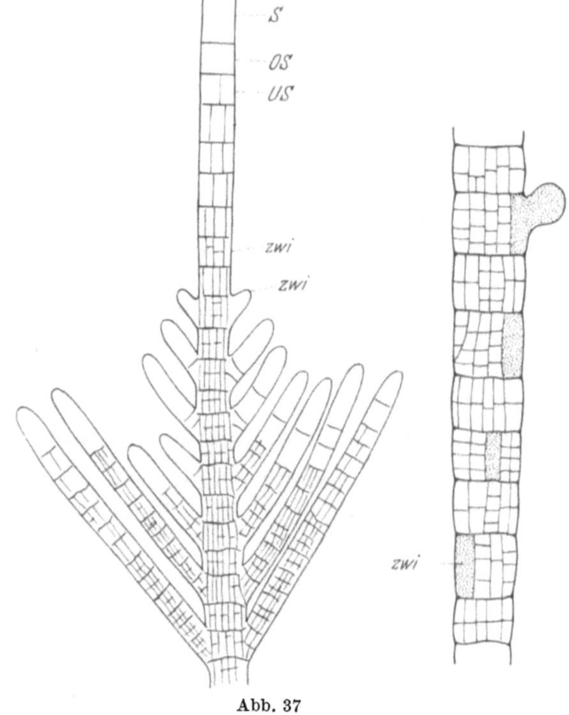

Abb. 36
Abb. 37

Abb. 36. Paarweise Entstehung intercalarer Heterocysten bei *Anabaenopsis Arnoldii*, zwischen welchen der Faden später auseinanderbricht. (Nach APTERKARJ)

Abb. 37. Sproßende der Braunalge *Sphacelaria* mit rhythmischem Wechsel von Knoten (als Ausgangspunkt der Verzweigung) und Internodialzellen. Segmente (*S*) teilen sich in eine obere (*OS*) und untere Zelle (*US*); erstere liefert die Internodien, letztere die Zweiginitialen (*zwi*). (Nach REINKE und SAUVAGEAU aus OLTMANNS)

kung Mark, Zentralstrang u. dgl. genannt werden. Die Lage zur Oberfläche erweist sich dabei wohl auf dem Wege über Atmung und Sauerstoffspannung als einer der mächtigsten Differenzierungsreize: Schon im Hyphengeflecht einer Flechte schließt die Rinde in der Regel viel dichter zusammen als das Mark; ein Gegenbeispiel bietet allerdings die Bartflechte *Usnea* mit ihrem zugfesten Zentralstrang. Auch diese radialen Differenzierungen erreichen aber bei den Thallophyten nicht annähernd das von den Cormophyten gewohnte Maß; insbesondere kommt es dort kaum zu der für Cormophyten so wichtigen tangentialen Differenzierung (s. u., S. 59).

3. Achsenparallele Zellteilungen bilden auch eine der möglichen Grundlagen für die *Verzweigung des Vegetationskörpers:* Bei den erwähnten Algen *Sphacelaria* und *Chara* wachsen Abkömmlinge der Knotenzellen zu regel-

mäßig in Wirteln angeordneten Seitenfäden aus. Phylogenetisch wichtiger ist aber das Verzweigungsprinzip der Dichotomie (Gabelteilung), zu deren Verständnis etwas ausgeholt werden muß: Bei höheren Vegetationsformen bleiben nicht mehr alle Zellen gleichmäßig teilungsfähig; im Zuge der Arbeitsteilung konzentriert sich vielmehr die Teilungsfähigkeit auf bestimmte Zellen oder Zellbezirke. Handelt es sich um eine einzige bevorzugt teilungsfähige Endzelle, so spricht man von Scheitelzelle. Macht eine solche Scheitelzelle statt der vorherrschenden basalen Querteilungen ab und zu eine

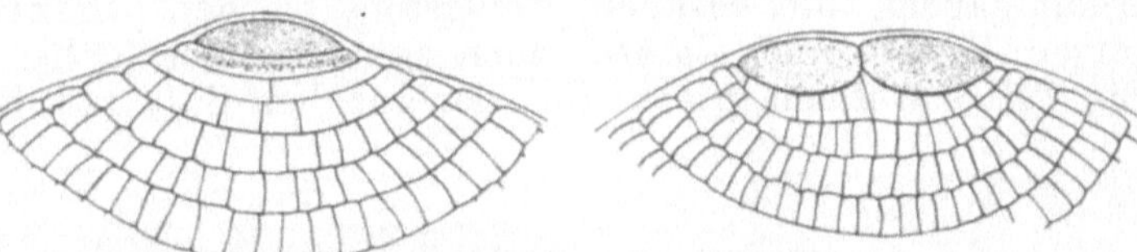

Abb. 38. Scheitelzelle der Braunalge *Dictyota dichotoma* mit beginnender Zweiteilung. (Nach OLTMANNS)

Längsteilung durch, so entstehen zwei gleichwertige Scheitelzellen, welche eine Gabelung des Vegetationskörpers einleiten. Als Praktikumsobjekte zum Studium dieser Erscheinung sind seit alters die Braunalge *Dictyota dichotoma* und das rindenbewohnende Lebermoos *Metzgeria furcata* beliebt, deren Artnamen auf diese Gabelung anspielen (Abb. 38). Im Grunde ist die Erscheinung aber auch bei vielen anderen Lebermoosen sowie den ausgestorbenen Nacktfarnen verbreitet.

Anstelle von Scheitel*zellen* können vielzellige Scheitel*kanten* kompliziertere Vegetationskörper aufbauen wie den des Meerohrs *(Orecchio di mare, Padina pavonia)* im Golf von Neapel. Auf dem Querschnitt gleicht eine solche Scheitelkante einer Scheitelzelle, sie läuft aber wie die Schneide eines Messers den ganzen Rand des Vegetationskörpers entlang. Dieser Rand ist durch anfangs verstärktes Wachstum der Oberseite nach unten eingerollt, so daß das Meristem geschützt liegt. Wir werden ähnlichen Scheitelkanten auch bei der Verbreiterung der Blattflächen begegnen.

Primitivere (Schein-) Verzweigungsformen finden sich bei den Schizobionten: Hier können bei raschen Zellteilungen fädige Formen ihre Gallerthülle durchstoßen und sich die Bruchstücke des Fadens aneinander vorbeischieben, als hätte sich der Faden gegabelt (Abb. 39).

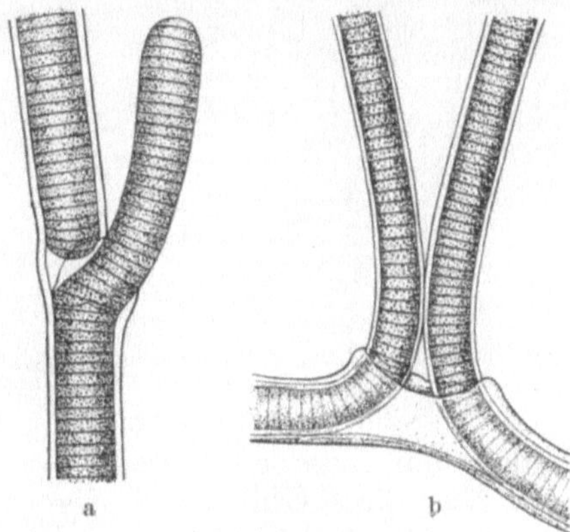

Abb. 39 a u. b. Unechte Verzweigung fädiger Cyanophyceen. a *Plectonema wollei*, b *Plectonema mirabile*. (Aus Lehrbuch der Botanik für Hochschulen)

Wir wollen aber nicht mehr länger bei diesen Vorläufern verweilen, sondern uns nunmehr unserem Hauptanliegen, der Gewebedifferenzierung der Cormophyten zuwenden.

Literatur

LINSBAUERs Handbuch der Pflanzenanatomie. Erschienen sind in der Abteilung Thallophyten folgende Bearbeitungen: Bakterien und Strahlenpilze von R. LIESKE, 1922, Schizophyzeen von L. GEITLER, 1936, Conjugatae von V. CZURDA, 1937, Rhodophyceen von H. KYLIN, 1937, Anatomie der Asco- und Basidiomyceten von H. LOHWAG, 1941.

FRITSCH, F. E.: The structure and reproduction of the algae. Bd. I u. II. Cambridge 1945 u. 1948.

JOST, L.: Die Bildung des Netzes von *Hydrodictyon utriculatum*. Z. Bot. **23**, 57—73 (1930).

OLTMANNS, F.: Morphologie und Biologie der Algen, 2. Aufl. 3 Bde. Jena 1922/23.

SMITH, G. M.: The fresh-water algae of the United States, 2. Aufl. New York 1950.

ZIMMERMANN, W.: Die ungeschlechtliche Entwicklung von Volvox. Naturwissenschaften **13**, 397—402 (1925).

B. Kurzer Blick auf die anatomische Differenzierung der Psilophyten[1]

Nach dem heutigen Stand unserer Kenntnisse sind alle höheren Land-pflanzen aus dem Formenkreis der Psilophyten (Nacktfarne) hervor-gegangen, welche als Nachkommen im Wasser oder der Brandung lebender Algen in der Devonzeit das feste Land erobert haben. Ihre teils band-förmigen *(Taeniocrada, Zosterophyllum)*, teils drehrunden Sprosse teilen sich wiederholt gabelig und besitzen, wenigstens bei den primitiven Aus-gangsgattungen *Rhynia* und *Hornea*, noch keine Blätter (daher ,,Nackt-farne"). Ein Teil von ihnen kriecht im oder auf dem Substrat (Schlamm-

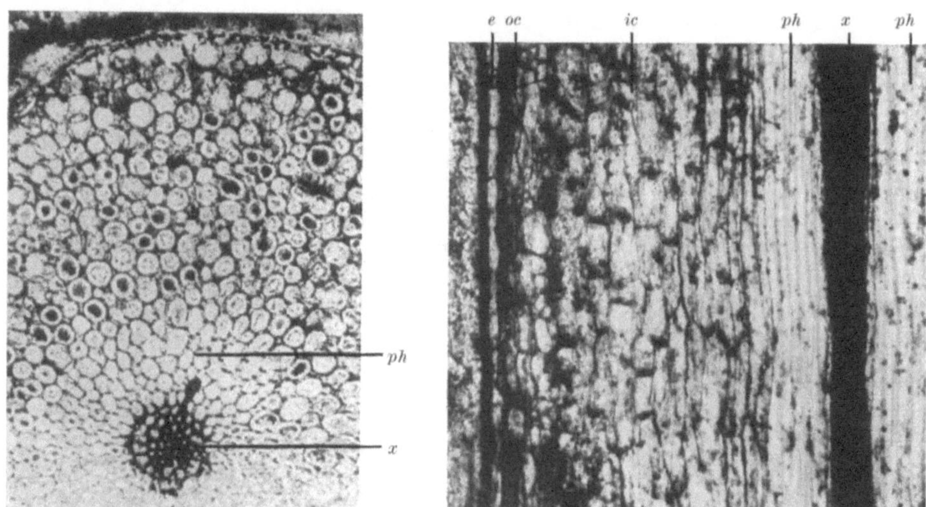

Abb. 40. Quer- und Längsschliff durch einen Luftsproß von *Rhynia. ph* Phloem; *x* Xylem; *e* Epidermis; *oc* äußere Rinde; *ic* innere Rinde. (Nach KIDSTON und LANG)

boden), ein anderer erhebt sich an die Luft. Morphologisch und anatomisch sind aber diese Erd- und Luftsprosse voneinander wenig unterschieden, so daß erstere eher als Rhizome (Erdsprosse) denn als echte Wurzeln zu be-trachten sind. Das Fehlen von Blättern schließt die später übliche Beteili-gung solcher an der Bildung der Fortpflanzungsbehälter (Sporangien) aus; diese entstehen vielmehr wie bei manchen Algen endständig, so wie das heute noch bei den Sporangien der Moose der Fall ist. Als Anpassung ans Landleben reicht aber das sporenbildende Gewebe (Archespor) nicht bis an die Oberfläche, sondern wird von ein- bis mehrschichtigen sterilen Wan-dungen geschützt, bisweilen auch von einer sterilen Mittelsäule *(Columella)* durchzogen. Es ist anzunehmen, daß dieser sporentragenden Generation (dem diploiden Sporophyten) wie bei Farnen, Moosen und vielen höheren Algen eine *Geschlechtsgeneration* gegenüberstand, doch ist diese fossil noch nicht gefunden worden. ZIMMERMANN vermutet, daß sie — wenigstens

---

[1] Es war für den Verfasser ein Erlebnis, daß er anläßlich einer Vortragsreise durch Schott-land im Mai 1959 im Botanischen Institut der Universität Glasgow durch das Entgegen-kommen von Prof. WALTHAM die klassischen Originalsammlungen von KIDSTON u. LANG selbst einsehen konnte; ist es ihm doch unvergeßlich, wie R. VON WETTSTEIN in Wien im Botanischen Kolloquium 1921 die Entdeckung der Psilophyten mitteilte, die den Mittel-mächten während des ersten Weltkrieges zunächst unbekannt geblieben war.

anfangs — den Sporophyten gleichgestaltet (isomorph) war und daß sich die Gestaltverschiedenheit (Heteromorphie) bei Moosen und Farnen nachträglich entwickelt habe, wobei erstere die Sporengeneration, letztere die Geschlechtsgeneration rückgebildet haben. Der große britische Algologe FRITSCH sprach kurz vor seinem Tode (Pariser Kongreß 1954) über einige isogame Grünalgen mit isomorphem Generationswechsel, welche einen, dem Substrat anliegenden und einen aufrechten Thallus besitzen („heterotriche" Formen) und als Vorläufer der Psilophytenstufe in Betracht kommen.

In ihrem inneren Bau zeigen diese frühesten Landpflanzen wichtige Grundzüge der Cormophytenorganisation: Betrachten wir einen solchen Sproßquerschnitt (Abb. 40), so finden wir ein einschichtiges Hautgewebe (Epidermis), welches im wesentlichen lückenlos zusammenschließt, aber bereits von den für die Sporophyten aller höheren Landpflanzen typischen *Spaltöffnungen* durchbrochen ist (Näheres über diese s. S. 171 ff). In der Mitte findet sich ein *Leitstrang* axial gestreckter Zellen; er besteht in der Hauptsache aus ring- oder schraubenförmig verdickten und offenbar verholzten Wasserleitungszellen (Tracheiden; Näheres unten S. 98 ff), welche von mehreren Lagen einfacher assimilatleitender Zellen (Phloem) umgeben sind. Der Raum zwischen Haut und Stranggewebe ist von einem lockeren, mehr isodiametrischen *Grundgewebe* ausgefüllt, welches bei manchen Formen bereits eine durchsichtige Außen- und eine Chlorophyllkörner enthaltende Innenrinde (Assimilationsgewebe) unterscheiden läßt.

Wir können bereits hier einige wichtige Prinzipien der Gewebedifferenzierung bei Cormophyten kennenlernen:

1. *Von außen nach innen wechselt die Zellgestalt; die Lage zur Oberfläche ist offenbar ein wichtiger Umstand in der Gewebedifferenzierung.* Oberflächennahe (und damit gut belüftete?) Gewebe neigen zu lückenlosem Zusammenschluß, tiefere zu loserem Verband (zwischen den Zellen finden sich luftführende „Zwischenzellräume" oder Intercellularen). Im Zentralzylinder nimmt die axiale Streckung der Zellen zu; ein Teil von ihnen verliert den lebenden Inhalt, nachdem er durch Verholzung der Wände die nötige Festigkeit erlangt hat und wird dadurch für Leitungsvorgänge besser wegsam. Die topographische Anatomie kommt darnach zu einer ersten rohen, aber zweckmäßigen Einteilung der Gewebe in Hautgewebe, Grundgewebe und Stranggewebe. Dabei soll die Frage zunächst offenbleiben, ob ihre Abgrenzung bloß durch das Milieu bestimmt wird oder entwicklungsgeschichtlich auf verschiedene Mutterzellen zurückgeht (Näheres s. u., S. 73 und 157).

2. In jeder oberflächenparallelen Schicht herrscht in der Regel eine bestimmte Zellform vor. Abweichend von dieser Regel können aber in jeder Zellage in gesetzmäßiger Verteilung abweichend gestaltete Zellen oder Zellgruppen vorkommen (Spaltöffnungen in der Epidermis; viele weitere Beispiele folgen später): Neben einer (radialen) Außen-Innendifferenzierung gibt es also auch eine *tangentiale Differenzierung*.

Der geschilderte Feinbau des erwachsenen Sprosses läßt sich in seiner Entstehung bis in die wachsenden Sproßspitzen (Vegetationspunkte) zurückverfolgen (Abbildungen bei HIRMER). Wir wollen uns mit Bau und Zonierung des Vegetationspunktes aber lieber erst bei rezenten Formen vertraut machen, wo er sich an reichem Material bis in feinste Einzelheiten studieren läßt. Auch auf die Anatomie der Sporangien wollen wir erst im dritten Teil eingehen.

Die Erdsprosse gleichen anatomisch im wesentlichen den Luftsprossen, sind aber insofern noch einfacher organisiert als ihrem Hautgewebe Cuticula und Spaltöffnungen fehlen. Dafür brechen auf der Unterseite einzellige Wurzelhaare (Rhizoide) hervor.

Literatur

Fritsch, F. E.: Evolutionary trends among algae in relation to the origin of vascular plants. 8. Congr. Intern. Bot. Paris. Rapports et communications, Sect. 5/I, 143—150 (1954).
Hirmer, M.: Handbuch der Paläobotanik. I. München u. Berlin 1927.
Hofmann, E.: Paläohistologie der Pflanzen. Berlin 1934.
Kidston, R., and W. H. Lang: On old red sandstone plants showing structure, from the Rhynie Chert Bed, Aberdeenshire. I.—V. Trans. roy. Soc. Edinb. 51, 761—784 (1917); 52, 603—627, 643—680 (1920); 52, 831—902 (1921).
Mägdefrau, K.: Paläobiologie der Pflanzen. 3. Aufl. Jena 1956.
Zimmermann, W.: Die Phylogenie der Pflanzen, 2. Aufl. Stuttgart: Gustav Fischer 1959.

C. Der primäre Bau der Wurzel

1. Einführung

Wir beginnen unsere Betrachtung der Anatomie der rezenten Cormophyten mit der Wurzel, obwohl Troll überzeugend dargelegt hat, daß die uns geläufige Sproß-Wurzelpolarität erst eine Erwerbung der Spermatophyten, also stammesgeschichtlich verhältnismäßig jung ist. Bei den Pteridophyten entsteht nämlich die erste Wurzel am Embryo seitlich-endogen, während bei den Spermatophyten (Phanerogamen) die Primärwurzel der Sproßknospe polar gegenüber angelegt wird und damit als Verlängerung der Achse erscheint (Einzelheiten in Abschnitt „Embryologie", S. 222ff.). Alle sekundären Wurzeln brechen freilich auch hier seitlich-endogen aus der Primär- bzw. anderen Sekundärwurzeln oder auch dem Sproß hervor. Allen „Rhizophyten" gemeinsam ist, daß ihre Wurzeln vielzellige Vegetationskörper aufbauen, während die „Rhizoide" der Algen, Moose und Farnprothallien nur einfache Zellstränge darstellen.

Wenn wir in unserer Betrachtung die Wurzel dem Sproß voranstellen, obwohl sie nach dem Gesagten stammesgeschichtlich als Abkömmling des Sprosses gelten muß, so bestimmt uns dazu die Tatsache, daß die Wurzel in ihrer anatomischen Differenzierung auf einer viel primitiveren Stufe stehengeblieben ist als der Sproß: Ihr fehlen Blätter und damit auch die rhythmische Gliederung in Knoten und Internodien; ihrer Epidermis fehlen Spaltöffnungen, während später ihr Periderm Rindenporen (Lenticellen) ausbildet; als Leitstrang besitzt sie eine zentrale (meist markfreie) Aktinostele. Damit steht sie in ihrem primären Bau auf der Organisationsstufe der Psilophyten und wächst erst im sekundären Dickenwachstum über diese Stufe hinaus. Aus diesem Grunde besprechen wir in diesem Abschnitt auch nur den primären Bau der Wurzel, während ihr sekundärer Bau, um Wiederholungen zu vermeiden, erst im Anschluß an den des Sprosses besprochen werden soll.

Die physiologischen Ursachen dieser „stammesgeschichtlichen Trägheit" der Wurzeln sind nicht ganz klar. Es scheint, daß der Boden als thermisch und hygrisch ausgeglicheneres Milieu weniger als die Luft zur anatomischen Weiterentwicklung (besonders des Leitungs-, Festigungs- und Durchlüftungssystems) anregte. Stammer [Zool. Anz. 159, 255—267 (1957)] berichtet Ähnliches von den Parasiten des Feder- und Haarkleides der Warmblüter, die über alle äußeren Klimaschwankungen hinweg viele altertümliche Merkmale bewahrt haben. Diese dienen ihm als Musterbeispiel einer dem Zwang äußerer Anpassung seit Jahrmillionen entrückten Formenentfaltung nach inneren (orthogenetischen) Formgesetzen. Das

Problem der „stammesgeschichtlichen Trägheit" wird uns wieder beim Verhältnis von Holz und Rinde (unten, S. 118) beschäftigen.

Um die Ähnlichkeit mit der Organisationsstufe der Psilophyten zu unterstreichen, werfen wir zunächst einen kurzen Blick auf einen Wurzel-

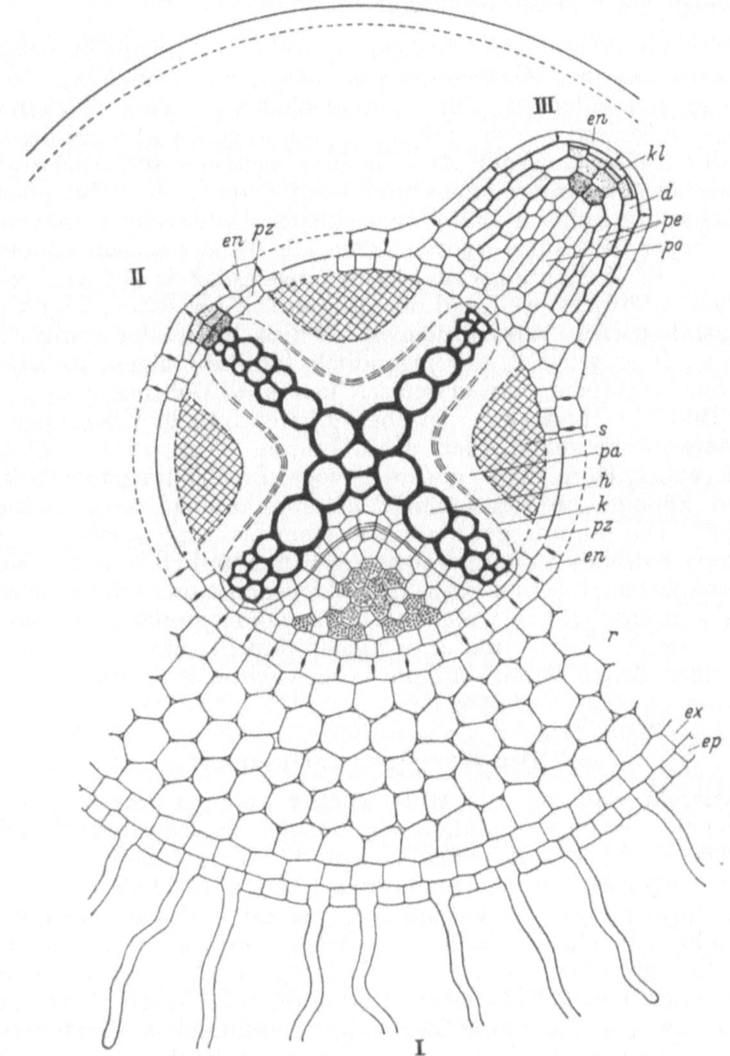

Abb. 41. Schema einer Dikotylenwurzel im Querschnitt. *ep* Epidermis mit Wurzelhaaren; *ex* Exodermis; *r* Rinde; *en* Endodermis mit Casparyschen Streifen auf den Radialwänden; *pz* Perizykel rechts und links oben bei II und III mit einer Seitenwurzelanlage (in dieser *kl* Kalyptrogen; *d* Dermatogen; *pe* Periblem; *po* Plerom); im Zentralzylinder das vierstrahlige radiäre Leitbündel mit *h* Holzteil, *s* Siebteil, *pa* einem Zwischenparenchym, aus dem später das Cambium (*k*) hervorgeht. Etwa 150:1. (Nach STOCKER)

querschnitt wenige Zentimeter hinter der Spitze (Abb. 41): Wir finden auch hier eine einschichtige, lückenlos zusammenschließende Haut (Epidermis, wegen später zu schildernder Sondermerkmale auch Rhizodermis genannt), welche in gesetzmäßiger Folge Wurzelhaare ausstülpt (Näheres unten, S. 67 f.), eine mehrschichtige, Intercellularen führende „Rinde" und einen „Zentralzylinder", der in diesem Fall durch eine zweite lückenlose Zellschicht, die Endodermis (wörtlich Innenhaut), von der Rinde abgegrenzt ist. Im Zentralzylinder selbst wechseln wie beim Psilophyten *Asteroxylon* tote wasserleitende und lebende assimilatleitende Elemente (Holz- und Siebteile, Xylem und Phloem von griechisch xylon = Holz, phloios = Rinde) in radialen Platten miteinander ab.

Ehe wir aber alle diese wichtigen Gewebe im einzelnen besprechen, wollen wir diesmal ihre Entstehung aus einer gemeinsamen Anlage an der Wurzelspitze kennenlernen: Zum Unterschied vom Tier, das einige Zeit in allen seinen Teilen wächst und dann ausgewachsen ist, sind die höheren Pflanzen durch eine dauernde *Arbeitsteilung zwischen wachsenden und ausgewachsenen Teilen* ausgezeichnet und werden darnach recht anschaulich als „Gewächse" (griechisch phyta) bezeichnet. Nach einem verhältnismäßig kurzen Embryonalstadium, während dem alle Teile wachsen können, konzentriert sich die Zellteilungs- und Streckungsfähigkeit auf wenige Stellen des Vegetationskörpers, während der größte Teil für seine endgültige Aufgabe ausgestaltet wird. Wir bezeichnen alle diese mehr oder weniger fertigen Gewebe als „*Dauergewebe*", die jugendlich teilungsfähigen als „*Bildungsgewebe*" oder Meristeme (von griechisch meros = Teil, merizein = teilen). Zwischen Bildungs- und Dauergeweben gibt es freilich Übergänge, indem auch letztere — bisweilen noch nach Jahren — gewisser Umbildungen fähig sind (vgl. z. B. S. 125ff) und u. U. sogar ihre Teilungstätigkeit wieder aufnehmen können; in letzterem Falle spricht man von „sekundären Meristemen". Die Bildungsgewebe liegen einerseits als „*Cambien*" zylindermantelförmig zwischen Dauergeweben wie Rinde und Holz und ermöglichen ein nachträgliches („sekundäres") Dickenwachstum (Näheres S. 90ff); anderseits konzentrieren sie sich als „*Vegetationspunkte*" an Basis oder Spitze[1] wachsender Triebe und ermöglichen ihre Streckung. Kleine Nester teilungsfähiger Zellen inmitten von ausgewachsenen nennt man „Meristemoide".

2. Der Wurzelvegetationspunkt

Die Wurzeln wachsen mit Hilfe solcher apikaler Vegetationspunkte. Als Beispiel eines solchen studieren wir zunächst das bewährte Strasburgersche Praktikumsobjekt *Equisetum arvense*, die Wurzel des Ackerschachtelhalms als Vertreter der Pteridophyten (Abb. 42): Jeder einigermaßen median geführte Längsschnitt zeigt hier eine alle anderen Zellen an Größe übertreffende *Scheitelzelle*, aus der durch gesetzmäßige anti- und perikline Teilungen der gesamte Wurzelkörper hervorgeht. Die Scheitelzelle selbst hat die Gestalt einer dreiseitigen Pyramide, allerdings nicht die eines Tetraeders, bei dem die Grundfläche den Seitenflächen gleichwertig sein müßte. Die Teilungen parallel zu den drei Seitenflächen und damit mehr oder weniger senkrecht zur Oberfläche sind nämlich häufiger als die parallel der Grundfläche, so wie überhaupt antikline Teilungen (senkrecht zur Oberfläche) häufiger sind als perikline (parallel der Oberfläche). Auf diese Weise zeichnet sich schon in geringem Abstand von der Scheitelzelle die Tendenz ab, einen geschichteten Vegetationskörper aufzubauen. Dabei stoßen wir wieder auf das schon bei den Psilophyten beschriebene Grundprinzip der Gewebedifferenzierung: Durch perikline Teilungen entstehen wenige untereinander mehr oder weniger verschiedene oberflächenparallele Schichten,

---

[1] Seltener finden sich Vegetationspunkte rhythmisch eingeschoben („intercalar") wie in den Knoten der Gräser.

durch die viel zahlreicheren antiklinen Teilungen ein Heer vorwiegend gleichartiger Zellen innerhalb jeder einzelnen Schicht.

Diese Schichten am Vegetationspunkt lassen sich unschwer denen des eingangs kurz betrachteten Wurzelquerschnitts zuordnen und werden daher seit HANSTEIN als „Histogene" bezeichnet: Eine Mittelsäule weitgehend achsenparalleler Zellstränge, HANSTEINs *Plerom*, liefert den späteren Zentralzylinder, die in Paraboloiden nach außen biegenden Zellschichten, das *Periblem*, die Wurzelrinde; nicht immer von Anfang an klar abgegrenzt, sondern früher oder später von inneren oder äußeren Nachbarschichten periklin abgespalten, kann ein *Dermatogen* als Mutterschicht der späteren Epidermis auftreten. Schließlich aber liegt, von besonderen Mutterzellen, dem *Calyptrogen*, ergänzt, die *Wurzelhaube* (Calyptra) dem übrigen Vegetationskörper gegenüber. Mit ihr werden wir uns gleich noch eingehend zu beschäftigen haben.

Zuvor aber muß vergleichsweise noch der Wurzelvegetationspunkt der Phanerogamen beschrieben werden: Ihm fehlt eine so ausgezeichnete Scheitelzelle, wie sie — von den Lycopodiales (OGURA) abgesehen — die Pteridophyten besitzen. Die Wurzelvegetationspunkte der Phanerogamen sind nicht weniger klar geschichtet, aber diese Schichtung entspringt nicht einer einzigen Scheitelzelle, sondern einer Gruppe von Initialen, auf deren Zuordnung zu den Histogenen im 19. Jahrhundert viel Mühe und Scharfsinn verwendet wurde. Wäh-

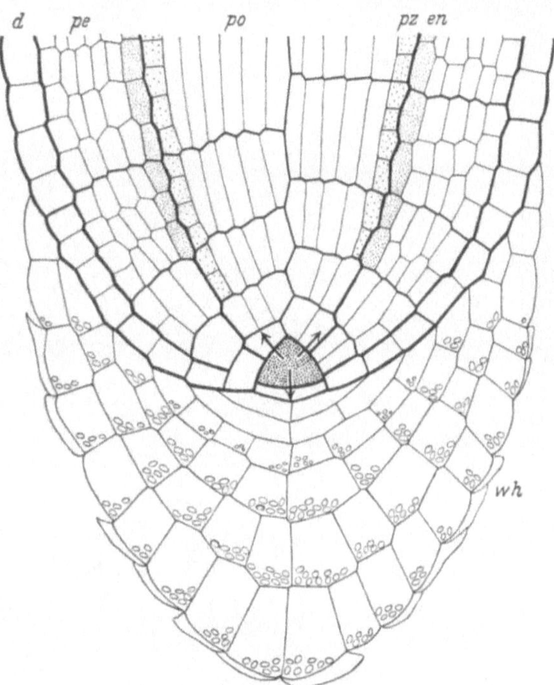

Abb. 42. Wurzelspitze des Ackerschachtelhalms im Längsschnitt. *wh* Wurzelhaube; *d* Dermatogen; *pe* Periblem; *en* Endodermis; *pz* Perizykel; *po* Plerom. Sämtliche Zellen gehen letzten Endes auf die punktiert gezeichnete, dreischneidige Scheitelzelle zurück. (Nach STRASBURGER aus STOCKER, Grundriß der Botanik)

rend man in manchen Fällen getrennte Initialen für Haube, Haut, Rinde und Zentralzylinder zu erkennen glaubte, nimmt man in anderen Fällen gruppenweise gemeinsame Initialen (z. B. für Haube und Haut einerseits, Rinde und Zentralzylinder anderseits) an, wie das ESAU (S. 116, Fig. 5.10) in einem Schema veranschaulicht, auf dessen Wiedergabe wir verzichten.

v. GUTTENBERG, der als Bearbeiter der Gymnospermen- und Angiospermenwurzel in LINSBAUERs Handbuch der Pflanzenanatomie auf diesem schwierigen Gebiet den größten Überblick besitzen dürfte, ist durch eigene Nachuntersuchungen gegenüber einem Großteil der älteren Angaben mißtrauisch geworden, weil sie vor Anwendung der Mikrotomtechnik nicht immer zuverlässige Medianschnitte erfaßten. Bei der Nachuntersuchung lückenloser Schnittserien fand v. GUTTENBERG bei Dicotylen eine in der Größe nicht weiter ausgezeichnete „Zentralzelle", auf deren Teilungen sich

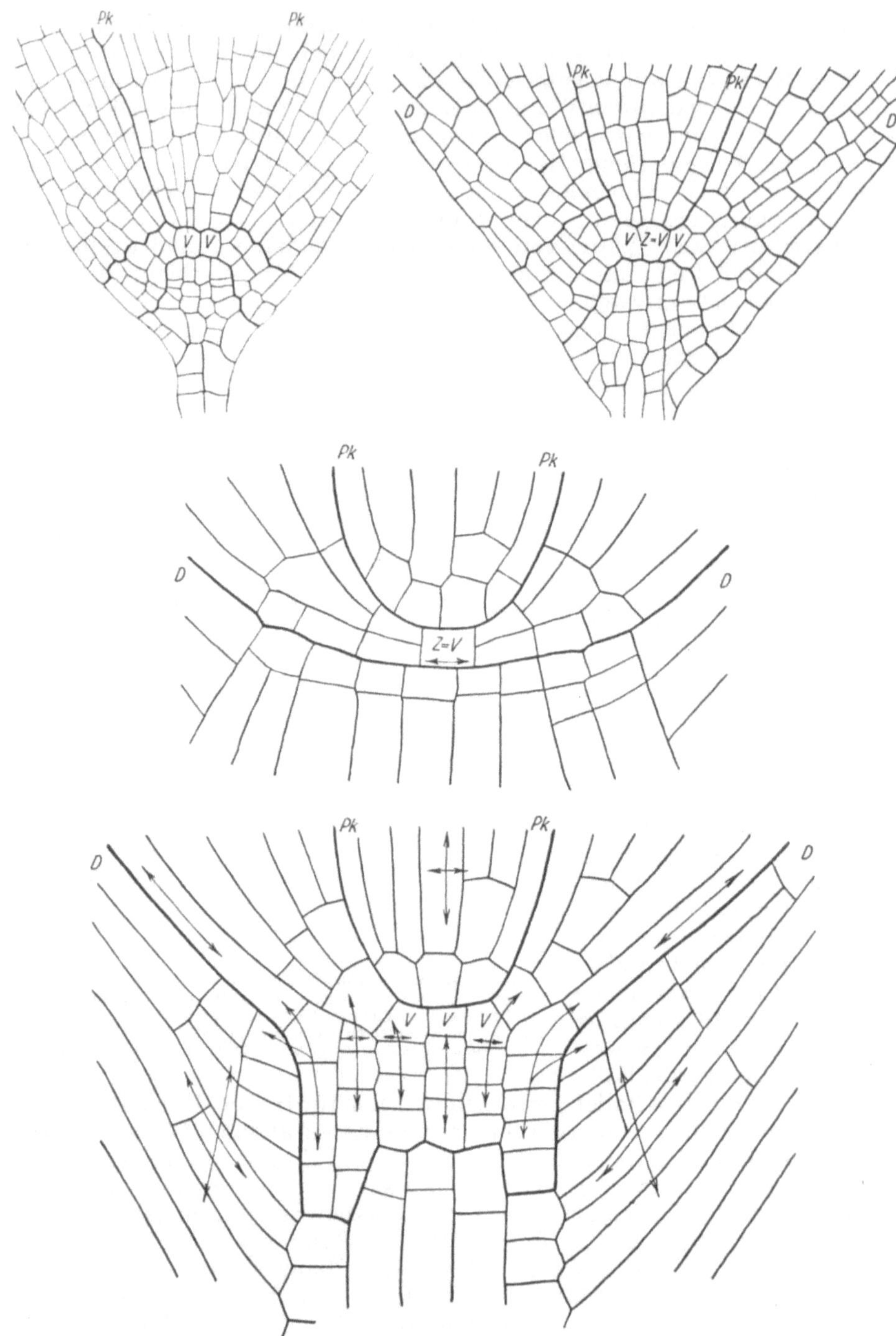

Abb. 43. Schema der Entwicklung einer Dikotylenwurzel *(Helianthus annuus)*. Im Embryo entsteht am Übergang vom Suspensor in den Wurzelkörper ein im Medianschnitt hufeisenförmiger Becher von Verbindungszellen (*V*), welche die Zentralzelle (*Z*) liefern. Aus dieser und ihren Abkömmlingen gehen einerseits die Columella zur Ergänzung von Wurzelhaube und Dermatogen (*D*), andererseits das Periblem und Plerom hervor, welche durch das Pericambium (*Pk*) getrennt sind. (Nach v. GUTTENBERG, BURMEISTER und BROSELL)

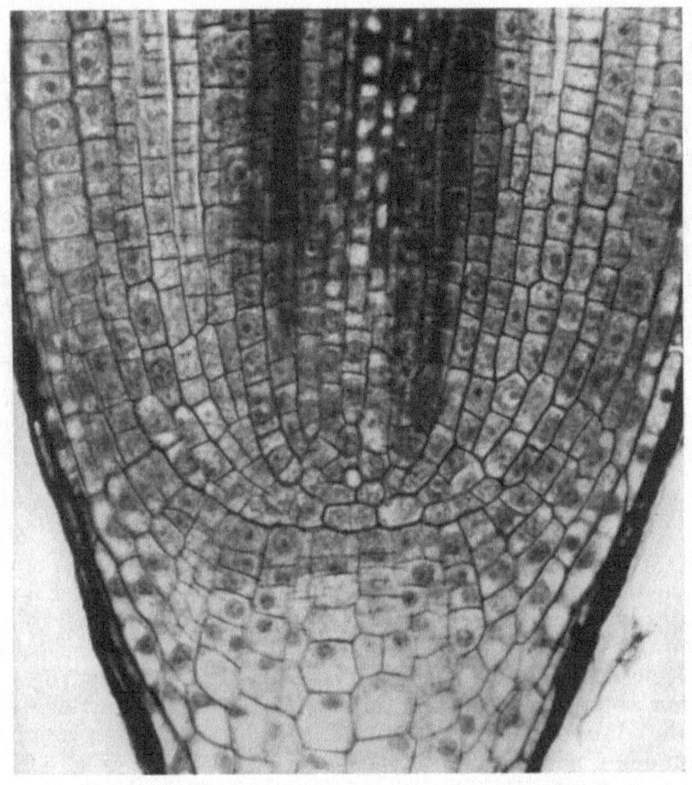

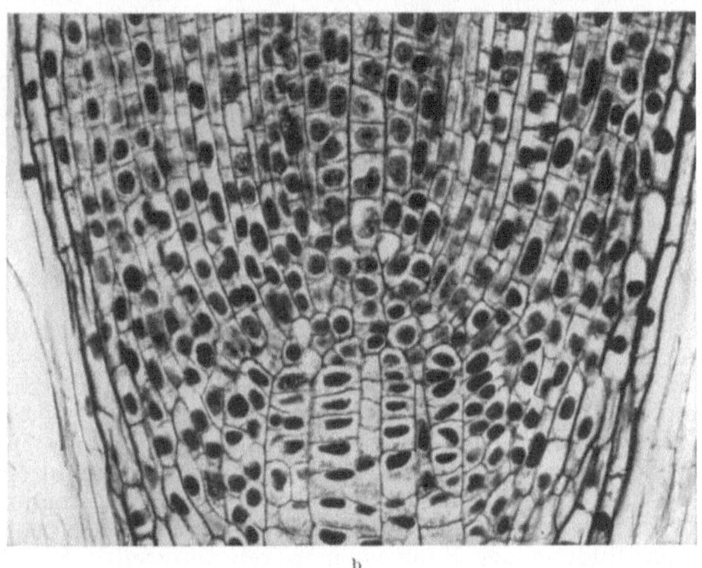

Abb. 44 a u. b. Medianer Längsschnitt durch die Wurzelspitze einer Dicotyle *(Nicotiana tabacum)* und einer Monocotyle *(Allium sativum)*. a mit getrennten Initialen für Haube, Haut und Rinde (Dermatogen und Periblem) und Zentralzylinder (Plerom); b mit gemeinsamen Initialen. Besonders deutlich die Columella zur Erweiterung der Wurzelhaube. (Nach ESAU, Plant Anatomy)

die verschiedenen Initialen der älteren Autoren ganz oder größtenteils zurückführen lassen dürften (Abb. 43). Obschon seine Ansicht nicht unwidersprochen blieb, hat sie schon deswegen viel für sich, weil ja letzten Endes alle Entwicklung auf eine einzige Zelle, die befruchtete Eizelle zurückführt. Es fragt sich somit eigentlich nur, von welchem Zeitpunkt ab eine Trennung besonderer Gewebeinitialen erkennbar wird.

Um das zu entscheiden, ist v. GUTTENBERG neuerdings auf die Anfänge der Differenzierung im Embryo zurückgegangen. Wir wollen diese Tatbestände erst im Abschnitt Embryologie darstellen. Es sei aber vorweggenommen, daß auch die Primärwurzel der Phanerogamen nicht wirklich terminal und damit exogen, sondern hinter dem Suspensor bzw. der Hypophyse des Proembryos subterminal und damit wie alle Seitenwurzeln endogen entsteht. Schon in diesem embryonalen Vegetationskörper differenziert sich früh eine axiale Säule (Columella) von Initialen, in welcher sich die Plerom-Initialen am frühesten zu selbständiger Vermehrung absetzen. Von v. GUTTENBERGs „Zentralzelle" ausgehend, sorgt dann ein spitzenwärts geöffneter „Becher" (im Querschnitt „Hufeisen") sich lebhaft teilender Zellen für die Verbreiterung des Vegetationskegels (v. GUTTENBERG u. Mitarb. 1955, Abb. 6). Innerhalb des Bechers bleibt „akroskop"-ähnlich wie im Plerom durch langsamere und vorwiegend antikline Teilungen die Columella in der sich allmählich absetzenden Haube weiterhin deutlich; außerhalb des Bechers (basiskop) kann eine klare Abgrenzung von Periblem, Dermatogen und Haube noch länger auf sich warten lassen. Die Haut kann dabei durch perikline Teilungen bald von der Haube (Dicotylen), bald von der Rinde her abgespalten werden (Monocotylen, Abb. 44). Bei Monocotylen setzt sich die Haube durch gelatinöse Quellung der Grenzwand besonders scharf gegen den übrigen Wurzelkörper ab (ESAU, S. 117, Fig. 5.12). Bei den Gymnospermen fehlt, ähnlich wie im Sproß (S. 77 und 156ff.), eine echte, einschichtig bleibende Haut überhaupt: Hier entsteht durch eine Häufung perikliner Teilungen eine Schar von Paraboloiden, welche ohne Trennung in Haube, Dermatogen und Periblem ein mehrschichtiges „Protoderm" (Urhaut) aufbauen, welches auch über den Scheitel hinwegläuft und weiterhin eine blätterteigartige Berindung liefert (RIEDL). Erst die Endodermis bildet hier eine wirkliche Grenze. Wir werden sehen, daß auch bei den Angiospermen den außerhalb der Endodermis liegenden Geweben noch etwas von diesem „Vorhof-Charakter" anhaftet.

3. Die Wurzelhaube

Die vom Wurzelvegetationspunkt apikal gebildete Haube wird fast immer als eine Sonderanpassung der Wurzel dargestellt, welche diese beim Vordringen in den Boden vor Verletzung schützt. In Wirklichkeit arbeiten bei den Landpflanzen die meisten Meristeme zweiseitig, so daß sie nach außen irgendwie „behäutet" bzw. „berindet" erscheinen. Das gilt vom Verdickungscambium, welches nach außen Rinde, nach innen Holz bildet, ebenso wie vom Korkcambium, welches nach außen Korkhaut (Periderm), nach innen Korkrinde (Phelloderm) liefert. Auch die Gametangien und Sporangien umhäuten sich auf frühen Entwicklungsstadien, ehe sich das Archespor zur Bildung der Keimzellen weiter unterteilt. Es wäre daher zu prüfen, ob nicht eher der „nackte" Vegetationspunkt der Sprosse eine durch den Blattschutz möglich gewordene Neuerwerbung darstellt. Auf jeden Fall erlischt auch hier besonders die perikline Teilungsfähigkeit in der Oberflächenschicht am schnellsten (vgl. S. 156f.). Über den Sproßvegetationspunkt der Psilophyten vgl. unten, S. 77 Fußnote 1.

Die Zellen der Haube differenzieren sich schon in geringem Abstand von ihrer Entstehung: Während die Zellen der Columella die auffälligsten Behälter von Statolithenstärke sind, pflegen die Mittellamellen der Randzellen zu verschleimen, so daß sich diese Zellen isolieren, abrunden und die Gleitbahn der vordringenden Wurzel schmieren. Die geringe Mächtigkeit der Haube beruht aber zweifellos nicht nur auf diesem Verlust peripherer Zellen, sondern in erster Linie darauf, daß die zentripetalen Teilungen des Meristems doch ungleich seltener sind als die zentrifugalen, welche den eigentlichen Wurzelkörper aufbauen[1]. In dieser Hinsicht gleicht die Tätigkeit des Wurzelmeristems dem des Verdickungscambiums (Holzzuwachs stärker als Rindenzuwachs), während für das Korkcambium das Umgekehrte gilt (mehr Kork- als Rindenzellen). Besonders schwach ist die Wurzelhaube bei Mykorrhizen ausgebildet (s. u., S. 71).

4. Streckungszone

Vor der weiteren Ausgestaltung macht der Vegetationskörper der Wurzel knapp hinter dem Vegetationspunkt eine Streckung durch. Die Kürze der Streckungszone — sie mißt nach dem Ergebnis des üblichen Praktikumsversuches einer Millimetermarkierung mit Tusche bei *Vicia faba* nur wenige Millimeter — steht im Dienste des Vortriebes in den Boden; Luftwurzeln haben wie Sprosse eine viel längere Streckungszone. Bei der Streckung gehen die bisher ganz mit Plasma erfüllten („embryonalen") Zellen in einen vacuolisierten Zustand über.

5. Epidermis und Wurzelhaare

Als nächster Differenzierungsschritt fällt hinter der Streckungszone die Ausstülpung der Wurzelhaare auf. Besser als im Boden läßt sich ihre Bildung im Laboratorium in feuchter Luft verfolgen und sogar filmen (LUNDEGÅRDH), während sie im Wasser unterdrückt wird.

Diese der Vergrößerung der aufnehmenden Oberfläche dienenden Wurzelhaare stellen bekanntlich nur Ausstülpungen der Rhizodermis[2] dar, ohne daß es zur Abtrennung des Haares durch eine besondere Zellwand kommt. Die Ausstülpung beruht auf streng örtlichem Wachstum der Zellwand, an dem Zellkern und Cytoplasma lebhaften Anteil nehmen. Wurzelhaare liefern Paradeobjekte für Plasmaströmung (FRENZELs Lehrfilm); der Kern pflegt in der Nähe der Spitze des Haares zu liegen.

Bei der Bildung der Wurzelhaare lernen wir ein weiteres wichtiges Gesetz der Gewebedifferenzierung innerhalb einer Gewebeschicht kennen, dem wir noch mehrfach begegnen werden: Neben Objekten, bei denen jede Epidermiszelle zu einem Haar auswachsen kann, fallen solche besonders auf, bei denen eine geregelte Arbeitsteilung zwischen Haarbildnern (Trichoblasten) und zur Haarbildung unfähigen Zellen (Atrichoblasten) besteht,

---

[1] Die Autoren des vorigen Jahrhunderts betrachteten die Teilungstätigkeit nicht vom Meristem, sondern vom fertigen Gewebe aus, nennen also beispielsweise den Holzzuwachs zentrifugal, den Rindenzuwachs zentripetal.

[2] Wegen dieses Besitzes von Wurzelhaaren einerseits, des (angeblichen) Fehlens einer Cuticula sowie von Spaltöffnungen andererseits wird die Epidermis der Wurzel zum Unterschied von der des Sprosses gerne als Rhizodermis bezeichnet. Was die Cuticula betrifft, so ist eine solche selbst in den Wurzelhaaren in ihrer ganzen Ausdehnung licht- und elektronenmikroskopisch einwandfrei nachgewiesen [Fortschr. Bot. **22**, 164 (1960)].

welche sich dafür axial stärker strecken. Bei den am häufigsten untersuchten Gräsern wechseln die beiden Zelltypen streng miteinander ab, weil sich jede Mutterzelle inäqual in einen großkernigen, plasmareichen Trichoblasten[1] und einen plasmaärmeren Atrichoblasten teilt. Bei Cruciferen stehen dagegen die Trichoblasten in Längsreihen, wobei 1—2 haartragende mit 1—3 haarlosen Zellreihen abwechseln (Abb. 45). Die Trichoblasten kommen dabei stets über die Antiklinen der darunterliegenden größeren Wurzelrindenzellen zu liegen (Bünning 1951, Abb. 17). Während Cormack diese Tatsache auf die Zufuhr bestimmter Stoffe durch die antiklinen Zellwände zurückführen möchte, glaubt Bünning gerade umgekehrt, daß die über den Antiklinen sitzenden Zellen gegenüber jenen Zellen, welche den Rindenzellen in breiter Fläche aufsitzen „physiologisch isoliert" seien. Zur Stütze seiner Ansicht isoliert er Rhizodermisstreifen durch Rasiermesserschnitte teilweise von der Unterlage und erhält dann mehr Trichoblasten als normal.

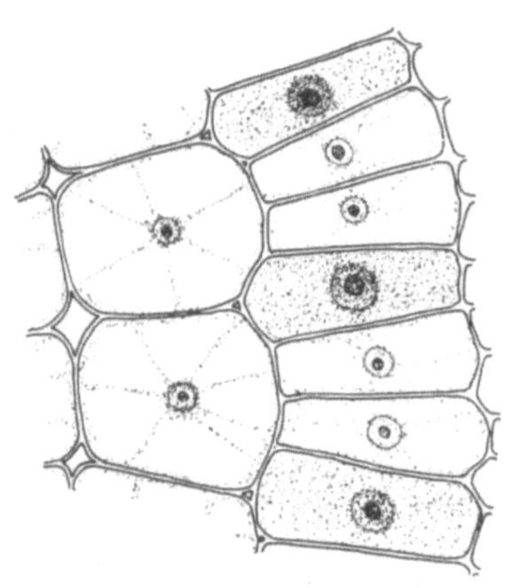
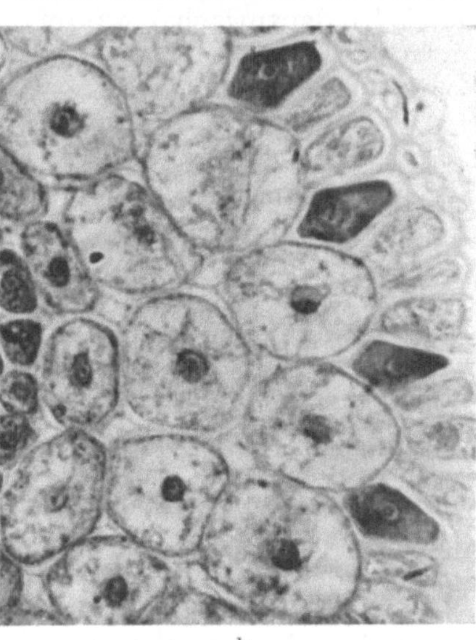

a   b

Abb. 45 a u. b. Schema und Mikrophotographie von Trichoblasten und Atrichoblasten in einer *Sinapis*-Wurzel. Erstere (durch Plasmareichtum kenntlich) liegen über den Antiklinen der äußersten Rindenschicht. (Nach Bünning)

Die Rhizodermis ist ein ephemeres Gebilde: Die ausgestülpten Haare haben ihre Umgebung in der Regel innerhalb weniger Tage abgeweidet, gehen zugrunde und werden spitzenwärts durch neue ersetzt.

6. Wurzelrinde und Mycorrhiza

Die Zellagen zwischen Epidermis und Endodermis faßt man als Wurzelrinde zusammen. Während es sich bei dünnen Seitenwurzeln nur um eine oder wenige Lagen handelt, kann die Rinde bei Speicherwurzeln beträchtliche Dicke erreichen; die Mächtigkeit der „Rüben" (*Beta vulgaris* u. a. Dicotylen) ist allerdings erst das Ergebnis eines cambialen Dickenwachstums (s. u., S. 152f.). Die in der Rinde liegenden Zellen brauchen nicht gleichförmig zu sein, sondern können nach der Tiefe mehr oder weniger deutlich differenziert sein. So wird besonders bei Monocotylen die erste Zellage unter der Rhizodermis häufig verkorkt und übernimmt als „Exodermis" nach Absterben der Haarzellen den Hautschutz (Einzelheiten bei v. Gutten-

---

[1] Bei *Trianea* sind die Trichoblasten endopolyploid (Geitler).

BERG)[1]. In tieferen Lagen können ähnlich wie im Stengel sklerenchymatische Scheiden auftreten, die aber erst beim Sproß behandelt werden sollen (S. 82).

Wir sehen von solchen Komplikationen ab und interessieren uns in erster Linie für die Anordnung des Zellnetzes, wie es sich auf Querschnitten darbietet. Wir wollen dabei vorläufig drei verschiedene Möglichkeiten auseinanderhalten (Abb. 46):

a) Werden Gewebe wie in der Wurzelrinde bereits im Meristem mehrschichtig angelegt, dann pflegen sich die Zellen ähnlich wie in Modellschäumen (MATZKE) gegeneinander polygonal abzugrenzen und in verschiedenen Lagen miteinander mehr oder weniger deutlich zu alternieren (Schema Abb. 46). Wenn sich dann die Zellen vor der weiteren Differenzierung vergrößern und gegenseitig abrunden, weichen besonders an den Berührungsstellen dreier Zellen Intercellularen auseinander, welche räumlich ein zusammenhängendes Durchlüftungssystem liefern.

b) Es soll aber schon hier darauf hingewiesen werden, daß es neben diesem alternierenden Zellnetz auch ganz andere Typen gibt: Gehen Tei-

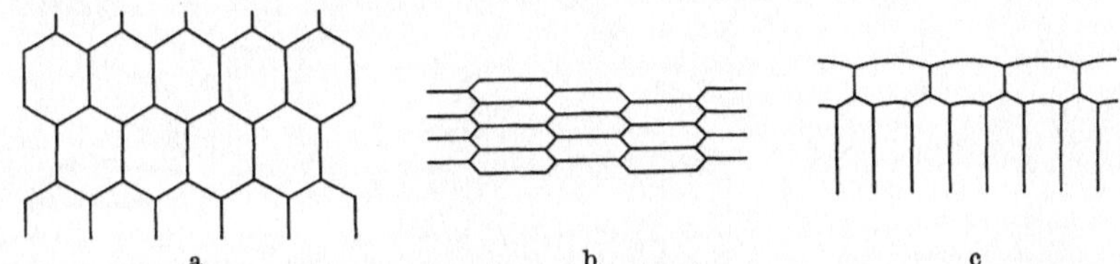

a   b   c

Abb. 46a—c. Schema der Anordnung verschiedener Zellnetze. a Alternierend (Beispiel: Markparenchym). b In radialen Reihen (Cambium). c Mit Zellteilungsgradienten (Epidermis und Palisadenparenchym eines Blattes)

lungen wie besonders bei den Cambien zwischen bereits ausdifferenzierten Dauergeweben vor sich, dann erfolgen sie nicht mehr frei nach allen Richtungen, sie müssen sich vielmehr zwischen den Dauergeweben diesen parallel orientieren. Die Abkömmlinge von Cambien stehen daher nicht alternierend auf Lücke, sondern in Reih und Glied auf Vordermann ausgerichtet. Eine solche Anordnung kann auch in der Innenrinde vorkommen, wenn die embryonale Teilungstätigkeit hier länger anhält als in der Außenrinde und diese auf jene daher einen Richtungszwang ausübt (Abb. 84 bei v. GUTTENBERG). Bei der Entfaltung solcher Zellgefüge entstehen radiale Intercellularspalten.

c) Noch komplizicrtere Zellnetze entstehen durch sog. „Zellteilungs-Gradienten", wenn eine Schicht in der Unterteilung weitergeht als die Nachbarschicht, wie wir das zwischen Rhizodermis und erster Rindenschicht bereits kennengelernt haben. Zeigt der Grad der Unterteilung einigermaßen ganzzahlige Verhältnisse, so können gesetzmäßig bestimmte Zellzüge über die Wände, andere über das Lumen der Nachbarzellage zu liegen kommen. Wir werden dafür später noch weitere Beispiele kennen lernen (S. 161). Häufiger sind aber zahlenmäßig weniger streng geregelte Zellteilungsgradienten, also gleitende oder sprunghafte Übergänge in der Zellgröße. Wir begegnen solchen nicht nur bei der Querschnittsbetrachtung zwischen den radialen und tangentialen Zelldurchmessern verschieden tiefer Schichten, sondern fast noch auffälliger auf Längsschnitten in der axialen

---

[1] Das „Velamen radicum" der Orchideen-Luftwurzeln ist eine mehrschichtige perikline Aufspaltung des Dermatogens, gehört also zum Hautgewebe und nicht zur Rinde.

Streckung der Zellen. In dieser Richtung sind die Rindenzellen wesentlich kürzer als die des Zentralzylinders.

Wenden wir uns anderen anatomischen Eigentümlichkeiten der Wurzelrinde zu, so verdient vor allem die Erscheinung der *Mycorrhiza* (Pilzwurzel) hervorgehoben zu werden. Darunter verstehen wir eine gesetzmäßige Verpilzung der Gewebe, welche nach Durchdringung der Rhizodermis in auffälliger Weise auf die Wurzelrinde beschränkt bleibt. Sie gilt als Ausdruck eines sehr steilen „Resistenzgefälles" (GÄUMANN). Da aber nicht nur der Zentralzylinder, sondern auch die Wurzelspitze unverpilzt bleibt, muß

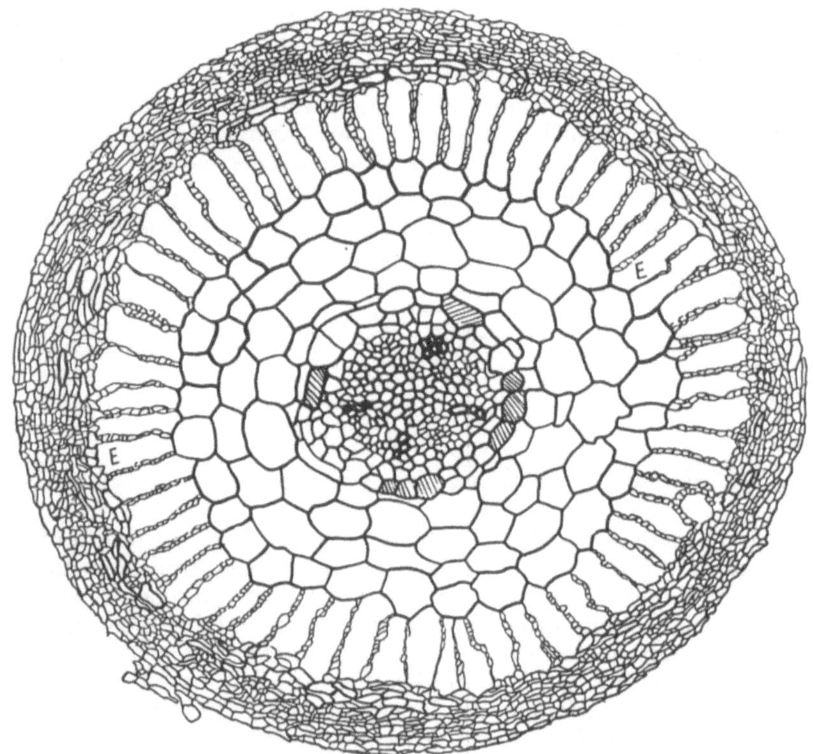

Abb. 47. Querschnitt einer Buchenwurzel mit ektotropher Mycorrhiza. Die Pilze bilden einen lückenlosen Mantel, dringen aber in die Wurzel selbst nur intercellular ein und bilden in der Epidermis (*E*) das Hartigsche Geflecht. (Nach CLOWES aus HARLEY)

neben dem radialen auch ein axiales Resistenzgefälle bestehen (PRAT). Wahrscheinlich wird die Wurzelrinde erst nach Abbau embryonaler Hemmstoffe für Pilze angreifbar; sie bildet gewissermaßen einen „Vorhof" des Organismus, der durch die anschließend zu besprechenden Strukturen abgeriegelt werden kann und bei der Bildung des Innenperiderms endgültig abgestoßen wird.

Betrachten wir die Verpilzung im einzelnen, so werden seit langem zwei Typen unterschieden: Bei der *ektotrophen* Mycorrhiza, wie sie bei unseren Waldbäumen vorherrscht, umspinnen Pilzfäden unserer geläufigen Waldschwammerln aus der Klasse der Basidiomyceten in dichten Lagen die Wurzeloberfläche und schieben sich nur intercellular in die Wurzelrinde vor, in der sie das „Hartigsche Geflecht" bilden (Abb. 47); die Ausbildung von Wurzelhaaren seitens der Wirtswurzel pflegt in diesem Falle zu unterbleiben; auch die Wurzelhaube wird nur rudimentär entwickelt (CLOWES). Bei der *endotrophen* Mycorrhiza der Orchideen, Pirolaceen usw. dringen dagegen systematisch erst in wenigen Fällen identifizierte Pilze über Wurzelhaare in die Zellen der Wurzelrinde selbst ein, breiten sich hier einige Zeit aus, fallen aber dann der Verdauung durch Fermente anheim, welche die abnorm vergrößerten Zellkerne produzieren; schließlich bleiben nur die Reste unverdauter Chitinmembranen als Klumpen in den Zellen liegen (Abb. 48). Die mannigfachen Einzelheiten sind den spannend geschriebenen Monographien von BURGEFF, MELIN, HARLEY u. a. zu entnehmen. Der gegenseitige Stoffaustausch zwischen Pilzen und Wirtswurzeln ist durch die moderne Isotopentechnik erwiesen.

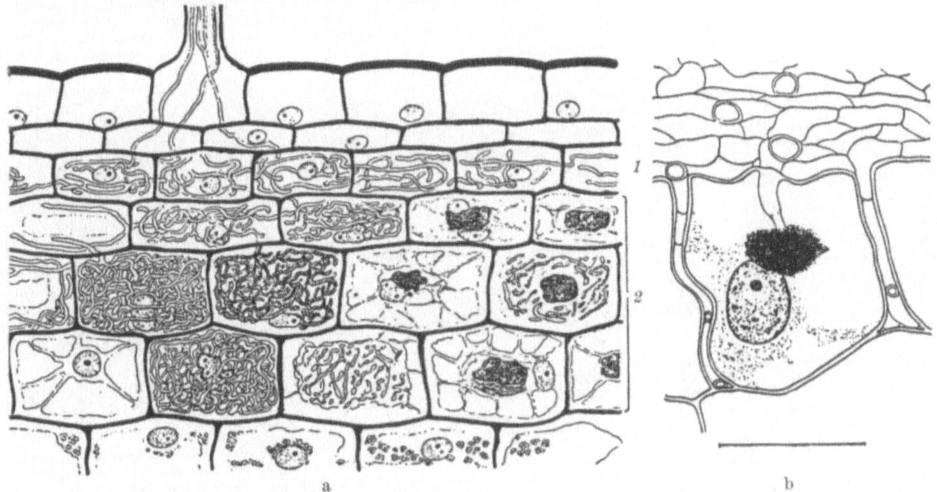

Abb. 48 a u. b. Endotrophe Mycorrhiza. a Mit tolypophager Verdauung der durch die Wurzelhaare eingedrungenen Pilzfäden in der Verdauungsschicht (2), während sie in der Pilzwirtsschicht (1) ungestört bleiben (*Platanthera chlorantha*, Orchidee). b Ptyophager Verdauungstyp beim Fichtenspargel (*Monotropa hypopitys*). Die aus dem Pilzmantel in die Epidermis eindringenden Hyphen platzen und ergießen ihren Inhalt in die Wirtszelle. (Nach BURGEFF aus HUBER, Pflanzenphysiologie)

7. Endodermis und Durchlaßzellen

Überraschenderweise folgt auf die Intercellularen führende Rinde nach innen nochmals eine lückenlos zusammenhängende Zellschicht vom Aussehen eines Hautgewebes, welche wegen ihrer Lage als Endodermis (Innenhaut), deutsch auch vielfach als Schutzscheide bezeichnet wird. Entwicklungsgeschichtlich geht diese Schicht aus dem Periblem hervor, gehört also noch zur Wurzelrinde. Sie entsteht beim Verebben der zentripetalen periklinen Teilungstätigkeit des Periblems als letztes; daraus dürfte sich das Fehlen der Intercellularen entwicklungsphysiologisch erklären.

Teleologisch betrachtet ist es sicher gut, in der Wurzel der im Dienste der Stoffaufnahme naturgemäß zarten Epidermis eine mechanisch wirksameren Schutzscheide nachzuschalten, welche die Stofftransporte im Zentralzylinder abschirmt.

Über den lückenlosen Zusammenschluß hinaus ist die Endodermis durch eine Reihe anatomischer Besonderheiten ausgezeichnet: Bei den Dicotylen fällt in erster Linie der berühmte Casparysche Streifen, eine örtliche Korkeinlagerung in den Radialwänden, auf (Abb. 41). Sie blockiert an dieser Stelle den Stoffweg durch die Membran und unterwirft den gesamten Ein- und Ausgang der Kontrolle des semipermeablen Plasmas. Nach URSPRUNG und BLUM soll die Endodermis auch der Sitz polarer Saugkraftdifferenzen („Endodermissprung") sein, welche das von außen angesogene Wasser unter Druck in den Zentralzylinder pressen.

Bei vielen Monocotylen wird die Endodermis nachträglich (sekundär bzw. tertiär) durch starke Membranverdickungen praktisch undurchlässig (Abb. 49). Erfolgt diese Ablagerung von Verdickungsschichten allseitig, so sprechen die Autoren nach dem Querschnittsbild von einer O-Scheide, beschränkt sie sich auf die Radial- und Innenwände, von einer C-Scheide. Für den Stoffdurchtritt bleiben in diesem Fall gesetzmäßig angeordnete „Durch-

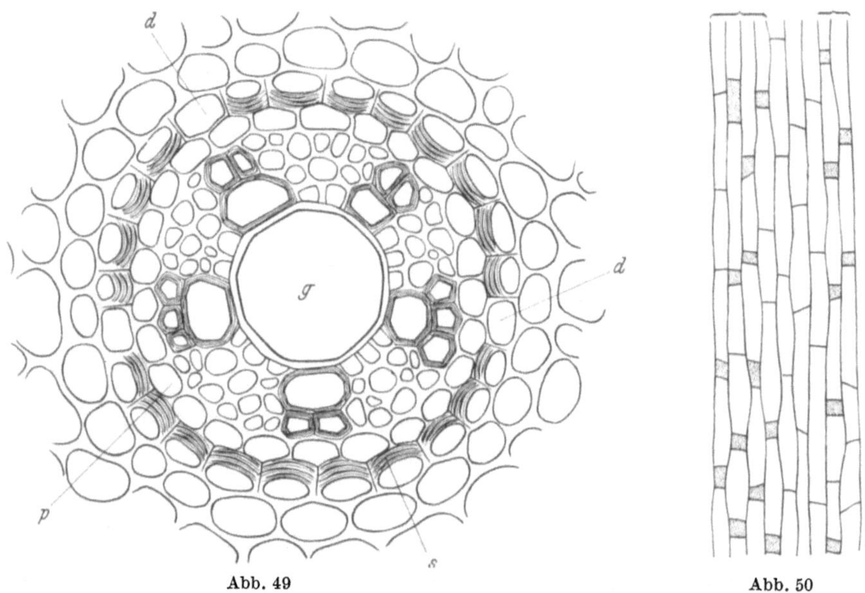

<table>
<tr><td align="center">Abb. 49</td><td align="center">Abb. 50</td></tr>
</table>

Abb. 49. Querschnitt durch das radiale Gefäßbündel von *Allium ascalonicum*. *g* Zentrales großes Gefäß, von welchem die fünf Xylemplatten ausstrahlen; *p* Perizykel; *s* Schutzscheide (Endodermis) mit C-förmig verdickten Innenwänden und dünnwandigen Durchlaßzellen (*d*) über den Xylemplatten. (Nach HABERLANDT)

Abb. 50. Tangentialansicht der Wurzelendodermis von *Iris germanica*. Die Durchlaßzellen (punktiert) liegen in zwei Streifen (rechts und links) über den Xylemplatten, während über einem Phloemstreifen (Mitte) Durchlaßzellen fehlen. (Nach SCHWENDENER, aus V. GUTTENBERG, Angiospermenwurzel)

laßzellen" offen: Sie treten in Streifen von 1—4 Zellen Breite vor den anschließend zu besprechenden Xylemstrahlen des Leitbündels auf, während die Abschnitte vor den Phloemgruppen keine Durchlaßzellen besitzen. Das beweist eine „Induktion" zwischen diesen Schichten, wobei zunächst offenbleibt, ob die Lage des Xylems die der Durchlaßzellen induziert oder umgekehrt oder ob beide Ausdruck eines übergeordneten gemeinsamen Musters sind. Im vorliegenden Falle macht es die relativ späte Differenzierung der Endodermis wahrscheinlich, daß die Durchlaßzellen vom bereits differenzierten Protoxylem her determiniert werden.

Die Durchlaßzellen finden sich nie in geschlossenen Längsreihen, sondern wechseln in diesen stets mit bereits verkorkten bzw. verdickten Zellen ab, ähnlich wie wir das bei Trichoblasten und Atrichoblasten gesehen haben. Auf dem einzelnen Querschnitt trifft man daher nicht in jeder zur Bildung von Durchlaßzellen befähigten Reihe auch wirklich eine solche; ein vollständiges Bild ihrer Verteilung geben vielmehr nur Tangentialschnitte

(Abb. 50). Ob dieses Muster neben seinen Beziehungen zum Xylem auch solche zum Trichoblastenmuster aufweist, scheint noch nicht untersucht zu sein.

Jenseits der Absorptionszone können auch die bisherigen Durchlaßzellen verschlossen und die Endodermis in ein hermetisches Abschlußgewebe umgewandelt werden. Diese axialen Differenzen sind aber erst unzureichend erforscht. In der Regel entsteht als sekundäres Hautgewebe der Wurzel ein Innenperiderm aus der nun zu besprechenden nächst tieferen Schicht, dem Perizykel, während die Endodermis mit der übrigen Wurzelrinde abgestreift wird.

8. Perizykel, Innenperiderm und Seitenwurzelanlagen

Ehe wir im Zentralzylinder der Wurzel ans eigentliche Leitbündel kommen, stoßen wir noch auf eine weitere, ziemlich großzellige Schicht von hoher physiologischer Bedeutung, welche als Perizykel oder auch Pericambium bezeichnet wird. Wir werden dieser Schicht ebenso wie der Endodermis andeutungsweise auch im Sproß und Blatt begegnen; in der Coniferennadel nimmt z. B. das berühmte Transfusionsgewebe dieselbe Stellung ein. Ein beträchtliches Schrifttum beschäftigt sich mit der Streitfrage, ob diese Schicht wie die Endodermis noch der Rinde oder bereits dem Zentralzylinder angehört (vgl. Esau). Nach den Erfahrungen Heimerdingers

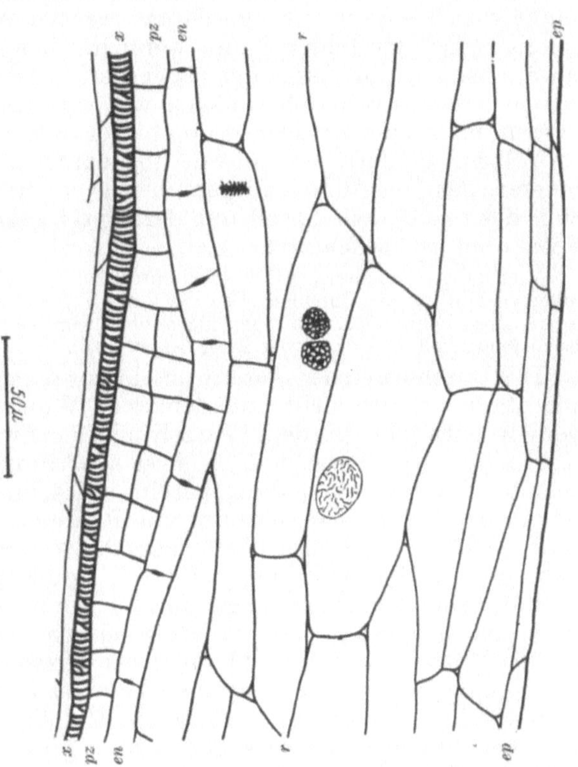

Abb. 51. Längsschnitt durch eine Wurzel von *Beta vulgaris*. Die Anlage einer Seitenwurzel in der Endodermis löst in der darüberliegenden Wurzelrinde neue Zellteilungen aus. *x* Xylem; *pz* Perizykel mit Seitenwurzelanlage (Verdoppelung der Zellschicht); *en* Endodermis mit Casparyschen Streifen; *r* Wurzelrinde mit verschiedenen Kernteilungsstadien; *ep* Epidermis. (Nach Tschermak-Woess und Dolezal)

beim Transfusionsgewebe dürfte diese Frage überhaupt nicht eindeutig zu beantworten sein, indem für die Determination dieser Schicht weniger die Abstammung von außen oder innen als die Lage in einer bestimmten Tiefe verantwortlich ist (v. Guttenbergs „Gesetz der Lage"). Wir werden noch mehrfach Beweise dafür anführen können, daß Zellen einer gewissen Tiefe gleiche Entwicklung nehmen, auch wenn sie ursprünglich verschiedenen Zellschichten entstammen.

Eindeutiger ist die Funktion des Perizykels in der Wurzel: Er ist eine Schicht teilungsfähig gebliebener Zellen, also eine Art Cambium, welches die Seitenwurzelanlagen und das Innenperiderm liefert. Auch damit

stoßen wir wieder auf ein verbreitetes, aber in der Wurzel besonders ein-
leuchtendes Entwicklungsprinzip: Ein Abschlußgewebe gegen die Außenwelt läßt sich nur schwer und ausnahmsweise zum Träger embryonaler
Eigenschaften und damit der Verjüngungsfähigkeit machen; vielmehr zeigen
alle Landpflanzen die Tendenz, ihre embryonalen Gewebe in tiefere Schichten zu verlegen. So gesehen, erscheint der nackte Sproßvegetationspunkt
viel mehr als Ausnahme denn als Regel. Bei der Wurzel, die beim Vordringen in den Boden ungewöhnliche mechanische Widerstände zu über-
winden hat, ist es erst recht einleuchtend, daß nicht nur ihr Vegetationspunkt durch eine Haube geschützt werden muß, sondern daß sie auch
Seitenorgane erst bilden kann, wenn ihr Längenwachstum abgeschlossen,
damit aber auch bereits ein gewisser Dauerzustand erreicht ist. Die Seitenorgane können sich daher nicht, wie wir das beim Sproß kennenlernen
werden, mehr oder weniger knapp hinter dem Vegetationsscheitel äußerlich
vorwölben, sondern sie müssen aus embryonal gebliebenen Zentren im
Inneren des Vegetationskörpers hervorbrechen. Das ist der biologische
Sinn der so oft dem Sproß nur deskriptiv gegenübergestellten *„endogenen
Entstehung der Seitenwurzeln"*.

Auch dabei ist wieder eine Induktion durch den Zentralzylinder im Spiele, indem auch die
Seitenwurzeln wie die Durchlaßzellen auf den gleichen Radien liegen wie die Gefäßstrahlen
des radiären Leitbündels. So entspringen über dem vierstrahligen Bündel von *Vicia faba*
die Seitenwurzeln in vier Längsreihen, bei *Pinus* in fünf usw.

Der Durchbruch der Seitenwurzeln aus dem Perizykel durch Endodermis
und Rinde schafft nicht unbedenkliche Wunden. Um diese zu schließen,
werden entweder in der Wurzelrinde nochmals Zellteilungen induziert
(TSCHERMAK-WOESS, Abb. 51), meist aber fungiert der Perizykel selbst zur
Zeit der Seitenwurzelbildung bereits auf seinem ganzen Umfang zugleich
als Korkcambium und schreitet zur Bildung einer mehrschichtigen Korkhaut, welche wegen ihrer Tiefenlage als *„Innenperiderm"* bezeichnet wird,
während im Sproß anfangs Oberflächenperiderme die Regel sind (vgl.
S. 130). Die Schaffung eines solchen sekundären Hautgewebes ist auch
deswegen notwendig, weil die Rhizodermis mit dem Absterben der kurzlebigen Wurzelhaare ja nicht mehr als Abschlußgewebe dienen kann. Bei
der Bildung des Innenperiderms wird nun auch die Wurzelrinde — und damit
eine allfällige Mycorrhiza — sowie die Endodermis abgestoßen. Die Wurzel
wird bei diesem Vorgang sogar vorübergehend auffällig dünner, und die
Saugwürzelchen erscheinen gegenüber dieser schmäleren Basis trommel-
schlegelförmig verdickt.

Die besprochenen Wundverschlüsse dichten die Durchgangsstellen der Seitenwurzeln
nicht ganz hermetisch: Potometerversuche haben gezeigt, daß die verkorkte Wurzeloberfläche eine überraschend hohe Wasserdurchlässigkeit aufweist. Das mag für winterliche
Wasseraufnahme während des Stillstands der Saugwurzelbildung eine gewisse Bedeutung
haben, es erhöht aber auch die Gefahr einer Fremdinfektion; nach den Untersuchungen
WOESTEs erfolgen solche Infektionen allerdings bevorzugt über die Lenticellen, welche in der
Wurzel beiderseits der Seitenwurzeln angelegt zu werden pflegen (s. S. 133).

9. Das radiäre Wurzelbündel (Aktinostele)

Die Mitte des Zentralzylinders nimmt ein im Querschnitt sternförmig
erscheinender Holzkörper (Xylem) ein. Räumlich betrachtet stellt er einen
axialen Strang mit radial aufgesetzten Längsrippen dar[1]. Die Rinnen

---

[1] Im Holzkörper der Wurzel handelt es sich wirklich um getrennt verlaufende Längs-
rippen, während sich bei den auf dem Querschnitt ähnlich aussehenden Leitbündeln der
Bärlapp-(*Lycopodium*-)Sprosse die Holzstrahlen mannigfach vernetzen (diaplektische Bündel
F. J. MEYERs).

zwischen diesen Rippen sind von einem parenchymatischen „Zwischengewebe" ausgekleidet, in welchem die Siebteile (Phloem) eingebettet sind.
Dem Herkommen entsprechend, wollen wir diese Leitelemente erst beim
leichter zugänglichen Sproß genauer besprechen (S. 78 ff.); hier genüge der
Hinweis, daß die Tracheiden und Tracheen des Holzes der Wasserleitung
(hier hauptsächlich von den Saugwurzeln nach dem Sproß), die Siebröhren
des Phloems mit ihren Geleitzellen der Zuleitung von Assimilaten (aus den
grünen Teilen) dienen.

Die Zahl der Strahlen beträgt bei Gymnospermen und Dicotylen meist
zwei bis fünf (acht), bei Monocotylen, besonders ihren sproßbürtigen

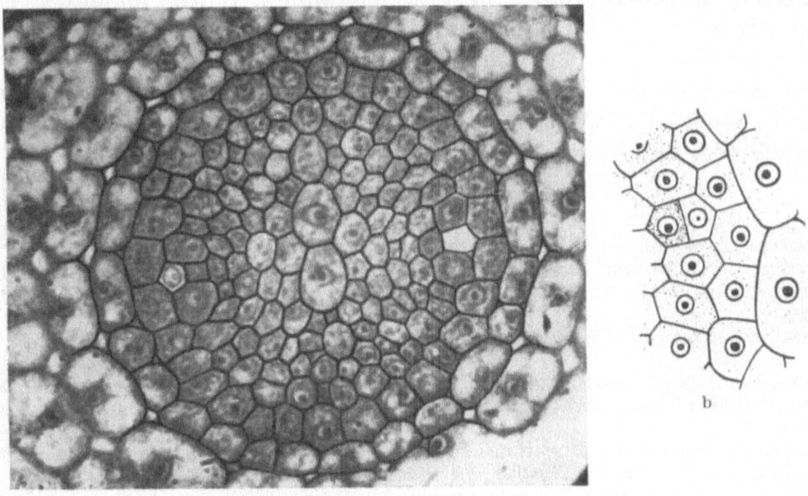

Abb. 52 a Querschnitt durch eine junge Wurzel von *Sinapis alba*. Die elliptischen Zellen in der Mitte sind
die Anlage einer diarchen Xylemplatte, die inhaltsarmen Zellen links und rechts unter dem Perizykel „Ursieb-
röhren". b Schema dazu, die inäquale Teilung der Siebröhrenmutterzelle in eine plasmaarme Ursiebröhre und
eine plasmareiche Geleitzelle zeigend. (Nach Bünning)

Wurzeln oft viel mehr (bis über 100 bei Palmen). Man spricht darnach von
di-, tri-, tetra-, pent- und polyarchen Bündeln. Die Gefäße des Holzteiles
entstehen nie gleichzeitig, sondern im Gegensatz zum Sproß (S. 79) meist
von außen nach innen (zentripetal) fortschreitend, also „exarch", d.h. von
außen beginnend. Die zuerst angelegten Elemente knapp innerhalb des
Perizykels bezeichnet man als „Primanen" bzw. „Protoxylem" und „Protophloem", die später angelegten als „Metaxylem" und „Metaphloem". Die
Primanen sind im Querschnitt englumiger, im Längsschnitt sind die Zellen
noch nicht zu durchlaufenden Gefäß- und Siebröhren verschmolzen,
sondern bleiben auf der Stufe gestreckter Einzelzellen (Tracheiden, Siebzellen) stehen. Bei Monocotylen kann aber auch die zentrale Zellreihe der
Columella als erstes ein axiles Gefäß liefern, auf welches die Radialstrahlen
aber dann wie üblich exarch (von außen beginnend) und zentripetal zu-
wachsen. Ein zentrales Mark wie im Sproß findet sich in der Wurzel nur
ganz ausnahmsweise.

Bünning hat die stets diarchen, also besonders einfach gebauten Bündel der Cruciferen
(Sinapis) entwicklungsgeschichtlich untersucht: Hier sind schon die Zellen der zentralen
Pleromreihe (Columella) nicht wirklich zylindrisch, sondern besitzen einen elliptischen Querschnitt (Bünning, Abb. 52). Die längere Achse dieser Ellipse determiniert die Xylemplatte,
welche den Hauptteil des Baumaterials an sich reißt. Das Phloem entsteht in größtmöglichem

Abstand (bei diarchen Bündeln also unter 90°) von den Xylemstrahlen, und zwar ähnlich wie die Trichoblasten (s. o., S. 68) unter einer Radialwand des Perizykels. Hier liefert eine inäquale perikline Teilung eine äußere, auffallend plasmaarme „Ursiebröhre" und eine innere Geleitzelle (Abb. 52 b). Diese Siebröhren eilen weiterhin in der Entwicklung voraus und lenken damit den Assimilatstrom in diese Zone des Mangels. Wir werden später Ähnliches für die Entstehung neuer Markstrahlinitialen im Cambium kennenlernen (vgl. S. 96 f.).

Für das räumliche Verständnis wichtig ist noch, daß sich Phloem- und Xylemprimanen im Anschluß an bereits vorhandene gegen die Vegetationsspitze vorschieben, also offenbar von ihresgleichen induziert werden, was JOST durch Regeneration dekapitierter Wurzeln bewiesen hat: „Das Bestehende beeinflußt das Werdende." Dieses „*Kontinuitätsprinzip*" ist für das Funktionieren von Leitelementen sehr bedeutsam.

Das *Zwischengewebe* zwischen Xylem und Phloem kann als Cambium fungieren und ein sekundäres Dickenwachstum der Wurzel einleiten. Davon wollen wir aber erst im Anschluß an das Dickenwachstum des Sprosses S. 148 sprechen.

Der Anschluß der Seitenwurzeln ans Leitungssystem der Hauptwurzel wäre ein halbes Jahrhundert nach RYWOSCH wieder einmal eine moderne Untersuchung wert.

Literatur

LINSBAUERs Handbuch der Pflanzenanatomie: Anatomie der Vegetationsorgane der Pteridophyten von Y. OGURA 1938; Der primäre Bau der Gymnospermenwurzel von H. VON GUTTENBERG 1941; Der primäre Bau der Angiospermenwurzel von H. VON GUTTENBERG 1940.

BÜNNING, E.: Über die Differenzierungsvorgänge in der Cruciferenwurzel. Planta (Berl.) **39**, 126—153 (1951).

BURGEFF, H.: Saprophytismus und Symbiose. Studien an tropischen Orchideen. Jena 1932.

CLOWES, F. A. L.: The root cap of ectotrophic mycorrhizas. New Phytologist **53**, 525—529 (1954).

GÄUMANN, E.: Pflanzliche Infektionslehre. Lehrbuch der allgemeinen Pflanzenpathologie für Biologen, Landwirte, Förster und Pflanzenzüchter, 2. Aufl. Basel 1951.

—, u. H. R. HOHL: Weitere Untersuchungen über die chemischen Abwehrreaktionen der Orchideen. Phytopath. Z. **38**, 93—104 (1960).

—, u. H. KERN: Über die Isolierung und den chemischen Nachweis des Orchinols. Phytopath. Z. **35**, 347—356 (1959).

— J. NÜESCH u. R. H. RIMPAU: Weitere Untersuchungen über die chemischen Abwehrreaktionen der Orchideen. Phytopath. Z. **38**, 274—308 (1960).

GUTTENBERG, H. v., J. BURMEISTER u. H.-J. BROSELL: Studien über die Entwicklung des Wurzelvegetationspunktes der Dikotyledonen. II. Planta (Berl.) **46**, 179—222 (1955).

HARLEY, J. L.: The biology of mycorrhiza. London 1959.

JOST, L.: Die Determinierung der Wurzelstruktur. Z. Bot. **25**, 481—522 (1932).

KELLEY, A. P.: Mycotrophy in plants. Lectures on the biology of mycorrhizae and related structures. Waltham, Mass. 1950.

LUNDEGÅRDH, H.: The growth of root hairs. Ark. Bot. **33**A, 1—19 (1946).

MATZKE, E. B.: The three-dimensional shape of bubbles in foam. An analysis of the role of surface forces in three-dimensional cell shape determination. Amer. J. Bot. **33**, 58—80 (1946).

MELIN, E.: Physiology of mycorrhizal relations in plants. Ann. Rev. Plant Physiol. **4**, 325 to 346 (1953).

— Mycorrhiza. In Handbuch der Pflanzenphysiologie, Bd. XI, Heterotrophie, S. 605—638. Berlin-Göttingen-Heidelberg 1959.

MEYER, F. J.: Die Lycopodium-Leitbündel als Leitbündeltypus eigener Art. Ber. dtsch. bot. Ges. **42**, 100—108 (1924).

— Untersuchungen über den Strangverlauf in den radialen Leitbündeln der Wurzeln. Jb. wiss. Bot. **65**, 88—97 (1925).

— Beiträge zur Kenntnis der Leitbündelanatomie. III. Die diaplektischen Leitbündel der Lycopodien. Bot. Archiv **12**, 380—388 (1925).

RYWOSCH, S.: Untersuchungen über die Entwicklungsgeschichte der Seitenwurzeln der Monocotylen. Z. Bot. **1**, 253—283 (1909).

SCHMUCKER, TH.: Saprophytismus bei Cormophyten. In Handbuch der Pflanzenphysiologie, Bd. XI, Heterotrophie, S. 386—428. Berlin-Göttingen-Heidelberg 1959.

TSCHERMAK-WOESS, E., u. R. DOLEZAL: Durch Seitenwurzelbildung induzierte und spontane Mitosen in den Dauergeweben der Wurzel. Öst. bot. Z. 100, 358—402 (1953).
URSPRUNG, A., u. G. BLUM: Eine Methode zur Messung polarer Saugkraftdifferenzen. Jb. wiss. Bot. 65, 1—27 (1925).
WOESTE, U.: Anatomische Untersuchungen über die Infektionswege einiger Wurzelpilze. Phytopath. Z. 26, 225—272 (1956).

D. Der primäre Bau des Sprosses

1. Einleitung

Während der Vegetationspunkt der Wurzel einen unverzweigten Körper aufbaut, aus dem sich erst später die Wurzelhaare stülpen und schließlich endogene Seitenwurzeln brechen, bedeckt sich der Vegetationspunkt des Sprosses bei den Pteridophyten und Spermatophyten schon knapp hinter dem Scheitel mit seitlichen Vorwölbungen, den Anlagen der Blätter[1]. Dadurch, daß die Blattanlagen anfangs unterseits rascher wachsen als oberseits (Hyponastie), schlagen sie sich schützend über die eigentliche Vegetationsspitze und bilden eine „*Knospe*", aus der der Vegetationspunkt erst durch Präparation freigelegt werden muß. In einigem Abstand von der Spitze können in den Blattachseln weitere Sproßvegetationspunkte (Achselknospen) auftreten und verzweigte Sproßsysteme aufbauen. Erst bei der Entfaltung geben die Blätter, indem sie nun das Wachstum der Oberseite nachholen (Epinastie) die Knospe teilweise frei.

Mit Anordnung und Entwicklung der Blattanlagen wollen wir uns erst im Abschnitt F (Blatt) beschäftigen. Für den Aufbau des Sprosses ergibt die Anwesenheit der Blätter besonders nach der Streckung eine rhythmische Gliederung in *blättertragende* „*Knoten*" (Nodi) *und blattfreie* „*Internodien*" (Zwischenknoten-Abschnitte). Der Bau der Internodien ist einfacher und wird in vielen Lehrbüchern und Praktiken fast ausschließlich behandelt; die Knoten besitzen als Verkehrsknotenpunkte einen viel verwickelteren Bau, an dem aber eine moderne Darstellung nicht vorübergehen darf. Zuvor aber wollen wir uns kurz mit den Eigentümlichkeiten des Sproßvegetationspunktes im allgemeinen vertraut machen.

2. Sproßvegetationspunkt

Wie die Wurzel, so wird auch der Sproß bei den Pteridophyten von einer einzigen mächtigen Scheitelzelle her aufgebaut, wofür wiederum *Equisetum* aus STRASBURGERs Praktikum als Muster dienen kann (Abb. 53). Wesentlich schwieriger zu entwirren sind die Verhältnisse bei den Spermatophyten, bei denen frühzeitig eine Säule (Columella nach v. GUTTENBERG) in verschiedener Tiefe liegender Initialen die *Hansteinschen Histogene* Dermatogen (Urhaut), Periblem (Urrinde) und Plerom (Urstrang) aufzubauen scheint (Abb. 54). Erst wenn wir auf sehr frühe Stadien, z.B. am Embryo, zurückgehen, ergibt sich, daß diese Initialen letzten Endes aus einer gemeinsamen Mutterzelle, zuletzt der befruchteten Eizelle, hervorgehen. In den letzten Jahrzehnten sind besonders im American Journal of Botany zahlreiche Objekte anhand vorzüglicher Mikrophotographien sorgfältig durchuntersucht und in ESAUs „Plant Anatomy" zusammenfassend behandelt worden. Wir selbst stellen die Betrachtung dieser Mannigfaltigkeit vorerst noch zurück und wollen sie erst S. 155 ff. zusammen mit den Blattanlagen behandeln.

---

[1] Der Sproßvegetationspunkt der Psilophyten lag grubig vertieft, soweit er nicht wie bei Asteroxylon bereits von blattähnlichen Emergenzen geschützt war (Abbildungen bei KIDSTON u. LANG).

In einigem Abstand hinter der Vegetationsspitze werden auf Längsschnitten nicht nur im bisher lückenlosen Zellverband die ersten intercellularen Spalträume sichtbar (besonders deutlich bei den Wasserpflanzen *Elodea* und *Hippuris*), sondern heben sich im gefärbten Präparat dunklere Zellstränge heraus, welche sich stärker längs, dafür seltener quer geteilt haben. Solche gestreckte Elemente werden zum Unterschied vom isodiametrischen Parenchym allgemein als Prosenchym, im vorliegenden Fall aber speziell als „*Procambium*" bezeichnet, weil aus ihm die Leitbündel hervorgehen. Im Gegensatz zur Wurzel bildet aber das Procambium im Sproß — von einigen primitiven Ausnahmen wie *Lycopodium* abgesehen — keinen geschlossenen Zentralstrang, sondern verstreute Stränge. Aus ihnen

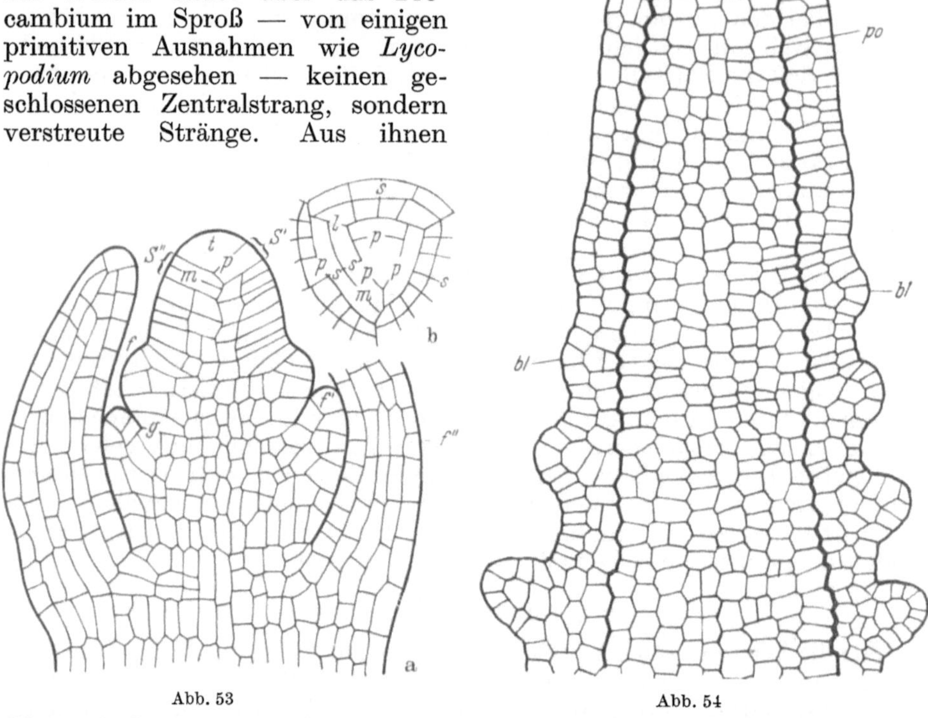

Abb. 53   Abb. 54

Abb. 53a u. b. Sproßvegetationspunkt eines Schachtelhalmes. a Längsschnitt. b Scheitelansicht. *t* Scheitelzelle, welche durch perikline Wände (*p*) die Segmente (*S*, *S'*, *S''*) usw. abgliedert. Diese werden später durch perikline und antikline Wände (*m* und *l*) weiter aufgeteilt; *f*, *f'*, *f''* Blattanlagen; *g* Ursprungszelle einer Seitenknospe. (Nach STRASBURGER, Lehrbuch der Botanik, 27. Aufl.)

Abb. 54. Medianer Längsschnitt durch den Sproßscheitel von *Helodea densa* mit Dermatogen (*d*), Periblem (*pe*) und (durch eine dickere Kontur abgegrenzt) Plerom (*po*). Die Blattanlagen (*bl*) entstehen ausschließlich durch Teilungen des Periblems. (Nach HERRIG, aus V. GUTTENBERG)

differenziert sich zuerst, spitzenwärts stetig fortschreitend, ein „*Protophloem*", primitive assimilatleitende Zellen (Siebröhren), welche die Anlagen mit Baustoffen versorgen. Sie laufen schon früh auch in die Blattanlagen hinein. Wenig später differenziert sich an der Seite der Siebröhren zunächst diskontinuierlich ein *Protoxylem*, welches erst nachträglich Anschluß ans ältere Xylem sucht und findet (Abb. 55). Es besteht aus gestreckten Zellen mit bald leicht verholzenden Membranen und gelegentlichen Aussteifungen durch Ring- oder Schraubenverdickungen. Bei der nachfolgenden Streckung werden die Erstlinge (Phloem- und Xylem-Primanen) zerrissen, aber rechtzeitig durch weitere ersetzt. Je nachdem, ob diese späteren Gefäße auswärts, einwärts oder beiderseits der Erstlinge entstehen, nennt man die Holzbildung, von den Primanen aus gesehen, endarch, exarch oder mesarch (innen, außen oder in der Mitte beginnend). Bei den Angiospermen hat sich die endarche Entstehung durchgesetzt, während bei Pteridophyten und Gymnospermen noch alle Möglichkeiten vorkommen und offenbar durchprobiert werden. Zugleich pflegen sich die jungen Bündel auch seitlich (tangential) zu er-weitern und in vielen Fällen zu einer ge-schlossenen Procambium*röhre* bzw. einem Bündelrohr zusammenzuschließen, in des-sen Mitte ein parenchymatisches Mark liegt.

Das parenchymatische Mark hat sich in der Stammesgeschichte erst allmählich herausgebildet. Anfangs lagen wie in der Wurzel auch im Zentrum des Sprosses Gefäße (Proto- und Aktinostele); den Übergang zum parenchymatischen Mark bildete ein aus lebenden und toten (tracheidalen) Zellen „ge-mischtes Mark" (Lepidodendren).

In diesem Sinne am weitesten fortgeschritten dürfte die durch Auflösung und Zerreißung des Zellverbandes entstandene Mark*höhle* etwa der Um-belliferen, von *Lonicera xylosteum* u. dgl. sein. Physiologisch dürfte sich der Zellschwund wohl aus den Gaswechselschwierigkeiten eines zentralen Ge-webes in mächtigeren Vegetationskörpern erklären (vgl. auch unten, S. 111 ff., Verkernung des Holzes). Bemerkenswert sind die Fälle, wo sich das parenchy-matische Mark trotz seiner ungünstigen Lage eine gewisse Teilungs- und Entwicklungsfähigkeit be-wahrt und später beispielsweise zur Zerklüftung des Holzkörpers bei Lianen beiträgt (vgl. S. 151).

In diesem Stadium zeigt demnach ein Querschnitt durch einen jungen Stengel etwa folgenden Bau (Abb. 56): Unter einer einschichtigen Haut eine primäre Rinde und ein zentrales Mark, dazwischen meist noch getrennte, aber in einem kon-zentrischen Kreis angeordnete Procam-biumstränge, in denen sich besonders die zu den Blattanlagen führenden Abschnitte (Blattspuren) bereits zu kollateralen Leit-bündeln mit Holz- und Siebteil weiter-entwickelt haben können. Eine inten-sivere Färbbarkeit kann zwischen den

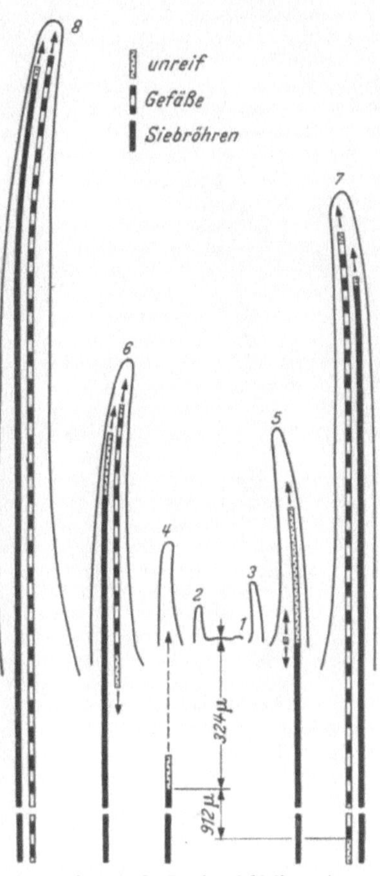

Abb. 55. Schema der Leitbündeldifferenzierung am Vegetationspunkt von *Nicotiana*. Die Dif-ferenzierung des Phloems eilt der des Xylems voraus. (Nach Esau)

primären Bündeln bereits den künftigen geschlossenen Procambiumzylinder (Interfascicularcambium) erkennen lassen (KOSTYTSCHEW).

Für die weitere Betrachtung müssen wir nun zwischen Knoten und Internodien unterscheiden, wobei wir letztere wegen ihres einfacheren Baues voranstellen.

3. Bau der Sproßinternodien

Die relative Einfachheit im Bau der Sproßinternodien beruht darauf, daß die Leitbahnen in ihnen glatt und unverzweigt durchlaufen wie Fern-verkehrsstraßen ohne Abzweigungen, während an den Knoten die Ein-

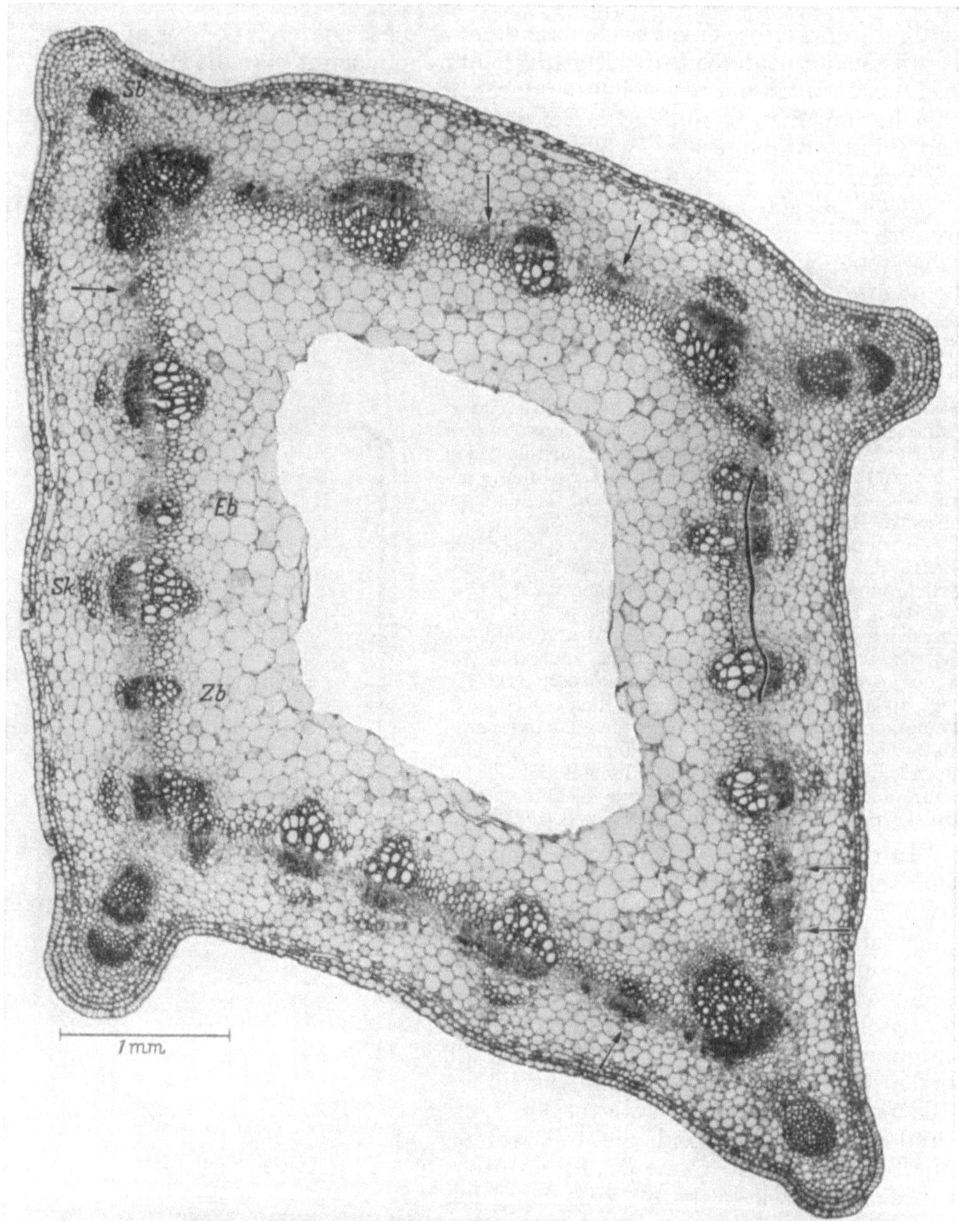

Abb. 56. Querschnitt durch das 5. Internodium von *Vicia faba*. Zwischen den zunächst angelegten vollständigen Leitbündeln sind Zwischenbündel (*Zb*) und Ergänzungsbündel (*Eb*) entstanden. Das Cambium hat sich zu einem vollständigen Gewebemantel zusammengeschlossen. In den primären Bündeln ist durch die Tätigkeit dieses Cambiums bereits sekundäres Holz entstanden (an einer Stelle rechts durch ausgezogene und gestrichelte Linie begrenzt angedeutet). *Sb* Sklerenchymbündel des medianen Blattspurstranges; *Sk* Sklerenchymkappe der stammeigenen Bündel. (Nach RESCH)

mündung der von und nach den Blättern laufenden Bahnen, der „Blattspuren", zu bewältigen ist. Wir finden auf dem Querschnitt bei den Dicotylen in der Regel den bereits erwähnten Kranz kollateraler Bündel oder ein zylindrisch geschlossenes Bündelrohr, bei den Monocotylen zahlreiche verstreute Bündel, deren Verteilung erst aus der Betrachtung der Knoten verständlich wird (vgl. unten, S. 85).

Sobald das betreffende Stengelglied seine endgültige Länge erreicht hat, pflegen die die Streckung mitmachenden schraubig oder spiralig verdickten Primärgefäße durch stark verdickte Sekundärgefäße abgelöst zu werden. Ihre Verdickungsweise kann als System sich überkreuzender Spiralen aufgefaßt werden (Netzgefäße); wenn dabei die zwischen den Netzverdickungen verbleibenden Dünnstellen anteilmäßig in den Hintergrund treten, nennt man aber diese Dünnstellen „Tüpfel" und die solche tragenden. Gefäße „Tüpfelgefäße". Als Praktikumsbeispiel für diese Abfolge verschiedener Gefäßverdickungen sind die Kürbisstengel *(Cucurbita pepo)* seit einem Jahrhundert bewährt und in einer Knyschen Wandtafel festgehalten.

Auch das assimilatleitende Phloem erfährt mit der Streckung eine dem Xylem homologe Weiterentwicklung, doch liegen darüber nur wenige Untersuchungen vor. Nach DUNOYER DE SEGONAZ trennen bei Vanille die Siebröhren in den ersten vier Internodien noch keine Geleitzellen ab.

In der Regel wird bei den Monocotylen, aber auch vielen Hahnenfußgewächsen und Seerosen das embryonale Gewebe durch die Bildung weniger Sekundärgefäße aufgebraucht und die Entwicklung damit ab-

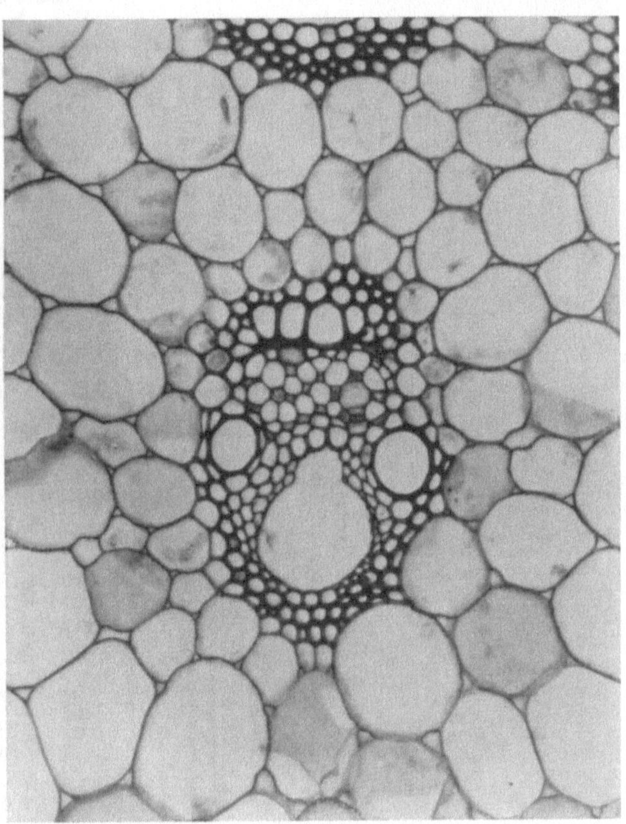

Abb. 57. Querschnitt durch das geschlossene kollaterale Leitbündel von *Zea mays* mit großem medianen Intercellulargang, zwei Sekundärgefäßen rechts und links, einem Siebteil, in welchem größere achteckige Siebröhren mit kleineren, plasmareichen, vierseitigen Geleitzellen regelmäßig wechseln. Innen und außen vor dem Übergang ins großzellige Grundparenchym Sklerenchymscheiden. (Aus ESAU, Plant Anatomy, mit freundlicher Genehmigung des Verlags)

geschlossen. Wir sprechen in diesem Fall von *„geschlossenen" Leitbündeln* (Abb. 57). Bei der Mehrzahl der Dicotylen aber bleiben zwischen Holz- und Siebteil embryonale Gewebe erhalten und weiter tätig, so daß Holz- und Siebteil laufend ergänzt werden kann. Man spricht in diesem Fall von *„offenen" Bündeln.* (Abb. 58). Das Ergebnis dieses mitunter Jahrzehnte, Jahrhunderte, ja Jahrtausende anhaltenden „sekundären Dickenwachstums" soll uns erst im nächsten Abschnitt E beschäftigen. Auch den Bau der Gefäße und Siebröhren wollen wir im einzelnen erst beim sekundären Dickenwachstum betrachten, weil er erst dort seine höchste Differenzierung erfährt.

In der Beschaffenheit der einzelnen Bündelelemente haben ausgedehnte vergleichende Untersuchungen von CHEADLE eine bisher nicht in ihrer ganzen Tragweite erkannte Gesetzmäßigkeit zutage gefördert: *Die durch-laufenden Fernbahnen der Internodien zeigen in Holz- und Siebteil eine stärker fortgeschrittene Entwicklung als die „Stoppstellen" der Knoten.* Bei vielen Monocotylen treten echte Gefäße (Tracheen) in erster Linie in den Wurzeln,

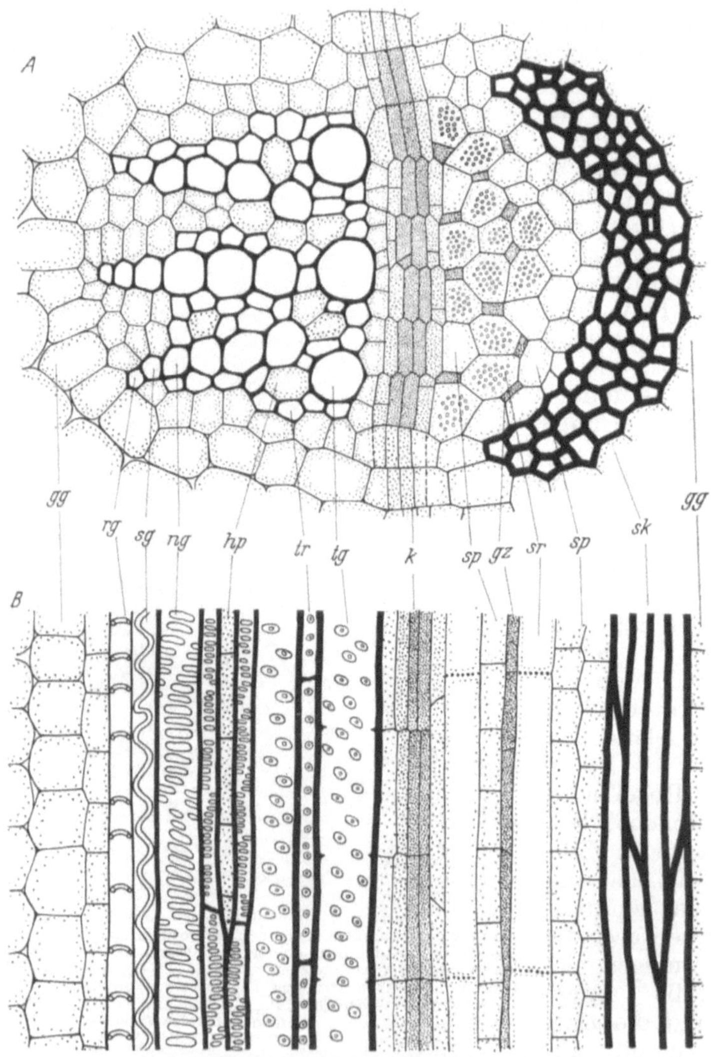

Abb. 58. Schema eines offenen kollateralen Leitbündels einer Dicotyle, oben im Querschnitt, unten im Längs-schnitt. *gg* Parenchym des Grundgewebes; *sk* Sklerenchymscheide; *sp* Siebparenchym; *sr* Siebröhren mit Geleit-zellen (*gz*); *k* Cambium; *tg* Tüpfelgefäße; *tr* Tracheiden; *hp* Holzparenchym; *ng* Netzgefäße; *sg* gedehntes Spiral-gefäß; *rg* gedehntes Ringgefäß. (Nach STOCKER)

im Stengel aber bevorzugt in den Internodien auf, während die Knoten und vielfach auch die Blätter auf tracheidalem Bau stehenbleiben. Ähnliches gilt für die Siebbahnen; auch die stammesgeschichtlich ältere leiterförmige anstelle der jüngeren einfachen Gefäßdurchbrechung findet sich häufiger in den Knoten als in den Internodien. Die Erscheinung hat natürlich eine einleuchtende physiologische Ursache: Die Überbrückung größerer unver-

zweigter Strecken erfordert und ermöglicht größere Geschwindigkeiten und
damit ein leistungsfähigeres Leitungssystem, während auf den Millimeter-
strecken der Knoten Stockungen in Kauf genommen werden können und
müssen. Wahrscheinlich wird auch die schadlose Abgliederung von Blättern,
Früchten und selbst ganzen Sproßgliedern durch diesen Knotenbau erleichtert (ROUSCHAL).

Gegen das Grundgewebe können die Leitbündel durch mehr oder weniger
auffällige parenchymatische oder sklerenchymatische *Scheiden* abgegrenzt
sein; wir wollen diese aber erst bei der Anatomie des Blattes besprechen,
wo sie besonders ausgeprägt sind.

Von den übrigen Geweben des primären Stengels seien in dieser aufs
Grundsätzliche gerichteten Betrachtung nur noch die *Festigungsgewebe* kurz
behandelt. Sie bilden seit SCHWENDENERs „Mechanischem Prinzip im

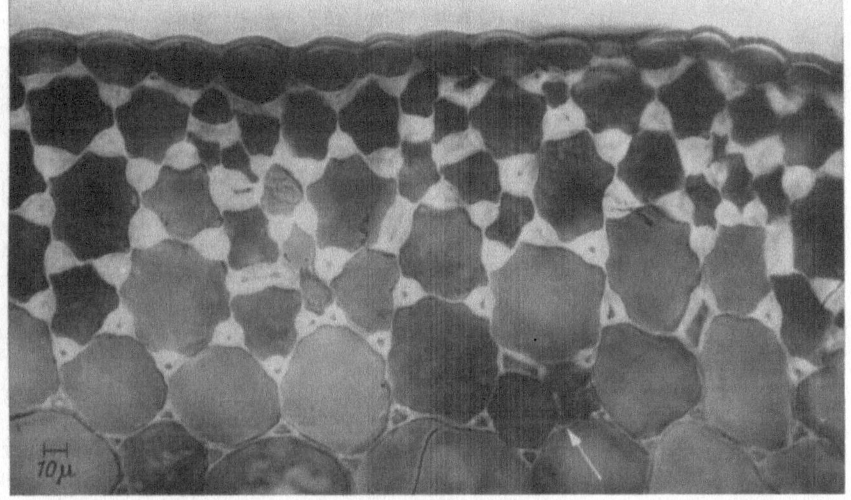

Abb. 59. Ecken-Kollenchym auf dem Sproßquerschnitt von *Cucurbita*. (Nach RESCH)

Bau der Monocotylen" ein Paradeobjekt der physiologischen Pflanzenanatomie. Bis zu einem gewissen Grade trägt sich ein Stengel bekanntlich
bereits durch den Turgordruck seiner lebenden Zellen, wie das Schlaffwerden
beim Welken beweist. Besonders in Trockengebieten, wo mit wiederholten
Turgorverlusten zu rechnen ist, pflegen aber Stengel wie auch Blätter durch
besondere Festigungszellen mit entsprechenden Wandverdickungen ausgesteift zu sein. Feinde der teleologischen Betrachtungsweise können darauf
hinweisen, daß schon die Anhäufung unverwertbarer Assimilate die Ablagerung von Wandverdickungen entwicklungsmechanisch begünstigt.
(Menge und Qualität der Flachsfasern läßt sich z. B. durch Düngung erheblich beeinflussen; TOBLER). Während für den ausgewachsenen Stengel die
(oft in Schichten) allseits gleichmäßig verdickte Bastfaser die vorherrschende
Form mechanischer Verstärkung darstellt, hat der jugendliche, noch in
Streckung befindliche Stengel im „*Kollenchym*" eine plastischere Verstär-
kungsform gefunden (Abb. 59): Auf dem Querschnitt fällt das Kollenchym
durch lokalisierte Ablagerung der stark lichtbrechenden Verdickungen auf,
während dazwischenliegende Dünnstellen die notwendige Verschiebbarkeit
gewährleisten. Entweder sind die Ecken, an denen drei Zellen zusammen-
stoßen bevorzugt verdickt (Ecken-Kollenchym), oder die Verdickungen

laufen in tangentialen Platten über mehrere Zellen durch, während die Radialwände dünn bleiben (Platten-Kollenchym); Längsschnitte zeigen dann in den axial gestreckten Zellen stark unterschiedliche Wandstärke, je nachdem, ob sie gerade die örtliche Verdickung oder eine Dünnstelle getroffen haben.

Die Bewunderung der physiologischen Pflanzenanatomie erregte dabei die Feststellung, daß die Festigungselemente im allgemeinen so verteilt sind, wie sie auch der Techniker anbringen würde, wenn er mit einem gegebenen Materialaufwand die größte Wirkung erreichen möchte. Für die *Biegebeanspruchung* ist es vor allem das Prinzip des T-Trägers, einer möglichst peripheren Anordnung der Festigungselemente. Es beruht auf der Tatsache, daß bei der Biegung die Konvexseite gezerrt und Konkavseite gestaucht wird, während dazwischen eine in der Länge nicht veränderte „neutrale Faser" läuft. So können Hohlzylinder gleiche Festigkeit haben wie volle. Umgekehrt gilt bei *Zugbeanspruchung* die zentrale Bündelung (Wurzeln, flutende Stengel, hängende Bartflechten) als vorteilhaft, damit die Elemente gleichzeitig und nicht nacheinander beansprucht und u. U. zerrissen werden. Einzelheiten erübrigen sich unter Hinweis auf HABERLANDTs klassische Darstellung. Die neueren Anschauungen von RASDORSKI sind nur eine bescheidene Mkation der alten Lehre, wobei unter dem Eindruck der Verbundbauweise den Zwischengeweben, welche die Lage der eigentlichen Festigkeitsträger fixieren, eine erhebliche Bedeutung zugesprochen wird. Mit den Klassikern der physiologischen Pflanzenanatomie verbindet RASDORSKI aber die Grundüberzeugung, daß die Pflanze in ihrem Aufbau die Prinzipien der technischen Festigkeitslehre in idealer Weise verwirklicht.

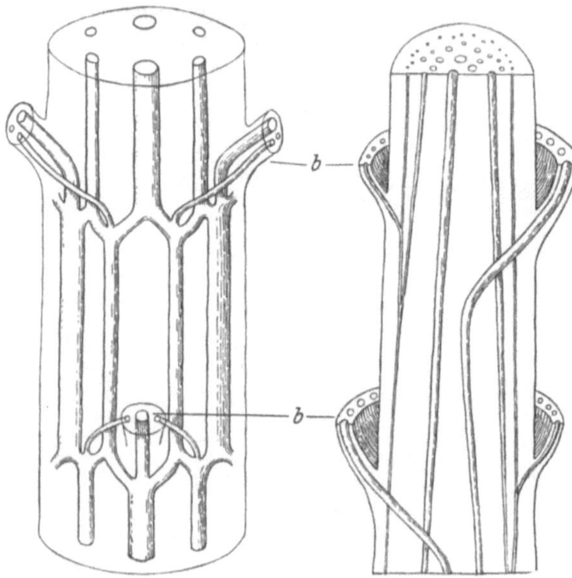

Abb. 60. Blattspuren und Leitbündel einer Dicotyle mit gegenständigen Blättern (*Clematis*, links) und einer Monocotyle (Palme, rechts). (Nach STOCKER)

4. Bau der Knoten

a) Bündelverlauf

Zur Vorerkundung der verwickelten Verhältnisse in den Blattknoten empfiehlt sich das Verfahren der *Skelettierung* (vgl. S. 166): Es vermittelt eine räumliche Vorstellung von den Verästelungen der Leitbahnen, die beim z. T. schrägen Verlauf der Bahnen durch Schnitte schwer zu erreichen ist.

Hauptaufgabe der Knoten ist, die von und nach den Blättern laufenden Leitbahnen, die „*Blattspuren*" aufzunehmen bzw. abzuzweigen. In der

Art, wie das geschieht, herrscht große Mannigfaltigkeit, und wir müssen uns damit begnügen, einige lehrreiche Beispiele herauszugreifen (Abb. 60).

Der Einfachheit halber beginnen wir mit dem — keineswegs die Regel darstellenden — Fall, daß in das Blatt ein einziges kollaterales Bündel übertritt. Auch ein solches pflegt aber nicht einfach in ein Achsenbündel zu münden; es gabelt sich vielmehr in der Regel am Blattgrund und schließt an zwei benachbarte Achsenbündel an. Dieses in zahlreichen Modifikationen verwirklichte *Prinzip der Vernetzung* ermöglicht es, auch bei Verlust einzelner Leitbahnen (Insektenfraß) auf Umwegen immer noch jedes Organ zu erreichen.

Zwischen dieser Gabelung der Leitbahnen verbleibt eine von parenchymatischem oder richtiger meristematischem Gewebe erfüllte „Blattlücke", welche sich erst mit fortschreitendem Dickenwachstum allmählich schließt. Sie gestattet es, den Anschluß langlebiger Blätter und Nadeln (etwa der bis zu 30 Jahren erhalten bleibenden Blattschuppen von *Araucaria*) an die Achse mit dem Dickenwachstum in Einklang zu halten und nach Bedarf zu ergänzen (KESTEL); Ähnliches gilt für den Anschluß mehrjährig tätiger oder auch ruhender Seitenknospen (BRAUN 1960).

Bei *Monocotylen*, insbesondere den viel untersuchten Gräsern (Mais), pflegen die zukommenden Blattspuren tief in die Achse hinein durchzustoßen und dann als innerste der zerstreuten Leitbündel in den Stengel einzubiegen. Basalwärts nähern sie sich dann mehr und mehr der Stengeloberfläche, während neue Blattspuren ins Innere treten (Abb. 60b).

b) Bündelbau

Betrachten wir über den allgemeinen Verlauf hinaus die Bündel in den Knoten genauer, so zeigt sich, daß in den meisten Fällen der Röhrenlauf der Tracheen hier eine Unterbrechung erfährt. Vor allem in die Blätter tritt nach zahlreichen Untersuchungen niemals eine Trachee unmittelbar über. *Die Gefäße sind in der Regel „organeigen"*, d.h., zwischen Wurzel und Sproß, Sproß und Blättern bestehen keine trachealen Zellfusionen; viele Gefäße enden sogar im Stengel an jeder Internodiengrenze. In neuerer Zeit sind zwar einige Ausnahmen von dieser Regel gefunden worden: So können bei ringporigen Bäumen Gefäße von der Wurzel in den Stamm durchlaufen (RIEDL), ebenso bei *Impatiens* vom Hauptsproß in Seitensprosse, Blätter und Wurzeln (REHM). Aber solche seltene Ausnahmen unterstreichen nur, wie sehr die Knoten im allgemeinen als Verkehrsschranken wirken. Besonders bei den Monocotylen sind nach CHEADLEs umfassenden Untersuchungen — wie schon erwähnt — die Gefäßbahnen der Knoten häufig nur aus Tracheiden aufgebaut. Bleiben diese „altmodischen" Verkehrsstrecken wie in den Knoten der Gräser ohne kompensatorische Querschnittsverstärkung, dann ergeben sich ernstliche Stokkungen, wie sie ROUSCHAL anhand von Fluorescein-Versuchen anschaulich geschildert hat. In der Regel aber gleichen die tracheidalen Bahnen in den Knoten und Blattkissen durch Querschnittsvergrößerung die schlechtere spezifische Leitfähigkeit (der Querschnittseinheit) wieder mehr oder weniger aus. Dasselbe gilt für die tracheidalen „Staubecken" am Grunde vieler Blattstiele (ROUSCHAL).

Besonders auffällig ist dieser Wechsel zwischen tracheidalen Abschnitten großen Querschnitts in den Knoten und trachealen etwa 100mal kleineren Querschnitts in den *Internodien der Dioscoreaceen* (zuletzt BRAUN 1957).

Hier ist auch das völlig homologe Verhalten der Assimilatleitbahnen untersucht, während für die übrigen Knoten entsprechende Untersuchungen noch ausstehen. Während sich in den Internodien durchlaufende Siebröhren mit einfachen Siebplatten finden, verbreitern sich die Assimilatleitzellen in den Knoten zu kurz-, aber vielzelligen Phloembecken. In diesen Phloembeckenzellen bleiben im Gegensatz zu den Siebröhren die Zellkerne erhalten; die

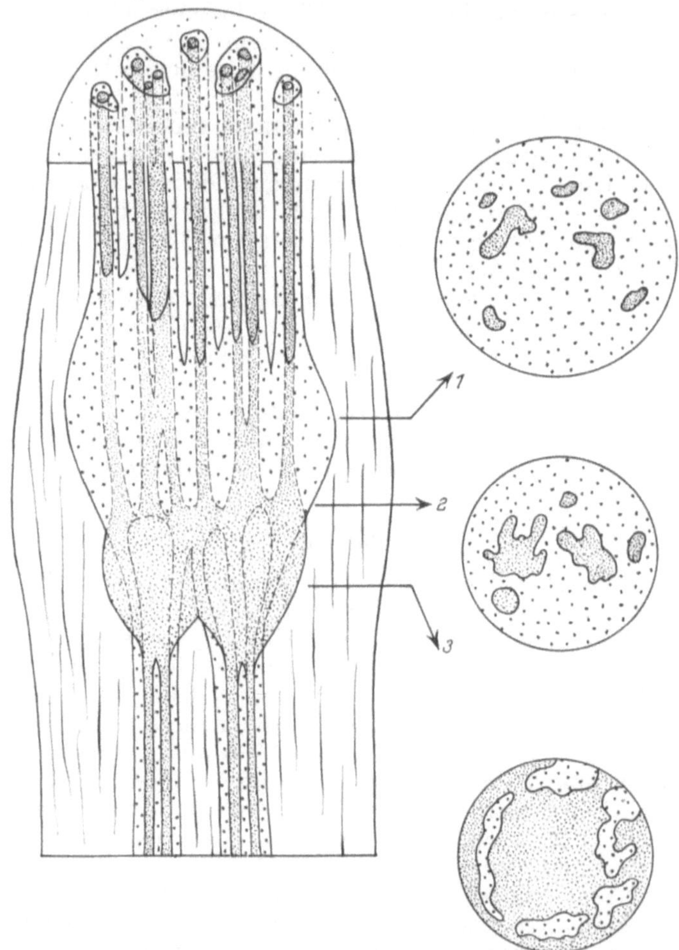

Abb. 61. Schematische Darstellung der Anordnung von Xylem (feinpunktiert) und Phloem (grobpunktiert) im Blattknoten von *Dioscorea batatas*. Links Längsschnitt (räumlich), rechts Querschnitte aus drei verschiedenen Höhen. Das verbreiterte Phloembecken ist über dem Xylembecken untergebracht. (Nach Braun)

plasmareichen Zellen sind dünnwandig, zeigen aber keine Siebtüpfelung; die Mechanik ihrer Assimilatleitung bedarf noch der Aufklärung. Die stark verbreiterten Xylem- und Phloembecken haben nicht nebeneinander Platz, sondern sind im Knoten übereinander, das Phloembecken oben, angeordnet (Abb. 61 und 62).

Die tracheidalen Staubecken am Blattgrund erleichtern eine Abgliederung beim Laubabwurf ohne Gefahr einer Gasembolie der Stengelbahnen. Da aber das den Abwurf bewirkende Trenngewebe naturgemäß nur in den noch lebenden Zellen auftreten kann, bedeuten die „Gefäßbündelspuren" der Blattstielnarbe allemal eine verhältnismäßig schlecht geschützte Stelle: Nach den Untersuchungen russischer Forscher (IWANOFF, GORDIAGIN) geht bei Eiche der größte Teil der winterlichen Wasserverluste auf Kosten der Blattstielnarben; bei Pappeln und Lärchen bilden sie bevorzugte Eintrittspforten für parasitische Pilze (VAN DER MEIDEN und VAN VLOTEN, ZYCHA). Ähnliches dürfte für die anatomisch leider noch wenig untersuchten „Zweigabsprünge" gelten.

5. Der Übergang vom Sproß zur Wurzel

Der Übergang vom verstreuten Bündelverlauf des Sprosses in den zentral-radiären der Wurzel ist oft untersucht und in den Lehrbüchern

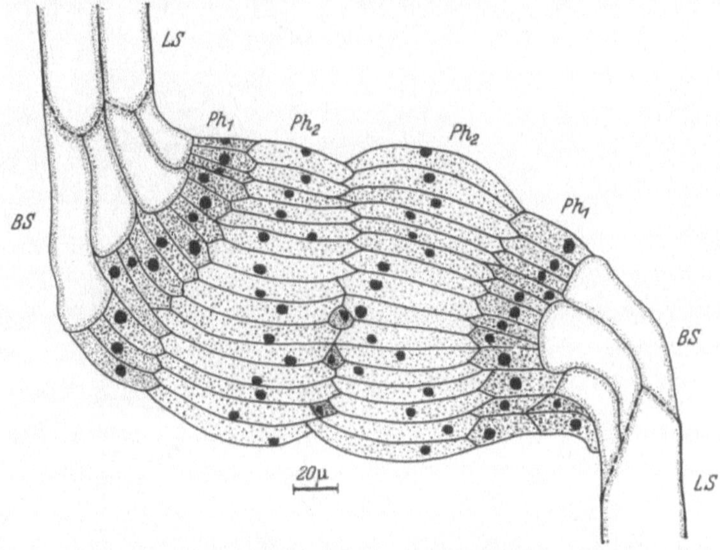

Abb. 62. Leicht schematisierte Zeichnung eines Phloembeckens mit ein- und austretenden Leitbündel-Siebröhren (*LS*), anschließenden Beckensiebröhren (*BS*) und fortschreitender Aufgliederung in kernführende Phloembeckenzellen (*Ph₁* und *Ph₂*). (Nach BRAUN)

beschrieben worden: Die kollateralen Bündel des Stengels schwenken mit den Sieb- bzw. Holzteilen paarweise gegeneinander ein und verschmelzen auf diese Weise zu einem radiären Wurzelbündel, welches halb so viele Holz- und Baststrahlen zählt, als der Stengel Bündel besaß.

6. Erstarkungswachstum (primäres Dickenwachstum)

Die am Vegetationspunkt angelegten Zellen machen bei der Entfaltung der Knospen mit dem Übergang vom embryonalen ins ausgewachsene Stadium durch Wasseraufnahme, Ausbildung der Vacuolen, Intussusceptions- und Appositionswachstum der Zellwände eine starke axiale Streckung, aber auch eine gewisse Querschnittsverbreiterung durch. Bei den meisten Monocotylen und vielen krautigen Dicotylen hat es damit sein Bewenden. Die ausdauernden Holzgewächse aus den Klassen der Pteridophyten, Gymnospermen und Angiospermen halten aber durch ein *sekundäres Dickenwachstum* mit der Vergrößerung ihrer oberirdischen und unterirdischen Systeme durch immer neue Längstriebe Schritt. Dieses u. U. Jahrtausende anhaltende Dickenwachstum wird vom Cambien besorgt, welche wir in Abschnitt E näher betrachten wollen.

Durch die Untersuchungen Trolls und seiner Schüler Helm, Eckardt und Rauh ist aber klargeworden, daß auch Achsen ohne oder mit wenig leistungsfähigem Cambium einer gewissen „*Erstarkung*" fähig sind.

Ausgangspunkt für diese Untersuchungen bildeten die *Palmen*, deren formenschöne Schäfte keiner nachträglichen Verstärkung fähig sind. Es

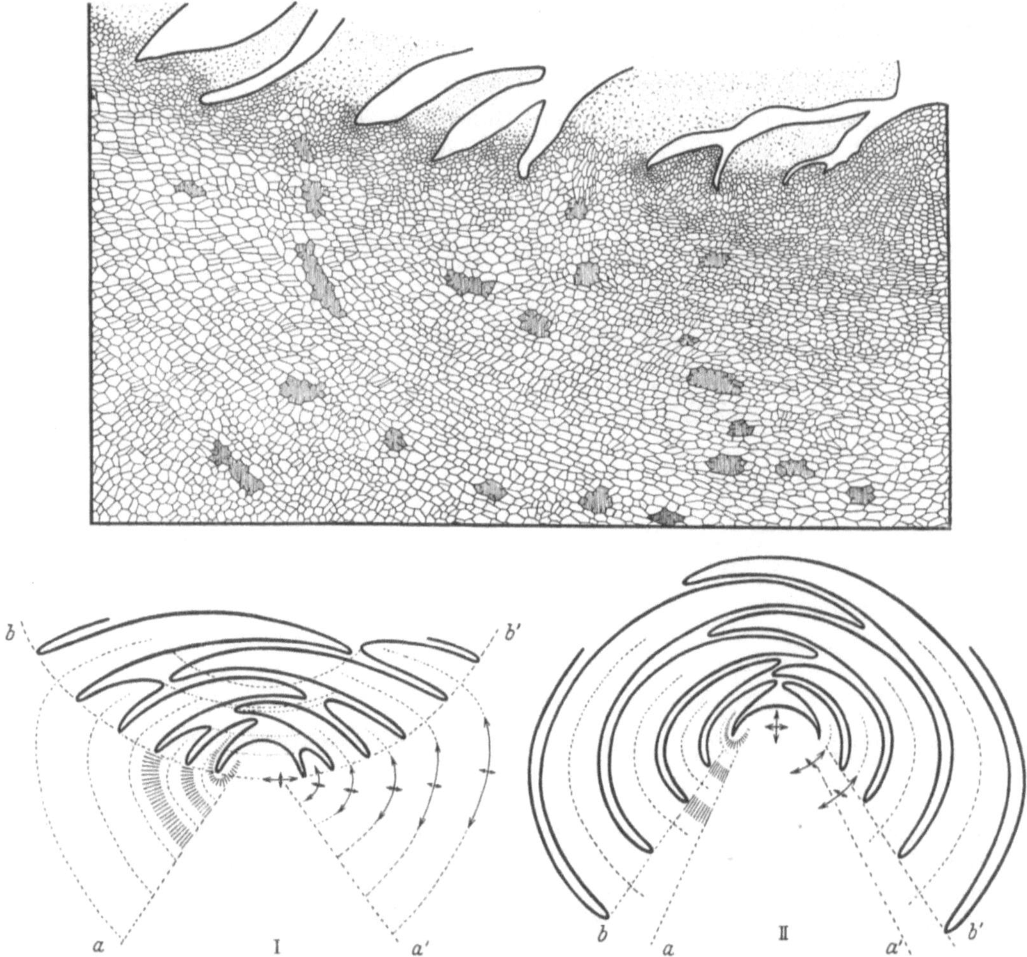

Abb. 63. Oben: Zelluläre Wiedergabe der linken Hälfte eines Längsschnittes durch den Sproßscheitel der Palme *Livistona chinensis* mit periklin verlaufenden Zellzügen (die schraffierten Stellen bezeichnen angeschnittene Leitbündel). Unten: Schematische Darstellung der Wachstums- und Zellteilungsvorgänge. Das Erstarkungswachstum spielt sich zwischen *a—b* bzw. *a'—b'* ab und liefert in der radial schraffierten Zone durch Teilungen die oben dargestellten periklinen Zellzüge. Die Hauptwachstumsrichtungen sind durch Pfeile angedeutet. (Nach Helm)

war aber schon dem klassischen Altertum, dem die Palmen Vorbild ihrer Säulen waren, aufgefallen, daß jene ihre größte Stärke erst ein Stück über dem Grund erreichen, sich also mit dem Alter zunächst noch etwas verstärken. Anatomische Studien lehrten, daß hier der Vegetationskegel so lange „sitzen" bleibt, bis er die für den Aufbau eines Stammes erforderliche Breite erlangt hat. Diese Verbreiterung begnügt sich nicht mit bloßer Zellvergrößerung, sondern arbeitet mit geregelten Zellteilungen, welche sich auf dem Längsschnitt durch ganze Folgen zusammengehöriger Schwesterzellen zu erkennen geben (Abb. 63). Der Scheitel selbst kommt auf diese Weise in eine „Scheitelgrube" zu liegen. Auch Baumfarne arbeiten nach diesem Prinzip.

Nachdem das für Palmen erkannt war, konnte RAUH auch bei verschiedenen Rosettenpflanzen, besonders aber bei körbchenartigen Blütenständen, eine ähnliche Erstarkung feststellen.

Nach diesen Vorbemerkungen können wir uns der Betrachtung des sekundären Dickenwachstums zuwenden.

Literatur

BRAUN, H. J.: Die Leitbündelbecken in den Nodien der *Dioscoreaceae*, mit besonderer Berücksichtigung eines neuartigen Typs assimilateleitender Zellen. Ber. dtsch. bot. Ges. **70**, 305—322 (1957).
— Der Anschluß der Laubbaumknospen an das Holz der Tragachsen. Ber. dtsch. bot. Ges. **73**, 258—264 (1960).
CHEADLE, V. I.: The occurrence and types of vessels in the various organs of the plant in the Monocotyledoneae. Amer. J. Bot. **29**, 441—450 (1942). Weitere einschlägige Arbeiten Amer. J. Bot. **30**, 11—47 (1943a); **30**, 484—490 (1943b); **31**, 81—92 (1944).
ECKARDT, TH.: Kritische Untersuchungen über das primäre Dickenwachstum bei Monokotylen, mit Ausblick auf dessen Verhältnis zur sekundären Verdickung. Bot. Archiv **42**, 289—334 (1941).
ESAU, K.: Vascular differentiation in the vegetative shoot of Linum. I. u. II. Amer. J. Bot. **29**, 738—747 (1942); **30**, 248—255 (1943).
— Origin and development of primary vascular tissues in seed plants. Bot. Rev. **9**, 125—206 (1943).
— Primary vascular differentiation in plants. Biol. Rev. **29**, 46—84 (1954).
GORDIAGIN, A.: Über die winterliche Transpiration einiger Holzgewächse Ostrußlands. Beih. bot. Zbl. **46**, 93—118 (1930).
GUSTIN, R., et J. DE SLOOVER: Recherches sur l'histogénèse des tissues conducteurs. I. Problèmes posés et données acquises. Cellule **57**, 95—128 (1955).
HELM, J.: Das Erstarkungswachstum der Palmen und einiger anderer Monokotylen, zugleich ein Beitrag zur Frage des Erstarkungswachstums der Monokotylen überhaupt. Planta (Berl.) **26**, 319—364 (1936).
IWANOFF, L.: Über die Transpiration der Holzgewächse im Winter. Ber. dtsch. bot. Ges. **42**, 44—49, 210—218 (1924).
JACOBS, W. P., and I. B. MORROW: A quantitative study of xylem development in the vegetative shoot apex of coleus. Amer. J. Bot. **44**, 823—842 (1957).
JOST, L.: Über Beziehungen zwischen der Blattentwicklung und der Gefäßbildung in der Pflanze. Bot. Ztg **51/1**, 89—138 (1893).
KESTEL, P.: Der Anschluß der Blattspuren an das Holz bei Coniferen. Diss. Univ. München 1961.
KOSTYTSCHEW, S.: Der Bau und das Dickenwachstum der Dikotylenstämme. Ber. dtsch. bot. Ges. **40**, 297—305 (1922). — Beih. bot. Zbl. **40**, 295—350 (1924).
MEIDEN, H. A. VAN DER, u. H. VAN VLOTEN: Rost und Rindenbrand, eine Bedrohung für die Kultur von Pappeln. Stichting Bosbouwproefstation „De Dorschkamp" Korte Mededeling Nr 37, Wageningen 1958.
RASDORSKY, W.: Recherches sur l'action mecanique des averses sur les plantes. Bull. Moscou, **1916**, 221—276.
— Untersuchungen über die baumechanischen Elemente des Pflanzenkörpers. I. Kollenchym und Sklerenchymstränge von Dicotylen. Bull. Inst. pédagog. du Caucase du Nord II, 34 S. [Russ., mit dtsch. Zusfass.] (1924).
— Über die Reaktion der Pflanzen auf die mechanische Inanspruchnahme. Ber. dtsch. bot. Ges. **43**, 332—352 (1925).
— Über die Dimensionsproportionen der Pflanzenachsen. Ber. dtsch. bot. Ges. **44**, 175—200 (1926).
— Über das baumechanische Modell der Pflanzen. Ber. dtsch. bot. Ges. **46**, 48—104 (1928).
RAUH, W., u. F. RAPPERT: Über das Vorkommen und die Histogenese von Scheitelgruben bei krautigen Dikotylen, mit besonderer Berücksichtigung der Ganz- und Halbrosettenpflanzen. Planta (Berl.) **43**, 325—360 (1954).
REHM, S.: Zur Entwicklungsphysiologie der Gefäße und des trachealen Systems. Planta (Berl.) **26**, 255—274 (1936).

RESCH, A.: Weitere Untersuchungen über das Phloem von *Vicia faba*. Planta (Berl.) **52**, 121—143 (1958).
— Über Leptombündel und isolierte Siebröhren sowie deren Korrelationen zu den übrigen Leitungsbahnen in der Sproßachse. Planta (Berl.) **52**, 467—489, 490—515 (1959).
ROUSCHAL, E.: Fluoreszenzoptische Messungen der Geschwindigkeit des Transpirationsstromes an krautigen Pflanzen mit Berücksichtigung der Blattspurleitflächen. Flora (Jena) **134**, 229—256 (1940).
TOBLER, F.: Die mechanischen Elemente und das mechanische System. In LINSBAUERS Handbuch der Pflanzenanatomie, 2. Aufl., Bd. IV/6. 1957.
ZYCHA, H.: Zur Frage der Infektion beim Lärchenkrebs. Phytopath. Z. **37**, 61—74 (1959).

E. Der sekundäre Bau von Sproß und Wurzel

I. Cambium

Bevor wir uns der Betrachtung der Produkte des sekundären Dickenwachstums, von Holz und sekundärer Rinde zuwenden, müssen wir uns mit dem Bildungsgewebe beschäftigen, welches diese Gewebe liefert, dem Cambium. Der Name stammt nach MÖBIUS aus der arabischen Medizin und bedeutet Bildungssaft. Der Nachweis einer zwischen Holz und Rinde liegenden Verjüngungsschicht gelang dem französischen Forscher DUHAMEL DU MONCEAU 1758. Er zeigte, daß zwei in Holz und Rinde eingeführte Silberdrähte im Laufe der Jahre ihren Abstand vergrößern, und bewies damit, daß der Zuwachs zwischen Holz und Rinde erfolgt, während man vorher ohne gründlichere Beobachtung eine allmähliche Umwandlung der Rinde in Holz angenommen hatte (Einzelheiten bei SCHMUCKER und LINNEMANN).

Das Cambium arbeitet in der Hauptsache zweiseitig, d. h, es gibt nach innen und außen Tochterzellen ab. Die Teilungen zur Erweiterung des Umfanges treten demgegenüber stark in den Hintergrund und sollen später besprochen werden. Die Klassiker, welche sich mit diesen Teilungsvorgängen beschäftigten (SANIO), betrachteten die Zuwächse nicht vom Cambium, sondern vom entstehenden Dauergewebe her, und bezeichneten daher den Rindenzuwachs als zentripetal, den Holzzuwachs als zentrifugal. Die beiden Zuwächse erfolgen nicht paritätisch, sondern bei den rezenten Gehölzen überwiegt der Holzzuwachs den Rindenzuwachs bedeutend, bei den Nadelhölzern um etwa das Dreifache, bei den Laubhölzern sogar das um Zehnfache. Da für die fossilen Bärlappgewächse, die Lepidodendren der Steinkohlenzeit, das Umgekehrte angegeben wird, darf man annehmen, daß sich das Schwergewicht im Laufe der Stammesgeschichte immer mehr zugunsten des Holzzuwachses verlagert hat. Eine ähnliche stammesgeschichtliche Verschiebung, freilich im umgekehrten Sinne, werden wir bezüglich der Zuwächse des Korkcambiums kennenlernen (S. 131).

Dank dem starken *Vorherrschen tangentialer Teilungen* liegen die Tochterzellen beiderseits der Initialen wenigstens anfangs in strengen Radialreihen, wodurch sich Gewebe cambialer Abstammung auffällig vom bienenwabig alternierenden Gefüge des unmittelbar aus dem Vegetationspunkt hervorgegangenen Grundgewebes unterscheiden.

Bei rascher Teilungsfolge übertrifft auf dem Querschnittsbild die tangentiale Zellerstreckung die radiale beträchtlich (Abb. 64). In axialer Richtung sind die Cambiumzellen noch viel stärker gestreckt, spindelförmig (fusiform), und zwar bei primitiven Formen, Pteridophyten und Gymnospermen noch mehr als bei Angiospermen, bei denen eine fortschreitende Verkürzung der Cambiumzellen zu verfolgen ist (BAILEY). Im ersteren Falle betragen die Zellängen 5—1, bei den ausgestorbenen Medullosen sogar 25, bei Angiospermen etwa 1—$^1/_4$ mm. Nur die Markstrahlinitialen, deren Entstehung uns anschließend beschäftigen soll, sind viel kürzer.

Das Gesetz der Reihung gilt nur für die radiale Abstammungsfolge von Tochterzellen, während die tangential nebeneinander- und die axial übereinanderliegenden Zellen im allgemeinen wie üblich Alternanz zeigen. Die

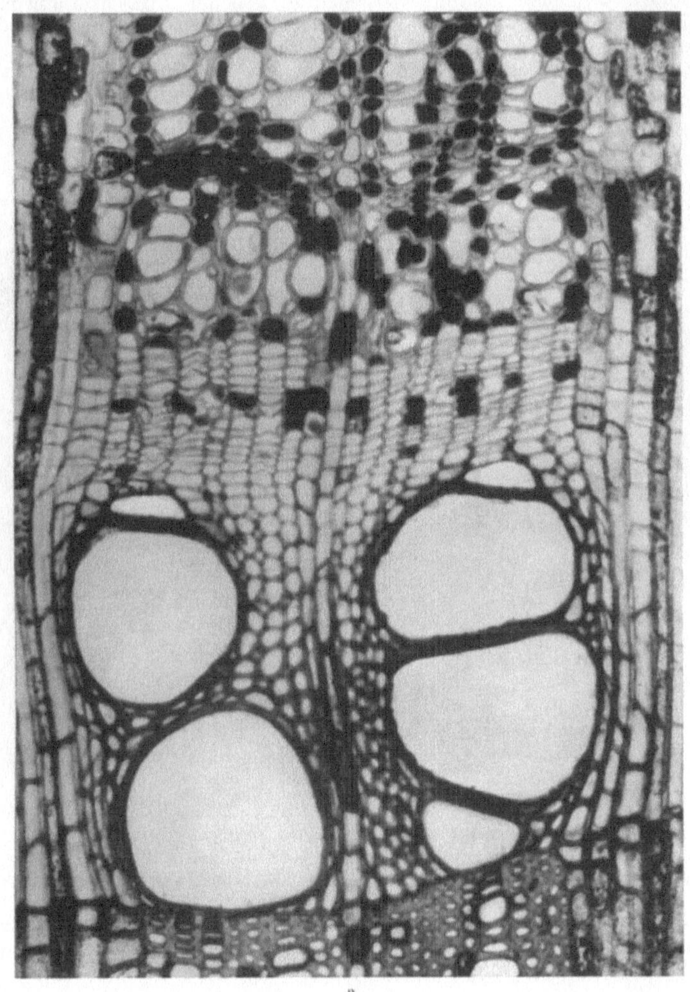

Abb. 64a u. b. Querschnitt durch die Cambialregion von *Vitis vinifera.* a Übersicht, (Aus Esau, „Plant Anatomy", mit schriftlicher Genehmigung des Verlages)

Form der Cambiumzellen ist daher nicht so einfach, wie das mit Ausnahme von Troll seit über einem halben Jahrhundert alle deutschen Lehrbücher abbilden, sondern es überwiegt die Grundform eines Vierzehnflächners, welcher nach oben und unten mit je vier, nach jeder der beiden Seiten mit je zwei weiteren fusiformen Cambiumzellen in Kontakt tritt (Abb. 65). Da außerdem vor allem die langen Cambiumzellen der Gymnospermen in ihrem Verlauf stets irgendwo Markstrahlen berühren, ergibt sich eine ziemlich komplizierte Zellform, welche für den ungestörten Ablauf der Teilungsvorgänge nicht ohne Bedeutung ist (s. u.). Entwicklungsgeschichtlich fällt diese Form dadurch auf, daß die Teilungen nicht, wie sonst üblich, vorwiegend durch „Minimal"-Flächen quer, sondern gerade umgekehrt parallel der größten Fläche erfolgen, ein Zeichen dafür, daß das Leben seine Erfordernisse auch über geometrische Grundregeln hinweg durchzusetzen vermag.

Die Mächtigkeit des Cambiums schwankt mit der Intensität der Teilungen: Im Höhepunkt der Vegetationszeit wird das Cambium vielschichtig, weil die Differenzierung mit der Zellneubildung nicht Schritt zu halten vermag. Zugleich sind diese Zellen besonders dünnwandig und leicht zerreißbar (was das „Lohen" von Gerbrinden während der Saftzeit begünstigt; HUBER 1948, SACHSSE). Trotzdem bleibt auch in solchen „vielschichtigen Cambien" die wirkliche Initialschicht gegenüber ihren Abkömmlingen auf Radialschnitten kenntlich, weil

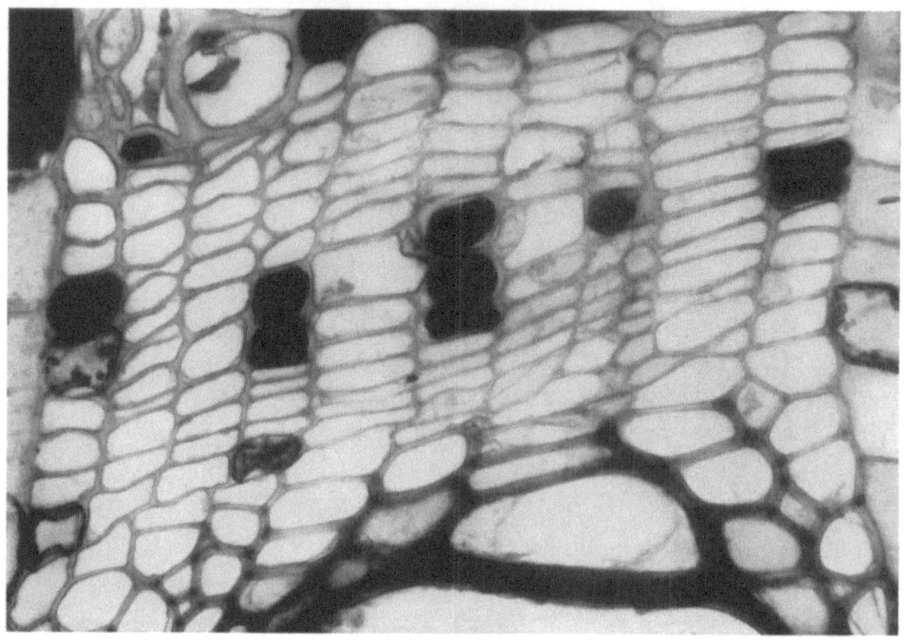

Abb. 64b. Detail

letztere neben der radialen Weitung auch eine *axiale Streckung* erfahren, die im englumigen Spätholz kompensatorisch noch stärker ist als im weitlumigen Frühholz (BANNAN, Abb. 66).

Am Ende der Vegetationszeit pflegt die Teilungstätigkeit vor der Differenzierung zu erlöschen, so daß die Dauergewebe unmittelbar an das Cambium heranrücken, welches im Grenzfall nur noch aus der Initialschicht selbst besteht (Abb. 67). Durch Einlagerung von Reservecellulosen kann das winterliche Cambium verhältnismäßig dickwandig sein (Abb. 52 bei BÜSGEN-MÜNCH). Ob das allgemein oder nur für bestimmte Holzarten gilt, bedarf noch vergleichender Untersuchung.

Nach der Winterruhe geht die Welle neuer Teilungen durch einen Wuchsstoffreiz von den erwachenden Knospen aus. Die Zuwächse schieben sich von hier basalwärts vor, was die alten Autoren veranlaßte, sie als eine Art „Knospenwurzeln" zu betrachten. Bei günstiger Witterung schreitet die Teilungstätigkeit täglich etwa 1 m tiefer fort; nur bei ringporigen Holzarten, deren Cambium weniger Wuchsstoff bedarf, erwacht die Cambialtätigkeit fast gleichzeitig auf der gesamten Schaftlänge und läßt sich auch durch Ringelungen kaum aufhalten (LADE-FOGED). Die neuen Zuwächse lassen sich anfangs als dünne tangentiale Häute vom alten Holz leicht ablösen und sind von PRIESTLEY und seiner Schule in Leeds in klassischer Weise untersucht worden (Gefäßbildung u. ä.).

Von hoher Bedeutung ist die *Dilatation*, die Erweiterung des Cambiums beim Fortschreiten des Dickenwachstums. Da der Umfang einer verholzten Achse anfangs relativ schnell, später relativ immer langsamer zunimmt,

sind in jungen Achsen verhältnismäßig viele, später weniger Radialteilungen
zur Erweiterung des Umfanges zu erwarten. Im Durchschnitt hielt es
BAILEY für ausreichend, wenn sich die einzelne Cambiumzelle in 15 Jahren
einmal auch in zwei tangential nebeneinanderliegende Zellen teilt. Wie in
vielen anderen Fällen, arbeitet aber die Natur verschwenderischer, als es der
Rechnung entspricht. BANNAN und WHALLEY haben durch planmäßige
Untersuchung tangentialer Schnittserien zu-
nächst für Nadelhölzer (Cupressaceen) gezeigt,
daß Umfangsteilungen im Cambium überraschend häufig sind, daß aber wie in einer
Population lange nicht alle Abkömmlinge erhalten bleiben, sondern die Mehrzahl von kon-
kurrierenden Nachbarzellen überwachsen wird
(Schema Abb. 68).

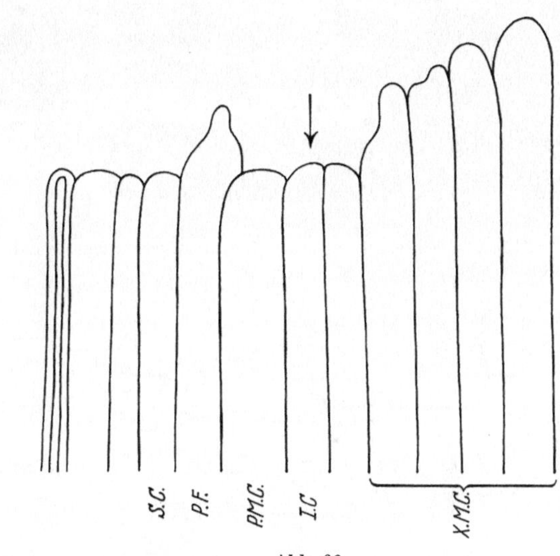

Abb. 65   Abb. 66

Abb. 65. Schema einer Cambiumzelle einer Kiefer. (Nach DODD)

Abb. 66. Radialer Längsschnitt durch die Cambialregion von *Thuja occidentalis*. *I.C.* Cambiuminitialen; *P.M.C*
Phloemmutterzelle; *P.F.* Phloemfaser; *S.C.* Siebzelle; *X.M.C.* Xylemmutterzelle. (Nach BANNAN)

In der Regel erfolgt die Teilung von Cambiumzellen „pseudotransversal"
durch eine in Tangentialansicht mäßig schräge Wand (Abb. 69). Die zunächst
kleine Berührungsfläche vergrößert sich während der folgenden gewöhnlichen
cambialen Teilungen durch eine zunehmende Neigung der Wände (Anein-
andervorbeischieben der Spitzen). Wenn sich diese neue Lage einigermaßen
fixiert hat, pflegen sich auch die der Teilungswand abgekehrten Enden
durch Spitzenwachstum weiter zwischen die Nachbarzellen vorzuarbeiten,
so daß die Länge der Mutterzelle allmählich wieder einigermaßen erreicht
wird. Verhältnismäßig häufig folgen allerdings zwei Teilungsschritte so
rasch aufeinander, daß aus einer Mutterzelle erst einmal vier Tochterzellen
entstehen, welche dann um den Platz kämpfen. Oft gehen dabei bis zu
drei Tochterzellen wieder zugrunde, so daß letzten Endes überhaupt keine
Zellvermehrung, sondern höchstens eine Zellverjüngung erreicht wird. Für
das Überleben in diesem Wettstreit ist nach BANNANs Feststellungen die

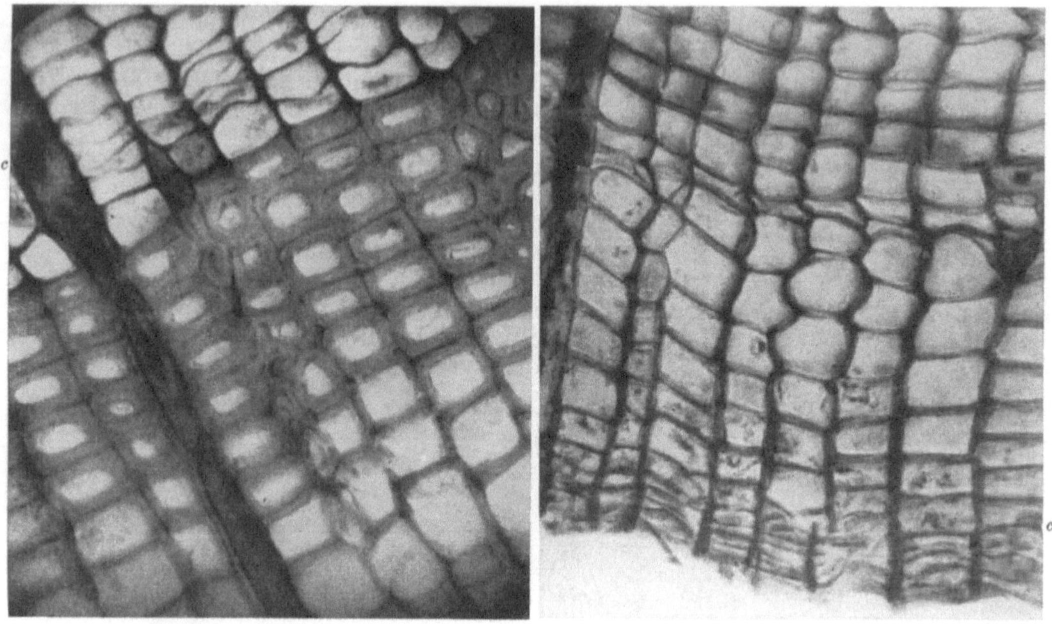

Abb. 67 a Winterlich ruhendes, b sommerlich tätiges Cambium der Fichte (*c*). (Nach SACHSSE)

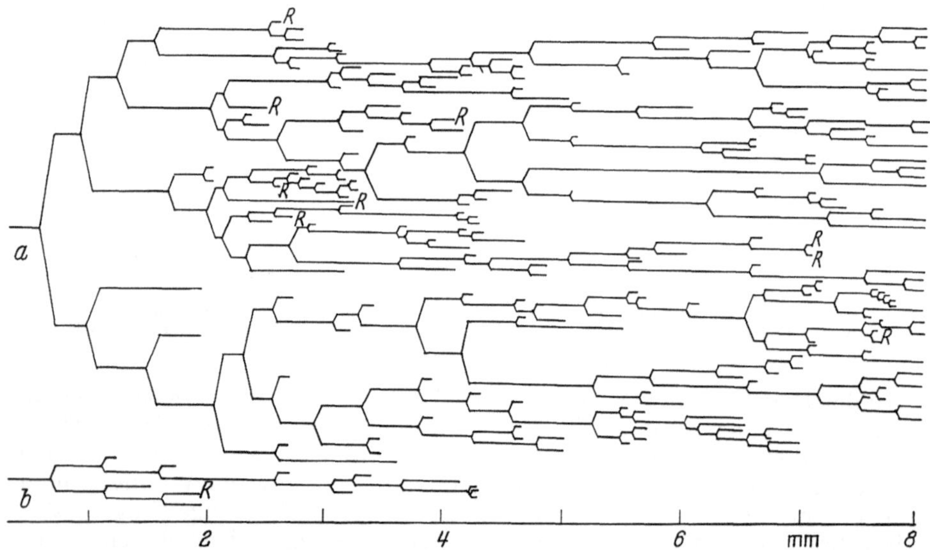

Abb. 68. Diagrammatische Darstellung der Abstammungsfolge zweier Tracheidenreihen von *Chamaecyparis* (*a* und *b*) im Laufe des weiteren Dickenwachstums (Absizsse: Radialzuwachs in Millimeter). Während die Reihe *b* nach wenigen Teilungen erlischt, erzeugt Reihe *a* zahlreiche Tochterreihen, die allerdings gleichfalls größtenteils ohne Nachkommenschaft bleiben und daher im Diagramm blind enden. Die mit *R* endenden Reihen verwandeln sich in Markstrahlen. (Nach BANNAN)

Zahl der Markstrahlkontakte und damit offenbar die Versorgung mit Assimilaten maßgebend. Pseudotransversale Teilungen erfolgen vorwiegend bei nachlassender radialer Teilungstätigkeit im Spätholz, lösen also diese zeitlich ab. Man kann sich davon leicht überzeugen, wenn man auf Querschnitten nach dem Beginn neuer Radialreihen sucht (BANNAN); als Fehlerquelle muß man dabei allerdings die stärkere axiale Streckung der Spätholzzellen in Rechnung stellen und darf nur Reihen zählen, welche auch ins nächste Frühholz weiterlaufen.

Daß ähnliche Ausscheidungskämpfe auch bei Laubhölzern vorkommen, hat HOLDHEIDE zunächst für den höchst eigenartigen Sonderfall der Hainbuche *(Carpinus betulus)* gezeigt: Jeder weiß, daß dieser Baum durch seine Spannrückigkeit, eine unregelmäßig wellige Stammoberfläche ausgezeichnet ist. Schon RUBNER beobachtete dabei, daß über den Buchten des Holzkörpers die Rinde mächtiger und zugleich dunkler ist als über den Rippen.

Als HOLDHEIDE den Jahrringbau der Rinde entzifferte (s.u., S. 136), stellte sich heraus, daß die Rinde über den Buchten mehrere Jahrzehnte, über den Rippen oft nur wenige Jahre alt sein kann. Es zeigte sich, daß über den

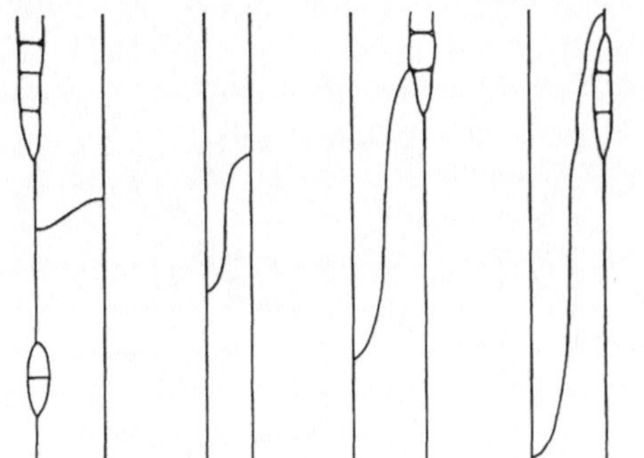

Abb. 69. Schema einer pseudotransversalen Teilung im Cambium von *Thuja occidentalis* mit zunehmender Schrägstellung der Trennungswand durch beiderseitiges Spitzenwachstum. (Nach BANNAN)

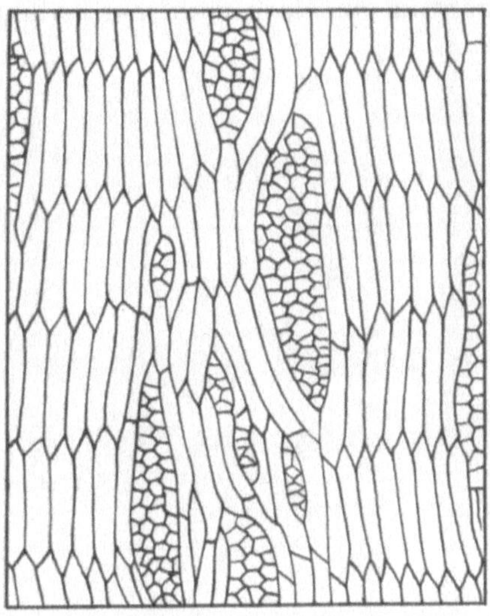

Abb. 70. Beispiel der tangentialen Erweiterung des Cambiums einer Leguminose *(Robinia pseudacacia)* durch radiale Längswände: „Stockwerkbau". (Nach EAMES und MACDANIELS)

Stamm der Hainbuche hinweg Dilatations- und Schrumpfungsbezirke netzförmig miteinander abwechseln, wobei die Dilatationsbezirke das von außen gesehen helle Netz, die Schrumpfungsbezirke die dunklen Maschen dazwischen einnehmen. In den Schrumpfungsbezirken fallen Jahr für Jahr zahlreiche Cambiumzellen aus, so daß die Markstrahlen immer näher zusammenrücken und schließlich zu den bekannten falschen Markstrahlen verschmelzen, eine Tatsache, die sich in den falschen Markstrahlen des Holzes, noch deutlicher aber — auf kürzerer Strecke gerafft — in der Rinde beobachten läßt. Man staunt, daß bei solchen Wachstumsunterschieden der Holzkörper als Ganzes überhaupt zusammenhält, und wundert sich nicht, daß ROBERT HARTIG, ohne die Ursachen zu durchschauen, gelegentlich Selbstzersprengung von Hainbuchenstämmen beschrieb. Andeutungsweise kommen ähnliche Vorgänge auch bei der Entstehung der breiten Markstrahlen der Eiche vor (BRAUN) und mögen die Entstehung von Frostrissen begünstigen.

Neben der vorherrschenden Dilatation des Cambiums durch pseudotransversale Teilungen kommt bei etwa 20% der Angiospermengattungen, z.B. den meisten Leguminosenhölzern, eine Erweiterung durch saubere Längsteilungen vor, so daß die Tochterzellen auf gleiche Höhe zu liegen kommen und der sog. *Stockwerkbau* entsteht (Abb. 70). Durch Koppelung an andere Merkmale der Spezialisierung (Fehlen bei Hölzern mit leiterförmiger Gefäßdurchbrechung, Häufung bei ringporigen Hölzern) ist der Stockwerkbau (storied structure der englischen Literatur) eindeutig als abgeleitetes Merkmal gekennzeichnet. Durch Auswachsen feiner Zellfortsätze in die Nachbarstockwerke ist der Zellzusammenhalt beim Stockwerkbau genau so gesichert wie bei der sonst üblichen dochtartigen Verflechtung.

Zuletzt müssen wir noch der *Entstehung der Markstrahl-Initialen* gedenken: Im einfachsten Fall braucht sich eine fusiforme Cambiumzelle nur bleibend zu unterteilen[1], dann werden auch die Tochterzellen von da an niedrig sein und eine Radialfolge von Zellen liefern, welche wir als Strahlen, Markstrahlen, und zwar den holzseitigen Teil als Holz-, den bastseitigen als Rindenstrahlen bezeichnen (Näheres in Teil IV). Vielfach erfolgt diese Unterteilung schrittweise, so daß etwa von einer Strangparenchymzelle ausgehend ein Markstrahl aus anfangs wenigen stehenden, später aber mehr

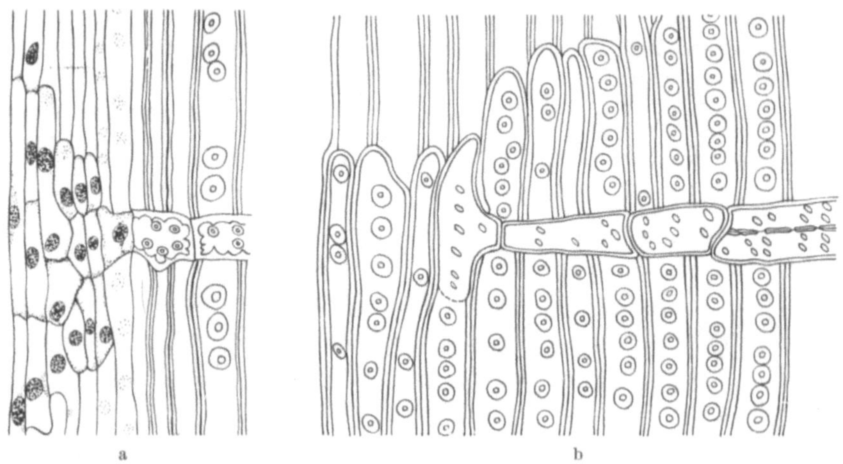

Abb. 71 a u. b. Entstehung eines Markstrahls. a Bei *Pinus resinosa* aus Cambiumzellen, welche zunächst Strangparenchym bildeten, b bei *Ginkgo biloba* aus dem Ende einer fusiformen Initiale (beides Radialansichten). (Nach BARGHOORN)

quadratischen bis liegenden Zellreihen entsteht (Abb. 71). Diese Art der Markstrahlentstehung wird für Angiospermen, aber auch für die Wurzelhölzer der Gymnospermen angegeben (BARGHOORN). Typischer für Gymnospermen ist aber, daß Markstrahlinitialen nicht durch Umwandlung einer ganzen fusiformen Cambiumzelle entstehen, sondern nur als Segment aus einer solchen herausgeschnitten werden (Abb. 72). Die Markstrahlen beginnen dann einreihig — und zwar wiederum vorwiegend im Spätholz (Abb. 73) — und werden erst nach und nach durch anschließende Teilungen zweireihig, vierreihig und schließlich noch höher (BRAUN).

Für die Verteilung solcher Markstrahlinitialen über die Fläche des Cambiums gilt das Bünningsche Prinzip der Musterbildung: Von jeder bestehenden Markstrahlinitiale geht eine gewisse Hemmung aus, welche benachbarte Cambiumzellen abhält, gleichfalls Markstrahlinitialen zu liefern. Erst in einem Abstand, der die Versorgung der normalen Cambiumzellen gefährdet, entstehen neue Markstrahlinitialen, vielfach in innigem Zusammenhang mit dem oben geschilderten Wettbewerb der übrigen

---

[1] Wenn sich nur die Tochterzelle unterteilt, während die Mutterzelle mit der Bildung fusiformer Zellen fortfährt, entsteht Strangparenchym.

Cambiumzellen. Wenn nach BANNAN die markstrahlfernsten Cambiumzellen die geringste Lebensaussicht haben, so entgehen sie dem Untergang
am ehesten durch Umwandlung in neue Markstrahlinitialen. So zeigt sich
nach neueren Untersuchungen beim cambialen Teilungsgeschehen eine
biologische Dynamik, die sich weit vom Schematismus früherer Vorstellungen entfernt.

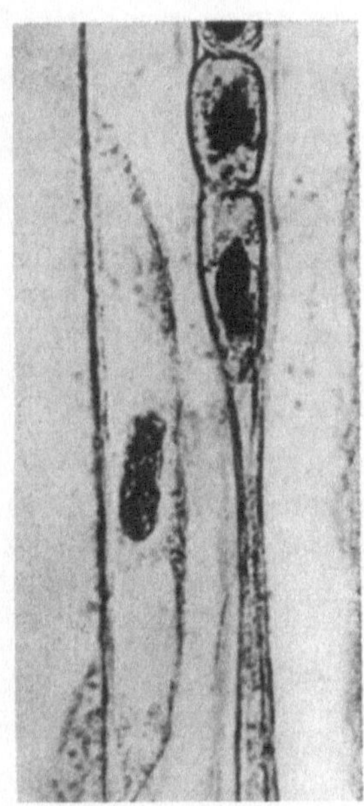

Abb. 72. Entstehung einer Markstrahlinitiale
bei *Pinus strobus* durch seitlichen Ausschnitt
aus einer fusiformen Cambiumzelle (Tangentialschnitt). (Nach BARGHOORN)

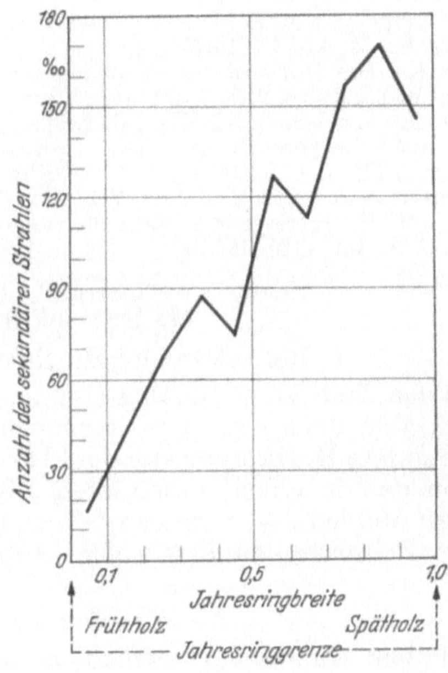

Abb. 73. Zeitpunkt der Entstehung sekundärer Strahlen bei
Pinus silvestris im Laufe des Jahrrings (Abszisse); die Ordinate
gibt die Zahl der entstehenden Strahlen in Promille an.
(Nach BRAUN)

Literatur

BAILEY, J. W.: Contributions to plant anatomy. Waltham, Mass.: Chron. Bot. Comp. 1954.
BANNAN, M. W.: The frequency of anticlinal divisions in fusiform cambial cells of *Chamae-
cyparis*. Amer. J. Bot. **37**, 511—519 (1950).
— Girth increase in white cedar stems of irregular form. Canad. J. Bot. **35**, 425—434 (1957).
— The relative frequency of the different types of anticlinal divisions in conifer cambium.
Canad. J. Bot. **35**, 875—884 (1957).
—, and B. E. WHALLEY: The elongation of fusiform cambial cells in *Chamaecyparis*. Canad.
J. Res. **28**, 341—355 (1950). Weitere einschlägige Arbeiten von BANNAN sind erschienen
in Canad. J. Res. **29**, 57—67, 421—437 (1951); **31**, 63—74 (1953); **33**, 113—138 (1955);
34, 175—196, 769—776 (1956); **38**, 177—183 (1960).
BARGHOORN, E. S.: Zit. S. 147.
BRAUN, H. J.: Zit. S. 147.
BÜSGEN, M.: Bau und Leben unserer Waldbäume, 3. Aufl., bearb. v. E. MÜNCH. Jena 1927.
DODD, J. D.: On the shapes of cells in the cambial zone of *Pinus silvestris L.* Amer. J. Bot.
35, 666—682 (1948).
HARTIG, R.: Zerspringen der Eichenrinde nach plötzlicher Zuwachssteigerung. Unters. forst-
bot. Inst. München **1**, 145—150 (1880).
— Das Zersprengen der Hainbuchenrinde nach plötzlicher Zuwachssteigerung. Unters.
forstbot. Inst. München **3**, 141—144 (1883).
HOLDHEIDE, W.: Über das abnorme Dickenwachstum der Hainbuche *(Carpinus betulus L.)*
und die Rolle der falschen Markstrahlen. Bot. Studien H. 4, 132—164 (1955).

HUBER, B.: Physiologie der Rindenschälung bei Fichte und Eiche. Forstw. Cbl. **67**, 129—164 (1948).
— Entwicklungsphysiologie des Cambiums. Z. Bot. **44**, 365—369 (1956).
LADEFOGED, K.: The periodicity of wood formation. Kgl. danske Vidensk. Selsk. **7**, Nr. 3 (1952).
MÖBIUS, M.: Über die Herkunft der Wörter Cambium und Protoplasma. Ber. dtsch. bot. Ges. **52**, 154—161 (1934).
PRIESTLEY, H. J.: Radial growth and extension growth in the tree. Forestry **9**, 84—95 (1935).
— L. J. SCOTT and M. E. MALINS: Vessel development in the angiosperms. Proc. Leeds Philos. Soc. **3**, 42—54 (1935).
RUBNER, K.: Das Hungern des Cambiums und das Aussetzen der Jahrringe. Naturw. Z. Forst- u. Landw. **8**, 212—262 (1910).
SACHSSE, H.: Die Bedeutung des Schälwiderstandes für die mechanische Entrindung von Fichtenholz im Forstbetrieb. Berlin 1955.
SCHMUCKER, TH., u. G. LINNEMANN: Geschichte der Anatomie des Holzes. In Handbuch der Mikroskopie in der Technik, Bd. V/1, S. 1—78. 1951.
WHALLEY, B. E.: Increase in girth of the cambium in *Thuja occidentalis* L. Canad. J. Res., Sect. C **28**, 331—340 (1950).

II. Das sekundäre Holz

1. Der sekundäre Holzkörper der Archegoniaten

Bei den Archegoniaten, den Gymnospermen, insbesondere unsern Nadelhölzern, aber auch den ausgestorbenen Lepidophyten und Articulaten, ist der sekundäre Holzkörper von denkbar einfachem Bau und besteht — wenn wir von den in einem besonderen Abschnitt zu besprechenden Strahlen zunächst absehen — in seiner weitaus überwiegenden Grundmasse aus einer einzigen Zellsorte, den *Tracheiden* (Abb. 74).

a) Gestalt der Tracheiden

Auf dem *Querschnitt* erscheinen diese Tracheiden als ziemlich isodiametrische oder auch radial abgeflachte polygonale Zellen, welche infolge ihrer Herkunft aus der Teilungstätigkeit des Cambiums in streng radialen Reihen auftreten[1]. Dagegen sind die Zellen der nebeneinander herlaufenden Reihen vorwiegend in der üblichen Weise gegeneinander versetzt, so daß die Zellen keinen rechteckigen, sondern eben einen polygonalen, meist sechseckigen Querschnitt zeigen. Nur wenn beim herbstlichen Erlahmen der Teilungstätigkeit die radiale Dehnung der Zellen nachläßt und die Zellen sich abflachen, kann dieses polygonale Netz undeutlich werden.

Im Gegensatz zu dieser isodiametrischen Querschnittsform ist die *dritte Dimension der Zellen*, die axiale, der Form der Cambiumzellen entsprechend, *sehr stark gestreckt*, „cambiform", fusiform, faserförmig. Mit Längen von 2—5 mm erreicht diese axiale Streckung etwa das Hundertfache des Querdurchmessers. Dabei geht die bereits beim Cambium geschilderte Verlängerung der Zellen durch Spitzenwachstum auch nach der Abtrennung weiter und führt besonders beim Spätholz beträchtlich über die Länge der Mutterzellen hinaus; Hindernisse können sogar Lappung und Gabelung der Enden erzwingen. Diese nachträglichen Zuwächse sind aber stets daran zu erkennen, daß sie keine Tüpfelverbindung zu den Nachbarzellen besitzen; die Häufung von Hoftüpfeln an den Endwänden geht stets auf primäre

---

[1] Wenn sich im Zuge des Dickenwachstums Cambiumzellen teilen, gabeln sich auch die von ihnen abstammenden Tracheiden-Reihen nach außen; seltener, aber nach neueren Untersuchungen besonders in den ersten Lebensjahren immerhin erstaunlich häufig ist ein zentrifugaler Reihenschwund infolge Ausfalls von Cambiumzellen (vgl. insbesondere *Carpinus*, S. 145).

Tüpfelfelder der Cambiumzellen zurück und bleibt auf die entsprechenden Wandabschnitte beschränkt.

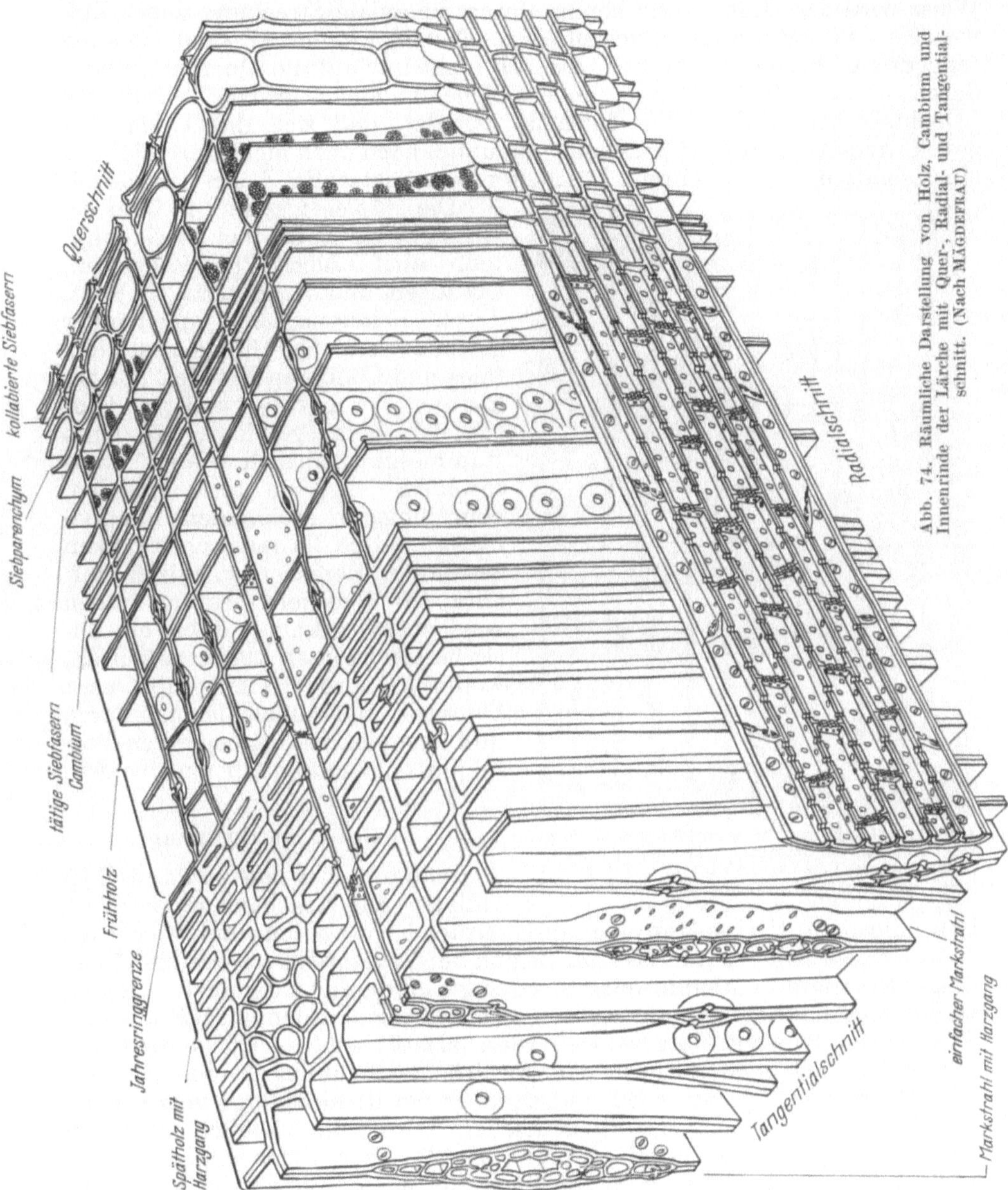

Abb. 74. Räumliche Darstellung von Holz, Cambium und Innenrinde der Lärche mit Quer-, Radial- und Tangential-schnitt. (Nach MÄGDEFRAU)

Überraschend und wohl erst das Ergebnis späterer Spezialisierung ist, daß die Tüpfel keineswegs am reichlichsten die Schwesterzellen derselben Radialreihe[1], sondern eher die der nebeneinander liegenden Reihen (also

---

[1] Tangentiale Hoftüpfel kommen bei den Coniferen hauptsächlich an der Jahrringgrenze vor, wodurch die sonst allzu scharf getrennten Jahresschichten in leitende Verbindung treten. Eine weit bessere radiale Verbindung bedeuten freilich die verbreiteten Markstrahltracheiden (s. u., S. 139f.).

die Radial- und nicht die Tangentialwände), ganz bevorzugt aber die Berührungsflächen der übereinanderliegenden Zellen verbinden (Abb. 75). Auf diese Weise wird das Holz — wie bereits durch die axiale Streckung seiner Elemente — in erster Linie längsleitfähig. Erst in weitem Abstand folgt die tangentiale Wasserleitfähigkeit, die sich nicht nur auf die Querverbindung durch die radialen Hoftüpfel, sondern sicher zu einem großen Teil auf die „Dochtstruktur", d. h. die Tatsache gründet, daß sich die Tracheiden zum Unterschied von den Tracheen von unten nach oben nicht durch jeweils eine, sondern meist mehrere büschelförmig ansetzende Zellen fortsetzen.

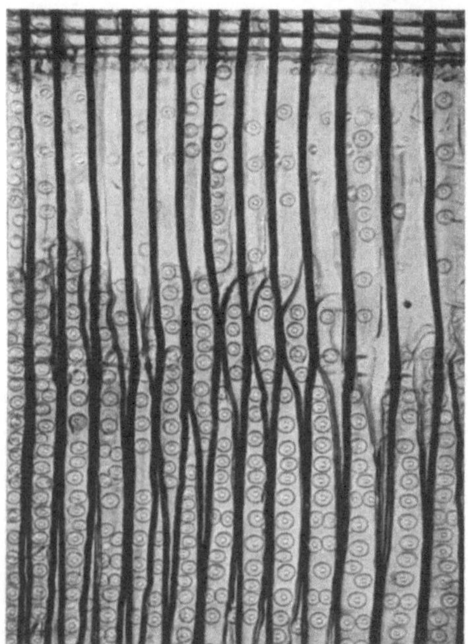

Die *Tüpfelfelder* sind in ihrer ursprünglichen Form (bei Pteridophyten, aber auch Pteridospermen, Cycadeen und Bennettitales) breit, durch Leitersprossen voneinander getrennt; erst bei Ginkgoales, Gnetales und Coniferen hat sich die bekannte Form des runden „Hoftüpfels" herausgebildet, der beim stammesgeschichtlich älteren „araucaroiden" Typ in alternierenden, beim jüngeren „abietoiden" in opponierten, durch die Sanioschen Balken getrennten Reihen bzw. einzeln auftritt. Die Weiterentwicklung zu den Angiospermen knüpft dabei eindeutig bereits bei den Leitertüpfeln an, wodurch — wie BAILEY mit Recht betont — die Ginkgoales, Coniferen und Gnetales als Angiospermen-Vorfahren holzanatomisch ausscheiden.

Abb. 75. Auf radialen Längsschnitten durch Kiefernholz häufen sich die Hoftüpfel an den Enden der Tracheiden, während sie dazwischen viel spärlicher auftreten. 100:1. (Aus HUBER, Saftströme der Pflanzen)

b) Der Jahresrhythmus

Während bei den paläozoischen Hölzern alle Tracheiden denselben Bau aufweisen, tritt später eine jahreszeitliche Abwandlung auf, welche als *Jahresringbildung* bekannt ist: Am Beginn der Vegetationsperiode bildet das wassergesättigte Cambium weitere und zugleich dünnwandigere Tracheiden als bei fortschreitender Jahreszeit; wir unterscheiden demnach *Früh*- und *Spätholz* (early wood, late wood). Diese elastischen Ausdrücke sind den zeitlich oft gar nicht zutreffenden Ausdrücken Frühlings- und Sommer- oder Herbstholz (spring wood und summer wood) unbedingt vorzuziehen und haben sich wenigstens im deutschen Schrifttum ziemlich allgemein durchgesetzt. GLOCK empfiehlt auf Grund seiner Erfahrungen an der südlichen Steppengrenze in Texas sogar die noch neutraleren Ausdrücke Leicht- und Dichtholz (light wood und dense wood), weil dort die Zuwächse im Gefolge der seltenen Niederschläge zu beliebiger Jahreszeit (auch mehrmals in einem Jahr) auftreten.

Der Gegensatz zwischen Früh- und Spätholz ist bei Typen wie *Araucaria* kaum angedeutet, bei Lärche, Douglasie und Parkettkiefer *(Pinus australis)* dagegen ungemein stark. Massenermittlungen ergeben hier ein etwa dreimal größeres Raumgewicht des Spätholzes, während bei Pinie, Zirbelkiefer und Strobe das Spätholz nur etwa um die Hälfte dichter ist als das Frühholz (MÜLLER-STOLL und die dort angegebene Literatur; Abb. 76).

Nach dem winterlichen Wachstumsstillstand erfolgt der Übergang vom Spät- zum neuen Frühholz unvermittelt und schroff; der Übergang vom Früh- zum Spätholz desselben Jahres kann sich dagegen allmählich vollziehen, so daß es oft schwerfällt, eine Grenze zwischen Früh- und Spätholz anzugeben. Meist aber ändert sich das Verhältnis von Wanddicke und Lumen nach dem Prinzip der „Kippvorgänge" in einer bestimmten Region doch so rasch, daß unser

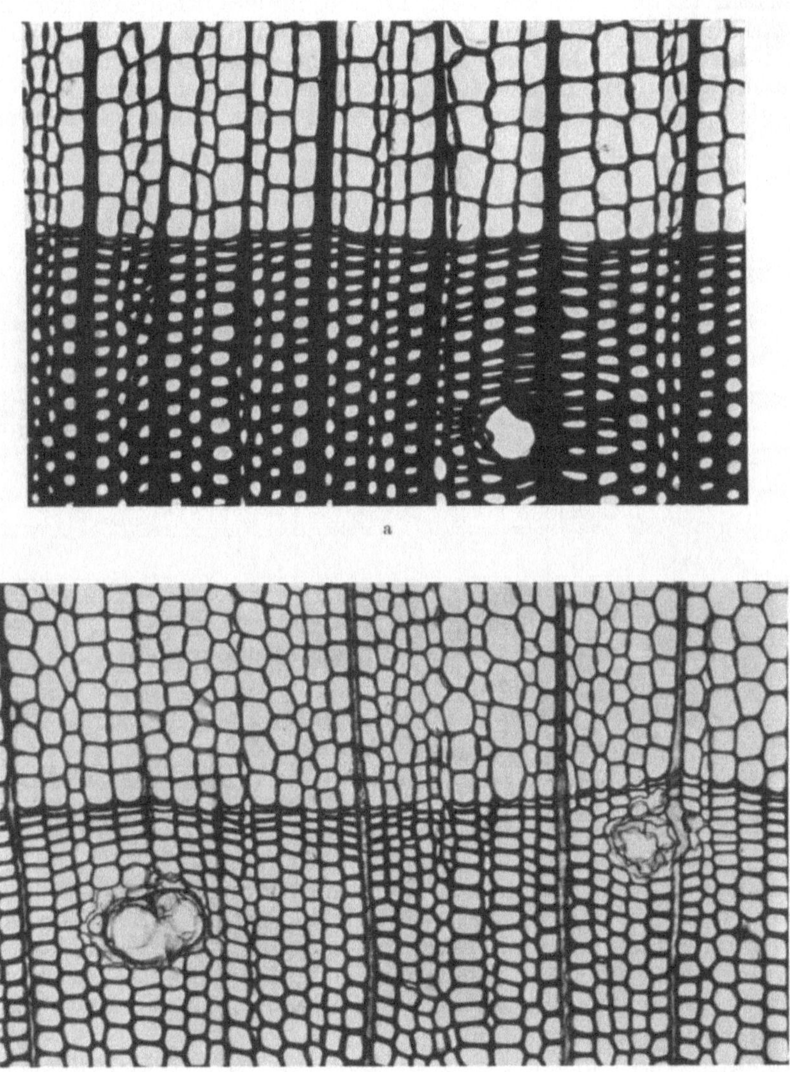

Abb. 76. Querschnitt durch das Holz von Lärche (a) und Weymouthskiefer (b) als Beispiel für starken und schwachen Spätholzkontrast. 100:1. (Aus HUBER 1951)

Auge eine ziemlich klare Spätholzgrenze angeben kann; bei Lärche und Parkettkiefer vollzieht sich dieser Reaktionswechsel sogar ganz sprunghaft von einer Zelle zur nächsten, so daß die Grenze vom Früh- zum Spätholz kaum weniger scharf, allerdings nicht so gerade ist wie die eigentliche Jahrringgrenze. Über die Möglichkeiten einer objektiven Festlegung der Spätholzgrenze auf Grund der Strahlendurchlässigkeit und Härte sei auf MÜLLER-STOLL, MAYER-WEGELIN, KISSER und neuerdings MARIAN verwiesen (vgl. auch Abb. 77).

c) Andere Elemente des Holzkörpers

Bei vielen Archegoniaten-Hölzern bilden die Tracheiden neben den später zu besprechenden (Mark-) Strahlen die einzigen Elemente des Holzkörpers. Bei anderen gehen aus dem Cambium in allerdings bedeutender Minderzahl (kaum 5 %) von Zeit zu Zeit andere Elemente hervor, z.B. *Strangparenchym.* In diesem Falle unterteilt sich die Cambiumzelle, statt ihren Inhalt einzubüßen, in eine Reihe übereinanderliegender Zellen, die als Geschwister durch meist deutlich getüpfelte, genau quergestellte Wände verbunden bleiben und stets irgendwo an das radiale Parenchym eines

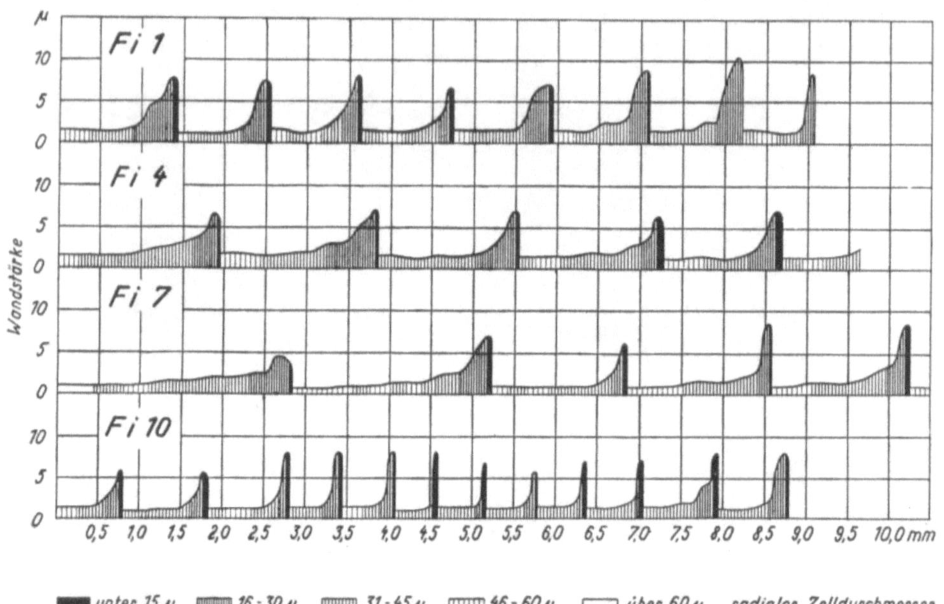

Abb. 77. Graphische Darstellung der im Jahresring wechselnden radialen Zelldurchmesser und Wandstärken bei vier verschiedenwüchsigen Fichtenholzproben. Der radiale Zelldurchmesser ist durch die Dichte der Schraffierung angedeutet (Schlüssel unter der Darstellung), die Wandstärke als Ordinate unmittelbar aufgetragen; die Wandstärken nehmen mit sinkendem Zelldurchmesser zu. (Nach V. PECHMANN)

Strahles anschließen. Auf diesem Wege werden diese langlebigen Elemente von der Rinde her mit Speicherstoffen versorgt, die z. T. schon auf dem Querschnitt durch ihre dunkle Farbe auffallen. Die Parenchymstränge von *Ginkgo* zeigen nicht in ihrem ganzen Verlauf gleiche Gestalt, sondern schwellen von Zeit zu Zeit zu kugelförmigen *Kristall-Idioblasten* an.

Komplizierter ist die Bildung der Längs-*Harzgänge*, wie sie die Hölzer der Abietaceen-Gattungen *Picea*, *Pseudotsuga*, *Larix* und *Pinus* auszeichnen. Sie sind bei den drei erstgenannten Gattungen von derbwandigen, bei der harzergiebigsten Kiefer aber von dünnwandigen Sekretzellen umgeben und stehen in Verbindung mit ähnlichen Gängen, welche in einem Teil der Markstrahlen radial verlaufen und das Zapfen größerer Harzmengen ermöglichen.

Welche Gründe das Cambium von Zeit zu Zeit zur Bildung andersartiger Zellen veranlassen, soll uns erst bei Betrachtung der Angiospermenhölzer und Rinden beschäftigen, wo ein solcher Determinationswechsel eine viel größere Rolle spielt.

2. Das sekundäre Holz der Angiospermen

a) Die Elemente

Nur bei einer verschwindenden Minderzahl stammesgeschichtlich primitiver Angiospermen baut sich der Holzkörper wie bei den Archegoniaten so gut wie ausschließlich aus Tracheiden auf. Es handelt sich um insgesamt zehn Gattungen mit etwas über 100 Arten, und zwar:

Winteraceae: Drimys (Abb. 78), Pseudowintera, Bubbia, Belliolum, Exospermum, Zygogynum;

Trochodendraceae: Trochodendron;

Tetracentraceae: Tetracentron;

Monimiaceae: Amborella.

Die genannten Gattungen und Familien werden von den Systematikern sämtlich in die Reihe der Polycarpicae oder Ranales gestellt.

Zu diesen Gattungen gesellt sich, wie jüngst von BAILEY und SWAMY entdeckt, noch die bisher zu den Piperales, aber in eine eigene Familie Chloranthaceae gestellte Gattung *Sarcandra*.

Während VAN TIEGHEM alle diese Gattungen unter der Bezeichnung Homoxyleae zu einer Vorläuferklasse der Angiospermen zusammenfassen wollte, hat sich bald allgemein die Überzeugung durchgesetzt, daß diese primitiven Merkmale verstreut vorkommen und die Tracheen poly-

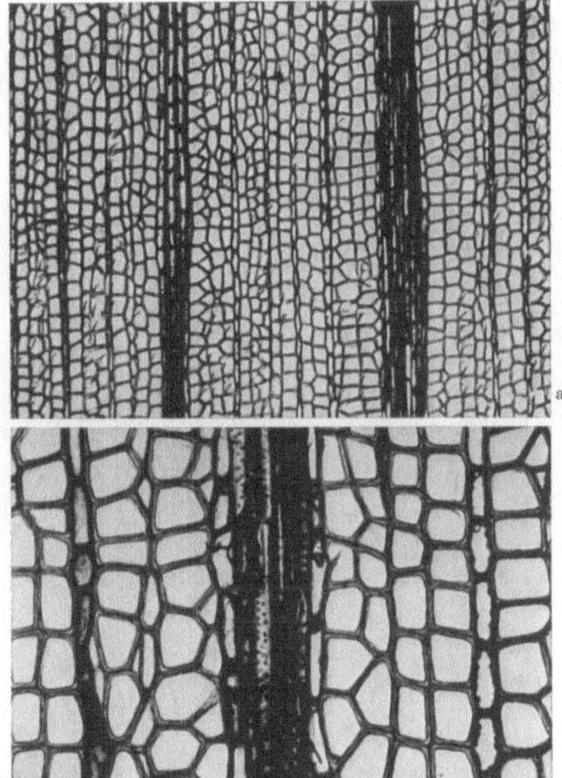

Abb. 78 a u. b. Querschnitt durch das Holz der südamerikanischen Magnoliacee *Drimys Winteri* (a Übersicht 50:1, b Ausschnitt 150:1) als Beispiel eines gefäßfreien (homoxylen) Angiospermenholzes. (Nach HUBER)

phyletisch erworben wurden. Am höchsten differenziert ist dabei *Amborella*, bei der neben Tracheiden echte Fasern auftreten (LEMESLE und PICHARD).

α) Tracheen

In allen anderen Fällen, vielen Tausenden von Gehölzgattungen, ist das Angiospermenholz mehr oder weniger auffällig durch den Besitz von *Tracheen* gekennzeichnet. Darunter versteht man bekanntlich Zellverschmelzungen, durch welche übereinanderliegende Wasserleitungselemente zu durchlaufenden Röhren verbunden werden. Diese Röhren gehen offensichtlich aus der Verschmelzung von Tracheiden hervor: Wir sahen ja, daß diese mit fortschreitender Differenzierung nicht mehr auf allen Wänden gleichmäßig, sondern an den meißelförmigen Endflächen stark bevorzugt getüpfelt sind (beim Übergang der Siebzellen zu den Siebröhren werden wir eine ganz entsprechende Tendenz kennenlernen). Von hier führt nur ein kleiner Schritt zur Auflösung der Tüpfelfelder.

Dieser Schritt ist denn auch nachweislich wiederholt in der Geschichte der Landpflanzen vollzogen worden: Bereits unter den Laubfarnen kommen in der hochwüchsigen Gattung *Pteridium* nach BAILEY Auflösungen der Tüpfelschließhäute vor, so daß wir dem Adlerfarn definitionsgemäß den Besitz von Gefäßen zubilligen müssen. Stammesgeschichtlich eindrucksvoller ist die „foraminate Gefäßdurchbrechung" bei *Ephedra*, weil hier das Herauslösen der runden Hoftüpfelfelder aus den geneigten Endflächen der

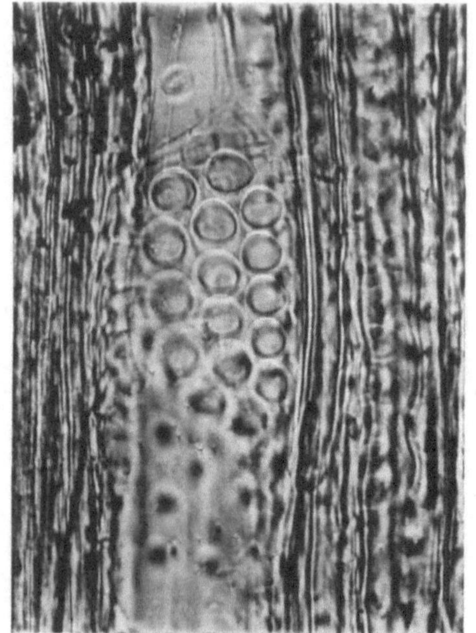

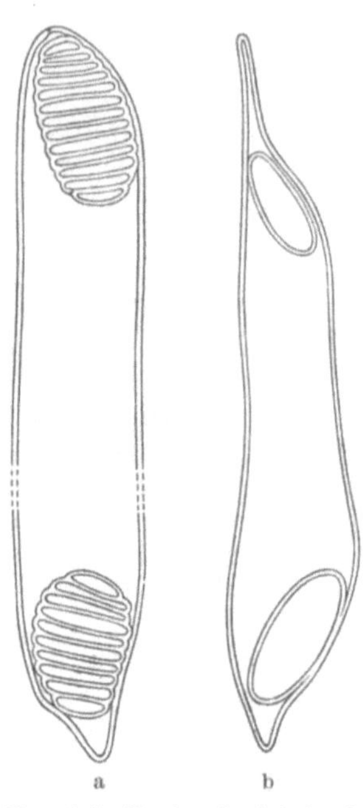

Abb. 79. Löcherige Gefäßdurchbrechung bei der Gymnospermengattung *Ephedra*. 400:1. (Nach HUBER und ROUSCHAL)

Abb. 80. a leiterförmige, b einfache Gefäßdurchbrechung. 200:1. (Nach GREGUSS)

früheren Tracheiden offenkundig ist (Abb. 79). Die Gefäße der Angiospermen knüpfen aber, wie schon erwähnt, nicht an Formen mit runden Hoftüpfeln, sondern solche mit Leitern an, und so ist die noch bei etwa 10% der Angiospermen verwirklichte primitive Form der Gefäßdurchbrechung die *leiterförmige*, welche die stark geneigten Endwände durch Herauslösen der leiterförmig angeordneten Tüpfelfelder wegsam macht.

Da aber mit dem Weglösen der Querwände die vorher zur Verringerung dieser Hindernisse notwendige Streckung der Einzelzellen und die Neigung der Querwände überflüssig wird, sehen wir weiterhin die Gefäßgliedlänge ebenso wie die Wandneigung schrittweise abnehmen: *Die einfache tritt an die Stelle der leiterförmigen Gefäßdurchbrechung* (Abb. 80).

Hand in Hand mit der Zellverschmelzung in der Längsrichtung geht bei den Tracheen fast immer auch eine beträchtliche, z.T. sogar vielfache *Erweiterung der Querschnittsfläche*, durch welche die Tracheen schon auf dem Querschnitt sofort auffallen und auch ohne Nachweis der Durchbrechungen angesprochen werden können. Durch diese Erweiterung wird die von den Gymnospermen her gewohnte, streng radiale Reihung der cambialen Abkömmlinge vielfach arg gestört. Es ist merkwürdig, daß dieses auffälligste Tracheenmerkmal in den Lehrbüchern kaum erwähnt wird, obwohl die meisten Untersucher Tracheen einfach nach dieser Weitlumigkeit ansprechen und kaum nach den Gefäßdurchbrechungen suchen. Ich kenne selbst nur ein Objekt, bei dem die Gefäße auf dem Querschnitt in keiner Weise von den übrigen Elementen unterschieden sind: unsere Mistel, *Viscum album* (HUBER u. ROUSCHAL, Tafel 12); weitere Beispiele haben MÄGDEFRAU und WUTZ aus den Überschwemmungswäldern des Rio Negro, einem Quellfluß des Amazonas, beschrieben und abgebildet. Auch andere immergrüne Hartlaubgewächse besitzen verhältnismäßig enge Gefäße, so daß die radiale Reihung ihrer Elemente weniger gestört erscheint als bei großporigen Fallaubgehölzen, insbesondere ringporigen wie Eiche und Robinie (Abb. 84b).

Die *Längswände der Tracheen* sind wie die der Tracheiden gegen ihresgleichen und gegen die Markstrahlen auffällig getüpfelt. Gegen die Nachbargefäße handelt es sich meist um reibeisenähnlich dicht gestellte Hoftüpfel (die Tüpfel sind kleiner, aber zahlreicher als bei den Gymnospermen und besitzen keinen Torus; die Vermehrung der Tüpfel dürfte nach dem Prinzip der multiperforaten Septen den Diffusionswiderstand verringern). Seltener finden sich auch hier wieder leiterförmige Tüpfel (z. B. *Vitis, Rhizophora*). Die Gefäßtüpfelung gegenüber den Markstrahlen ist oft auffallend größer und beweist rege Stoffwechselbeziehungen, die wohl im Sinne MÜNCHs in einem Wasseraustritt von den Markstrahlen nach den Gefäßen bei der Stärkekondensation, in umgekehrter Richtung bei der Stärkehydrolyse bestehen dürften.

β) Tracheiden, Fasertracheiden

Neben den durchbrochenen Tracheen finden sich in den primitiveren Angiospermenfamilien sehr verbreitet noch immer undurchbrochene Tracheiden. Ihr Vorkommen beweist, daß die Errungenschaft der Gefäßdurchbrechung auch bei den Angiospermen noch nicht allzuweit zurückliegt. Vielfach genügt schon ein Nachlassen der Teilungsaktivität, um im Spätholz anstelle der Tracheen des Frühholzes wieder Tracheiden auftreten zu lassen. Ebenso pflegen, wie wir hörten, in den Knoten und Blattspuren die durchgehenden Tracheen wieder von Tracheiden abgelöst zu werden.

γ) Libriformfasern

Bei den meisten Angiospermenhölzern aber hat sich eine völlige *Arbeitsteilung zwischen wasserleitenden und festigenden Elementen* vollzogen, und den Tracheen stehen die Libriformfasern unvermittelt gegenüber. Die Stammesgeschichte läßt dabei keinen Zweifel, daß es sich um Endglieder einer divergierenden Entwicklung handelt, welche Schwesterzellen ursprünglich einheitlichen Charakters durch immer konsequenter fortschreitende Arbeitsteilung schließlich so weit geschieden hat: Die Fasern werden im Dienste der Festigung allseits mehr oder weniger stark, bei schweren Harthölzern fast bis zum Verschwinden des Lumens verdickt *(Lophira procera)*; die spärlichen und winzigen Tüpfel werden oft als Rudimente, funktionslose Überreste der einstigen Mischaufgabe der Leitung und Festigung bezeichnet; in Wirklichkeit erleichtern sie wohl heute noch während der Ausbildung der Fasern das Herbeischaffen der nötigen Baustoffe und sind erst in der fertigen Faser funktionslos.

δ) Parenchym

Neben wasserleitenden Gefäßen und festigenden Fasern pflegt noch ein drittes Element den Holzkörper der Angiospermen aufzubauen: das parenchymatische, dessen Aufgabe in der zeitweiligen *Speicherung von Assimilaten* besteht. Da es diese über die später zu besprechenden Radialstrahlen aus der Rinde erhält und wieder an diese abgibt, gehört es physiologisch mehr zu dieser, abstammungsmäßig aber eindeutig zum Holz. Im Gegensatz zu den Markstrahlen geht das übrige Holzparenchym aus fusiformen Cambiumzellen hervor und besitzt daher dessen axial gestreckte Spindelgestalt. Es wird deshalb zum Unterschied vom Markstrahlparenchym und

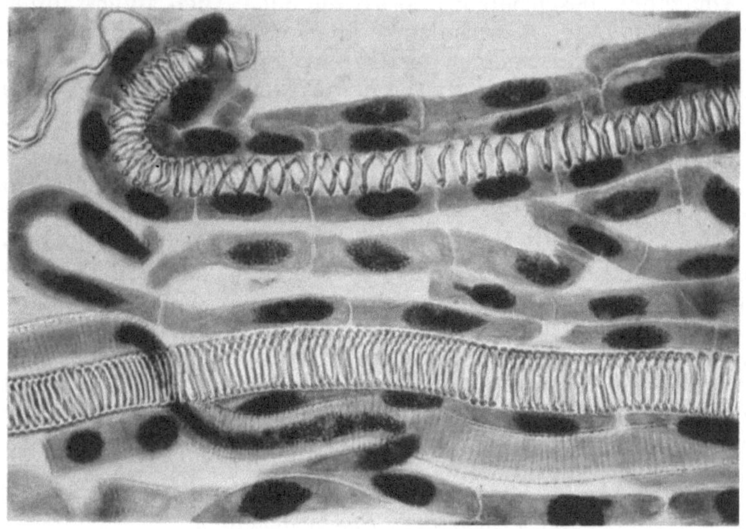

Abb. 81. Zwei Tracheiden mit Begleitparenchym in der Differenzierungszone der Sproßachse von *Vicia faba*. Quetschpräparat. 320:1. (Nach RESCH)

anderen Parenchymen gerne „*Strang*-Parenchym" genannt. Schon bei krautigen Pflanzen pflegen die Wasserleitzellen von Parenchym begleitet zu sein (Abb. 81)

Die Mutterzellen des Strangparenchyms machen nach ihrer Abspaltung aus dem Cambium einige Querteilungen durch, ähnlich wie die Cambiumzellen bei der Bildung von Markstrahl-Initialen. Während diese aber von nun an dauernd relativ kurzzellige Abkömmlinge liefern, bleiben bei der Bildung von Strangparenchym die eigentlichen Cambiumzellen in ihrer Spindelform erhalten und können jederzeit wieder zur Bildung von Fasern oder Gefäßgliedern zurückkehren. Oft erfolgt das bereits nach Abtrennung einer einzigen Strangparenchym-Mutterzelle, wodurch einzelne (auf dem Querschnitt „diffus" erscheinende) Parenchymzellen oder, wenn mehrere benachbarte Cambiumzellen gleichzeitig dasselbe Stadium durcheilen, einschichtige *Parenchym*-„Bändchen" (richtiger -Lagen) — im Spätholz oft in rhythmischem Wechsel mit Fasern — entstehen. Das Cambium kann aber auch längere Zeit Parenchym bilden, wodurch je nach der tangentialen Erstreckung mehrschichtige Parenchym-„Bänder" (-Platten) oder auch *Parenchym-„Augen"* entstehen (Abb. 82).

Das Holzparenchym der Laubhölzer ist mit wenigen Ausnahmen viel stärker entwickelt als das der Nadelhölzer und kann bis zur Hälfte des Volumens einnehmen (bei Nadelhölzern nur wenige Prozent).

Die einzelne Strangparenchymzelle ist infolge der Querteilung der Mutterzelle kürzer als die übrigen Abkömmlinge des fusiformen Cambiums, aber doch meist mehrmals länger als breit. Nur „Kristallschläuche" sind oft sehr kurzzellig unterteilt. In der Gattung *Fraxinus* ist *F. excelsior* durch fast quadratische Strangparenchymzellen von *F. ornus* mit längeren, weniger unterteilten Zellen unterschieden (HUBER und ROUSCHAL). Der tangentiale Durchmesser der Holzparenchymzellen pflegt besonders im Spätholz größer zu sein als der radiale; als gegenteiliges Kuriosum beobachtet man bei der Tiliaceengattung *Apeiba* eine starke radiale Streckung der Parenchymlagen.

Die die Tochterzellen trennenden Querwände pflegen stark getüpfelt zu sein, ebenso die Längswände zwischen benachbarten Parenchymzellen. Der Inhalt besteht neben Plasma und Kern wenigstens zu gewissen Zeiten

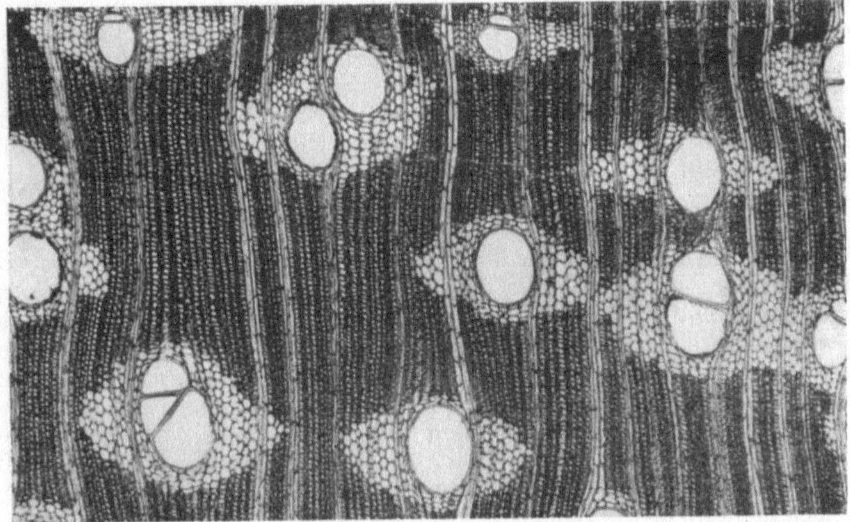

Abb. 82. Um die Gefäße gehäuftes (paratracheales, vasizentrisches) Parenchym auf dem Holzquerschnitt der Leguminose *Afzelia africana*. 40:1. (Nach HUBER)

aus Stärke. In manchen gefäßnahen „Begleitzellen" (RESCH) ist Phosphatase nachgewiesen (ZIEGLER), womit sich eine Unterscheidung des Strangparenchyms anbahnt.

b) Die Anordnung der Elemente

Nachdem wir uns mit den verschiedenen Elementen des Holzkörpers vertraut gemacht haben, wollen wir uns nun den unverkennbaren Gesetzmäßigkeiten ihrer Anordnung zuwenden und dabei die Probleme erörtern, welche uns diese Beobachtungstatsachen zur Lösung aufgeben.

Früh erkannt und funktionell durchaus verständlich ist die Tatsache, daß *die Leitungssysteme in sich einen geschlossenen Zusammenhang* aufweisen: Dieses *Kontinuitätsprinzip* gilt ebenso für die Gefäßbahnen, welche von den Wurzeln bis in die feinsten Blattnerven durchlaufen, wie für die den sonst toten Holzkörper durchsetzenden Parenchymsysteme der Markstrahlen und des Strangparenchyms, welche Abzweigungen der Hauptbahnen des Assimilatstromes, des Phloems der Leitbündel bzw. der Rinde darstellen. Wenn die Holzanatomen auf Grund von Querschnittsbildern gewisse Parenchymverteilungen als „diffus" = verstreut bezeichnen, so beruht das auf unzulänglicher Interpretation einer Schnittebene; in Wirklichkeit schließen auch solche scheinbar verstreute Parenchymstränge höher oder tiefer an einen Markstrahl und über diesen an die Siebröhren an.

Das Postulat einer Kontinuität der Leitungssysteme ist so zwingend, daß man umgekehrt, wo es anatomisch nicht erfüllt zu sein scheint, auf eine leitende Funktion der Zwischengewebe schließen kann: Wenn das Strangparenchym nur über die Markstrahlen an die Siebröhren der Rinde anschließt, so kann ersteres seine organischen Stoffe nur über diese einzige lebende Brücke erhalten haben, ebenso wie ein Ganzschmarotzer, z.B. *Cuscuta*, seine organischen Stoffe aus den Siebröhren der Wirtspflanze über das Haustorium bezieht, das demnach zur Assimilatleitung befähigt sein muß, eine Ansicht, die ja auch durch die Fluorescein- und Viruswanderung auf demselben Wege bestätigt wird. Ganz Entsprechendes gilt auch für die Gefäßbahnen: Wenn organeigene Tracheen etwa der Blätter nur über ein tracheidales Staubecken an die Tracheen des Stengels anschließen oder bei Dioscoreaceen Tracheen- und Siebröhrenzüge auf die Internodien beschränkt bleiben und im Knoten durch Staubecken von Tracheiden und Siebzellen unterbrochen sind, so müssen diese den betreffenden Leitungssystemen zugerechnet werden; damit ist natürlich nicht gesagt, daß hier die Leitung nicht mit ganz anderen Geschwindigkeiten und unter Umständen auch nach einer anderen Mechanik erfolgt (allfällige Schleusenfunktion).

So biologisch einleuchtend demnach auch das Kontinuitätsprinzip der Leitbahnen sein mag, so stellt es doch zugleich ein *entwicklungsphysiologisches Problem* dar, das wir kaum anders als durch die — freilich nur den Tatbestand umschreibende — Annahme lösen können, *daß die Differenzierung der Leitbahnen durch die vorhandenen Bahnen induziert sein muß und sich nach Art einer Infektion auf die noch in Differenzierung begriffenen Zellen fortpflanzt*, wie das JOST schon 1893 aussprach. Zahlreiche neuere Untersuchungen haben diese Ansicht bestätigt und verfeinert: Die Differenzierung des Phloems schreitet normalerweise nur apikal von vorhandenen Phloemelementen in die Knospen fort. Die erste Entstehung von Xylemelementen kann dagegen isoliert, etwa in einem Blatthöcker nahe am Vegetationspunkt erfolgen; die weiteren Bahnen schließen aber dann an dieses „Kristallisationszentrum" an und setzen sich fort, bis sie Anschluß an eine bereits vorhandene Bahn in der Achse gewinnen.

BRAUN hat neuerdings den Verlauf der Gefäße auf Schnittserien genauer und über größere Strecken als bisher verfolgt. Dabei zeigte sich, daß sich auf dem einzelnen Querschnitt getrennt erscheinende Gefäße in ihrem Verlauf sowohl tangential wie radial Nachbargefäßen nähern, mit ihnen verschmelzen und sich dann wieder trennen, also räumliche Netze bilden können. Die Dichte der tangentialen Vernetzung hängt dabei von der Höhe der trennenden Markstrahlen ab. Die radialen Anschlüsse können sogar Jahrringgrenzen überschreiten und die Frühholzgefäße an Spätholzgefäße des Vorjahres anschließen. Ein solches Netz von Leitungsbahnen ist naturgemäß gegen örtliche Störungen besser gefeit als getrennte Einzelbahnen (vgl. auch die Ausführungen über Blattnervatur S. 164f'.).

Nur noch zum kleinsten Teil ökologisch verständlich, aber um so reicher an entwicklungsphysiologischer Problematik ist die Anordnung der Elemente auf dem Laubholz*querschnitt*. Wir können hier, nicht immer gleich leicht, die radialen Abkömmlinge jeder einzelnen Cambiumzelle und damit die Arbeitsrhythmik des Cambiums selbst verfolgen.

Unserem Verständnis am leichtesten zugänglich scheinen mir dabei rein radiale Folgen desselben Elementes, wie sie besonders die Tracheen vielfach zeigen (GREGUSS nennt solche radiale Gefäßfolgen „*Porenstrahlen*"). Wir können in diesem Falle sagen, daß eine Gefäße gebärende Cambialzelle für einige Zeit in diesem Zustand verweilt. In der Regel können wir dann zugleich feststellen, daß dafür benachbarte Cambiumzellen Fasern bilden, was vielleicht dem Bünningschen Musterprinzip entspricht (bei der selteneren Gefäßbildung in *Nestern* bilden mehrere Cambiumzellen nebeneinander gleichzeitig Gefäße, eine Tendenz, die im Frühholz verstärkt beobachtet und uns gleich noch beschäftigen wird).

Bei manchen Hölzern schließt aber gerade umgekehrt die Bildung eines Gefäßes die sofortige Bildung eines zweiten aus, so daß alle Gefäße voneinander getrennt auftreten (verbreitet bei Rosaceen, z. B. *Cotoneaster*; Merkmal Nr. 1 der Lochsortierkartei von Princes Risborough). Es ist, als wenn die Gefäßbildung die betreffende Cambiumzelle irgendwie erschöpft hätte und sie sich vor neuer Gefäßbildung erst einmal erholen müßte. Auch im Porenstrahl kann man vielfach ein solches Erlahmen der Gefäßbildungsfähigkeit an den abnehmenden

Abb. 83. Staffelförmige Anordnung der Gefäße auf dem Holzquerschnitt von *Rhamnus cathartica*. (Nach HUBER und ROUSCHAL)

Maßen erkennen. Mitunter bleiben aber trotzdem bestimmte Cambiumzellen zur Gefäßbildung bevorzugt befähigt, d. h., auch nach zeitweiliger Unterbrechung treten weitere Gefäße wiederum auf denselben Radien auf, wodurch die — nicht immer ganz strenge — radiale Gefäßanordnung im Spätholz der Eichen und Edelkastanien zustande kommt. Das extremste Beispiel dieser Art sind die Hölzer mit „falschen Markstrahlen", bei denen ganze Bezirke fast ausschließlich Holzfasern (nur ausnahmsweise im Frühholz einzelne Gefäße) bilden, während die Gefäßbildung anderen Streifen vorbehalten bleibt[1].

---

[1] Diese Korrelationen setzen sich nach HOLDHEIDE auch in der Rinde fort: Vielfach liegen vor den gefäßbildenden Radien in der Rinde keine Bastfasern, während umgekehrt den Bastfasergruppen der Rinde gefäßfreie Abschnitte des Holzes entsprechen *(Ostrya)*. Es sieht so aus, als ob das Cambium bestimmte für die Differenzierung erforderliche Stoffe nicht gleichzeitig nach beiden Seiten werfen könnte.

Aber auch das genaue Gegenteil kommt vor: Bei den Hölzern mit sog. „staffelförmiger" Gefäßanordnung schreitet die Gefäßbildung wie eine Infektion in schrägen Bahnen fort, d. h. nachdem eine Cambiumzelle ein Gefäß gebildet hat, wird sie darin — meist einseitig — von einer Nachbar-

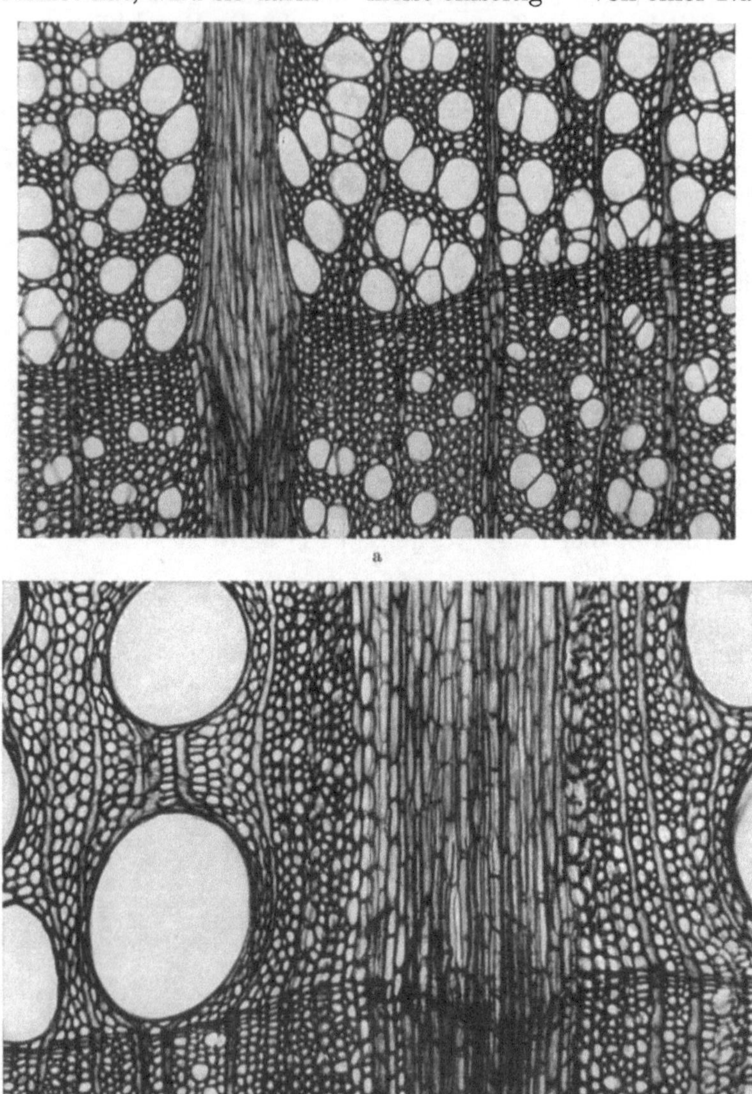

Abb. 84 a u. b.   Querschnittsansicht eines zerstreutporigen *(Fagus silvatica,* a*)* und eines ringporigen Laubholzes *(Quercus robur,* b*)* bei gleicher Vergrößerung (100:1). (Nach HUBER)

zelle abgelöst, bei der sich dasselbe Spiel wiederholt. Die zahlreichen Beispiele von Gefäß- und Parenchymgirlanden müssen ähnlichen Tendenzen ihre Entstehung verdanken. Hier muß ein gefäßbildender Reiz nicht nur in der Längs-, sondern auch in der Querrichtung weitergeleitet werden (Abb. 83).

Zu solchen mehr endonomen Bildungsgesetzen gesellen sich die viel öfter beschriebenen aitionomen, namentlich die jahreszeitlichen Wandlungen vom Früh- zum Spätholz: Beim Erwachen aus der Vegetationsruhe ist bekanntlich die Neigung zur Gefäßbildung auffällig verstärkt. Es kann vorkommen, daß an der Ringgrenze erst einmal alle Cambiumzellen (die Markstrahlen natürlich ausgenommen) Gefäße bilden (Pappeln und Weiden). Bei den „*ringporigen*" Hölzern sind diese Frühholzporen auch viel weiter als die später gebildeten (Abb. 84). Das ist nicht nur für den stoßartig ansteigenden Wasserbedarf der frisch begrünten Krone dienlich[1], sondern offenbar auch entwicklungsmechanisch durch die hohe Wassersättigung, welche das Cambium während dieser „Saftzeit" aufweist, begünstigt. Mit dem Fortschreiten der Vegetation, abnehmender Wassersättigung, aber steigenden Zufuhren an Assimilaten wird dann die Bildung englumigerer und dickwandigerer Elemente, insbesondere der Holzfasern begünstigt. Daß gegen Ende der Vegetationsperiode auch der Parenchymanteil steigt — vielfach treten einheitliche tangentiale Bänder oder räumlich richtiger Platten von Strangparenchym auf — ist für die Aufnahme von Reservestoffen vor dem Laubfall sicher zweckmäßig, aber entwicklungsmechanisch über das rein Deskriptive hinaus noch nicht verständlich. Im übrigen begegnet uns gerade im Spätholz vielfach ein rhythmischer Strukturwandel, dessen Probleme wir erst bei Betrachtung der Rindenanatomie erörtern wollen, wo solche rhythmische Bänderungen eine viel größere Verbreitung haben.

Zu den entwicklungsphysiologischen Problemen des Dickenwachstums gehört schließlich nicht zuletzt, wie die cambiale Teilungstätigkeit über den Umfang hinweg so aufeinander abgestimmt wird, daß ein einigermaßen harmonisches Ganzes entsteht. Gewiß kennen wir die Erscheinung der Geotrophie, wonach in waagerechten Ästen bei Nadelhölzern die Unterseite als Druckholz, bei Laubhölzern die Oberseite als Zugholz gefördert erscheint. Im senkrechten Stamm finden wir analoge Unterschiede (Rotholzbildung) unter dem Einfluß von Winddruck. Auch Nord- und Südseite, Wetterseite u. dgl. können unter dem Einfluß ungleicher Erwärmung, stärkerer Beregnung usw. in Holz und Rinde so unterschiedlich ausgebildet sein, daß KOSSOWICH anhand solcher Merkmale sogar frühere Polwanderungen feststellen zu können hoffte (Literatur bei LIESE u. DADSWELL). Aber im großen und ganzen sind wir doch gewohnt, besonders benachbarte Cambiumzellen so weit im Gleichschritt arbeiten zu sehen, daß der Holzkörper eine ziemlich glatte Oberfläche darbietet. Eine auffällige Ausnahme davon machen nur vielfach die breiteren Markstrahlen, welche im Wachstum hinter dem übrigen Jahresring deutlich zurückbleiben, so daß an dieser Stelle die Rinde in den Holzkörper vorspringt und kammartig haftet. Auf einer Verstärkung dieser Erscheinung beruht die Spannrückigkeit, der wellige Stammumriß der Hainbuche *(Carpinus betulus)* sowie der sog. „*Haselwuchs*" (ZIEGLER u. MERZ). Ganz analoge Unterschiede im Wachstum von Faszikeln und Markstrahlen beobachtet man auch in der Rinde.

3. Nachträgliche Veränderungen des Holzes (Verkernung)

Bei vielen Nadel- und Laubhölzern erfahren die älteren Jahrringe eine für das freie Auge sehr auffällige Farbänderung, welche als Verkernung bezeichnet wird. Das Nadelholz zeigt dabei im Lichtmikroskop kaum eine Veränderung. Nur der physiologische Versuch ergibt eine starke Abnahme

---

[1] Bei ringporigen Gehölzen vollzieht sich auch die Trieb*streckung* viel rascher als bei zerstreutporigen (WAREING).

der Wegsamkeit für wäßrige Lösungen (auch künstliche Schutztränkung), was auf eine Verstopfung des intermicellaren Porensystems durch zusätzliche Inkrusten deutet. Ungefähr gleichzeitig erlischt die Plasmolysierbarkeit der Markstrahlen und Strangparenchymzellen, ihre Kerne degenerieren (FREY-WYSSLING u. BOSSHARD), so daß die Verkernung als letzte Lebensäußerung dieser Elemente gelten kann. Ein Teil der dabei auftretenden „Kernstoffe" ist von den Biochemikern extrahiert und analysiert worden. Sie erweisen sich z. T. als hervorragend fungicid, weshalb die Verkernung als natürliche Schutztränkung des durch Luftembolie aus der Wasserleitung ausgeschiedenen und nun auch in seinem parenchymatischen Teil toten Holzes gelten kann. Daß dieser Schutz nicht absolut ist, sondern von Kernspezialisten wie *Trametes pini* und *radiciperda* bei Nadel-, den Fomes-Arten u. a. bei Laubhölzern überwunden werden kann, lehren die hohlen Bäume und die Tatsache, daß sich Holzreste auf die Dauer nur unter Wasser (Luftabschluß) halten. Die angegebenen physiologischen Veränderungen zeigen auch solche Hölzer, welche keinen, dem freien Auge erkennbaren „Farbkern", sondern nur ein trockeneres „Reifholz" besitzen wie Fichte. Vom physiologischen Standpunkt aus können wir daher allen genügend langlebigen Hölzern einen Kern zuschreiben.

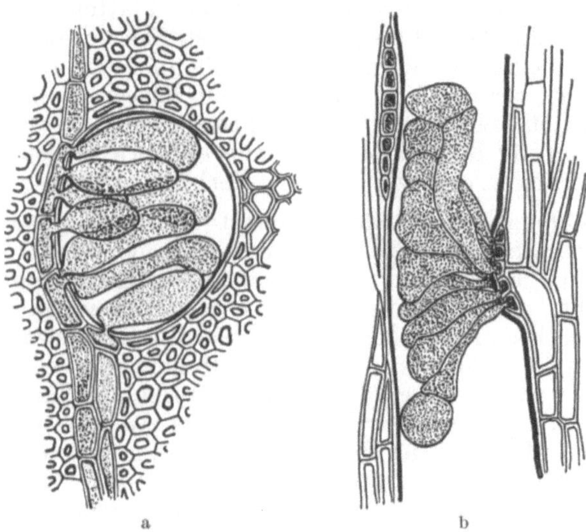

Abb. 85a u. b. Auswachsen von Thyllen aus dem Markstrahl von *Hopea ferruginea (Dipterocarpaceae)* im Quer- (a) und Tangentialschnitt (b). (Nach CHATTAWAY)

Bei den tracheenführenden Laubhölzern können die bereits geschilderten Merkmale der Verkernung von einer auch anatomisch auffälligen Veränderung begleitet sein, der *Bildung von Füllzellen oder Thyllen* (Abb. 85): Sobald sich die Gefäße durch Überwindung des Kohäsionszuges mit „Luft" statt Wasser füllen (infolge der Stammatmung handelt es sich um ein an Kohlensäure stark angereichertes, an Sauerstoff verarmtes Gasgemisch), setzen eigentümlicherweise die Markstrahl- und Strangparenchymzellen (?) zu erneutem Streckungswachstum an und dringen — die Tüpfelschließhäute angeblich nur dehnend, nicht zerreißend — in die Tracheen ein, bis sie diese völlig verschließen. Bei größeren Gefäßen kommen dabei die Füllzellen meist von allen Seiten, so daß ihre Wände mitten im Gefäßlumen aufeinanderstoßen. Bei engeren Gefäßen füllen aber die Füllzellen in einfacher Längsreihe die Tracheen. Bei vielen, besonders engporigen Laubhölzern wird Thyllenbildung überhaupt nicht beobachtet.

Die Wände der Thyllen sind in der Mehrzahl der Fälle dünnwandig, bisweilen getüpfelt, seltener werden sie nachträglich noch stark verdickt (Steinthyllen); auch zur Ablagerung von Ca-Oxalatkristallen können sie herangezogen werden.

Literatur

BAILEY, J. W., and B. G. L. SWAMY: Amborella trichopoda Baill. A new type of vesselless dicotyledon. J. Arnold Arboret. **29**, 215 u. 245—254 (1948).
— — Sarcandra, a vesselless genus of the Chloranthaceae. J. Arnold Arboret. **31**, 117—129 (1950).
BRAUN, H. J.: Die Vernetzung der Gefäße bei Populus. Z. Bot. **47**, 421—434 (1959).
CAMERON, J. F., P. F. BERRY and E. W. J. PHILLIPS: The determination of wood density using beta rays. Holzforschung **13**, 78—84 (1959).
CHATTAWAY, M. M.: The development of tyloses and secretion of gum in heartwood formation. Aust. J. Sci. Res., Ser. B, Biol. Sci. **2**, 227—240 (1949).
— The sapwood-heartwood transition. Aust. Forestry **16**, 25—34 (1952).
Forest products research laboratory, Princes Risborough. Project 9: Study and description of the structure and general properties of timber. Progress report 4, part 2: Catalogue of features for use in the construction of a key to the identification of hardwood timbers. Princes Risborough 1939.
Forest products research laboratory, Princes Risborough: Identification of hardwoods. A lens key. Forest Products Research Bull. No 25, London 1952.
FREY-WYSSLING, A., and H. H. BOSSHARD: Cytology of the ray cells in sapwood and heartwood. Holzforschung **13**, 129—137 (1959).
GLOCK, W. S., R. A. STUDHALTER and S. R. AGERTER: Classification and multiplicity of growth layers in the branches of trees at the extreme lower forest border. Smithson. Misc. Coll. **140**, No 1 (1960).
GREGUSS, P.: Xylotomische Bestimmung der heute lebenden Gymnospermen. Budapest 1955.
— Holzanatomie der europäischen Laubhölzer und Sträucher. Budapest 1959.
HUBER, B.: Mikroskopische Untersuchung von Hölzern. In Handbuch der Mikroskopie in der Technik, Bd. V/1, S. 79—192. 1951.
— Die Gefäßleitung. In Handbuch der Pflanzenphysiologie, Bd. 3, S. 541—582. 1956.
— Die Saftströme der Pflanzen, Bd. 58. „Verständliche Wissenschaft". Berlin-Göttingen-Heidelberg 1956.
—, u. C. ROUSCHAL: Mikrophotographischer Atlas mediterraner Hölzer. Berlin-Grunewald 1954.
JACQUIOT, C.: Atlas d'anatomie des bois des conifères (1 Text- und 1 Atlasband). Paris 1955.
JOST, L.: zit. S. 76.
KISSER, J., u. A. STEININGER: Die mikroskopischen Grundlagen des Schwefelsäure-Korrosionsverfahrens zur Bestimmung der Früh- und Spätholzanteile von Nadelhölzern. Mikroskopie **8**, 313—319 (1953).
KOSSOWICH, N. L.: Über die Unterschiede in der anatomischen Struktur der Nord- und Südseiten in Koniferenstämmen. Bot. Z. **20**, 455—470 (1935).
LEMESLE, R., et Y. PICHARD: Les caractères histologiques du bois des Monimiacées. Difficultés d'application à la phylogénie. Rev. gén. Bot. **61**, 69—95 (1954).
LIESE, W., u. H. E. DADSWELL: Über den Einfluß der Himmelsrichtung auf die Länge von Holzfasern und Tracheiden. Holz als Roh- u. Werkstoff **17**, 421—427 (1959).
MÄGDEFRAU, K.: Botanik. Heidelberg 1951.
—, u. A. WUTZ: Leichthölzer und Tonnenstämme in Schwarzwassergebieten und Dornbuschwäldern des tropischen Südamerika. Forstw. Cbl. **80**, 17—28 (1961).
MARIAN, J. E., u. D. A. STUMBO: Ein neues Verfahren der Jahrringanalyse und der Rohdichtebestimmung durch Messung des Oberflächengefüges. Holz als Roh- u. Werkstoff **18**, 287—296 (1960).
MAYER-WEGELIN, H.: Der Härtetaster. Ein neues Gerät zur Untersuchung von Jahrringbau und Holzgefüge. Allg. Forst- u. Jagdztg **122**, 12—23 (1950).
MÜLLER-STOLL, W. R.: Photometrische Holzstruktur-Untersuchungen. I. Mitt. Über die Ermittlung von Jahrringaufbau und Spätholzanteil auf photometrischem Wege. Planta (Berl.) **35**, 397—426 (1947).
PECHMANN, H. v.: Untersuchungen über Gebirgsfichtenholz. Forstw. Cbl. **73**, 65—91 (1954).
PHILLIPS, E. W. J.: Identification of softwoods by their microscopic structure. Forest Products Research Bull. No 22, London 1948.
RESCH, A.: Beiträge zur Cytologie des Xylems. Planta (Berl. **45**, 307—324 (1955).
TRENDELENBURG, R.: Das Holz als Rohstoff, 2. Aufl., neubearb. v. H. MAYER-WEGELIN. München 1955.
WAREING, P. F.: Growth studies in woody species. IV. The initiation of cambial activity in ringporous species. Physiol. Plantarum (Cph.) **4**, 546—562 (1951).
WIESNER, J. v.: Die Rohstoffe des Pflanzenreichs, 4. Aufl. Leipzig 1928. Die Hölzer sind darin von W. v. BREHMER, S. 1123—1646, bearbeitet.

ZIEGLER, H.: Über die Lokalisierung der saueren Phosphatase im Holz des Spitzahorns *(Acer platanoides L.)*. Naturwissenschaften **42**, 260 (1955).
—, u. W. MERZ: Der „Hasel"wuchs. Über Beziehungen zwischen unregelmäßigem Dickenwachstum und Markstrahlverteilung. Holz als Roh- und Werkstoff **19**, 1—8 (1961).

III. Die sekundäre Rinde

1. Ursprünglicher Bau der Gymnospermenrinde

a) Elemente

So wie der Holzkörper im einfachsten Falle aus einer einzigen Zellsorte, den Tracheiden, aufgebaut ist, welche gleichzeitig die Aufgabe der Wasserleitung wie der Festigung erfüllen, so dürfte auch der Rindenzuwachs ursprünglich aus einer einzigen Zellsorte bestanden haben, welche neben der Aufgabe der Assimilatleitung auch die einer mindestens vorübergehenden Speicherung übernehmen konnte.

Da aber die Entwicklung eines assimilatleitenden Gewebesystems mit der Vergrößerung der Dimensionen bereits bei den Tangen des Meeres und nicht wie die des Wasserleitungssystems erst beim Übergang zum Landleben einsetzte, das Phloem vor dem Xylem somit zunächst einen stammesgeschichtlichen Vorsprung von wohl mindestens 100 Millionen Jahren voraus hat, nimmt es nicht wunder, daß wir bereits bei den Pteridophyten die sekundäre Rinde in der Regel aus zweierlei Elementen, den leitenden Siebzellen und den speichernden Parenchymzellen aufgebaut finden (Abb. 86a). Ihnen gesellen sich dann wie im Holzkörper noch die Strahlen (in diesem Fall zum Unterschied vom Holz- oder Xylemstrahl als Rinden- oder Phloemstrahl zu bezeichnen); mit diesen wollen wir uns aber im Zusammenhang erst in Abschnitt IV beschäftigen.

Die *Siebzellen*[1] entsprechen in ihrer gestreckten Form völlig den Cambiumzellen, aus denen sie hervorgegangen sind, und weisen ihnen gegenüber neben leichter Streckung nur eine gewisse radiale Erweiterung des Lumens auf, wobei die entstehende, einen wasserklaren Inhalt führende Vacuole das Plasma als zarten Belag an die Wand drängt. Die primären Tüpfelfelder des Cambiums entwickeln sich an genau denselben Stellen, wo die Tracheiden ihre Hoftüpfel ausbilden, nämlich den radialen Längs- und besonders den geneigten Querwänden gegen die unten und oben anschließenden Elemente, zu den sog. „*Siebtüpfeln*". Diese sind von einigen zehntel Mikron starken Plasmasträngen durchsetzt, welche zu 1—5 in besonderen Siebfelderchen enger zusammengefaßt erscheinen (Abb. 86b). Dadurch, daß die Umrahmung des gesamten Siebtüpfels mehr verstärkt wird als die Leisten zwischen den einzelnen Feldern, kann so etwas wie der Anfang einer Behöftung zustande kommen, während beim Torus der Hoftüpfel homologe Bildungen noch nicht beobachtet wurden. Von den toten Tracheiden sind die lebenden Siebzellen auch durch die fehlende Verholzung und die Auskleidung der Siebporen mit der rätselhaften, mit Anilinblau stark elektiv färbbaren Wandsubstanz der *Callose*[2] ausgezeichnet, welche bereits den Siebröhren der Braunalgen eignet.

---

[1] THEODOR HARTIG hatte 1837 diese von ihm entdeckten Elemente Sieb*fasern* geheißen; wegen der Verwechslungsmöglichkeit mit den festigenden Bastfasern hat sich aber in den letzten Jahren die Bezeichnung Sieb*zellen* eingebürgert. Darüber, daß diese Einzelzellen von den echten Siebröhren der Angiospermen ebenso unterschieden werden müssen wie die Tracheiden von den Tracheen, sind sich alle neueren Autoren einig.

[2] Unsere neuerdings stark erweiterten Kenntnisse über die Callose haben ESCHRICH (1957) und FREY-WYSSLING (1959) zusammengefaßt [vgl. auch Fortschr. Bot. **21**, 240 (1958)].

Das *Rindenparenchym* unterscheidet sich von den leitenden Siebzellen vor allem dadurch, daß sich bei seiner Bildung die mütterliche Cambiumzelle durch eine ganze Anzahl von Querwänden unterteilt, wodurch ein mehrzelliger Zellfaden oder -strang entsteht. Da, wie wir im einzelnen noch hören werden, benachbarte Cambiumzellen häufig gleichzeitig zur Parenchymbildung schreiten, bilden die Rindenparenchyme vielfach zusammenhängende Gewebeplatten (Abb. 86 und 87), welche nur an den Rindenstrahlen von Intercellularen durchsetzt werden. An ihrer Stelle können auch *Kristallschläuche* auftreten.

Als drittes Element kommen bereits bei den Gymnospermen und Farnen Bast*fasern* vor, welche in der Gestalt den Cambiumzellen und Siebzellen

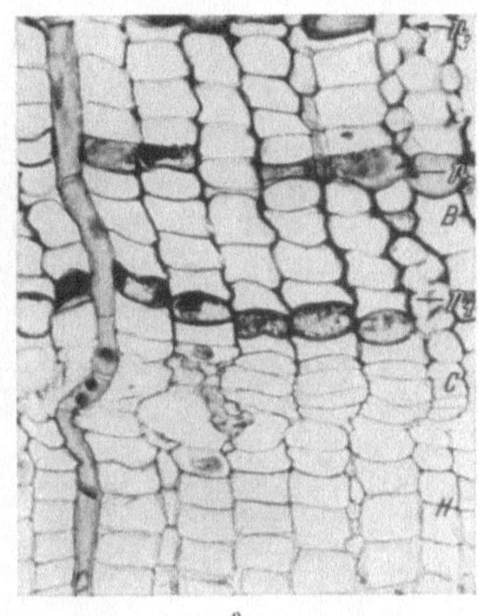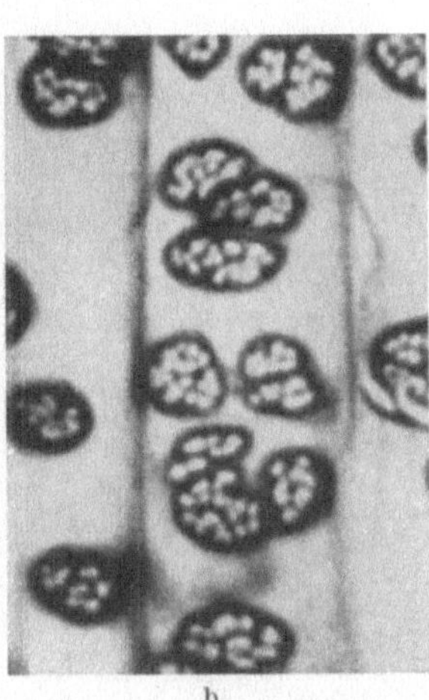

a   b

Abb. 86 a Querschnitt durch Holz (*H*), Cambium (*C*) und Bast (*B*) der Tanne, die Homologie der Holz- und Rindenzuwächse zeigend. Die Grundmasse besteht aus Siebzellen, wird aber jährlich einmal durch eine Lage von Parenchymzellen (p_1, p_2, p_3) unterbrochen. Beachte die verdickte Radialwand der Siebzellen, den Sitz der Siebtüpfel. 200:1. b Siebtüpfel auf dem Radialschnitt des Lärchenbastes. 800:1. (Nach HUBER 1939)

gleichen, sich aber durch starke, mitunter geschichtete Wandverdickungen als Festigungselemente ausweisen.

b) Anordnung

Unserer Vorstellung von einem primitiven Rindenbau scheinen am besten jene Rinden zu entsprechen, welche ganz vorwiegend aus Siebzellen aufgebaut sind, wie die der Abietaceen unter den Nadelhölzern. Die Wirklichkeit lehrt uns aber, daß neben, ja vielleicht schon vor diesem Typus bei Taxaceen, Taxodiaceen und Cupressaceen ein Rindenbau verbreitet war, bei welchem das Cambium in eigentümlich starren *endonomen Rhythmus* jeweils abwechselnd eine Lage Bast- oder Kristallfasern, eine Lage Siebzellen, eine Lage Parenchym und nochmals eine Lage Siebzellen und dann wieder von vorne Fasern, Siebzellen, Parenchym, Siebzellen usf. bildet (Abb. 87a). Es besteht demnach jede zweite Lage aus Siebzellen, während dazwischen Faser- und Parenchymlagen abwechseln.

Wir stehen nun vor der Frage, ob dieser endonom gebänderte aus dem Abietaceen-Typus hervorgegangen ist oder umgekehrt, oder ob beide auf eine gemeinsame Urform zurückgehen. Beobachtungen, daß bei Cupressaceen das erste Siebzellband zwei bis drei Zellagen umfassen kann, ehe der gewohnte Viertakt einsetzt, läßt eine Ableitung des Abietaceentyps vom Cupressaceentyp eher möglich erscheinen als umgekehrt, was aber das logische Postulat nicht ausschließt, daß der zweifellos sehr alte Viertaktrhythmus seinerseits früher einmal aus einem gleichmäßig unrhythmisch arbeitenden Cambium entstanden ist.

Stammesgeschichtlich sicher erst verhältnismäßig jung ist die *jahreszeitliche Differenzierung* der Gymnospermenrinden: Sie gibt sich beim autonom gebänderten Typ, wie HOLDHEIDE entdeckte, darin kund, daß die Breite der Bastfaserbänder im Laufe des Jahres abnimmt; bei Cupressaceen können am Ende der Vegetationsperiode Ölzellen entstehen; vielfach ist dann auch die letzte Viererperiode nicht mehr vollständig ausgebildet.

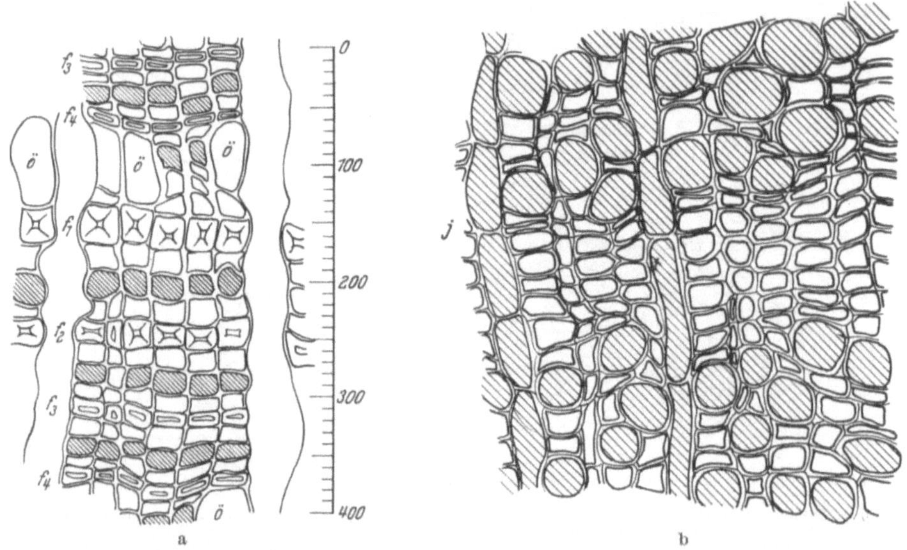

Abb. 87 a u. b. Schemata der Anordnung der Zellelemente: a auf dem Bastquerschnitt einer Cupressaceae *(Chamaecyparis Lawsoniana)* und b einer Abietaceae *(Larix decidua)*. Bei ersterer fällt der endonome Viertakt von Fasern (*f*), Siebzellen (leergezeichnet) und Parenchymzellen (schraffiert) auf. Der jahreszeitliche Rhythmus äußert sich in abnehmender Breite der Fasern (f_1, f_2, f_3, f_4). Am Ende des Jahrrings treten Ölzellen (*Ö*) auf. Bei der Lärche wechselt ein Frühbast von Siebzellen mit einem parenchymreichen Spätbast (Parenchym und Markstrahlen schraffiert; *j* Jahrringgrenze). (Nach HUBER 1949)

Bei den Abietaceen, als deren Vertreter wir Fichte *(Picea abies)* in den Vordergrund stellen wollen, ist zunächst eine Jahrringgrenze kaum zu bemerken. Das Parenchymzellband entsteht — wenn überhaupt — mitten im Sommer in der Zeit zwischen 20. Juni und 10. Juli. Erst bei genauem Zusehen entdeckte ich 1939, daß sich die Unterbrechung der Vegetationsperiode durch eine bis zwei Lagen von Siebzellen abzeichnet, welche sich niemals entfalten. Die geringe Markierung der Winterruhe, die stärkere durch das sommerliche Parenchymband (welches bei wüchsigen Exemplaren ein genaues Abzählen des Rindenalters ermöglicht, während bei minderwüchsigen nur Mindestzahlen erhalten werden, weil die Bildung des Parenchymzellbandes auch ganz ausfallen kann) glaube ich als Nachklang eines mediterranen Vegetationsrhythmus deuten zu dürfen.

Den klarsten Jahrringbau der Rinde weist unter den Nadelhölzern die sommergrüne Lärche auf (Abb. 87b): Während der *Frühbast*, von dem wir mit HOLDHEIDE (1944) ganz analog dem Frühholz reden können, ausschließlich aus Siebzellen besteht, wechseln im *Spätbast* Siebzellen und Parenchym wiederholt, manchmal sogar in strenger Alternanz miteinander ab. Da ein strenger Wechsel von Siebzellen und Parenchym auch in der weiteren Verwandtschaft der Polycarpicae, z. B. beim Apfel, neben Beispielen für Viertakt (*Ribes* nach Holdheide 1951) vorkommt, ist mit der Möglichkeit zu rechnen, daß die endonom gebänderte Rinde neben dem Viertakt der bastführenden Rinden vielleicht schon ursprünglich den Zweitakt faserfreier Rinden umfaßte.

2. Ursprünglicher Bau der Angiospermenrinde
a) Elemente
α) Siebröhren

Wie der Formenkreis der homoxylen Polycarpicae noch reine Tracheidenhölzer aufweist, so kennen wir auch Angiospermen, deren Bast noch dieses oder jenes der primitiven Gymnospermenmerkmale beibehalten hat: den Besitz allseits gleichmäßig getüpfelter Siebzellen anstelle echter Siebröhren, völliges Fehlen oder unregelmäßigen Besitz von Geleitzellen *(Austrobaileya)*, rhythmische Bänderung des Bastes mit strengem Wechsel von Siebröhren und Parenchym (Zweitakt, z. B. *Malus*) bzw. Fasern, Siebröhren und Parenchym (Viertakt, z. B. *Ribes*). Eine Untersuchung der Verbreitung dieser primitiven Bastmerkmale erfolgte durch Esau und Cheadle, Huber u. Graf sowie Evert.

Für das Gros der Angiospermen ist aber der *Besitz echter Siebröhren mit Geleitzellen* ebenso kennzeichnend wie der der Tracheen im Holz. Wir stellen daher die Betrachtung dieses wichtigsten Elementes in den Vordergrund.

Kennzeichnend für die Siebröhre gegenüber der Siebzelle ist die Arbeitsteilung in der Siebtüpfelung: *Während sich die Perforation der Trennungswände der übereinanderliegenden Siebröhren-Glieder* (wie die Einzelzellen genannt werden) *immer mehr vergröbert, erscheint die Siebung der Längswände immer feiner* (Abb. 88 und 89). Eingehende Untersuchungen von Esau u. Cheadle haben aber meinen Eindruck einer divergierenden Entwicklung der Porengrößen nicht bestätigt: Die Siebung der Längswände zeigt bei Siebzellen, leiterförmig und einfach perforierten Siebröhren, eine gleichbleibende Weite von durchschnittlich 0,5 μ. Die bevorzugt perforierte Querwand heißen wir *Siebplatte*, während wir auf den Längswänden am besten weiterhin von Siebtüpfeln sprechen (die üblichere Bezeichnung Siebfelder ist deswegen nicht ganz glücklich, weil auch die gleich zu besprechenden Untereinheiten der Siebplatten als Siebfelder bezeichnet werden).

Die Siebplatten sind ähnlich wie die Gefäßdurchbrechungen zunächst noch ebenso stark geneigt wie die entsprechenden Wände der Siebzellen und Tracheiden. Wie es in diesem Fall bei den Gefäßen zu leiterförmiger Durchbrechung kommt, so zeigen auch primitive Siebröhren eine mehr oder weniger große Zahl von *Siebfeldern in leiterförmiger Anordnung* (Abb. 88). Die ziemlich dickwandigen Leitersprossen stellen dabei gröbere Unterbrechungen der im übrigen sehr feinmaschigen Siebfelder dar. Die Poren haben in diesem Fall meist eine Weite von etwa 1—3 μ (in den weiten Siebröhren des Frühbastes weiter als im Spätbast), während die Siebfelder der Längswände nach elektronenmikroskopischen Aufnahmen nur noch Plasmodesmen von wenigen Zehntel Mikron Weite, also an der Grenze der lichtmikroskopischen Sichtbarkeit besitzen (die lichtmikroskopisch „leeren" Felder von *Ulmus, Robinia* u. dgl. zeigen, wie zu vermuten, im Elektronenmikroskop eine etwa 0,1 μ weite Siebung).

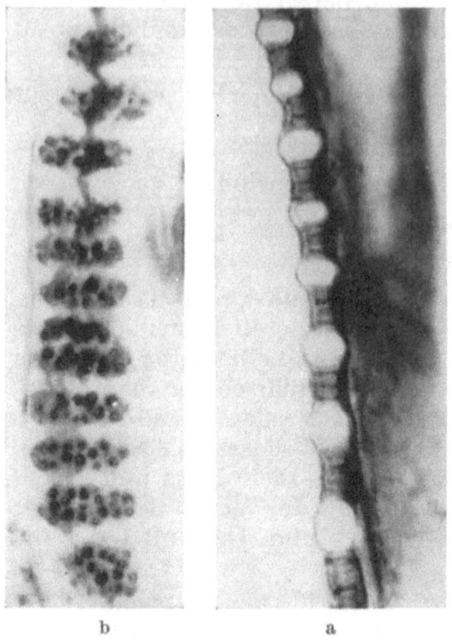

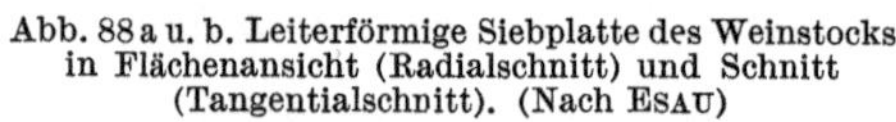

b   a

Abb. 88 a u. b. Leiterförmige Siebplatte des Weinstocks in Flächenansicht (Radialschnitt) und Schnitt (Tangentialschnitt). (Nach Esau)

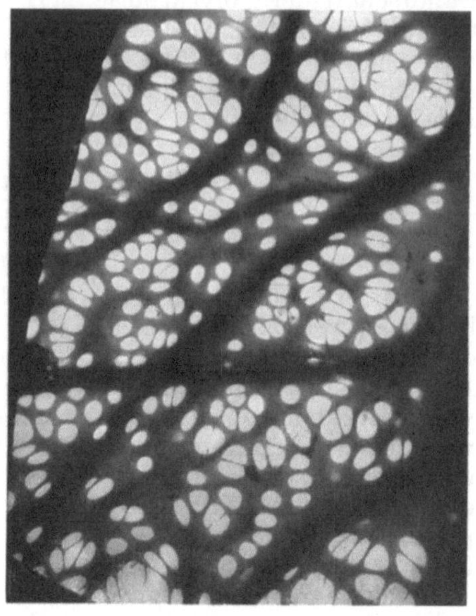

Abb. 89. Siebtüpfelung (Siebfelderung) der Längswand einer Birkensiebröhre nach einer elektronenmikroskopischen Aufnahme (3200:1) von Volz

In dem Maße, wie sich nun die Siebporen erweitern (6 μ bei Kürbis und Robinie, bis zu 15 μ bei *Fraxinus excelsior*, Abb. 90), verringert sich die Plattenneigung, wodurch die der einfachen Gefäßdurchbrechung entsprechende *einfeldrige Siebplatte* entsteht. Sie ist aber bei den Gehölzen viel seltener als die einfache Gefäßdurchbrechung, während bei krautigen Pflanzen mit ihren viel geringeren Transportleistungen auch engporige, quergestellte Siebplatten vorkommen.

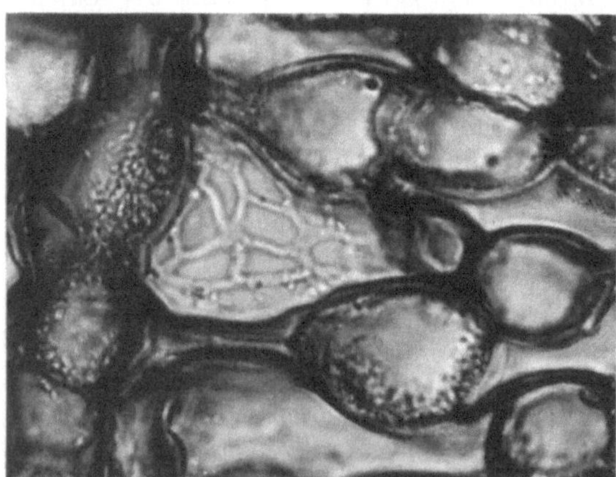

Abb. 90. Querschnitt durch Eschenrinde. 700:1; in der Mitte eine Siebröhre mit ungewöhnlich weitmaschiger Siebplatte. (Aus Huber, Saftströme der Pflanzen)

Im Hinblick auf den hohen Prozentsatz leiterförmiger Siebplatten und einiges andere (insbesondere die vielfach noch nicht unserem Jahreszeitenklima angepaßte Rhythmik) habe ich 1939 von einer stammesgeschichtlichen Trägheit des Rinden- gegenüber dem Holzbau gesprochen. Ich möchte daher heute noch annehmen, daß mein Zufallsfund eines heimischen Objektes mit 15 μ weiten Siebporen keinesfalls einen endgültigen „Weltrekord" darstellen wird, sondern daß

sich bei planmäßiger Suche besonders bei tropischen Lianen noch weit-
maschigere Siebplatten finden werden[1]. Ob freilich als Gegenstück zur
einfachen Gefäßdurchbrechung (die z.B. bei *Citrus*-Arten verhältnismäßig
eng blendenförmig ist) eines Tages auch eine Siebplatte mit nur einer
einzigen großen Pore gefunden wird, möchte ich dahingestellt sein lassen;
müssen wir doch damit rechnen, daß das Sieb für die Mechanik der Assimilatleitung irgendwie bedeutsam ist.

Hand in Hand mit der besseren Ausgestaltung der Siebplatten verkürzen
sich die Siebröhrenglieder (von 1 mm bei *Betula* mit feinporig leiterförmigen
auf 135 μ bei *Robinia* mit weitmaschig ein-fachen Platten). Die bei den Siebzellen gleichwertige Tüpfe-lung der Längswände läßt nach und ist in vielen Fällen licht-mikroskopisch über-haupt nicht mehr nach-weisbar.

Neben der bereits bei den Gymnospermen be-sprochenen Callose muß noch eine Eigentümlichkeit vieler Siebröhrenmembra-nen erwähnt werden: Auch die Cellulose-Wände zeigen bei vielen, aber keineswegs allen Objekten auf dem Querschnitt einen auffallen-den *Perlmutterglanz* und zugleich eine stellenweise fast bis zum Verschwinden des Lumens gehende Ver-dickung, die im französi-schen Schrifttum als état nacré (d.h. Perlmutterzu-stand), im englischen nacre-ous thickening (Perlmutter-verdickung) beschrieben ist. Er hat CRAFTS zeitweilig auf den Gedanken gebracht, in

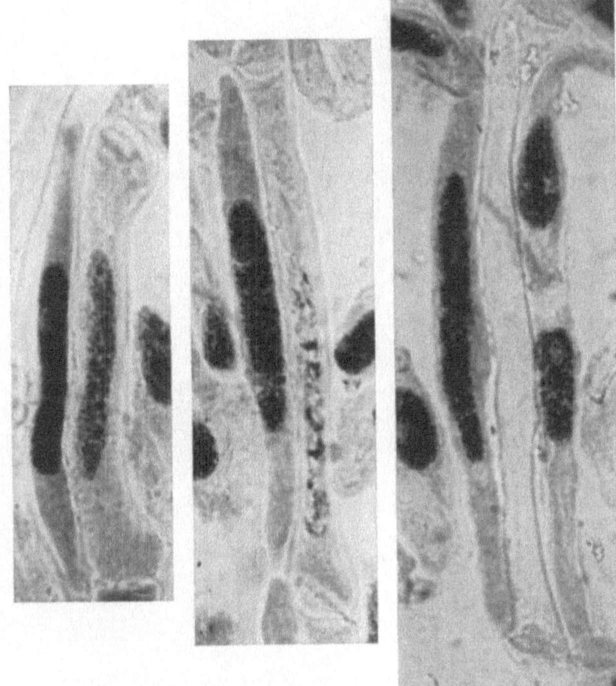

Abb. 91. Entwicklung eines Siebröhrengliedes (jeweils rechts) und der dazu-
gehörgien Geleitzelle (links). Während in der plasmareichen Geleitzelle
der Zellkern erhalten bleibt, degeneriert er im Siebröhrenglied und
verschwindet schließlich ganz. (Nach RESCH)

diesen verdickten Wänden den Sitz der Stoffbewegung zu vermuten, eine Ansicht, die sich
nicht aufrechterhalten ließ. Zuletzt haben ESAU und CHEADLE (1958) der Verbreitung
dieser kausal noch völlig unklaren Erscheinung eine sorgfältige Beschreibung gewidmet.

Viel untersucht und fast noch mehr diskutiert worden ist auch der
Inhalt der Siebröhren. Sicher ist heute, daß die Zellkerne beim Reifen der
Siebröhren degenerieren (Abb. 91). Gewisse stark färbbare Körperchen
sind von HUBER 1939 mikrophotographiert und von ESAU als den Kern-
schwund überdauernde Nucleolen erkannt worden. KOLLMANN hat sie bei
Passiflora auch im Elektronenmikroskop gefunden und einen komplizierten
Feinbau nachgewiesen (Abb. 92). Am Leben und — von den weitest-
porigen Siebröhren abgesehen — mit einiger Vorsicht plasmolysierbar bleibt

---

[1] Bei der Untersuchung von 129 dicotylen Gattungen haben ESAU und CHEADLE zwei
Objekte mit ähnlich weiten Siebporen gefunden wie bei Fraxinus: *Tetracera* (Dilleniaceae)
und *Ailanthus altissima*.

dagegen ein dünner plasmatischer Wandbelag, den SCHUMACHER auf Grund seiner Fluorescein-Versuche allein als das Transportband der Stoffwanderung betrachten möchte, während die Mehrzahl der Autoren eine Massenströmung der Assimilate im Lumen, also der Vacuole, annimmt. In diesem Zusammenhange wird diskutiert, ob die innere Plasmahaut, der Tonoplast, die Vacuole allseits umkleidet oder — wie ROUSCHAL im Licht- und ZIEGLER im Elektronenmikroskop zu sehen glauben — nur gegen die Längswand

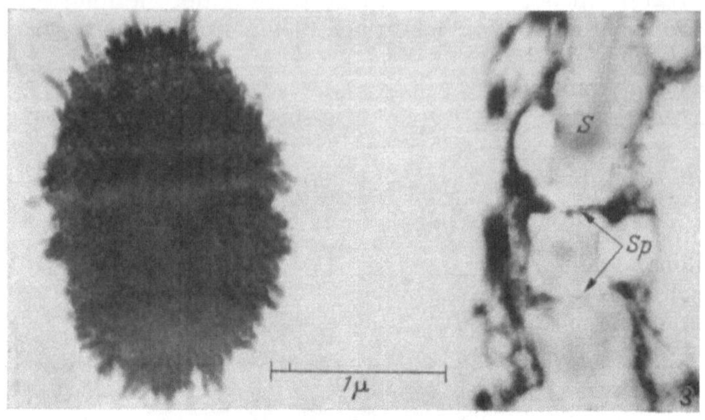

a

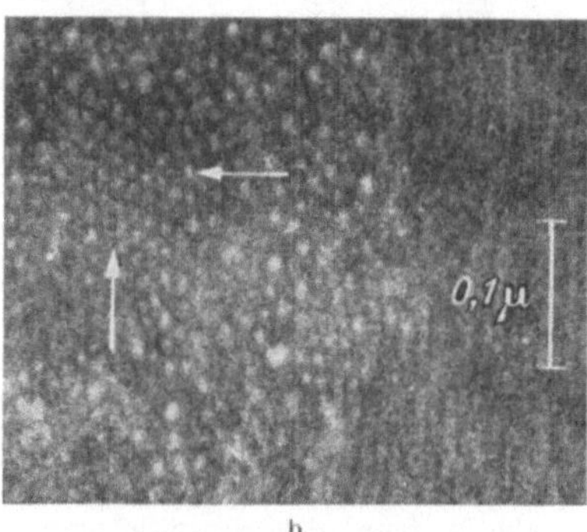

b

Abb. 92 a Freier Nucleolus vor der Siebplatte (S) von *Passiflora*, elektronenoptisch 24000:1, b Ausschnitt mit hexagonaler Anordnung der quergeschnittenen Fibrillen bei 120000facher Vergrößerung. *Sp* Siebporen im Längsschnitt getroffen. (Nach KOLLMANN)

abdichtet, über den Siebplatten dagegen aussetzt. Übereinstimmung besteht, daß die Siebporen von Plasmasträngen erfüllt sind und die Vacuolen nicht miteinander kommunizieren. Dagegen zeigen die die Siebporen durchsetzenden Plasmastränge im Elektronenmikroskop eine Längsstruktur (Abb. 93), von der noch nicht entschieden ist, ob sie Stränge oder Röhrchen (endoplasmatisches Reticulum?) darstellen; jedenfalls dürften diese Strukturen in einem Zusammenhange mit der bevorzugten Längswegsamkeit der Siebröhren stehen. Auch in den Plasmodesmen ist ja neuerdings eine röhrige Feinstruktur nachgewiesen worden (KRULL).

Der aus turgescenten Siebröhren beim Anschnitt austretende Vacuoleninhalt, der sog. „*Siebröhrensaft*", enthält neben hohen Konzentrationen von Rohrzucker und anderen Oligosacchariden (keine Monosaccharide!) Amino- und andere organische Säuren, Salze (besonders Kalium, relativ sehr wenig Calcium), auch Spurenelemente, Vitamine (Wuchsstoffe) u. a. (Näheres bei ZIEGLER und ZIMMERMANN.)

In diesem Zusammenhang verdient noch hervorgehoben zu werden, daß bei allen Pflanzen, welche größere Mengen von Assimilaten auf weitere Strecken zu transportieren haben, insbesondere sommergrünen Gehölzen und Lianen, die *Siebröhren als weitlumigste Elemente des Phloems* ebenso auffallen wie die Gefäße im Xylem. Bei krautigen Pflanzen gibt es freilich manche, deren Siebröhren auf dem Querschnitt ebensowenig als solche kenntlich sind wie die Gefäße bei der Mistel.

β) Geleitzellen

Eine in ihrer Bedeutung noch immer etwas rätselhafte Eigentümlichkeit der Angiospermen-Siebröhren ist, daß ihre Mutterzellen durch inäquale Teilung neben den Siebröhren eine oder mehrere auffallend plasmareichere, aber trotzdem kleiner bleibende „*Geleitzellen*" abspalten, welche sich bisweilen senkrecht zur Längsachse ein- oder auch zweimal (also in zwei- bis vierzellige Stränge) unterteilen (Abb. 94). Da die Kontinuität der Geleitzellen durch die Aufblähung der Siebröhren an den Platten vielfach unterbrochen wird[1], ist nach dem oben genannten Kontinuitätskriterium sicher, daß die Geleitzellen nicht unmittelbar an der Leitung beteiligt sind; man vermutet aber, daß sie durch den Besitz von Zellkernen, zahlreichen Mitochondrien und ihren mikroskopisch nachweisbaren Gehalt an Fermenten (Phosphatase) in den Stoffwechsel der kernlosen Siebröhren eingreifen.

In manchen Fällen liegen die Geleitzellstränge radial zu ihren Schwestersiebröhren, wodurch beispielsweise die regelmäßigen Achteckgitter des Gramineenphloems entstehen (vgl. Abb. 57). In anderen erscheinen sie mehr an den Ecken herausgeschnitten.

γ) Rindenparenchym

Mit den Geleitzellen (insbesondere bei radialer Alternanz mit den Siebröhren) leicht zu verwechseln sind die *Rinden-Parenchymzellen*. Definitionsgemäß gehen

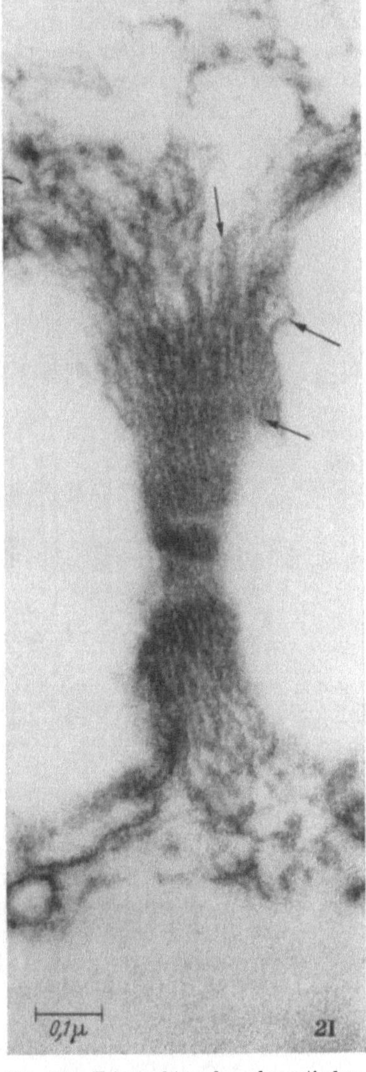

Abb. 93. Feinstruktur der plasmatischen Verbindungsbrücken in den Siebplatten von *Passiflora*. „Die Siebpore wird in Längsrichtung von Plasmafäden durchzogen, die an manchen Stellen Röhren oder Doppelmembranen vermuten lassen" und in vergleichbare Strukturelemente des Wandplasmas übergehen. 96000:1. (Nach KOLLMANN)

---

[1] Im Formenkreis der Polycarpicae hat meine Schülerin E. GRAF in der sekundären Rinde z. T. ganz kurze Geleitzellen beobachtet; sie sind nicht zu verwechseln mit Geleitzellen, welche bei der Streckung primärer Stengel hinter ihren Schwestersiebröhren im Wachstum zurückbleiben (GAERTNER). Kurze Geleitzellen können auf Querschnitten den Eindruck erwecken, als würden mehr oder weniger vielen Siebröhren Geleitzellen fehlen. GRAF (1954) und EVERT (1960) haben sich aber überzeugt, daß das bei Pomoideen entgegen HOLDHEIDES Vermutung nur ganz ausnahmsweise der Fall ist.

diese Parenchymzellen unmittelbar aus dem Cambium, die Geleitzellen erst durch eine spätere Teilung aus der Siebröhrenmutterzelle hervor. Es ist aber klar, daß dieser Unterschied sich verwischt, wenn die Geleitzellen nicht schief seitlich, sondern radial zu den Siebröhren liegen. Ich möchte daher umgekehrt die — m.W. noch nirgends so formulierte — Ansicht vertreten, daß die Geleitzellen aus der bei Gymnospermen und Ranales verbreiteten Zweitaktalternanz von Siebröhren und Parenchymzellen hervorgegangen sind. Nach dieser Annahme würden die Geleitzellen

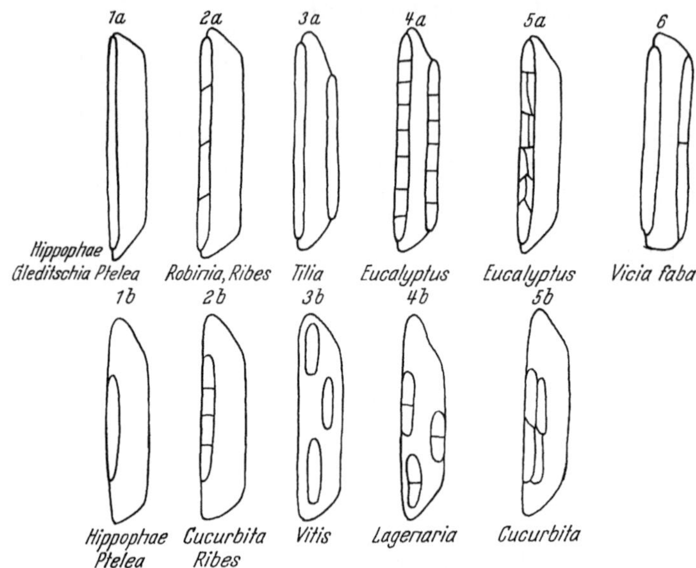

Abb. 94. Schema der wichtigsten Geleitzell-Typen. (Nach GRAF.) *1* Eine einzelne Geleitzelle; *2* einzelner Geleitzellstrang; *3* mehrere Geleitzellen; *4* mehrere Geleitzellstränge; *5* Geleitzellfläche; *6* Nebeneinandervorkommen von Einzelgeleitzellen und Geleitzellsträngen; in allen Abbildungen ist bei *a* die Geleitzelle bzw. der Geleitzellstrang annähernd gleich lang wie das zugehörige Siebröhrenglied, bei *b* dagegen wesentlich kürzer

tief im Reiche der Gymnospermen wurzeln und ihr Auftreten bei den Angiospermen den Anschein des Unvermittelten verlieren. Für das Gros der Angiospermen bezeichnend wäre aber

1. die strenge Fixierung einer inäqualen Zweiteilung der Siebröhrenmutterzellen in eine Siebröhre und eine Geleitzelle;

2. die allmähliche Verschiebung von der radialen zu einer unregelmäßigeren Alternanz (zur Ableitung der Monocotylen aus dem Schoße der Ranales paßt, daß gerade auch hier eine regelmäßige radiale Alternanz so verbreitet ist);

3. die bisweilen sehr weitgehende Größendifferenzierung zwischen Siebröhren und Geleitzellen, welche letztere fast zu Rudimenten stempelt (wogegen aber ihre starre Beibehaltung spricht).

Bei einer Abstammung von Parenchymzellen würden die gegenüber der Länge der Siebröhrenglieder unterteilten Geleitzellen primitiver sein als die nicht mehr unterteilten. Dazu paßt, daß nach RESCH der unterteilte Geleitzellstrang normal diploid, die einfache Geleitzelle dagegen tetraploid ist, was auf Unterdrückung einer vorgesehenen Teilung (Endopolyploidie) deutet.

Zu dieser allmählichen funktionellen Umprägung gegenüber dem Parenchym gehört auch, daß typische Geleitzellen nicht mehr zur Stärkespeiche-

rung herangezogen werden, sondern nur plasmatischen Inhalt („Eiweiß")
führen, was HABERLANDT neben anderen Gründen dazu bestimmt hatte,
in den Geleitzellen Produktionsstätten des nachgewiesenen Leptohormons
zu sehen. Übergangsbildungen zwischen Parenchym- und Geleitzellen
beschreibt RESCH.

Nach dieser Abgrenzung gegenüber den Geleitzellen hätten wir es mit
echtem Rindenparenchym bei den Angiospermen nur noch dann zu tun,
wenn es unabhängig von den Siebröhren entweder gegen diese tangential
verschoben aus benachbarten Cambiumzellen entsteht oder häufiger im
Zuge eines endonomen oder jahreszeitlichen Rhythmus die Bildung von
Siebröhren kürzere oder längere Zeit ablöst. Bei der Betrachtung der
Gewebe*anordnung* in der Rinde werden wir solche Beispiele eines mitt-
sommerlichen oder terminalen Parenchymbandes kennenlernen.

δ) Bastfasern

Besonders gegen Ende der Vegetationsperiode, bei endonomer Rhythmik
aber auch mehrmals im Jahr können aus dem Cambium unmittelbar auch
Bastfasern hervorgehen, welche von Anfang an (seltener erst in der zweiten
Vegetationsperiode) dicke Wände erhalten, so daß ihre Speicherfunktion
gegenüber der Aufgabe der Festigung augenscheinlich ganz in den Hintergrund tritt. Im Zusammenhang damit unterbleibt auch die für Parenchymstränge bezeichnende Unterteilung der Cambiumzellen („gekammerte
Fasern", wie sie gelegentlich aus dem Holz, aber m. W. noch nicht aus
der Rinde beschrieben sind, wären demnach als atavistischer Hinweis auf
die Abstammung der Fasern von Strangparenchym zu deuten, so wie wir ja
auch unterteilte Geleitzellen für ursprünglicher halten als ungeteilte). Nicht
zu verwechseln sind echte Bastfasern mit jenen sehr verbreiteten skleroti-
schen Elementen, welche erst in späteren Vegetationsperioden nachträglich
aus Parenchymzellen hervorgehen (s. u., S. 127).

Wir nennen als Beispiele

1. für Rinden ohne Bastfasern: Pirus, Malus, Betula, Alnus, Carpinus,
Fagus;

2. für Rinden mit jährlich höchstens einem terminalen Bastfaserband:
Quercus, Castanea, Acer (nicht jedes Jahr);

3. für Rinden mit jährlich mehrmaligem Wechsel von Weich- und Hart-
bast: Populus, Salix, Robinia, Tilia.

In Verbindung mit den Bastfasern treten sehr häufig *Kristallschläuche*
auf, welche in der Regel ähnlich dem Strangparenchym unterteilt sind, aber
statt des Stärkeinhaltes ein bis viele Oxalatkristalle führen. Sie liegen
ähnlich wie im rhythmisch gebänderten Holz tropischer Leguminosen
besonders an der Innen-, aber auch der Außenseite der Bastfaserbündel
(richtiger -platten).

b) Anordnung

Damit sind wir von der Betrachtung der Einzelelemente schon mitten
in die der Anordnung der Elemente hineingeraten. Im Anschluß an das bei
den Archegoniaten Ausgeführte dürfen wir jene Anordnungsweisen als
besonders altertümlich betrachten, bei denen die Elemente auch in unserem
Jahreszeitenklima einen *endonomen Wechsel* der Elemente aufweisen, vor
allem den mehr oder weniger starren Zweitakt Siebröhren—Parenchym
mancher Rosaceen, welche ja auch durch den Besitz von Siebzellen (ohne
bevorzugte Förderung von Siebplatten) als primitiv erwiesen sind.

Während diese Anordnung noch völlig auf der bereits von den Gymnospermen bekannten Stufe verharrt, begegnet uns nun als Neuerscheinung *der endonome rhythmische Wechsel mehrschichtiger Weich- und Hartbastplatten*, wie er durch die botanischen Wandtafeln, Lehrbücher und Praktika vor allem für den Lindenbast *(Tilia)* allgemein bekannt und zu Unrecht zum Typus des Rindenbaues überhaupt verallgemeinert worden ist. Demselben Schema folgen auch *Populus* und *Robinia*. Unser Jahreszeitenklima hat sich dabei nachträglich in der Weise durchgesetzt, daß das erste Bastfaser- und Siebröhrenband der Vegetationsperiode besonders bei den beiden

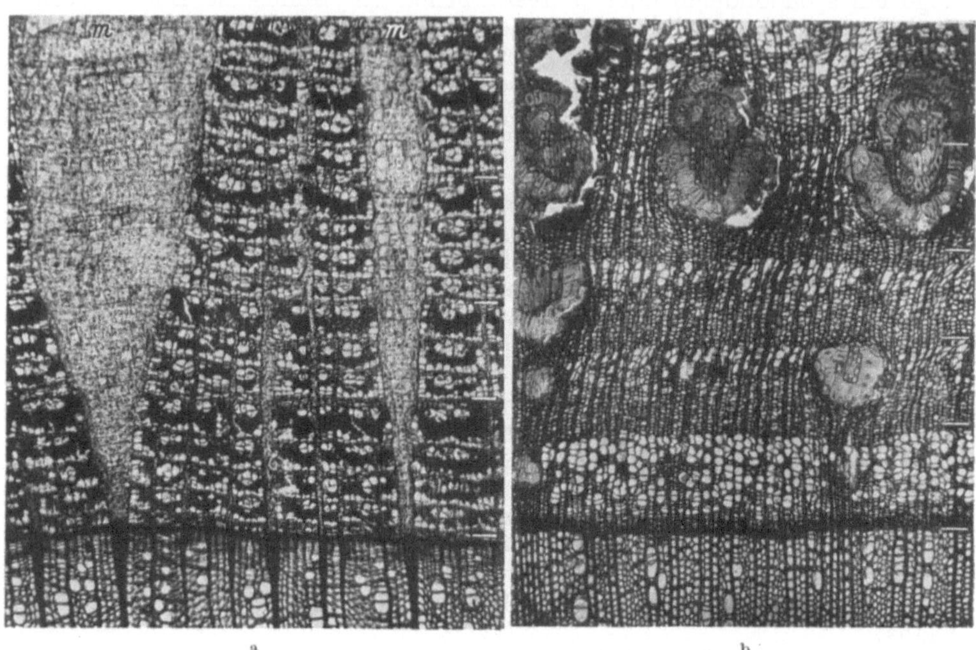

a   b

Abb. 95 a Endonome Bänderung von Hart- und Weichbast der Linde; die durch weiße Striche bezeichneten Jahrringgrenzen sind an der im Laufe der Vegetationsperiode abnehmenden Breite der Bastfaserbänder kenntlich. Die Markstrahlen *m* zeigen auffällige Dilatation. b Bast der Erle mit deutlichem Jahrringbau: im Frühbast Häufung der Siebröhren, im Spätbast zunehmender Anteil an Parenchymzellen; in den falschen Markstrahlen Steinzellbildung. 40:1. (Nach HOLDHEIDE und HUBER)

letztgenannten erheblich breiter ist als die folgenden, schrittweise schmäler werdenden, so daß schon STRASBURGER bei diesen mehrbändrigen Typen den Jahrringbau entschleiern konnte. Bei *Tilia* liegen die Verhältnisse nach HOLHEIDEs Untersuchungen grundsätzlich ebenso, wenn auch weniger auffällig (Abb. 95 a).

Damit sind wir bereits zum phylogenetisch jüngsten unserem Jahreszeitenklima voll angepaßten Typ vorgedrungen, der einen vorwiegend aus weiten und auch relativ weitmaschigen Frühsiebröhren bestehenden *Frühbast* und einen neben spärlichen, engeren Spätsiebröhren vorwiegend aus Parenchym, vielfach aber auch einem terminalen Bastfaserband bestehenden *Spätbast* aufbaut. Wir haben einen solchen Bau bereits unter den Nadelhölzern bei unserer laubabwerfenden Lärche (Larix) in vollendeter Ausbildung kennengelernt. Unter den Laubhölzern findet er sich namentlich bei den Fagales und Juglandales am instruktivsten wohl bei *Alnus* und *Betula* (ohne Bastfasern), obwohl auch die praktisch wichtige Eichen- oder Kastanienrinde (beide mit terminalem Bastfaserband) als Studienobjekte empfohlen werden können (Abb. 95 h).

Wie bei Lärche, so kann auch hier der Jahrringbau doppelt deutlich werden, wenn in späteren Vegetationsperioden die Siebröhren kollabieren und nun der Frühbast infolge seines viel höheren Siebröhrenanteils stärker zusammensinkt als der Spätbast. Dann nehmen die Markstrahlen jenen treppenförmigen Verlauf an, der das Abzählen der Jahresringe sehr erleichtert. Mit diesen nachträglichen Veränderungen wollen wir uns nunmehr beschäftigen.

Als Kuriosum sei noch erwähnt, daß sich in der Gattung *Prunus* frühzeitig (schon im einjährigen Zweig) die breiteren Rindenstrahlen durch radiale Spalträume vom fasciculären Phloem trennen und beide ohne seitliche Fühlung ganz verschieden (die Faszikel etwa zwei- bis dreimal so stark) wachsen, so daß sich diese nach außen in Falten legen müssen. Diese Erscheinung, die sich andeutungsweise auch bei anderen Rinden findet (bei Eiche und Buche bleiben die breiten Markstrahlen im Wachstum zurück, während sich das Phloem dazwischen vorwölbt), beleuchtet die Bedeutung des Gewebe*verbandes* für eine harmonische Abstimmung des Wachstums (HUBER u. V. JAZEWITSCH). Ein Gegenstück bilden jene Leitbündel, welche in die Markhöhle von Umbelliferenstengeln *(Heracleum)* zu liegen kommen; auch sie wachsen etwa doppelt so stark wie ihre Umgebung (TROLL, ZIEGLER).

3. Die nachträglichen (tertiären) Veränderungen der sekundären Rinde

Die Rinde erfährt nachträglich viel stärkere Veränderungen, als wir sie beim Holze als Verkernung kennengelernt haben. Das hängt sicher in erster Linie damit zusammen, daß die nach innen abgeschiedenen Holzringe vom weiteren Dickenwachstum nicht berührt werden, während die nach außen abgeschiedene Rinde durch das nachfolgende Dickenwachstum gedehnt und schließlich abgeworfen wird (Dilatation, Borkenbildung). Der viel höhere Anteil lebender Elemente befähigt aber auch die Rinde in ungleich höherem Maße zu solchen nachträglichen Veränderungen, denen die anatomischen Lehrbücher bisher merkwürdig geringe Aufmerksamkeit geschenkt haben. Auch die entwicklungsphysiologischen Probleme all dieser Veränderungen sind noch kaum bearbeitet.

a) Der Siebröhrenkollaps und die Parenchymaufblähung

Die anatomischen und physiologischen Veränderungen der Rinde setzen meist schon am Ende der ersten oder spätestens im Laufe der zweiten Vegetationsperiode damit ein, daß die Siebröhren ihre Assimilatleitfähigkeit einbüßen und kollabieren[1] (Abb. 96).

Dieser Kollaps beruht auf einem Verlust des lebenden Inhaltes und damit auch der für die Siebröhren so bezeichnenden Turgescenz. Durch die wegsam gewordenen Siebporen dringt alsbald Luft ein, wodurch die im ersten Jahr glasig durchscheinende Rinde („Safthaut" TH. HARTIGs 1837) weißlich wird. Das Zusammendrücken der Siebröhren erfolgt mindestens später passiv besonders durch das überlebende Parenchym[2] und schreitet vielfach

---

[1] Vielfach werden während des ersten Winters nur die Siebplatten und Siebfelder mit Callusplatten verschlossen, aber im zweiten Frühjahr nochmals so lange reaktiviert, bis das Cambium neue Siebröhren gebildet hat. ESAU hat das anhand vorzüglicher Mikrophotos und Diagramme für den Weinstock *(Vitis)* beschrieben.

[2] Der erste Kollaps erfolgt nach HOLDHEIDE in bestimmten Fällen nachweislich ohne Beteiligung fremden Gewebedrucks (durch Schrumpfelung?): Bei *Robinia* kann der Siebröhrenkollaps sogar zu Zerreißungen führen, also von deutlichen Zugspannungen begleitet sein. Auch die Tatsache, daß der Siebröhrenkollaps schon im Herbst und nicht erst mit dem neuen Dickenwachstum eintreten kann, spricht für diese Auffassung.

jahrelang fort, bis die unförmig zusammengedrückten Membranmassen der Siebröhren den „Knorpelbast" der alten Autoren bilden. Nach HOLDHEIDE dürfte dieser restlose Kollaps durch Membranveränderungen vorbereitet werden, welche die kollabierten Siebröhren von den tätigen auch färberisch unterscheiden. Manche verhältnismäßig dickwandige und besonders englumige Siebröhren scheinen dem Druck der Nachbarn leichter standzuhalten und zeigen selbst nach Jahren keinen Kollaps (Rosaceen), während ROUSCHAL bei Birke und Roteiche den Kollaps bereits im Herbst 14 Tage nach dem Laubfall feststellen konnte.

Während so die Siebröhren und mit ihnen die Geleitzellen alsbald aus dem Leben der Rinde ausscheiden, behalten die

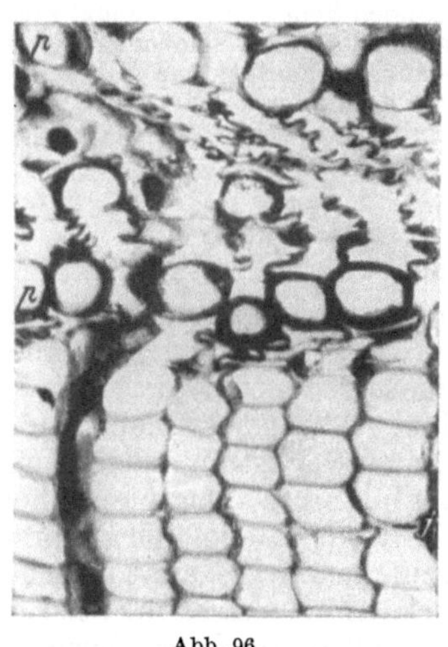

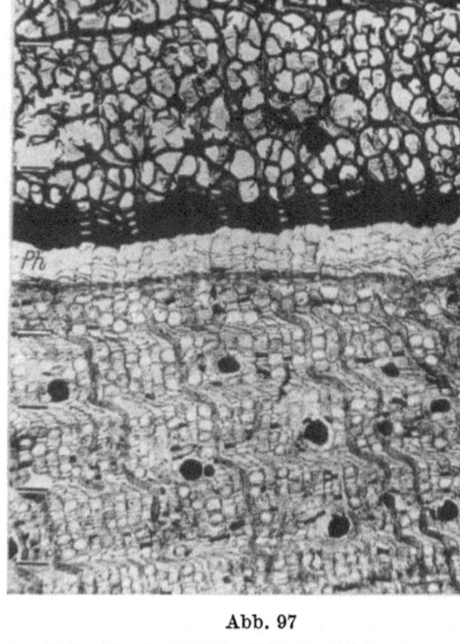

Abb. 96   Abb. 97

Abb. 96. Übergang von den offenen zu den kollabierten Siebzellen bei Fichte (300:1). *j* Jahrringgrenze in dem zwei Vegetationsperioden tätigen Siebzellband, *p* ältere Parenchymlagen. (Nach HUBER 1939)

Abb. 97. Querschnitt durch die Lärchenrinde (30:1) an der Grenze zwischen lebendem Bast und toter Borke. Deutlicher Jahrringbau (der nur aus Siebzellen bestehende Frühbast kollabiert stärker als der parenchymreiche Spätbast; als Folge treppenförmiger Verlauf der Markstrahlen); in der Borke mächtige Inflation des Parenchyms, Frühbast zu dunklen „Knorpelbaststreifen" zusammengepreßt. *Ph* Die Borke abtrennende Korkschicht, deutlich in Stein- und Schwammkork gegliedert. (Nach HOLDHEIDE und HUBER)

Rindenparenchymzellen viel länger, z. T. sogar jahrzehntelang ihre Speicherfunktion für Assimilate. Meist zeigen sie sogar im Zusammenhang mit dem Siebröhrenkollaps eine deutliche, wohl der Thyllenbildung homologe Vergrößerung[1]. Sie führt z. B. bei Lärche zu einer Vergrößerung des Querschnittes aufs Zehnfache. Wo sich daher Siebröhren und Parenchym in der Rinde jahreszeitlich ablösen wie bei Lärche *(Larix)*, Erle *(Alnus)* und Walnuß *(Juglans)*, führt der Siebröhrenkollaps durch das starke Kollabieren des Früh- und das schwächere des Spätbastes zu einer auffallenden Unterstreichung des Jahrringbaues, den besonders die Markstrahlen mit einem treppenförmigen Verlauf förmlich registrieren (Abb. 97). Wenn dagegen Siebröhren und Parenchym im ganzen Jahrring im Zweitakt wechseln wie beim Birnbaum, so daß sich Siebröhrenkollaps und Parenchymaufblähung

---

[1] Das Auswachsen von Thyllen in die Siebröhren hat nur der sehr zuverlässige JANCZEWSKI für *Vitis* beschrieben; es ist aber sonst m. W. nie wieder beobachtet worden.

ziemlich die Waage halten, sind die Veränderungen weniger auffällig und bleiben die Markstrahlen gerade.

Die Parenchymzell*inflation* ist kein einmaliger Vorgang, sondern setzt sich vielfach jahrelang fort. Bei Pinus führt das zu einem allmählichen Wiederaufrichten der beim Siebröhrenkollaps zunächst stark schief gelegten Markstrahlen. Eine sprunghafte Steigerung und damit zugleich ihren Endpunkt erreicht der Vorgang bisweilen unmittelbar vor der Abgliederung der betreffenden Gewebe als Borkenschuppen (s. u.): Bei *Pinus* nimmt dabei der Durchmesser der Zellen auf nicht weniger als das 10-, ihre Querschnittsfläche auf das 80—100fache zu.

b) Steinzellbildung

Bei vielen, aber keineswegs allen Rinden wird früher oder später auch ein mehr oder weniger großer Teil der Parenchymzellen vom Strudel der

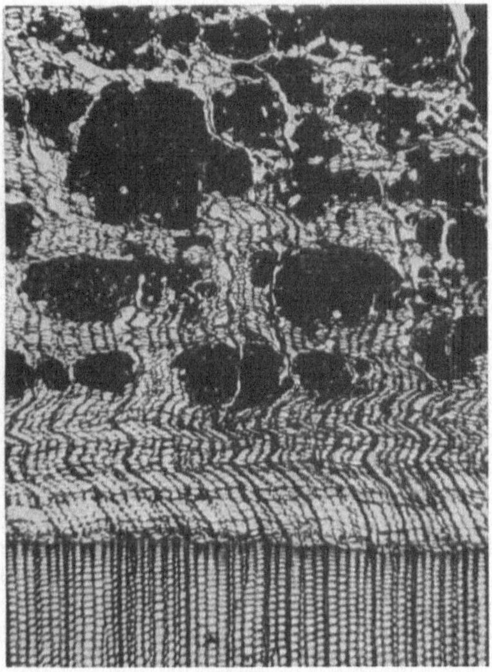

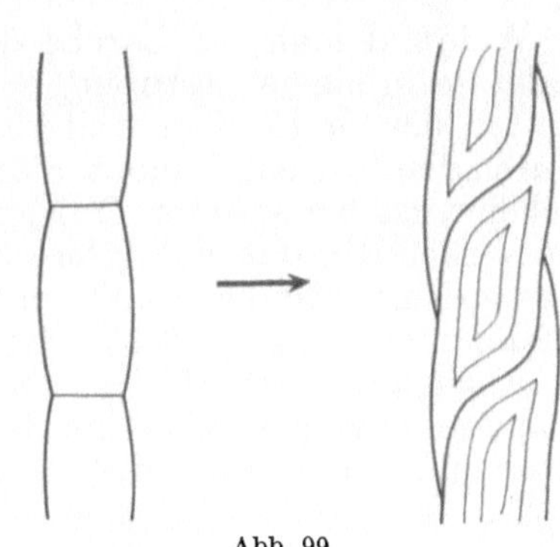

Abb. 98   Abb. 99

Abb. 98. Querschnitt durch den Bast der Tanne (40:1). Etwa vom 5. Jahre ab rasch zunehmende Steinzellbildung (dunkel gefärbt). (Nach HOLDHEIDE und HUBER)

Abb. 99. Schema des Auswachsens von Steinzellen aus dem Rindenparenchym der Tanne in Radialansicht. Durch das Auswachsen von Zellfortsätzen erscheinen anstelle des einschichtigen Parenchyms die Steinzellnester auf dem Querschnitt mehrschichtig

Veränderungen erfaßt und unterliegt einer auffälligen *Sklerose*, welche im Stamm in der seltenen Bildung von Steinthyllen (s. S. 112) nur ein bescheidenes Gegenstück hat. So beobachten wir in der Lärchenrinde, wo die Datierung infolge des klaren Jahrringaufbaues besonders einfach ist, vom zweiten oder dritten Jahr an das Auftreten isoliert liegender, faserförmiger Steinzellen mit punktförmigem Lumen und deutlich geschichteten Wänden. Da diese im ersten Jahrring fehlen, können sie nur aus einem der Zellelemente dieser Schicht hervorgegangen sein. Da die Siebröhren inzwischen kollabierten, kommen als Mutterzellen von vorneherein nur die Parenchymzellen in Betracht; die Lage der Sklereiden und Parenchymplatten bestätigt diese Vermutung. Unklar bleibt freilich, welche näheren Umstände darüber entscheiden, welche der vielen Parenchymzellen zu Steinzellen werden; offenbar ist dabei wieder irgendwie das Bünningsche Prinzip der Musterbildung beteiligt. Man könnte das in diesem Fall so deuten, daß die entstehenden Sklereiden soviel Wandstoffe an sich reißen, daß in ihrer Umgebung eine Zone der Verarmung entsteht, welche die Entstehung benachbarter Sklereiden verhindert. Das gilt aber keineswegs allgemein, denn schon Tanne *(Abies)* und Fichte (*Picea*; diese nicht immer) bilden ganze Nester von Steinzellen (Abb. 98).

Wir betrachten die Verhältnisse bei *Abies* etwas näher: Hier kann man auf radialen Längsschnitten wunderschön und in allen Stadien beobachten, wie die Sklerose mitten in einem Parenchymstrang einsetzt, die Zellen aber gleichzeitig mit geweihartigen Fortsätzen an der bisherigen Reihe vorbeiwachsen, so daß auf dem Querschnitt schließlich das Bild eines mehrschichtigen Sklerenchymzellnestes entsteht (Abb. 99).

Zum Studium der Steinzellbildung bei Laubhölzern empfiehlt sich wegen ihres klaren Jahrringbaues die Erle *(Alnus glutinosa)*: Hier setzt die Steinzellbildung vom zweiten Jahre ab nesterweise zunächst im Spätbast der falschen Markstrahlen ein und greift erst ein bis zwei Jahre später auf den fasciculären Spätbast über. Auch hier ist es nach der Lage der Gewebe eindeutig, daß die Steinzellen im herbstlichen Parenchymband aus Parenchymzellen hervorgehen. Bei *Humbertia madagascariensis*, dem Vertreter einer monotypischen Familie, ist die Sklerose der Parenchymzellen mit einer radialen Streckung auf das 60fache (von 0,023 auf etwa 1,4 mm) verbunden (V. JAZEWITSCH).

Während man bei Lärche den Eindruck gewinnt, daß die Parenchymsklerose in einem bestimmten Jahrring ein einmaliger Vorgang ist, da der Anteil der Steinzellen weiterhin ziemlich konstant bleibt oder höchstens durch den fortschreitenden Siebröhrenkollaps ein wenig zusammenzurücken scheint, ist bei anderen Objekten wie Tanne, Birke, Erle und Buche nicht zu verkennen, daß die Sklerose immer weiter schreitet und schließlich fast das gesamte Rindengewebe mit Ausnahme der feineren, sekundären Markstrahlen ergreift. Daß so ausgedehnte Sklerosen nicht oder erst spät und spärlich zur Verborkung neigende Bäume erfassen, dürfte kein Zufall, sondern eine gesetzmäßige Korrelation sein: Den Schutz alter Rinden übernimmt entweder die Borke oder eine geschlossene Steinzellschicht.

c) Dilatation

Die bisher behandelten Alterungsvorgänge der Rinde können zur Verkernung des Holzes einigermaßen in Parallele gesetzt werden. Wir kommen aber nunmehr auf Veränderungen zu sprechen, welche auf der zunehmenden Dehnung der Rinde durch das von innen nachdrückende Dickenwachstum beruhen und damit naturgemäß im Holz kein Gegenstück haben, den Erscheinungen des Dilatationswachstums in jüngeren, der Borkenbildung in älteren Rinden.

Wir haben schon eingangs auf die Schwierigkeiten hingewiesen, in welche das fortschreitende Dickenwachstum die vorgelagerte Rinde bringen muß: Während sie in radialer Richtung durch von innen nachdrängende Gewebe zusammengeschoben wird, was u. a. zum Siebröhrenkollaps führt, unterliegt sie in tangentialer Richtung einer zunehmenden Dehnungsbeanspruchung durch den wachsenden Umfang. Sofern daher die älteren Jahresschichten nicht regelmäßig abgestoßen werden, was wir im nächsten Abschnitt „Borkenbildung" betrachten wollen, müssen sie irgendwie die Dehnung mitmachen, die der wachsende Stammumfang von ihnen verlangt. Diese tangentiale Dehnung bezeichnet man zum Unterschied von der vorwiegend radialen Teilungstätigkeit des cambialen Dickenwachstums als *Dilatation*[1].

a) Passive Zelldehnung

Im einfachsten Fall kann es sich dabei anscheinend um einen rein passiven Vorgang handeln: So sehen wir, daß bei *Ulmus* die Rindenzellen nach außen immer stärker tangential gestreckt werden, ähnlich wie das HABERLANDT für die Epidermis von *Acer striatum* beschrieben hat.

β) Markstrahldilatation

Meist aber löst der Spannungsreiz in der Rinde neue Zellteilungen aus. *In vielen Fällen sind die Markstrahlen der Sitz dieses geregelten Dilatationswachstums;* das führt zu jener auffälligen Verbreiterung der Mark-

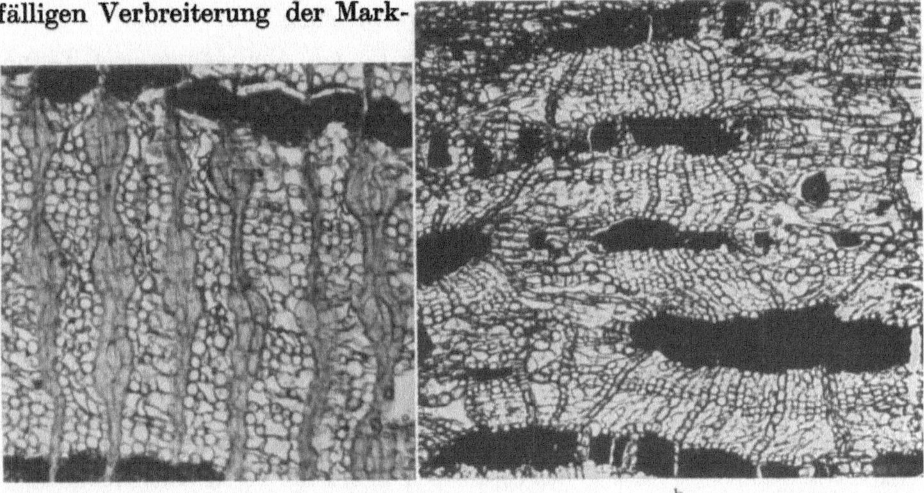

Abb. 100a u. b. a Beispiel einer Markstrahldilatation (*Populus tremula*, 75:1). Die Dilatation der ursprünglich einschichtigen Markstrahlen ist in der Nachbarschaft der Siebröhren (und Geleitzellen) deutlich lebhafter als in der Nachbarschaft von Parenchymschichten oder gar den (dunkel gefärbten) Bastfaserbändern. b Beispiel einer diffusen Dilatation *(Castanea vesca)*. Die einschichtig bleibenden Markstrahlen werden durch die vom Grundgewebe ausgehende Dilatation verschoben. (Nach HOLDHEIDE und HUBER)

strahlen, welche schon THEODOR HARTIG und HUGO von MOHL für die Lindenrinde beschrieben haben und welche seither als einziges und fälschlich verallgemeinertes Beispiel in allen Lehrbüchern abgebildet wird. Als weitere Beispiele dieser Markstrahldilatation wären *Juglans* und *Populus* hervorzuheben, wobei im letzten Fall die Dilatation von ursprünglich einschichtigen Markstrahlen ausgeht und zunächst im Bereich des Weichbastes einsetzt, also wohl von hier irgendwie hormonal angeregt wird (Abb. 100a). Die Markstrahldilatation arbeitet wie ein Cambium, indem es reihenförmig neue Zellen abgliedert.

γ) Diffuse Dilatation

Viel schwerer zu erkennen ist die Erscheinung der Dilatation, wenn die Zellteilungen im Rindengewebe verstreut auftreten. Als schönstes Beispiel

---

[1] Im amerikanischen Schrifttum taucht neuerdings manchmal die sprachlich falsche Schreibung dilation statt dilatation auf: Erweitern heißt lateinisch dilatare, während dilatus als Partizip von deferre aufgeschoben, dilation also Aufschub heißt (aus dem Amtsdeutsch als dilatorische Behandlung geläufig).

einer solchen *diffusen Dilatation* hat HOLDHEIDE die Verhältnisse bei *Castanea vesca* beschrieben und abgebildet. Bei diesem Objekt liefern nämlich die ungeteilt bleibenden einschichtigen Markstrahlen ein wertvolles Koordinatensystem für nachträgliche Gewebeverschiebungen: Wir sehen sie in der Außenrinde ganz unregelmäßig bald dahin, bald dorthin abweichen, je nachdem ob sich gerade rechts oder links von ihnen ein neuer Zellteilungsherd gebildet hat (Abb. 100b).

Da der Umfang einer Achse in der Jugend relativ am schnellsten zunimmt, sind auch die Erscheinungen der Dilatation in jungen Achsen am auffälligsten. In höherem Alter greifen in den äußeren Rindenpartien andere Veränderungen Platz, mit welchen wir uns in folgendem Abschnitt beschäftigen wollen.

d) Periderm- und Borkenbildung

Von unseren heimischen Laubbäumen fangen nur wenige wie Tanne *(Abies)* und Buche *(Fagus)* die tangentialen Spannungen zeitlebens durch

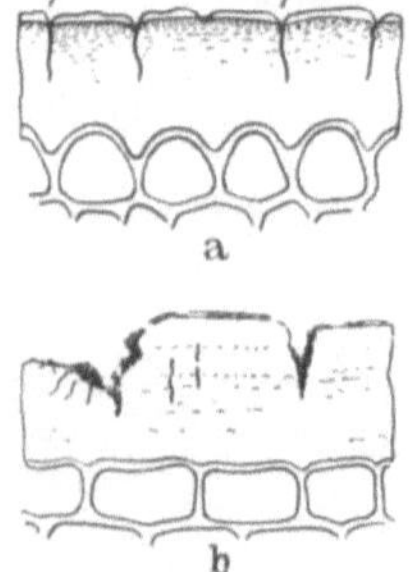

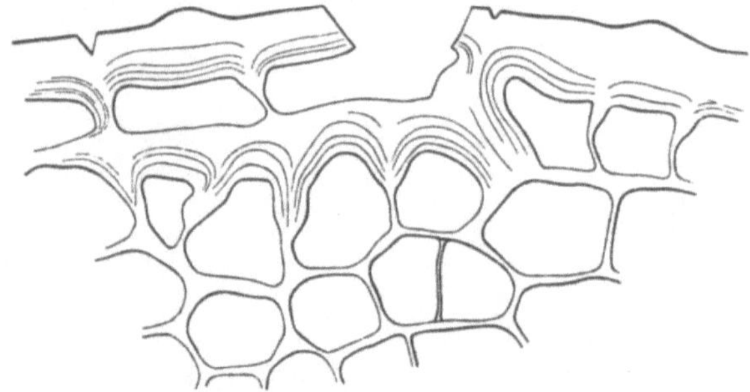

Abb. 101a u. b. Vergleich der Querschnittsansicht der Epidermis eines ein- (a) und eines sechsjährigen Zweiges von *Acer striatum* (b). 350:1. (Nach HABERLANDT)

Abb. 102. Beginnende Bildung des Cuticularepithels auf dem Querschnitt eines älteren Mistelzweiges *(Viscum album)*. Die Einlagerung von Cutin ist von der äußersten auf die zweite Membranlage fortgeschritten. (Nach HABERLANDT)

Dilatation auf. Die meisten scheiden früher oder später ihre alternden Rindengewebe durch Einziehen von Korkhäuten aus dem lebenden Verband aus, worauf sie mit der Zeit abgestoßen werden. Wir nennen diesen Vorgang Borkenbildung. Um ihn zu verstehen, müssen wir aber zunächst einen Blick auf die Veränderungen werfen, welche die *primäre* Rinde (vgl. S. 79) inzwischen erfahren hat.

a) Peridermbildung

Mit dem Einsetzen des sekundären Dickenwachstums werden die außerhalb des Bündelkreises liegenden primären Gewebe schon frühzeitig ähnlich gedehnt wie später die der sekundären Rinde. Vor allem ist die lückenlos zusammenhängende Epidermis einer solchen Dehnung ausgesetzt, welche beispielsweise bei *Acer striatum*, bei dem die Epidermis jahrelang erhalten bleibt, zu einer völligen Verformung der Zellen und schließlich zu einem Aufreißen der Cuticularschichten führt (Abb. 101)· Von unseren heimischen Gehölzen repariert einzig die nur mäßige Dimensionen erreichende Mistel *(Viscum album)* solchen Schaden einfach dadurch, daß die Cutinisierung in tiefere Schichten fortschreitet, wodurch ein sog. „*Cuticularepithel*" entsteht (Abb. 102).

In der Mehrzahl der Fälle wird aber die Epidermis beim Einsetzen des Dickenwachstums schon bald durch ein für solche Fälle viel anpassungsfähigeres Gewebe ersetzt, das mehrschichtige Periderm, welches wir deutsch als Korkhaut bezeichnen können: Ähnlich wie in der sekundären Rinde löst der Dehnungsreiz — vielleicht auf dem Umweg über submikroskopische Zerreißungen, welche zur Bildung von Wundhormonen führen — Zellteilungen aus, welche die Spannungen ausgleichen. Während aber im Innern der Rinde die neuen Teilungswände vorwiegend senkrecht zur Dehnung also radial gerichtet sind, und damit zu einer sinnvollen Erweiterung des Umfanges führen, werden nahe der Oberfläche die Teilungswände (wohl durch das Sauerstoffgefälle?) parallel der Oberfläche orientiert, so daß unter der alternden Epidermis eine neue Hautschicht entsteht. In seltenen Fällen — vor allem bei den Rosaceen wie Vogelbeerbaum *(Sorbus aucuparia)* — finden die Teilungen in der Epidermis selbst, häufiger aber in der unmittelbar darunter gelegenen Schicht statt (wie es das altbewährte Praktikumsobjekt Holunder, *Sambucus nigra*, oder der Liguster zeigt). Nur ausnahmsweise entsteht auch im Sproß — wie wir das in der Wurzel als Regel kennengelernt haben — schon das erste Periderm im Inneren (Beispiel *Vitis*; KNYS Wandtafel Nr. LIX).

Das entstehende Gewebe arbeitet sinngemäß in geschlossener Schicht nach Art eines Cambiums und wird daher als *Korkcambium oder Phellogen* (= das Korkerzeugende) bezeichnet. Seine Abkömmlinge stehen daher in strengen radialen Reihen, während nebeneinanderliegende Radialreihen gegeneinander wieder die übliche Alternanz der Wände zeigen.

Im allgemeinen bleiben die Zellen ziemlich flach tafelförmig, doch können sie bei mehrjährig tätigen Korkcambien einen den Jahresringen des Holzes entsprechenden Schichtenbau aufweisen. Das schönste Beispiel eines solchen Schichtkorkes liefert unsere Birke, bei welcher sich die *Jahresschichten* leicht einzeln ablösen lassen, weil es an der Jahresgrenze zwischen niedrigzellig-dickwandigerem Spätkork und großlumig-dünnwandigem Frühkork beim Austrocknen leicht zu Spannungen kommt, welche den Gewebeverband an der Jahrringgrenze lockern und schließlich sprengen. In anderen Fällen kommen zu den jahreszeitlichen Unterschieden der Zellgröße noch solche der Beschaffenheit von Wand und Inhalt: So wechselt in den Korkhäuten der Fichte und anderer Abietaceen weitlumig-dünnwandiger Schwammkork mit englumig-dickwandigem Steinkork und gerbstoffreichem Phlobaphenkork (Abb. 97).

Für die Funktion des Gewebes entscheidend ist, daß es ähnlich wie vorher die Cuticula fettige Membraneinlagerungen erfährt, welche die Zellen für Wasser und Luft so gut wie undurchlässig machen. Damit sind sie natürlich auch nicht mehr lebensfähig; die Korkzellen sterben ab und füllen sich mit Luft, was ihrer Aufgabe als isolierendem Hautgewebe durchaus nützlich ist. *Die Korkhaut stellt ein totes aber von innen laufend ergänztes Hautgewebe dar.*

Wie das Verdickungscambium Holz *und Rinde* ergänzt, so arbeitet auch das Korkcambium nicht nur einseitig, sondern gibt außer den absterbenden Korkzellen nach außen auch lebende Zellen nach innen an die primäre Rinde ab. Diese zentrifugalen Abkömmlinge des Korkcambiums werden als *Korkrinde* oder *Phelloderm* bezeichnet. Im Laufe der botanischen Stammesgeschichte scheint diese ziemlich überflüssige Bildung von Korkrindenzellen nach und nach rückgebildet worden zu sein; jedenfalls hat STAHL das mächtigste, bis 40-schichtige Phelloderm bei *Ginkgo* beobachtet; auch bei Nadelhölzern ist es z. T. gut entwickelt, während es bei Angiospermen völlig fehlen kann. Die Phellodermzuwächse sind auf jeden Fall so gering, daß Jahresschichten bisher nicht beobachtet worden sind (Alles-oder-Nichts-Reaktion).

β) Lenticellen

Die verbreitete Tendenz, die Gleichförmigkeit perikliner Schichten durch andersartige Gewebe zu durchbrechen, finden wir auch in der Korkhaut wieder: Ihr lückenloses Abschlußgewebe wird im Dienste der notwendigen Durchlüftung der darunterliegenden lebenden Gewebe (Rinde,

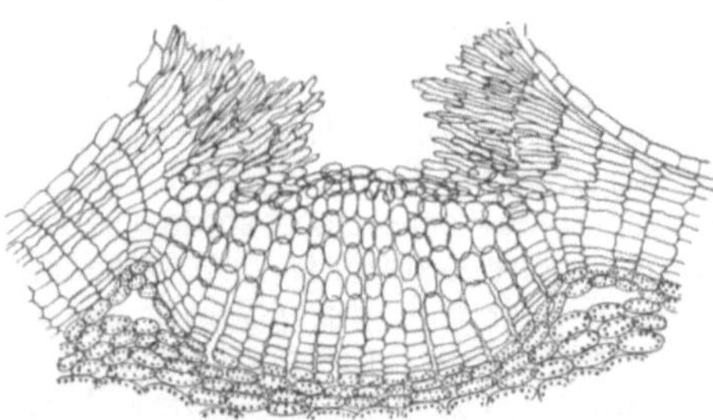

Cambium, Markstrahlen und Holzparenchym, Mark) nach dem Bünningschen Prinzip der Musterbildung in gesetzmäßiger Weise von sog. Rindenporen oder Lenticellen unterbrochen, wie die Epidermis von Spaltöffnungen.

Es handelt sich um Stellen, wo das Korkcambium statt der lückenlosen Zellen eines Hautgewebes rascher wuchernde, sich gegenseitig abrundende *Füllzellen* bildet. Dabei entsteht ein System vorwiegend radial gerichteter Intercellularen, welches eine Durchlüftung dahinter-

Abb. 103. Korkhaut und ·Lenticelle auf dem Querschnitt eines zweijährigen Holunderzweiges *(Sambucus nigra)*. Während außerhalb der Lenticelle die radial gereihten Korkzellen lückenlos zusammenschließen, geben sie in der wesentlich stärker wachsenden Lenticelle radiale Spalträume für die Durchlüftung frei. (Nach HABERLANDT)

liegender Gewebe ermöglicht (Abb. 103 und 104). Infolge der gesteigerten Wachstumsintensität wölben sich diese Bildungen linsenförmig aus der Fläche des übrigen Periderms vor; auch gegen das Grundgewebe kommt meistens eine Einwölbung zustande, so daß der Körper der Lenticellen die Gestalt einer

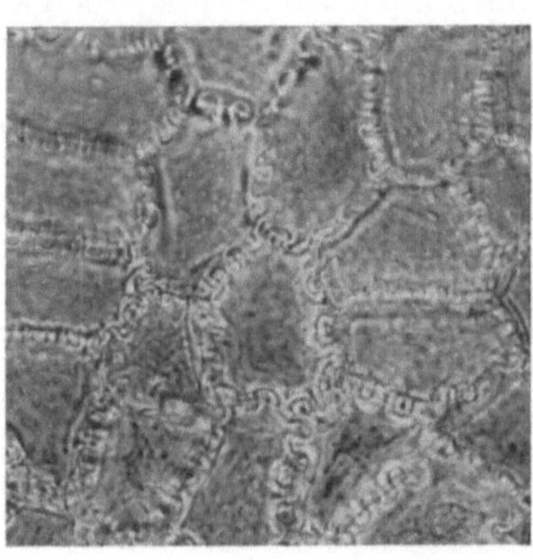
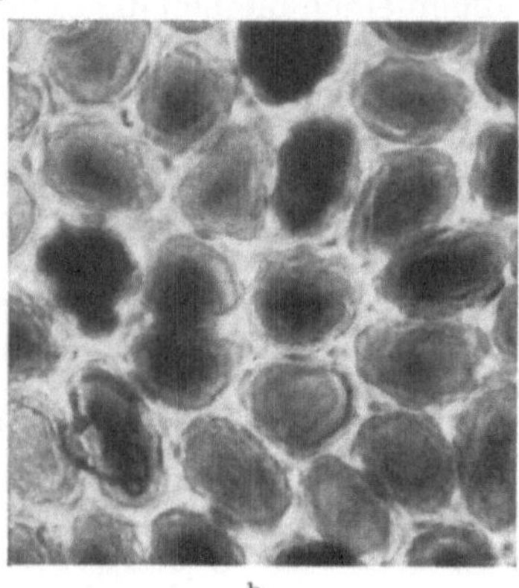

a   b

Abb. 104 a u. b. Korkhaut der Kiefer in Flächenansicht. a Im Bereich des Periderms lückenlos zusammenschließend und wellig verzahnt. b Im Bereich der Lenticelle in den Ecken der polygonalen Zellen kleine Intercellulargänge freigebend. 300:1. (Nach WUTZ)

bikonvexen Linse aufweist, was DE CANDOLLE 1826 in seiner Namengebung glücklich zum Ausdruck brachte. Als Orte gesteigerter Aktivität geben sich die Lenticellen auch dadurch zu erkennen, daß sie vielfach die Ausgangspunkte der Peridermbildung überhaupt darstellen.

Von UNGER bereits 1835 entdeckt, durch eine Wandtafel KNYs allgemein bekannt und in allen Lehrbüchern erwähnt ist die Entstehung vieler Sproßlenticellen unter Spaltöffnungen. So bemerkenswert diese Korrelation ist, so sollte sie doch auch nicht überschätzt werden: Erstens hat schon STAHL festgestellt, daß bei höheren Spaltöffnungszahlen (über etwa 50/cm^2) lange nicht unter jeder Spaltöffnung auch eine Lenticelle entsteht, sondern die Lenticellen höchstens ganzen Spaltöffnungsfeldern zugeordnet werden können; die Spaltöffnungen scheiden aber auch deswegen als eindeutige Determinanten der Lenticellenbildung aus, weil letztere auch unter spaltöffnungsfreien Epidermen, z.B. denen der Nadelholzsprosse (paarig beiderseits der Blattbasen) und vieler Gehölzwurzeln (oft beiderseits der Austrittsstellen von Seitenwurzeln) entstehen. Auf der anderen Seite bestehen auch mehr oder weniger deutliche Beziehungen der Lenticellen zu den tieferliegenden Geweben, besonders den breiteren Markstrahlen (WETMORE). Verfasser neigt daher zur Auffassung, daß sich bereits bei der Differenzierung der Vegetationspunkte ähnlich den Knoten und Internodien auch netzförmige Muster bilden, welche auf Achsen wie Blättern die Verteilung regeln; während aber bei den Blättern auf die kompakten Nerven nur etwa 20%, die intercellularreichen Intercostalfelder dagegen 80% der Fläche fallen, nehmen beim Netz der Rindenmuster die Lenticellen nur wenige Prozent der Fläche ein.

Frühzeitig bemerkt wurde, daß das Lenticellencambium nicht dauernd nur lockeres Füllgewebe produziert, sondern zeitweilig dichtere *Zwischenschichten* ablagert. HUGO VON MOHL hielt mit dem Übergreifen der Korkbildung auf die Lenticellen deren Durchlüftungsfunktion für endgültig abgeschlossen, während STAHL (1873) an einen jahreszeitlichen Verschluß besonders während der Wintermonate dachte, da er ein Aufreißen dieser „Verschlußschichten" durch später wieder nachdrängendes Füllgewebe beobachtete. Auf diese Weise sollten auch die Lenticellen — wenn auch lange nicht so vollkommen wie die Spaltöffnungen — eine gewisse Regulierung ihres Gaswechsels erreichen. Diese Auffassung hat DE BARY (1877) in seine Vergleichende Anatomie übernommen. Erst STAHLs Schüler KLEBAHN hat dann 1883 festgestellt, daß diese dichteren „*Zwischenschichten*" keine lückenlosen Zellverbände, sondern — allerdings engere — Intercellularen aufweisen, weshalb er den Ausdruck Verschlußschichten überhaupt ablehnt.

Genauere Untersuchungen dieses *rhythmischen Schichtwechsels* durch meinen Schüler WUTZ bestätigen im wesentlichen die Angaben von STAHL und von KLEBAHN: *Bei dem* in unseren Lehrbüchern meist allein dargestellten „*Sambucus-Typ*" erfolgt der *Schichtwechsel nur einmal im Laufe der Vegetationsperiode.* Wie in Holz, Rinde und Kork, so werden auch in der Lenticelle am Beginn und noch während eines großen Teils der Vegetationsperiode lockere, weitlumige, oft sogar unverkorkte Füllzellen gebildet. Erst bei nachlassendem Wachstum entstehen einige Lagen flacher Zellen mit kleineren Intercellularen, welche wohl stets verkorken und sich damit im Bau weitgehend dem der übrigen Korkhaut nähern. Wir können diese das Jahreswachstum abschließende Schicht als *Abschluß- oder Terminalschicht* bezeichnen, was im Gegensatz zu STAHLs überholter Bezeichnung Verschlußschicht zeitlich und nicht physikalisch zu verstehen ist; weit häufiger aber ist die Tätigkeit des Lenticellencambiums so lebhaft, daß es *innerhalb einer Vegetationsperiode mehrmals* zu einem endonomen *Wechsel zwischen lockeren unverkorkten Füllzellen und intercellulararmen verkorkten Zwischenschichten* kommt (Abb. 105). Diese rhythmische Bänderung entspricht völlig der vieler sekundärer Rinden, ist aber merkwürdigerweise nicht an dieselben Objekte gebunden, wie obenstehende Übersicht lehrt[1] (Tabelle 1). Als schönstes Beispiel dieses Typs sind schon von STAHL der Kirschbaum und die Birke genannt worden, weshalb wir vom *Prunus-Typ* sprechen wollen (Abb. 105).

Tabelle 1. *Jahreszeitliche* (j) *bzw. endonome* (e) *Schichtung von Rinden und Lenticellen*

Objekt	Rinde	Lenti-zellen
Betula .	j	e
Populus.	e	j
Prunus .	j	e
Robinia	e	e
Tilia . .	e	j

Stammesgeschichtlich dürfen wir die Lenticellen wohl als um so primitiver betrachten, je weniger sie in ihrem Bau vom übrigen Periderm abweichen. In dieser Hinsicht weisen die

---

[1] Im übrigen Periderm ist uns eine solche endonome Bänderung bisher nicht begegnet: Soweit sich überhaupt eine Schichtung erkennen läßt, erwies sie sich stets als jahreszeitlich.

Lenticellen der Gymnospermen — z. B. die schwer nachweisbaren der Kiefer *(Pinus silvestris)* — eindeutig einen primitiveren Bau auf; sie zeigen den gleichen jahreszeitlichen Wechsel
von Stein-, Schwamm- und Phlobaphen-Kork wie das übrige Periderm und erweisen sich
überhaupt nur durch den Besitz von Intercellularen als Durchlüftungsbezirke.

γ) Borkenbildung

Nachdem wir die sekundäre Rinde einerseits, die Peridermbildung
andererseits kennengelernt haben, bereitet das Verständnis der *Borkenbildung*, gewissermaßen des Zusammenpralls dieser beiden Bildungsvorgänge,
keine grundsätzlichen Schwierigkeiten mehr: Es handelt sich einfach darum,
daß auch das Korkcambium bei vielen Objekten nicht dauernd an derselben

Abb. 105. Querschnitt durch einen diesjährigen Robinientrieb. In der Lenticelle ist im Juli die Masse der Füllzellen bereits durch fünf dichtere Zwischenschichten unterbrochen. 100:1. (Nach WUTZ)

Stelle tätig bleibt, sondern — wohl wiederum unter dem Einfluß der zunehmenden tangentialen Spannung und damit tiefgreifender, schließlich
sogar makroskopisch sichtbarer Zerreißungen — tiefer, und zwar in den
Bereich der sekundären Rinde verlegt wird. Durch die entstehenden Kork-
schichten werden dann die betreffenden Rindengewebe zum Absterben
gebracht, und das entstehende Mischgewebe aus Korkhäuten und von ihnen
abgetrennten toten Rindengeweben bezeichnet man als Borke.

Am klarsten geregelt erscheint dieser Vorgang, wenn er jährlich um einen
Jahreszuwachs tiefer rückt und beispielsweise einfach den gesamten
Vorjahrszuwachs abtrennt, wie das bei der Rebe *(Vitis)* und anderen Lianen
der Fall ist. Wir sprechen in diesem Fall eines konzentrischen Einwärts-
schreitens der Verborkung von *Ringelborke*.

Viel häufiger aber greifen die Korkhäute erst nach Jahrzehnten in die
bis dahin lebende Rinde ein und schneiden aus ihr nicht bestimmte Jahreszuwächse, sondern unregelmäßige Schuppen heraus, welche in ihrem mittleren Teil oft eine ganze Reihe von Jahreszuwächsen umfassen, während sie
gegen den Rand flach auskeilen und an die bisherigen Korkhäute anlehnen

(*„Schuppenborke"*). Auch diese sekundären Korkhäute sind, freilich weniger auffällig, von *sekundären Lenticellen* durchbrochen. Wir finden solche vor allem am Grunde der Borkenrisse (Abb. 106).

Für unsere Auffassung von diesen Vorgängen ist HOLDHEIDEs Feststellung wichtig, daß das Rindengewebe vor seiner Abtrennung als Borkenschuppe noch mehr oder weniger auffällige Veränderungen erfahren kann: Bei der gemeinen Kiefer, Lärche, Douglasie und Sequoia zeigt das Rindenparenchym unmittelbar vor seiner Abtrennung noch einmal eine starke Aufblähung (Inflation) der Zellen (bis zu einem Mehrfachen ihres bisherigen Volumens), wodurch sie für die Aufgabe eines gegen Hitze und Trockenheit isolierenden Schutzgewebes besonders vorbereitet werden.

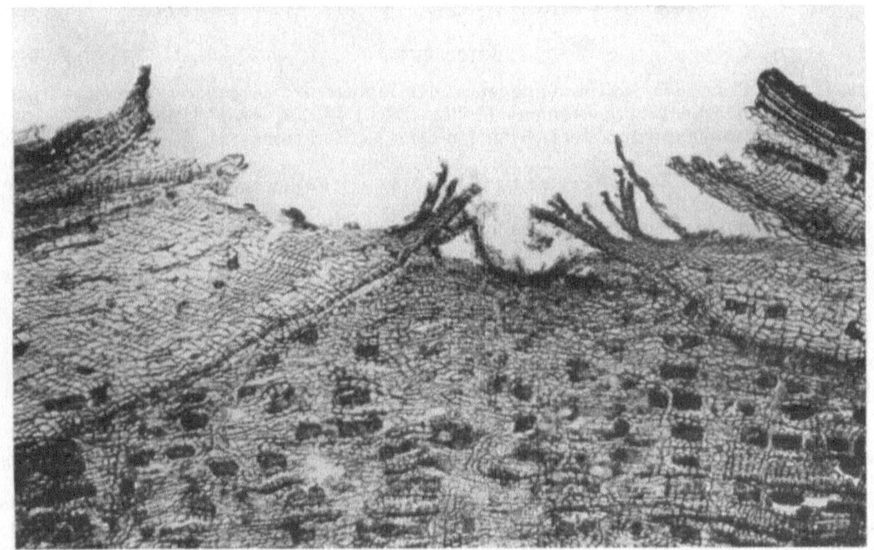

Abb. 106. Sekundäre Lenticelle am Grund eines Rindenrisses eines älteren Robiniensprosses. 50:1. (Nach WUTZ)

In der Regel ist demnach die Aufgabe der Rinde mit ihrem Tod und der Abtrennung als Borkenschuppe so wenig erschöpft wie die des Holzkörpers nach dem Ausscheiden aus dem lebenden Splint. Sie dient vielmehr noch Jahre und selbst Jahrzehnte (bei *Sequoia* Jahrhunderte) als vollendetstes Hautgewebe mächtiger Stämme, ehe es zur Abstoßung kommt.

e) Abstoßung der Borke

Was diesen letzten Akt im Dasein der Rinde betrifft, so vollzieht er sich bei langsam abschuppenden Bäumen mit jahrzehntelang erhalten bleibender Borke ähnlich unmerklich wie die Stammreinigung von unterdrückten Ästen: Eines Tages führt das fortschreitende Wachstum zu Spannungen, welche das tote Glied vom Baum lösen.

Wie aber der allmählich passiven Stammreinigung die aktive Lebenserscheinung der Absprünge gegenübersteht, so kennen wir auch schubweise abschuppende Borken (Platane).

Die Bedeutung der Borke für den Baum ist auch damit noch nicht zu Ende. Dank der Mineralstoffanhäufung in der Rinde, von der wir S. 127 sprachen, bringt sie ebenso wie der Laubfall dem Boden einen Teil jener

Mineralstoffe zurück, die der Baum ihm entzog. Dadurch daß dieser Abfall sich dem Boden oben auflagert, werden sogar die in humiden Gebieten mit dem Sickerwasser nach unten sinkenden Nährstoffe immer wieder gehoben und die Bodendegradation verlangsamt.

Wenn so auch die Borkenbildung in ihren Grundzügen klar liegt, so ist doch die *Mannigfaltigkeit der Borkentypen* (,,Die Rinde das Gesicht des Baumes'' nennt sich ein Kosmosbändchen von SCHWANKL) anatomisch erst unzureichend erforscht. Zunächst bedürften Entstehung und Veränderungen schuppiger Borken (Eibe, Platane, Bergahorn) einer ähnlichen Untersuchung, wie sie BRAUN den netzigen Borkenmustern (Eiche, Pappel, Esche, Spitzahorn) angedeihen ließ.

Literatur

BAUER, L.: Zur Frage der Stoffbewegungen in der Pflanze mit besonderer Berücksichtigung der Wanderung von Fluorochromen. Planta (Berl.) **42**, 367—451 (1953).

BRAUN, H. J.: Entstehung und Veränderungen netziger Borkenmuster. Z. Bot. **43**, 205—242 (1955).

CHEADLE, V. I., and K. ESAU: Secondary phloem of Calycanthaceae. Univ. Calif. Publ. Bot. **29**, 397—510 (1958).

ESAU, K.: Phloem structure in the grapevine, and its seasonal changes. Hilgardia **18**, 217 to 296 (1948).

—, and V. I. CHEADLE: Wall thickening in sieve elements. Proc. nat. Acad. Sci. (Wash.) **44**, 546—553 (1958).

— — Size of pores and their contents in sieve elements of dicotyledons. Proc. nat. Acad. Sci. (Wash.) **45**, 156—162 (1959).

ESCHRICH, W.: Kallose. Protoplasma (Wien) **47**, 487—530 (1956).

EVERT, R. F.: Phloem structure in *Pyrus communis L.* and its seasonal changes. Univ. Calif. Publ. Bot. **32**, 127—194 (1960).

FREY-WYSSLING, A.: Zit. S. 50.

GAERTNER, H.: Entwicklungsgeschichtliche und zytologische Untersuchungen an Phloemelementen von *Mercurialis annua* und *perennis*. Z. Bot. **48**, 398—414 (1960).

GRAF, E.: Vergleichende Untersuchungen über die Geleitzellen der Siebröhren. Diss. München 1955.

HOLDHEIDE, W.: Anatomie mitteleuropäischer Gehölzrinden. In Handbuch der Mikroskopie in der Technik, Bd. V/1, S. 193—368. 1951.

—, u. B. HUBER: Ähnlichkeiten und Unterschiede im Feinbau von Holz und Rinde. Holz als Roh- u. Werkstoff **10**, 263—268 (1952).

HUBER, B.: Das Siebröhrensystem unserer Bäume und seine jahreszeitlichen Veränderungen. Jb. wiss. Bot. **88**, 176—242 (1939).

— Zur Phylogenie des Jahrringbaues der Rinde. Svensk bot. Tidskr. **43**, 376—382 (1949).

—, u. E. GRAF: Vergleichende Untersuchungen über die Geleitzellen der Siebröhren. Ber. dtsch. bot. Ges. **68**, 303—310 (1955).

—, u. W. v. JAZEWITSCH: Zur Entwicklungsphysiologie der Prunus-Rinde. Acta bot. neerl. **4**, 385—388 (1955).

JANCZEWSKI, E. DE: Etudes comparées sur les tubes cribreux. Soc. Nat. Sci. Nat. Math. Cherbourg Mém. **23**, 209—350 (1881).

JAZEWITSCH, W. v.: Contribution a l'étude de *Humbertia madagascariensis* LAMK. I. Anatomie de l'écorce. J. Agr. Trop. Bot. Appl. **6**, 609—619 (1959).

KLEBAHN, H.: Die Rindenporen. Jena. Z. Med. Naturw. **27**, 537 (1884).

KOLLMANN, R.: Untersuchungen über das Protoplasma der Siebröhren von *Passiflora coerula*. II. Mitt. Elektronenoptische Untersuchungen. Planta (Berl.) **55**, 67—107 (1960).

KRULL, R.: Untersuchungen über den Bau und die Entwicklung der Plasmodesmen im Rindenparenchym von *Viscum album*. Planta (Berl.) **55**, 598—629 (1960).

PFEIFFER, H.: Die pflanzlichen Trennungsgewebe. In LINSBAUERs Handbuch der Pflanzenanatomie, Bd. V. Berlin 1928.

RESCH, A.: Beiträge zur Cytologie des Phloems. Entwicklungsgeschichte der Siebröhrenglieder und Geleitzellen bei *Vicia faba L.* Planta (Berl.) **44**, 75—98 (1954).

SCHUBERT, K.: Neue Untersuchungen über Bau und Leben der Bernsteinkiefern. Beih. Geol. Jb. **45**, Hannover 1961.

SCHWANKL, A.: Die Rinde, das Gesicht des Baumes. Stuttgart 1953.

Stahl, E.: Entwicklungsgeschichte und Anatomie der Lenticellen. Bot. Ztg **31**, 561—568, 577—585, 593—601, 609—617 (1873).

Troll, W.: Über Leitbündelisolierung in achsenartigen Organen. Planta (Berl.) **36**, 402—410 (1949).

Volz, G.: Elektronenmikroskopische Untersuchungen über die Porengrößen pflanzlicher Zellwände. Mikroskopie **7**, 251—266 (1952).

Wetmore, R. H.: Organization and significance of lenticels in dicotyledons. I. u. II. Bot. Gaz. **82**, 71—88, 113—131 (1926).

Wutz, A.: Anatomische Untersuchungen über System und periodische Veränderungen der Lenticellen. Bot. Studien, H. **4**, 43—72 (1955).

Ziegler, H.: Untersuchungen über die Leitung und Sekretion der Assimilate. Planta (Berl.) **47**, 447—500 (1956).

— Über die Atmung und den Stofftransport in den isolierten Leitbündeln der Blattstiele von *Heracleum mantegazzianum Somm.* et *Lev.* Planta (Berl.) **51**, 186—200 (1958).

— Untersuchungen über die Feinstruktur des Phloems. I. Mitt. Die Siebplatten bei *Heracleum mantegazzianum Somm.* et *Lev.* Planta (Berl., **55**, 1—12 (1960).

Zimmermann, M. H.: Translocation of organic substances in trees. I.—III. Plant Physiol. **32**, 288—291, 399—404 (1957); **33**, 213—217 (1958).

IV. Das System der Holz- und Rindenstrahlen

Die große Masse der axial gestreckten beiderseitigen Abkömmlinge des Cambiums wird— wie wir schon bei der Besprechung des Cambiums erwähnten—durch Abkömmlinge besonderer Initialen zerklüftet, welche mindestens in ihrer höchsten Entwicklung niedrige, aber dafür radial gestreckte Zellen liefern, die Holz- und Rindenstrahlen. Diese werden im deutschen Schrifttum meist unter der sachlich unrichtigen und daher wenig glücklichen Bezeichnung „Markstrahlen" zusammengefaßt, während sie das anglo-amerikanische Schrifttum besser „rays" (= Strahlen schlechthin) heißt und nur im Bedarfsfall xylem und phloem rays unterscheidet. Wir wollen dieses in den Lehrbüchern meist recht farblos schablonenhaft behandelte Gewebesystem hier im Zusammenhang betrachten, um seine reiche stammes- und entwicklungsgeschichtliche Mannigfaltigkeit besser zur Geltung zu bringen.

1. Phylogenie
a) Primäre Markstrahlen

Die Protostele, der Zentralstrang der Psilophyten, aber auch der primären Wurzeln kennt noch keine Unterbrechung der Tracheiden durch andersartige Elemente. Sobald aber durch Umwandlung eines Teiles der Tracheiden in Parenchym über das — aus Tracheiden und Parenchym — „gemischte" Mark der Lepidodendren ein parenchymatisches Mark entsteht, sich die Protostele zur Siphonostele wandelt[1], wird auch eine lebende Verbindung dieses Markes zur Oberfläche, den Geweben der Rinde erforderlich, sofern dieses Mark am Leben bleiben und der Speicherung dienen soll. Infolgedessen gibt es praktisch kaum wirklich geschlossene Siphonostelen, sondern bereits im Bereich der Farne fast nur Dictyostelen, bei denen das Netz der Tracheiden von kleineren oder größeren „Blattlücken", „Knospenspuren", „Wurzelspuren" u. dgl. radial durchsetzt wird. Wie diese Namen sagen, sind die Ansätze von Blättern, Seitenknospen und Seitenwurzeln (Appendices der Stigmarien) bevorzugte Stellen einer solchen lebenden Verbindung zum Mark.

Auf dem einzelnen Querschnitt durch eine solche Achse erhalten wir nun das etwas mißverständliche Bild scheinbar isolierter, in Wirklichkeit

---

[1] Mit Schwendener können wir für diese Weiterentwicklung des Zentralstranges zum Hohlzylinder in erster Linie mechanische Bedürfnisse verantwortlich machen.

räumlich vernetzter Bündel (Faszikel), welche voneinander durch *primäre Markstrahlen* — in diesem Fall ist der Ausdruck berechtigt — getrennt erscheinen. Räumlich betrachtet, laufen aber fasciculare und interfasciculare Gewebe nicht parallel nebeneinander durch wie Eisenbahnschienen, sondern die primären Markstrahlen füllen nur die Maschen des von Bündeln gebildeten Netzes. Im Zuge internodialer Streckung (vgl. S. 79) können freilich auch diese Parenchymplatten sehr bedeutende Höhen bis zur Länge eines Internodiums erreichen (z.B. bei den Lianen *Aristolochia, Clematis* usw.).

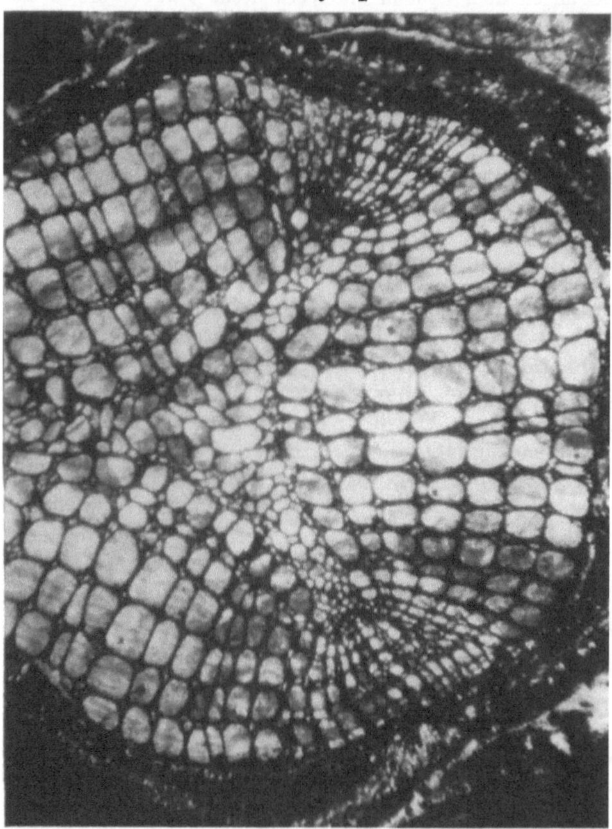

Abb. 107. Querschnitt durch den dreistrahligen Holzkörper von *Sphenophyllum* (35:1). Als Vorläufer der Markstrahlen finden sich zwischen den Tracheiden kleinere axial gestreckte Zellen, welche durch 1—2 Reihen (im Schliff nicht getroffener) radialer Zellen vernetzt werden. (Nach einem Schliffpräparat von W. ZIMMERMANN, aus HUBER und MÄGDEFRAU)

In diesem primitiven Stadium durchbricht meist nicht nur das z.T. noch teilungsfähige (meristematische) Parenchym die Stele, sondern das Xylem der Bündel erscheint oft auch ringsum von Phloem umkleidet, so daß die Entwicklung vom hadrozentrischen, allseits phloemumrandeten über das bikollaterale (innen und außen phloembesitzende)zum kollateralenBündel mit bloßem Außenphloem zu führen scheint. Unter diesen Umständen darf wohl auch die 'Auskleidung der primären Markstrahlen mit andersartigen Randzellen als primitivesMerkmalgewertet werden. Das ansetzende Blatt, die Seitenknospe oder auch die Wurzel gewinnen mit ihren Blattspuren, Knospen- und Wurzelspuren auf diese Weise leicht Anschluß an Gefäß-, Sieb- und Parenchymsystem.

b) Sekundäre Strahlen

Wenn nun das sekundäre Dickenwachstum größere Holzkörper aufbaut, sehen wir alsbald auch diese in ihrer Masse durch abweichende Zellelemente zerklüftet. Diese sekundären Strahlen — Markstrahlen wollen wir sie nicht heißen, weil sie ja nicht ins Mark reichen — haben aber zunächst außer dem radialen Verlauf mit den primären kaum etwas gemein, und es ist eigentlich überraschend oder vielmehr nur aus der Verwischung dieser Verhältnisse im Laufe der Entwicklung erklärlich, daß sie unter einer gemeinsamen

Bezeichnung zusammengeworfen wurden. Alle neueren Untersucher (besonders BARGHOORN) sind sich über die entwicklungsgeschichtliche Ungleichwertigkeit von primären und sekundären Strahlen einig: *Die primären Strahlen sind ursprünglich hoch und mehrschichtig, vielfach aus verschiedenartigen Rand- und Binnenzellen aufgebaut (heterogen), die sekundären zunächst einschichtig, weniger hoch und mindestens in dem Sinne homogen, daß sie anfangs vielfach aus lauter stehenden Zellen bestehen.*

Beachten wir nach dieser begrifflichen Trennung zunächst ausschließlich die Phylogenie der sekundären Strahlen weiter (mit der sich kürzlich HUBER und MÄGDEFRAU beschäftigten), so dürften die *Sphenophyllales* den primitivsten Fall darstellen, indem hier noch keine radiale Kontinuität der

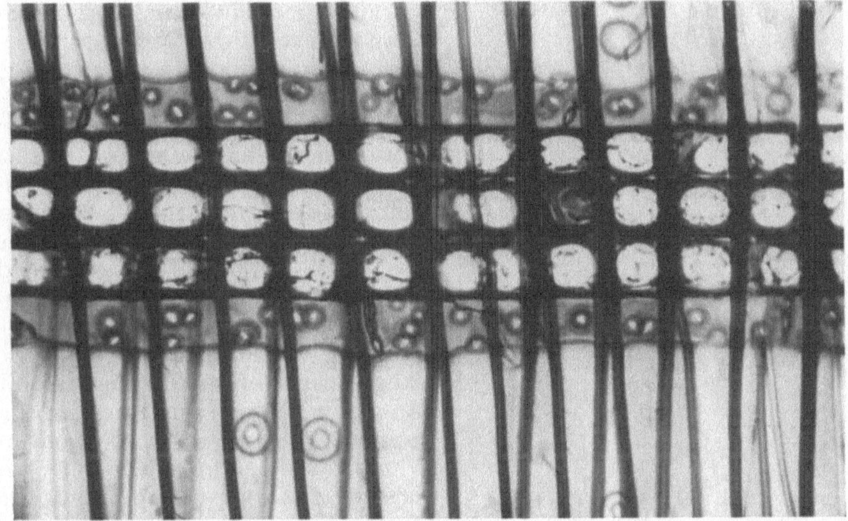

Abb. 108. Radialansicht eines Markstrahls von *Pinus strobus* (200:1) mit parenchymatischem Mittelteil (drei Reihen) und tracheidalem Saum (beiderseits je eine Reihe). (Nach HUBER 1951)

Strahlzellen vorliegt, sondern diese sich unregelmäßig zwischen die Tracheiden schieben (Abb. 107). Bemerkenswerterweise haben BARGHOORN und BANNAN ähnliche Gebilde noch am Beginn der Entstehung sekundärer Strahlen bei Coniferen beobachtet.

Schon bei den Calamiten finden wir dagegen die sekundären Strahlen vom Augenblick ihrer Entstehung an radial kontinuierlich nach außen laufend, d.h., ihre Bildung geht nunmehr von besonderen Strahlinitialen des Cambiums aus, welche nur noch Strahlzellen liefern. Diese Zellen sind viel weniger hoch als die Tracheiden (die Strahlinitialen durch Segmentierung gewöhnlicher Cambiumzellen entstanden), aber doch noch immer deutlich axial gestreckt. *Der homogene Strahl aus lauter stehenden Zellen ist demnach offenbar die ursprünglichste Form des sekundären Strahls.* Bemerkenswert ist weiterhin, daß das fossile Material in diesen sekundären Strahlzellen zwar vielfach die gleiche Tüpfelung wie in den länger gestreckten Tracheiden (meist Treppentüpfelung), dagegen keinen organischen Inhalt erkennen läßt, daß also die sekundären Strahlen zunächst anscheinend rein tracheidal waren und demnach wohl nur der Querverschiebung von Wasser, aber nicht der Leitung und Speicherung von Assimilaten aus der Rinde dienten.

Die wichtigsten weiteren Etappen der Entwicklung der sekundären Strahlen sind in großen Zügen folgende:

1. Eine fortschreitende *Verkürzung in axialer und dafür Streckung in radialer Richtung*, wodurch die Strahlen erst zu dem die Längsleitung wirkungsvoll unterstützenden Radialsystem werden. Nach den geistvollen Ausführungen von KRIBS und CHATTAWAY kann kein Zweifel darüber bestehen, daß das sekundäre Strahlensystem schrittweise aus einem tracheidalen hervorgegangen ist, die Entwicklung also von homogenen Strahlen mit lauter stehenden Zellen über heterogene Strahlen mit stehenden Rand- und liegenden Mittelzellen (die wir später noch eingehender behandeln müssen) zu den homogenen Strahlen mit lauter liegenden Zellen als Endglied führte. Anzeichen dieser Entwicklung finden sich auch in der Ontogenie des Einzelstrahles, so wenn BARGHOORN die sekundären Strahlen mit einer axial gestreckten Zelle beginnen sieht, an die sich schrittweise niedrigere schließen, oder wenn auch bei unserer Kiefer, wie KNY schon 1884 beschrieb, die Strahlen mit verhältnismäßig hohen Zellen beginnen. Auch die Beobachtung BARGHOORNs, daß viele Angiospermenstrahlen im Anschluß an einen Parenchymstrang beginnen (Abb. 71), weist in diese Richtung.

2. Fast noch entscheidender aber ist die *Umbildung der Strahlzellen vom tracheidalen zum parenchymatischen Charakter*, also von wasser- zu assimilatleitenden Zellen. *Obwohl entwicklungsgeschichtlich aus dem Holzkörper hervorgegangen, gehören die Strahlen damit physiologisch nicht mehr dem Holzkörper, sondern dem Assimilatleitungssystem an, dessen Abzweigungen zweiter und dritter Ordnung sie* (d. h. die Strahlen und das anschließende Strangparenchymsystem) *darstellen.*

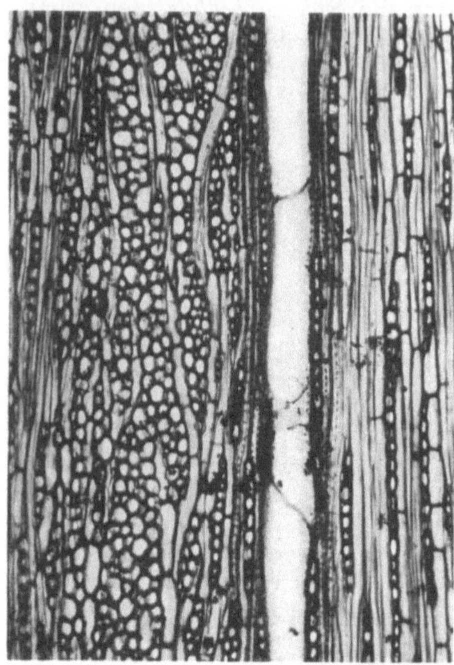

Abb. 109. Zweierlei Markstrahlgrößen auf dem Tangentialschnitt von *Quercus ilex* (100:1). Links ein breiter primärer Markstrahl durch Auswachsen von Holzfasern nachträglich zerklüftet, rechts einschichtige sekundäre Strahlen. (Nach HUBER und ROUSCHAL)

Wenn wir bei den Coniferen in den Strahlen vielfach noch tracheidale und parenchymatische Elemente nebeneinander finden (Abb. 108), sind nicht erstere, sondern letztere eine Neuerwerbung, Gehölze mit rein parenchymatischen Strahlen wie *Abies* daher in diesem Punkte abgeleitet, solche mit beiderlei Zellen wie *Picea, Larix* und *Pinus* primitiv. Auf diese Weise erklärt sich auch viel leichter das gelegentliche Vorkommen von Markstrahltracheiden bei in der Regel tracheidenfreien Hölzern (*Abies, Cedrus*, altes Holz von Cupressaceen; selbst bei *Ginkgo* können die Strahlen tracheidal beginnen).

3. Noch unter den Angiospermen müssen *Hölzer mit zweierlei Markstrahlen* wie *Quercus* (Abb. 109) und *Fagus* als relativ ursprünglich gelten, während die Verwischung der Unterschiede zwischen primären und sekundären Strahlen ein abgeleitetes Merkmal darstellt. BARGHOORN hat diese allmähliche Verwischung auch in der Ontogenie mancher Tropenhölzer Schritt für Schritt verfolgen können.

Überhaupt wollen wir uns nach diesem ersten phylogenetischen Überblick mit seiner nicht jedermann zwingenden Verknüpfung isolierter Relikttypen den neueren, jederzeit nachprüfbaren Befunden über die Wandlungen der Strahlen in ihrem Verlauf von früheren zu späteren Jahresringen zuwenden.

2. Ontogenie

a) Gymnospermen

Auf dem einzelnen Dünnschnitt und erst recht den Abbildungs-Ausschnitten unserer Lehrbücher erscheint die Radialansicht der Holzstrahlen als eine quer über die Fasern hinweglaufende Binde gleicher Breite mit einer konstanten Zahl von Zellreihen. So erhält man keine Vorstellung von der steten Wandlung, die auch diese Gebilde in ihrem Verlauf erfahren und die in den letzten beiden Jahrzehnten von BAILEYs Schüler BARGHOORN und, zunächst noch ohne Kenntnis dieser Untersuchungen, von meinem Schüler BRAUN klargelegt wurde.

Wir beginnen mit einer einfachen, aber überzeugenden Statistik: BRAUN maß auf tangentialen Schnitten durch den zweiten, achten, zwanzigsten, fünfzigsten und hundertsten Jahresring einer Kiefer die Höhe von je 100 Markstrahlen und stellte dabei folgende Verschiebung in der Zahl der Zellreihen fest (Tabelle 2). Zur Ergänzung dieser Durchschnittszahlen zeigt Abb. 110 auch die Verteilung auf die einzelnen Höhenklassen für verschiedene Jahre: Man sieht dann, daß die Markstrahlen mit dem Alter nicht nur durchschnittlich höher geworden sind, sondern daß z. B. die Zahl der einreihigen auf Kosten der zweireihigen abgenommen hat und daß mehr als zehnreihige völlig neu aufgetreten sind. Es ist natürlich wahrscheinlich, daß diese Erhöhung der Zellenzahl auf Weiterteilung der Strahlinitialen beruht, es ist aber auch denkbar, daß die später eingeschobenen Sekundärstrahlen von vorneherein eine größere Höhe hatten, während die älteren Strahlen ihre Höhe beibehielten. Infolgedessen konnte nur planmäßige Suche nach der Beschaffenheit neu eingeschobener Strahlen wie nach der Änderung der vorhandenen volle Klarheit bringen. Da die Veränderungen in den ersten Jahren, in denen der Umfang relativ am schnellsten wächst, am größten sind, wurden vor allem diese mit vollem Erfolg untersucht. Wie auch BARGHOORN betont, konnten die Verhältnisse nur deshalb so lange verborgen bleiben, weil sonst schon aus wirtschaftlichen Gründen vorwiegend altes Holz stärkerer Abmessungen anatomisch untersucht worden war.

Für die Ontogenie der einschichtigen Coniferenstrahlen ergab sich nun folgendes: *Die sekundären Strahlen sind im Augenblick ihrer Entstehung stets nur eine Zelle hoch*[1], *teilen sich aber ziemlich bald zu zwei und weiterhin*

Tabelle 2. *Änderung der Markstrahlhöhe mit dem Alter*

Zellreihen	Häufigkeit (%) verschiedener Markstrahlhöhen (Zahl der Zellreihen) auf dem				
	2.	8.	20.	50.	100.
	Jahresring *(Pinus silvestris)*				
1—2	10	—	—	—	—
3—5	59	26	26	8	14
6—10	31	63	75	75	71
> 10	—	11	9	17	15
Höchster Strahl	10	16	15	19	24
Durchschnittshöhe	4,71	7,44	7,61	8,33	8,72

---

[1] Diese erste Zelle ist höher als die folgenden, bisweilen sogar ausgesprochen axial gestreckt. Auf die stammesgeschichtliche Bedeutung dieser Tatsache wurde bereits hingewiesen.

vier Reihen (BRAUN fand auf tangentialen Schnittserien den faßbaren Beginn eines neuen Strahles 86mal ein-, 14mal zweizellig). Nach Erreichung der Vierreihigkeit kommen weitere Teilungen nach BARGHOORN wie BRAUN nur noch in den Rand-, nicht mehr den Mittelreihen vor. Ähnlich wie die Pseudotransversalteilungen der fusiformen Cambiumzellen (s. o., S. 94 f.), so häufen sich auch die Bildung neuer und die Reihenspaltungen vorhandener Strahlen im Spätholz (Abb. 73).

Was den Zellcharakter betrifft, so haben HUBER (1949) und BRAUN folgendes festgestellt: Eine bis zwei, selten mehr Randreihen pflegen beiderseits tracheidal ausgebildet zu sein, während die Mittelreihen — vom gleich zu besprechenden Sonderfall durch Verschmelzung entstandener „polymerer" Strahlen abgesehen — parenchymatisch sind. Im gleichaltrigen Holz nimmt daher die Zahl der Parenchymreihen mit der Markstrahlhöhe rascher zu als die

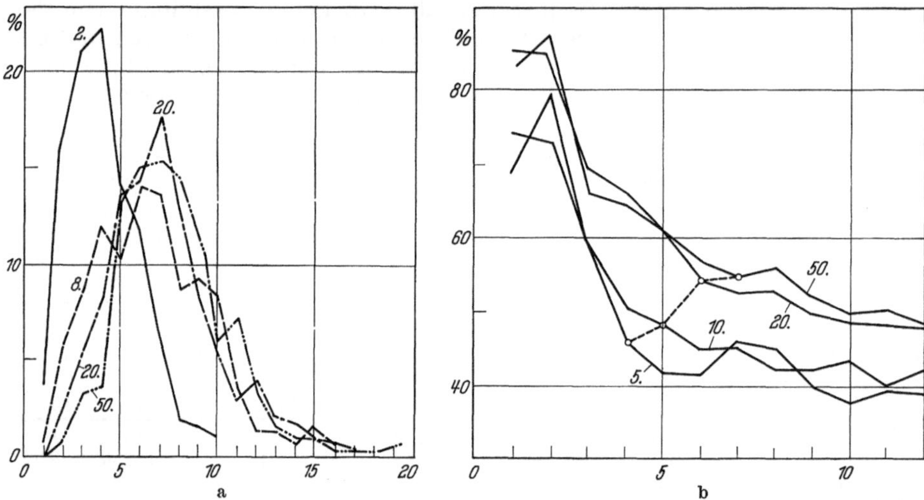

Abb. 110. a Häufigkeit (%, Ordinate) verschiedener Markstrahlhöhen (Abszisse) in verschiedenen Jahresringen des Kiefernholzes (Parameter). b Tracheidenanteil (%, Ordinate) verschiedener Markstrahlhöhen (Abszisse) in verschiedenen Jahresringen (Parameter). Die gestrichelte Linie verbindet die durchschnittlichen Markstrahlhöhen der verschiedenen Altersklassen. Die Zunahme des Tracheidenanteils mit dem Alter überwiegt die Abnahme mit der Höhe. (Nach BRAUN)

der Tracheidenreihen (Abb. 110 und 111): Während zweireihige Markstrahlen noch zu etwa 80% Tracheidalreihen besitzen, überwiegen beim jüngeren Holz, etwa vom sechsreihigen Strahl an, die Parenchymreihen. Dieser Tendenz eines mit der Höhe abnehmenden Tracheidenanteils arbeitet aber die zweite entgegen, daß mit zunehmendem Alter immer mehr Parenchymreihen in tracheidale umgeprägt werden. In dem von BRAUN analysierten Material überwog die Alterszunahme die höhenbedingte Abnahme, so daß älteres Holz trotz durchschnittlich höherer Strahlen prozentual mehr Tracheidenreihen besaß als jüngeres (Abb. 110 b).

Die Coniferenstrahlen verändern aber ihre Höhe nicht nur durch Teilung, sondern, zwar seltener, aber um so ausgiebiger, durch *Verschmelzung übereinanderliegender Strahlen,* die meist im Gefolge von Zellteilung und damit Höhenzunahme eintritt. Am leichtesten kenntlich sind diese Verschmelzungsprodukte bei den heterogenen Strahlen der Kiefer, Fichte und Lärche, weil dabei die sonst nur am Rande auftretenden Tracheiden auch in die Mitte des Strahles geraten („polymere Markstrahlen" E. HOFMANNs; Abb. 112). Nach unseren eingehenden Untersuchungen dürfen alle polymeren Coniferenstrahlen als Verschmelzungsprodukte betrachtet werden. Sie machen unter den Fünfreihigen nur 0,1%, unter den mehr als zwölfreihigen aber bereits 100% aus, von der Gesamtzahl der Kiefernstrahlen sind im 20. Jahr bereits über 30% polymer, womit wir einen Mindestwert für die Häufigkeit der Strahlenverschmelzungen erhalten. Als Rekord fand BRAUN einen 30reihigen Strahl in dem fünf Tracheidenbänder mit vier Parenchymbändern wechselten.

Gegenüber diesen beiden, die Markstrahlhöhe steigernden Vorgängen treten die beiden gleichfalls nachgewiesenen erniedrigenden Vorgänge in den Hintergrund: die Verringerung der Reihenzahl durch *Ausfall einzelner Initialen* (über diese Vorgänge vgl. auch S. 93 ff.) und die *Spaltung von Strahlen* durch Spitzenwachstum gewöhnlicher Cambiumzellen oder auch das Auswachsen einzelner Markstrahlinitialen zu solchen.

Harzgangführende Markstrahlen entstehen stets im Anschluß an Längsharzgänge, und zwar — soweit wir beobachten konnten — aus schon vorher einschichtig vorhandenen Strahlen.

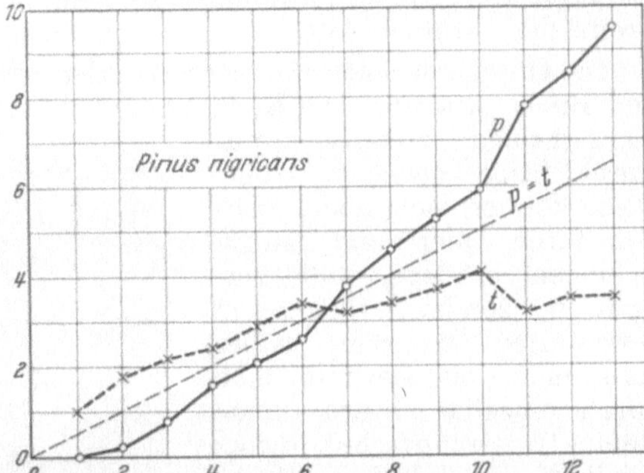

Abb. 111. Anteil von Parenchym (*p*, ausgezogen) und Tracheiden (*t*, gestrichelt) bei verschiedenen Markstrahlhöhen von *Pinus nigricans* (Abszisse). Die Zahl der Reihen (Ordinate) nimmt beim Parenchym stetig, bei den Tracheiden nur wenig zu. (Nach HUBER 1949)

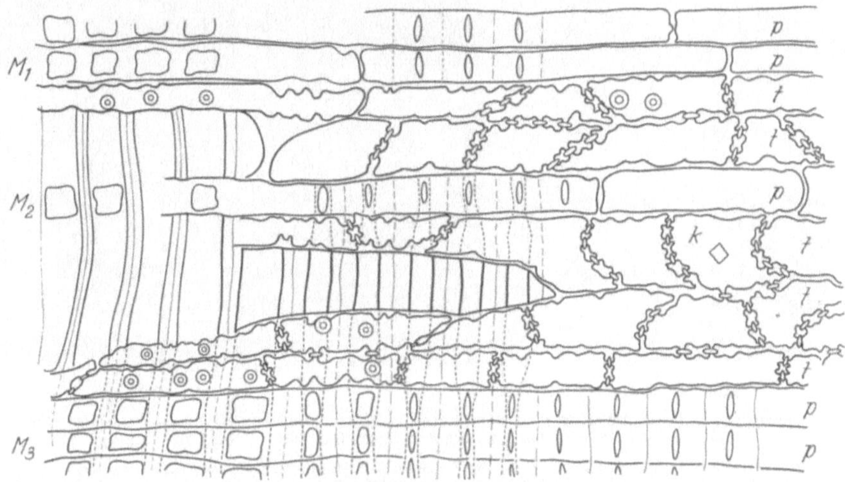

Abb. 112. Entstehung eines polymeren Markstrahls bei *Pinus silvestris* durch Verschmelzung dreier übereinanderliegender Markstrahlen M_1—M_3; von M_1 und M_3 nur ein kleiner Teil der Gesamthöhe gezeichnet (die äußeren tracheidalen Randreihen fehlen daher). (Nach HUBER 1949)

Alles in allem sind demnach die Strahlen jedenfalls wesentlich wandlungsfähigere Gebilde, als nach den herkömmlichen Darstellungen anzunehmen war.

b) Angiospermen

Bei den Dicotylen erreicht der Anteil der Strahlen am Aufbau des Holzkörpers viel höhere Werte als bei den Gymnospermen: Während er bei diesen nur 2—5 Volumprozent ausmacht[1], liegt er bei Laubhölzern häufig

---

[1] Die Zellstoffindustrie ist mehr an der Angabe von Gewichtsprozenten interessiert, die sich z. B. durch „Siebsichtung" bestimmen lassen. Angaben darüber finden sich bei KLAUDITZ.

zwischen 10 und 20% und kann sogar nahe an 50% herankommen (*Morus* 45% nach Huber und Prütz). Das beruht aber weniger auf einer Zunahme der Zahl als vielmehr auf einer solchen der Höhe (oft über 1 mm) und Breite der Strahlen (oft über zehnschichtig).

Die Ontogenie solcher breiter Strahlen hat Braun am Beispiel der Eiche und Buche studiert: Die *Eiche* besitzt zwischen den fünf breiten primären Markstrahlen zunächst nur einschichtige geringer Höhe. Diese können sich aber nicht nur durch Quer- und Längsteilungen erhöhen und verbreitern, sondern rücken in bestimmten Bezirken näher zusammen, bis sie nur noch durch einzelne Fasern (keine Gefäße!) getrennt sind (dieses Stadium der „falschen Markstrahlen" wird anschließend

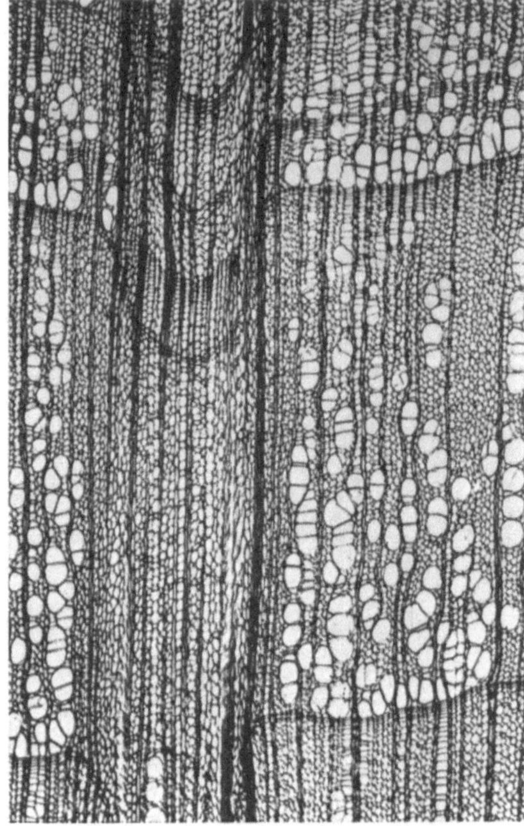

Abb. 113

Abb. 114

Abb. 113. Schema der Aufspaltung eines breiten primären Markstrahls der Buche *(Fagus silvatica)*; fünf in je 1,5 mm aufeinanderfolgenden Tangentialansichten. 40:1. (Nach Braun)

Abb. 114. Querschnitt von Haselholz *(Corylus avellana)* 60:1 mit falschem Markstrahl und radialen Gefäßgruppen. (Nach Huber 1951)

noch näher besprochen). Wenn schließlich auch diese Fasern ausfallen, entsteht ein geschlossener breiter Strahl, der später durch Auswachsen von Initialen zu fusiformen Cambiumzellen wieder zerklüftet werden kann. Bei *Buche* sind diese Verschmelzungen und Wiederaufspaltungen von Markstrahlen (Abb. 113) besonders in den ersten Jahren relativ rascher Umfangszunahme so häufig, daß man die *Vernetzung* auch auf Querschnitten beobachten kann. Sie bildet ein Gegenstück zu der früher (S. 108) besprochenen Gefäßvernetzung. — Die Entstehung breiter Strahlen bei Objekten, welche nur solche, aber keine schmalen besitzen (z.B. *Platanus, Tamarix*) scheint noch nicht untersucht zu sein; vermutlich wächst hier jede neu entstandene

Markstrahl-Initiale durch simultane (evtl. auch sukzedane) Quer- und Längsteilungen rasch zu einer Initialengruppe der erforderlichen Höhe und Breite heran.

Als entwicklungsgeschichtliches Kuriosum haben sich die sog. „*falschen Markstrahlen*" einiger Fagales (aggregate rays des englischen Schrifttums) erwiesen: Auf dem Holzquerschnitt von *Carpinus* gewahrt das freie Auge oder die schwache Lupe mehrere zehntel Millimeter breite markstrahl-ähnliche Gebilde, die aber nicht so deutlich begrenzt erscheinen, wie echte Markstrahlen und daher von den alten Autoren als „falsche" Markstrahlen beschrieben wurden. Das Mikroskop entschleiert, daß es sich um gefäßfreie

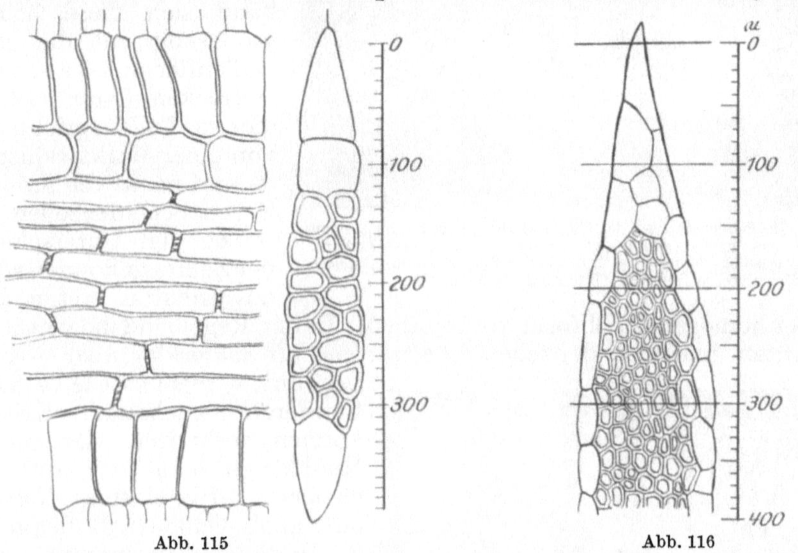

Abb. 115   Abb. 116

Abb. 115. Radial- (links) und Tangentialansicht (rechts) eines stark heterogenen Markstrahls des Leguminosen-holzes *Daniellia thurifera*. (Nach HUBER 1949)

Abb. 116. Tangentialansicht eines Markstrahls von *Sterculia rhinopetala* mit Scheidenzellen. (Nach HUBER 1949)

Sektoren handelt, in welchen Markstrahlen mit Holzfasern und etwas Strangparenchym in dichter Folge wechseln (Abb. 114).

Eine entwicklungsgeschichtliche Untersuchung durch HOLDHEIDE hat die Entstehung dieser Gebilde folgendermaßen aufklären können: Die tangentiale Dilatation des Cambiums (s. o., S. 92 ff.) ist bei *Carpinus* und anderen Gattungen mit falschen Markstrahlen sehr ungleich verteilt: Bezirken mit starker Erweiterungstendenz stehen andere gegenüber, in denen es ständig zum Ausfall von Initialen kommt. In diesen Schrumpfungs-zentren verschwindet die Fähigkeit zur Bildung verschiedener Zellelemente in nachstehender Reihenfolge: Zuerst erlischt die Gefäßbildung (daher gefäßfreie Zone), dann fallen Faserreihen aus, so daß die Markstrahlen näher zusammenrücken und schließlich verschmelzen (besonders auffällig bei *Alnus*, wo die Strahlen außerhalb dieses Bereiches stets einschichtig sind, während nun auch zwei- bis dreischichtige auftreten). Die Vorgänge lassen sich in den Rindenstrahlen (s. u., S. 147) noch deutlicher verfolgen, weil sie durch geringe Jahreszuwächse gerafft erscheinen.

3. Differenzierung der Strahlen innerhalb der Angiospermen

Nicht minder bemerkenswert wie die Entstehung ist die innere Diffe-renzierung der Strahlen: Sie erscheinen nur in einer Minderzahl von Fällen

„homogen", d. h. aus gleichmäßig liegenden Zellen aufgebaut; daher wird dieses Merkmal in der Loch-Sortierkartei von Princes Risborough unter Nr. 34 gelocht. Wesentlich öfter sind besonders die „Kantenzellen" (oberer und unterer Rand) deutlich vergrößert, stärker getüpfelt und oft axial gestreckt (Abb. 115). Bei mehrschichtigen Strahlen kann sich diese Zellvergrößerung auf die ganze Außenfläche des Strahls erstrecken (Abb. 116); in diesem Falle spricht man von einer Markstrahlscheide und nennt die größeren Zellen Scheidenzellen.

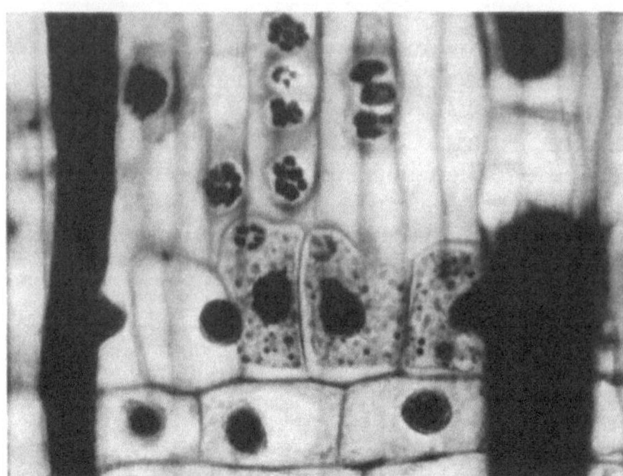

Abb. 117. Die Rindenstrahlen der Kiefer sind im Bereich der tätigen Siebzellen von großkernigen und plasmareichen „Eiweißzellen" (Strasburger-Zellen) eingesäumt und mit den Siebzellen durch kleine Siebtüpfel verbunden. (Radialschnitt nach ESAU)

Zu den Unterschieden der Zellform können solche des Inhaltes treten (oder auch bei homogener Zellform vorkommen): In der Regel sind die vergrößerten Kanten- und Scheidenzellen inhaltsärmer, oft wasserklar, aber — soweit bekannt — niemals wie bei vielen Coniferen tracheidal. Kristalle können verbreitet oder auch in Idioblasten lokalisiert auftreten, ebenso Öl-Idioblasten *(Laurus)* oder auch -Gänge (z. B. Pistacien).

In diesem Zusammenhang soll auf die bedauerlich mangelhaften Kenntnisse der *Markstrahlphysiologie* hingewiesen werden: Es ist anatomisch offenkundig, daß sie zwischen Rinde und Holz vermitteln, und der schon von R. HARTIG studierte jahreszeitliche Wechsel in der Stärkespeicherung zeigt, daß sie u. a. am Kohlenhydratstoffwechsel teilnehmen. MÜNCH hat die Strahlen für die Sekretion des von der Massenströmungstheorie zu fordernden Transportwassers der Assimilate ins Holz verantwortlich gemacht. Aber ob diese Vorgänge dauernd oder periodisch, gerichtet oder beiderseitig vor sich gehen, ob es etwa — wie HOLD-HEIDE (mündlich) vermutet — eine Arbeitsteilung zwischen auswärts- und einwärtsleitenden Strahlen

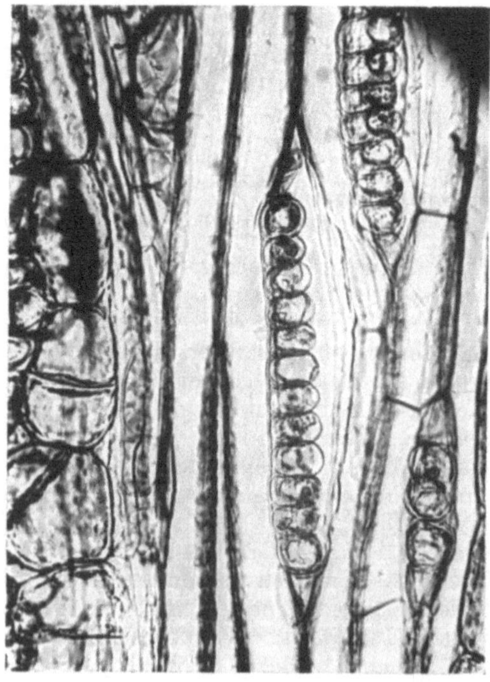

Abb. 118. Tangentialschnitt durch die ältere Rinde von *Larix europaea.* Der einschichtige Markstrahl ist rechts von einem Intercellularspalt gleicher Höhe begleitet. (Nach HUBER und V. JAZEWITSCH)

(z. B. breiten und schmalen) gibt, ist so gut wie unbekannt. Versuche ROUSCHALs mit fluorescierenden Farbstoffen sind durch seinen frühen

Soldatentod in den Anfängen steckengeblieben. Erst in jüngster Zeit hat ZIEGLER einschlägige Untersuchungen mit Hilfe der Isotopentechnik aufgenommen.

4. Rindenstrahlen

Eine planmäßige Untersuchung der Rindenstrahlen, d.h. der von den Cambiuminitialen nach auswärts gebildeten Abschnitte der Strahlen, steht noch aus und gehört zu den Arbeitsvorhaben meines Institutes. Sie wird technisch dadurch erschwert, daß die Strahlen beim Siebröhrenkollaps (s. o., S. 125 ff.) aus der ursprünglich radialen Lage verrückt werden und auf Längsschnitten schwer orientiert zu fassen sind. Anderseits erleichtert die räumliche Raffung durch die schmalen Jahreszuwächse das St dium ontogenetischer Veränderungen, wie HOLDHEIDE beim Studium der falschen Markstrahlen gezeigt hat (s. o., S. 145). Beim heute unzulänglichen Stand unserer Kenntnisse müssen wir uns mit einigen fragmentarischen Andeutungen begnügen:

Schon auf Querschnitten auffällig ist, daß die Rindenstrahlen gleich den übrigen parenchymatischen Elementen den Siebröhrenkollaps nicht nur überleben, sondern sogar mit einer Zellvergrößerung (Inflation) zu beantworten pflegen. In vielen Fällen sind die Rindenstrahlen sogar der Sitz der Dilatation, d.h.. sie gleichen durch Zellteilungen die Umfangsdehnung aus (Abb. 95 und 100). Bei *Populus* nimmt diese Markstrahldilatation in den Weich- und nicht den Hartbastzonen ihren Anfang, wird also wahrscheinlich von dort her irgendwie hormonal ausgelöst. Der Anteil von Rindenstrahlen und sonstigem Parenchym am Aufbau der Korkcambien bei der Borkenbildung bedarf noch näherer Untersuchung. Alles in allem scheinen die rindenseitigen Abschnitte der Strahlen eher langlebiger und aktiver zu sein als die holzseitigen, welche bei der Verkernung absterben, nachdem sie als letzten Lebensakt die Thyllen geliefert haben (den Kernveränderungen vor dem Absterben haben FREY-WYSSLING und BOSSHARD eine bemerkenswerte Studie gewidmet).

Ganz unzureichend erforscht ist, wie weit sich heterogener Bau auch in den Rindenstrahlen fortsetzt. Nur von den Coniferen weiß man seit STRASBURGER, daß die tracheidalen Randreihen der Holzstrahlen in der Rinde von großkernigen „Eiweißzellen" fortgesetzt werden, welche mit den Siebröhren durch Siebtüpfel verbunden sind und offenbar der (aktiven?) Übernahme von Assimilaten dienen (Abb. 117).

Auf Tangentialschnitten fällt auf, daß mindestens bei den Coniferen die Rindenstrahlen von viel größeren intercellularen Spalträumen begleitet sind als die Holzstrahlen (Abb. 118); im Atmungsgaswechsel von Holz und Rinde kommt diese unterschiedliche Belüftung deutlich zum Ausdruck (ZIEGLER).

Literatur

BARGHOORN, E. S.: Origin and development of the uniseriate ray in the Coniferae. Bull. Torrey bot. Club **67**, 303—328 (1940).
— The ontogenetic development and phylogenetic specialization of rays in the xylem of dicotyledons. I u. II. Amer. J. Bot. **27**, 918—928 (1940); **28**, 273—282 (1941).
— The ontogenetic development and phylogenetic specialization of rays in the xylem of dicotyledons. III. The elimination of rays. Bull. Torrey bot. Club **68**, 317—325 (1941).
BRAUN, H. J.: Beiträge zur Entwicklungsgeschichte der Markstrahlen. Bot. Studien H. 4, 73—131 (1955).
CHATTAWAY, M. M.: Homogeneity in rays. Beilage zu: Internat. Assoc. of Wood Anatomists, Newsletter Sept. 1949.

HOLDHEIDE, W.: Zit. S. 97.
HUBER, B.: Zur Frage der anatomischen Unterscheidbarkeit des Holzes von *Pinus silvestris* L. und *Pinus nigricans* HOST., mit Betrachtungen über heterogene Markstrahlen. Forstwiss. Cbl. **68**, 456—468 (1949).
—, u. W. v. JAZEWITSCH: Zur Entwicklungsphysiologie der *Prunus*-Rinde. Acta bot. neerl. **4**, 385—388 (1955).
—, u. K. MÄGDEFRAU: Zur Phylogenie des heterogenen Markstrahlbaues. Ber. dtsch. bot. Ges. **66**, 117—123 (1953).
—, u. G. PRÜTZ: Über den Anteil von Fasern, Gefäßen und Parenchym am Aufbau verschiedener Hölzer. Holz als Roh- u. Werkstoff **1**, 377—381 (1938).
KNY, L.: Botanische Wandtafeln mit erläuterndem Text. Taf. LI—LIII: Anatomie des Holzes von *Pinus silvestris* L. Berlin 1884.
ZIEGLER, H.: Über den Gaswechsel verholzter Achsen. Flora (Jena) **144**, 229—250 (1957).
— Our knowledge of translocation in rays. IX. Intern. Bot. Congr. **2** (abstracts), 441—442 (1959).

V. Besonderheiten im Dickenwachstum der Wurzeln

Für die Aufnahme des sekundären Dickenwachstums der Wurzeln bedeutet zunächst das radiäre Leitbündel eine gewisse Erschwerung: Das zwischen Xylem und Phloem liegende Cambium verläuft wellig; diese

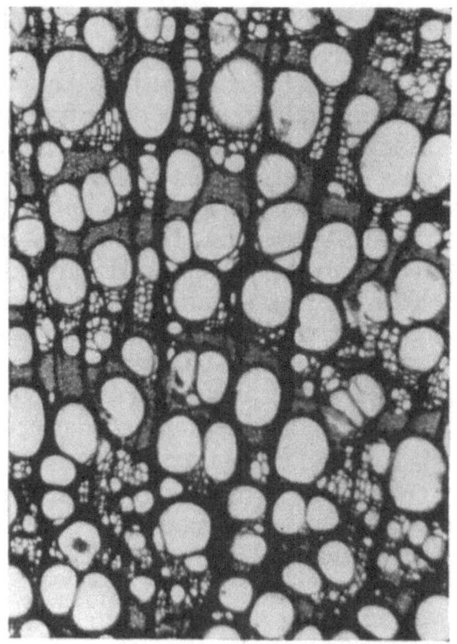
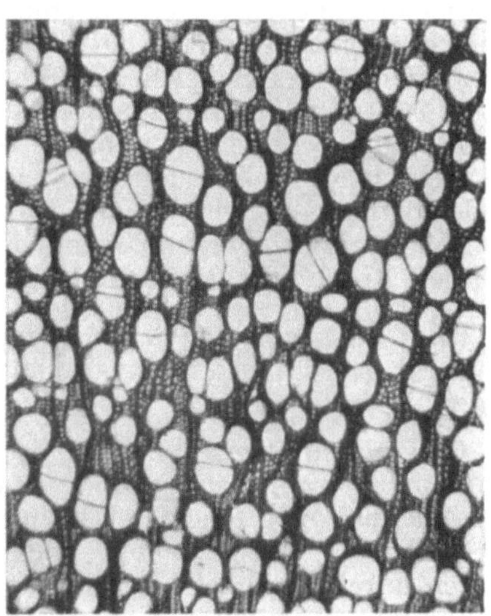

Abb. 119a u. b. Wurzelholz von *Ulmus* (a) und *Salix* (b) im Querschnitt 25:1. (Nach RIEDL)

Schwierigkeit läßt sich aber leicht sozusagen „ausbügeln". Das Cambium braucht nur die Furchen zwischen den Xylemrippen zuerst mit Sekundärgefäßen auszufüllen, wie das eine Knysche Wandtafel für *Vicia faba* Generationen von Studenten veranschaulicht hat. Damit hat das Cambium die gleiche Form einer zylindrischen Röhre erreicht wie im Stamm und es kann weiterhin ganz ähnlich wie der Stamm Jahreszuwächse von sekundärem Holz und sekundärer Rinde ablagern. Nur *durch den zentralen Xylem-Stern* anstelle eines parenchymatischen Markes bleibt *Wurzelholz zeitlebens von Stamm- und Astholz unterscheidbar.*

Bestehen bleiben darüber hinaus vor allem *quantitative Unterschiede im Anteil von Wasserleitungs-, Festigungs- und Speichergeweben.* Die Wurzeln müssen die der Krone zuzuführenden Wassermengen auf viel kleinerem Querschnitt leiten als der Stamm. Sie kompensieren das durch eine erhöhte spezifische Wasserleitfähigkeit: Die Nadelholz-Tracheiden werden in den Wurzeln so weitlumig, daß auf ihren Radialwänden Doppelreihen von Hoftüpfeln häufig sind (im Stammholz nur bei *Larix* und *Taxodium* häufig), gelegentlich sogar 3—4 Tüpfel nebeneinanderliegen; Laubholzwurzeln haben mehr und größere Gefäße, die selbst bei oberirdisch „ringporigen" Gehölzen über den Jahreszuwachs so gleichmäßig verstreut sein können, daß der Jahrringbau unkenntlich wird (*Quercus*, Abb. 119 und 120). Auf der anderen Seite pflegt wenigstens bei unseren sommergrünen Laubhölzern auch das Speichersystem in den Wurzeln zur winterlichen Aufnahme von Reservestoffen stark vermehrt zu sein, und zwar auch durch Heranziehung der Fasern, die als Elemente keinesfalls ausfallen brauchen, aber am Leben bleiben und sich an der Stärkespeicherung beteiligen.

Eine ähnlich eingehende Untersuchung der sekundären Wurzel*rinde* steht leider noch aus.

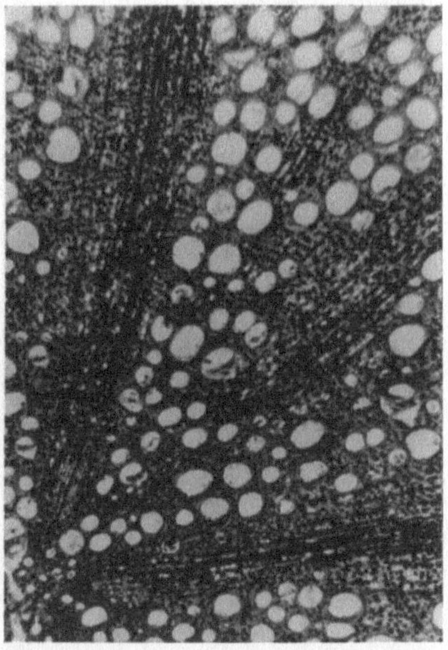

Abb. 120. Querschnitt durch das Wurzelholz von *Quercus robur* (25:1). Ringporigkeit und Jahrringbau verschwinden, die breiten Markstrahlen in „falsche" aufgelöst. (Nach RIEDL)

Literatur

RIEDL, H.: Bau und Leistungen des Wurzelholzes. Jb. wiss. Bot. 85, 1—75 (1937).

VI. Andere Formen des sekundären Dickenwachstums

Daß ein einziger Cambialzylinder dauernd nach innen Holz, nach außen sekundäre Rinde erzeugt, ist zwar der weitaus vorherrschende, aber doch nicht der allein verwirklichte Fall sekundären Dickenwachstums. Immerhin gilt er den meisten so sehr als Norm, daß alle Abweichungen von ihr noch heute als „abnormes Dickenwachstum" zusammengefaßt zu werden pflegen. Um der Natur keine Vorschriften zu machen, wollen aber wir hier lieber einfach von „anderen Formen des sekundären Dickenwachstums" sprechen. Nachdem diese lange als Sammelsurium schwer verständlicher Kuriositäten gegolten hatten, hat schon PFEIFFER in seiner nun bereits weit zurückliegenden Monographie des Gebietes in einem 272 Seiten umfassenden Band des Linsbauerschen Handbuchs 1926 auf „die hohe Bedeutung der abnormalen Gewebeverdickungen für die Anatomie auch der normalen Pflanzen" hingewiesen und anstelle der bisher üblichen Aufzählung in systematischer Reihenfolge eine Klassifizierung nach anatomischen Kriterien versucht, der wir in den Grundzügen auch hier noch folgen können. Unter entwicklungsphysiologischem Aspekt scheinen mir alle bekannt gewordenen Abweichungen heute leichter und einheitlicher verständlich als vor einigen Jahrzehnten.

1. Zuwachsabweichungen bei der Tätigkeit eines einzigen Cambialzylinders

Wir beginnen mit dem von der Norm nur wenig abweichenden Fall des (ergänze: in den Holzkörper) „eingeschlossenen Phloems" (included phloem), wie es das berühmte Mangroveholz *Avicennia* als ständiges Merkmal aufweist (Abb. 121): Im Laufe der Zuwachstätigkeit bildet das Cambium holzseitig in einigermaßen regelmäßigen radialen und tangentialen Abständen Phloemstränge (aus Siebröhren, Geleitzellen und Parenchym), etwa $1/mm^2$. Nach dem Schwund dieser Elemente beim Austrocknen erscheint der Holzkörper gewissermaßen durchlöchert (PFEIFFERs corpus lignosum foraminulatum). Während HABERLANDT noch nach dem „Sinn" dieser Einrichtung

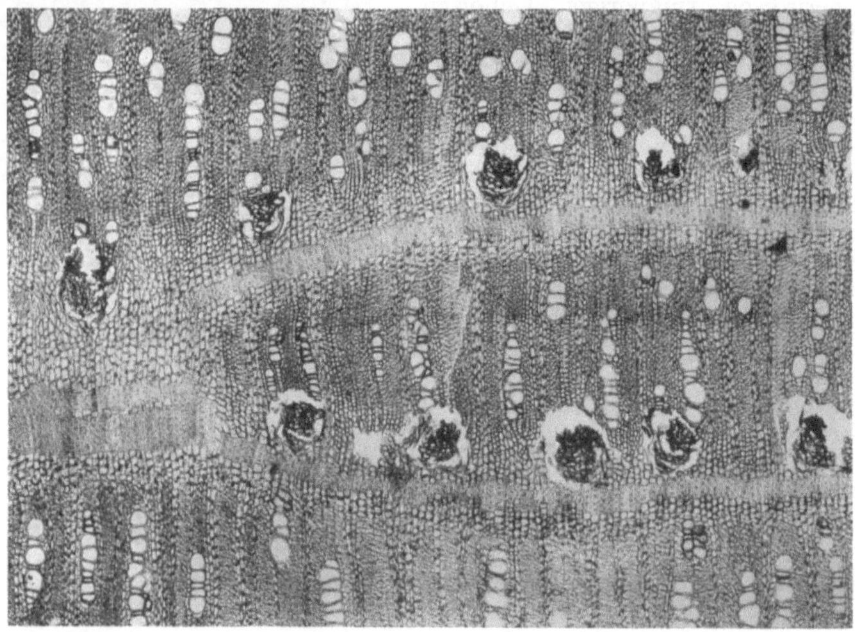

Abb. 121. Querschnitt durch das Mangroveholz *Avicennia* mit eingeschlossenem Phloem. 30:1. Originalaufnahme von E. SCHMIDT, Institut für Holzforschung und Holztechnik der Universität München

fragte und einen Schutz der zarten Gewebe durch das derbe Holz konstruierte, entnehmen wir heute nur, daß die Determinierung des Cambiums polar nicht so fest ist, daß es nicht holzseitig zeitweilig einmal auch Rindenelemente bilden könnte, genau wie es sonst zwischen Gefäß-, Faser- und Parenchymbildung abwechselt. Wir stellen eine gewisse Labilität in der radialen Polarisierung fest, welche durch einen Kippvorgang die normalerweise nur rindenseitig entstehenden Elemente auch einmal holzseitig entstehen läßt[1].

Noch nicht bearbeitet ist anscheinend das physiologische Problem, woher das eingeschlossene Phloem mit Assimilaten versorgt wird. Eine Verbindung mit der Rinde durch *radiale Phloemstränge* ist erst in jüngster Zeit für ein Melastomataceenholz *(Dactylocladus stenostachys)* von MURTHY angegeben worden. Reine Längsstränge müssen wohl von oben her (aus den einjährigen Trieben) mit Assimilaten versorgt werden. Wahrscheinlich funktioniert das eingeschlossene Phloem nur kurze Zeit, vielleicht sogar nur

[1] Nach der Monographie von CHALK und CHATTAWAY gilt das Gesagte allerdings nicht für das hier abgebildete Holz *Avicennia*, sondern in erster Linie für einige Angehörige der Combretaceen und Melastomataceen. *Avicennia* folgt dagegen dem unter 2., S. 153 oben beschriebenem Typ.

während der Anlehnung an das Cambium; darauf deutet sein frühzeitiger Schwund (das oben angegebene und auch aus Abb. 121 ersichtliche Löcherigwerden).

So gesehen, verliert selbst der wohl am stärksten abweichende Fall der Cambialtätigkeit einiger weniger baumförmiger Liliifloren (Dracaena, Cordyline, Yucca) viel von seiner Rätselhaftigkeit (Abb. 122): Das Cambium liefert hier einwärts (zentrifugal) ein parenchymatisches Grundgewebe, in welches länger teilungsfähig (meristemoid) bleibende Stränge leptozentrische Leitbündel einbetten; es bleibt also der für Monocotyle typische Bau mit verstreuten Leitbündeln erhalten, wie ihn die Palmen bereits durch ihr primäres Erstarkungswachstum (s. o., S. 88) freilich mit kollateralen Bündeln aufweisen.

Nur zögernd unter den Anomalien anführen möchte ich PFEIFFERs lappige und zerklüftete Holzkörper (corpus lignosum lobatum und interruptum): Hier handelt es sich einfach darum, daß die Zuwachstätigkeit nicht auf dem ganzen Umfang gleichmäßig anhält, sondern in

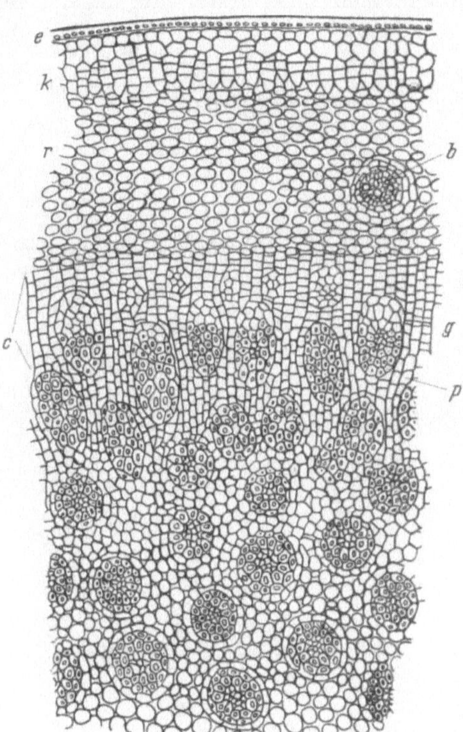

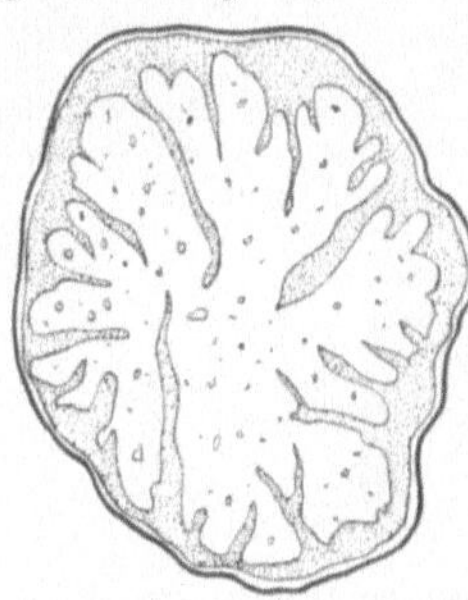

Abb. 122Abb. 123

Abb. 122. Querschnitt durch den Stamm eines Drachenbaumes *(Dracaena)* mit Cambium (*c*), welches zentrifugal in einem parenchymatischen Grundgewebe (*p*) leptozentrische Leitbündel (*g*) liefert; *r* primäre Rinde; *k* Korkhaut; *e* Epidermis; *b* Bastfaserbündel. (Nach SACHS aus Lehrbuch der Botanik für Hochschulen, 27. Aufl.)

Abb. 123. Querschnitt durch den Stamm der Malphighiacee *Heteropteris anomala* mit gelapptem Holzkörper. 3:4. (Nach Material von LÜTZELBURG aus PFEIFFER)

Flügeln gefördert wird (Abb. 123). Dieser Bau findet sich besonders bei Lianen, denen mein verehrter Amtsvorgänger auf dem Darmstädter Lehrstuhl, H. SCHENK, 1893 eine klassische Monographie gewidmet hat. Sie führt zu einer torsionsfähigen Kabelstruktur, besonders wenn durch Teilungen vom Mark her (LÖFFLER) der ursprünglich geschlossene Holzzylinder noch nachträglich aufgebrochen und mit Parenchym gefüllt wird.

2. Abnorme Zuwächse durch gleichzeitige oder aufeinanderfolgende Tätigkeit mehrerer Cambialzylinder

Nur fossil bekannt ist eine Verdickungsweise, bei der mehrere von einander unabhängige und durch parenchymatisches Gewebe getrennte Cambiumröhren den Stamm aufbauten. Diese Struktur ist für die Pteridospermen-Gruppe der Medullosen bezeichnend (Abb. 124; Einzelheiten bei HIRMER, MÄGDEFRAU und RUDOLPH). Obwohl so gebaute Stämme Stärken von einigen Zentimetern erreichten, handelt es sich offenbar um einen Versuch, der sich nicht bewährte und mit dem Aussterben der Gruppe wieder verschwand.

Noch heute in mannigfachen Abwandlungen verbreitet ist dagegen der Fall, daß *der zunächst tätige Verdickungszylinder* nicht dauernd aktiv bleibt, sondern *nach einiger Zeit* (oft erst nach Jahren) *durch andere, meist außerhalb des ersten liegende Zuwachszonen abgelöst wird*. Diese brauchen nicht unbedingt auf dem ganzen Umfang konzentrisch zum ersten zu liegen; sie

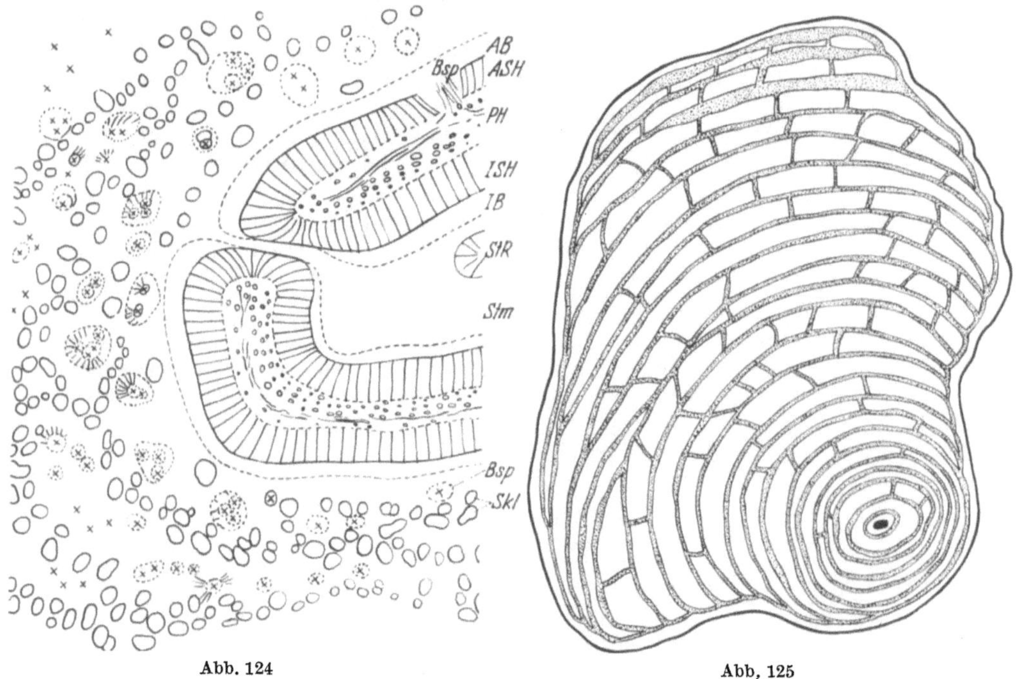

Abb. 124

Abb. 125

Abb. 124. Querschnitt durch ein Stück des Stammes von *Medullosa stellata* aus dem Chemnitzer Museum, bei sechsfacher Lupenvergrößerung mit Zeichenapparat gezeichnet. Zwei getrennte Stelen mit Primärholz (*PH*), äußerem und innerem Sekundärholz (*ASH* und *ISH*) sowie äußerem und innerem Bast (*AB* und *IB*); *x* kleinere abgehende Blattspurstränge; *Skl* Sklerenchymbündel der Rinde. (Nach Rudolph)

Abb. 125. Stammquerschnitt der Menispermaceae *Abuta rufescens* mit zahlreichen schalenförmig aufeinanderfolgenden Holzkörpern, welche durch Rindenstreifen (schraffiert) getrennt sind und auf die Tätigkeit ebensovieler Cambien zurückgehen. 3:4. (Nach Material von Lützelburg aus Pfeiffer)

lehnen sich im Gegenteil häufig am Rande an das bisherige Cambium an und holen nur dazwischen mehr oder weniger weit in periphere Gewebe aus (Abb. 125). Das ist ein Verhalten, das wir bereits von den Korkcambien bei der Borkenbildung kennen (s.o., S. 134), und so kann dieser Typus (Pfeiffers corpus lignosum circumvallatum) geradezu als Spiegelbild der Borkenbildung gelten. Vermutlich sind hier wieder ähnliche Ursachen (Änderungen des Redoxpotentials, Atmungs- und Gärungsgefälle) dafür verantwortlich, daß das bisherige Cambium nach einiger Zeit seine Tätigkeit einstellt und durch ein neues abgelöst wird.

Für die Anlage des neuen Cambiums bieten primäre Gewebe (Perizykel, Phloem der primären Leitbündel) wenig Platz; viel mehr Spielraum bieten die ausgedehnten Gewebe der sekundären Rinde, deren vielseitige histogenetische Potenz wir bereits bei den „nachträglichen Umwandlungen der sekundären Rinde" (S. 125ff.) kennengelernt haben. Ihnen wäre nun als weitere die zur Bildung nachträglicher Verdickungszonen anzufügen.

Die neugebildeten Cambien arbeiten in der gleichen radialen Polarität wie das erste, d.h., sie bilden nach innen reichlich Holz, nach außen spärlicher sekundäre Rinde. Beim Hinausgreifen in die ursprüngliche sekundäre Rinde werden aber selbstverständlich Teile dieser sekundären Rinde von den neuen Holzbildungen eingeschlossen. Auf diese Weise „eingeschlossenes Phloem" darf aber trotz gleicher Benennung durch die beschreibende Anatomie entwicklungsgeschichtlich nicht mit dem eingangs beschriebenen homologisiert werden, bei dem das gewöhnliche Cambium zeitweilig seine Polarität aufgibt und auch holzseitig Phloemelemente abscheidet. Zu diesem zweiten Typ gehört Avicennia (Abb. 121).

Literatur

LINSBAUERs Handbuch der Pflanzenanatomie: Das abnorme Dickenwachstum. Von H.PFEIFFER, 1926.

CHALK, L., and M. M. CHATTAWAY: Ident. of woods with incl. phloem. Trop. Woods **50**, 1—31 (1937).

LÖFFLER, B.: Entwicklungsgeschichtliche und vergleichend-anatomische Untersuchung des Stammes und der Uhrfederranken von *Bauhinia* (Phanera) *spec.*, ein Beitrag zur Kenntnis der rankenden Lianen. Denkschr. Akad. Wiss. Wien, math.-naturw. Kl. **91**, 1—17 (1914).

MURTHY, L. S. V.: Radial strands of phloem in the xylem of *Dactylocladus stenostachys* OLIV. Rep. Imp. For. Inst., Oxford 1958/59, 19 (1959).

RUDOLPH, K.: Zur Kenntnis des Baues der Medullosen. Beih. bot. Zbl. **39**, Abt. II, 196—222 (1922).

SCHENCK, H.: Beiträge zur Anatomie der Lianen. Schimpers bot. Mitth. aus den Tropen, H. 5, Jena 1893.

— Über die Zerklüftungsvorgänge in anomalen Lianenstämmen. Jb. wiss. Bot. **27**, 581—612 (1895).

F. Blatt

1. Einführung

Als flächig ausgebreitetes Assimilationsorgan stellt das Blatt den Höhepunkt der Anpassung an autotrophe Lebensweise außerhalb des Wassers dar. Die Sproßachse sinkt ihm gegenüber zum Träger der Assimilationsflächen und zum Mittler zwischen den aufeinander angewiesenen Ernährungsorganen Blatt und Wurzel herab.

Durch Metamorphose ist das Blatt überdies in den Dienst zahlreicher anderer Aufgaben getreten; insbesondere ist es als Sporophyll anstelle des Sproßendes (Telom) zum Träger der Keimzellbehälter (Sporangien) geworden. Mit diesen Sporophyllen wie überhaupt den Blättern im Bereich der Blüte soll sich aber erst der dritte Teil beschäftigen.

2. Phylogenie

Trotz seiner heutigen funktionellen Vorrangstellung ist das Blatt stammesgeschichtlich bekanntlich jünger als der Sproß. Die ersten höheren Landpflanzen, die Psilophyten (Nacktfarne), deren Anatomie in Abschnitt B behandelt wurde, besaßen entweder nur nackte Gabelsprosse oder aber dicht gestellte, basal innervierte Emergenzen, die man als Anfänge mikrophyller Beblätterung auffassen kann (ZIMMERMANN, Phylogenie). Auf diesen Ursprung führt man auch die Beblätterung der Lycopsida einschließlich der ausgestorbenen Lepidodendrales zurück.

Durch den Reichtum an gut erhaltenen Funden gehört die *Blattanatomie der Lepidodendren* seit alters zu den besterforschten Gebieten der mikroskopischen Paläobotanik (HIRMER, MÄGDEFRAU; Abb. 126). Die ins Blatt führende Gefäßbündelspur wird unterseits ähnlich wie heute noch bei vielen Gräsern (Abb. 57) von einem Strang von Durchlüftungsgewebe

(Parichnos-Strang) begleitet, der in ein schwammiges Durchlüftungsgewebe (Aerenchym) führt und in eine oder mehrere Transpirationsöffnungen mündet. Über dem Blatt ist ein zungenförmiges Gebilde strittiger Funktion (Taufänger?) eingefügt, welches trotz anderer morphologischer Wertigkeit wie das Blatthäutchen der Gräser Ligula genannt wird. Eine solche Ligula findet sich in gleicher Ausbildung wie bei den Lepidodendren noch in der rezenten Gattung *Selaginella*, dagegen nicht bei *Lycopodium* (die rezenten Bärlappengewächse werden danach in Ligulatae und Eligulatae eingeteilt).

Die Blätter anderer Pteridophytenklassen, insbesondere der eigentlichen Laubfarne (Filices) dürften aber aus der Verflachung ganzer Sproßsysteme hervorgegangen sein, wobei die ursprüngliche Dichotomie allmählich von inäqualen Spaltungen („Übergipfelungen" ZIMMERMANNs) abgelöst wurde. Bezüglich der morphologischen Entwicklungsschritte solcher Makrophylle sei auf ZIMMERMANN verwiesen. Ob die Coniferennadeln als Mikrophylle oder als reduzierte Makrophylle aufzufassen sind, ist umstritten. Die dichte

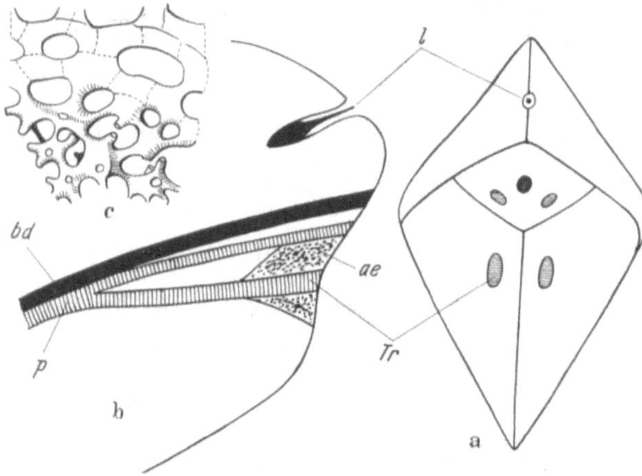

Abb. 126a u. b. Schema des Baues eines Blattpolsters von *Lepidodendron*. a In Aufsicht. b Im Längsschnitt. *l* Ligula; *bd* Blattspurbündel; *p* Parichnosstrang mit Transpirationsöffnung (*Tr*) und *ae* Aerenchym (Luftgewebe). Links oben (*c*) Teil des Aerenchyms stärker vergrößert. (Nach HIRMER)

Anordnung und Langlebigkeit der *Araucaria*-Schuppen läßt ersteres vermuten, während Eigentümlichkeiten des Leitbündelbaues auf reduzierte Fiederblätter deuten (s. u., S. 160 f.).

Für das typische Blatt ist ein dem Sproß gegenüber vergleichsweise begrenztes Wachstum und entsprechend kürzere Lebensdauer bezeichnend; doch lehren Fälle wie das zeitlebens basal nachwachsende Blattpaar von *Welwitschia* und die etwa 20 Jahre persistie-

renden Nadeln von *Araucaria*, daß es hier Übergänge gibt. Daß die Kurzlebigkeit der Blätter im Sproßsystem korrelativ bedingt ist, zeigt die viel längere Lebensdauer isolierter Blattstecklinge (SCHWARZ, MOTHES).

Die ursprüngliche Sproßnatur der Blätter kann auch in der Anatomie darin zum Ausdruck kommen, daß beispielsweise die Coniferennadeln ausgesprochen axial gebaut sind. Wir werden diesen axialen Bautyp vor dem flächigen besprechen (Kapitel 4); zuvor soll aber noch die Anatomie der Blattanlagen behandelt werden.

3. Ontogenie

a) Blattstellung

Die Blätter entstehen bekanntlich als seitliche Vorwölbungen am Sproßvegetationspunkt, und zwar entweder mehrere gleichzeitig (wirtelige Blattstellung) oder nacheinander (alternierend; schraubige Blattstellung). Im ersten Fall halten die Anlagen am Sproßscheitel voneinander genau gleiche Winkel („Divergenzwinkel" 120° bzw. 72°) wie häufig in der Blütenregion der Monocotylen und Dicotylen, aber auch den Keim- und Primärblättern mancher Coniferen. Häufiger noch ist die gegenständige Beblätterung (Divergenz 180°). In allen diesen Fällen pflegt der nächste Wirtel mit dem vorhergehenden um die Hälfte des innerhalb des Wirtels herrschenden Divergenzwinkels zu alternieren, bei gegenständiger Beblätterung beispielsweise um 90°, so daß kreuzweise Gegenständigkeit (decussierte Blattstellung) entsteht.

Auch bei schraubiger Entstehungsfolge weichen die Blattanlagen einander aus. Folgen sie langsam aufeinander, so wird das nächste Blatt auf der gegenüberliegenden Seite vom vorhergehenden am wenigsten beeinträchtigt (zweizeilige Blattstellung). Entstehen drei bis fünf Blattanlagen rasch hintereinander, so werden sie sich in den verfügbaren Raum in $1/_3$- bzw. $2/_5$-Stellung teilen; ist die Entstehungsfolge noch rascher, so nähern sich die Divergenzwinkel dem des Goldenen Schnittes 137° 30′ 28″ oder 0,38197... des Umfangs (BRAUN-SCHIMPER, HIRMER 1933; Abb. 127).

Diese ebenmäßigen Abstände sind eindeutig darauf zurückzuführen, daß jede solche Anlage ein Anziehungszentrum für Baustoffe darstellt und damit in ihrer Nähe die Bildung ähnlicher Anlagen hemmt. Das hat besonders WARDLAW durch Operationen am breiten Vegetationskegel der Laubfarne *(Onoclea struthiopteris)* überzeugend bewiesen: Wird eine Anlage exstirpiert, so rücken die seitlichen Anlagen in den gewonnenen Raum nach. Die Blattstellung ist demnach ein Sperreffektmuster im Sinne BÜNNINGs; sie ist das Ergebnis eines physiologischen und nicht bloß eines mechanischen Kräftespiels, wie das SCHWENDNERs mechanische Theorie der Blattstellungen gemeint hatte.

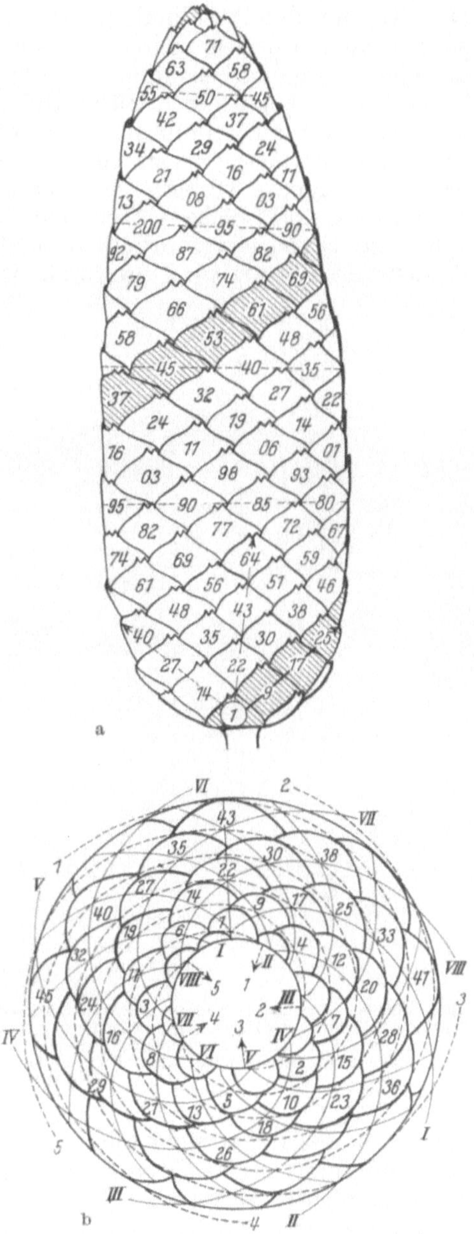

b) Die einzelne Blattanlage

Auf Längsschnitten durch die Praktikumsobjekte *Elodea* und *Hippuris* läßt sich leicht beobachten, daß die Vorwölbung der Blattanlagen hauptsächlich auf Vergrößerung und schließlich Teilung von Zellen der zweiten Schicht beruht. Diese Beobachtung darf aber nicht verallgemeinert werden.

Abb. 127. a u. b Spiralige Blattstellung nach dem Goldenen Schnitt (0,38197... = 137° 30′ 28″) beim Fichtenzapfen in Grundriß und Seitenansicht. Da der Zahlenwert des Goldenen Schnitts zwischen 5:13 und 8:21 liegt, kommen nach jedem 5., 8., 13. und 21. Blatt seitliche Kontakte (Parastichen) zustande (vgl. die Pfeile; die Achter-Parastiche, schraffiert). (Nach HUBER, aus NEUDAMMER, Forstliches Lehrbuch, 11. Aufl.)

Das Studium der Periklinalchimären hat besonderes Interesse an der Frage
wachgerufen, wieviele Schichten des Vegetationspunktes am Aufbau verschiedener Organe, besonders der Blätter und Blüten beteiligt sind und ob
beispielsweise bei Diplochimären die andersartige dritte Schicht überhaupt
noch am Aufbau teilnimmt. Aus dieser Fragestellung heraus hat u. a.
BUDER, dessen Assistent ich 1925—1927 in Greifswald war, durch zahlreiche
Schüler geeignete Objekte entwicklungsgeschichtlich untersuchen lassen.
Neuerdings sind solche Untersuchungen durch die künstliche Erzeugung
von *Cytochimären* wesentlich erleichtert und gefördert worden (SATINA,
BLAKESLEE u. AVERY): Durch Colchicin-Einwirkung auf den Sproßscheitel

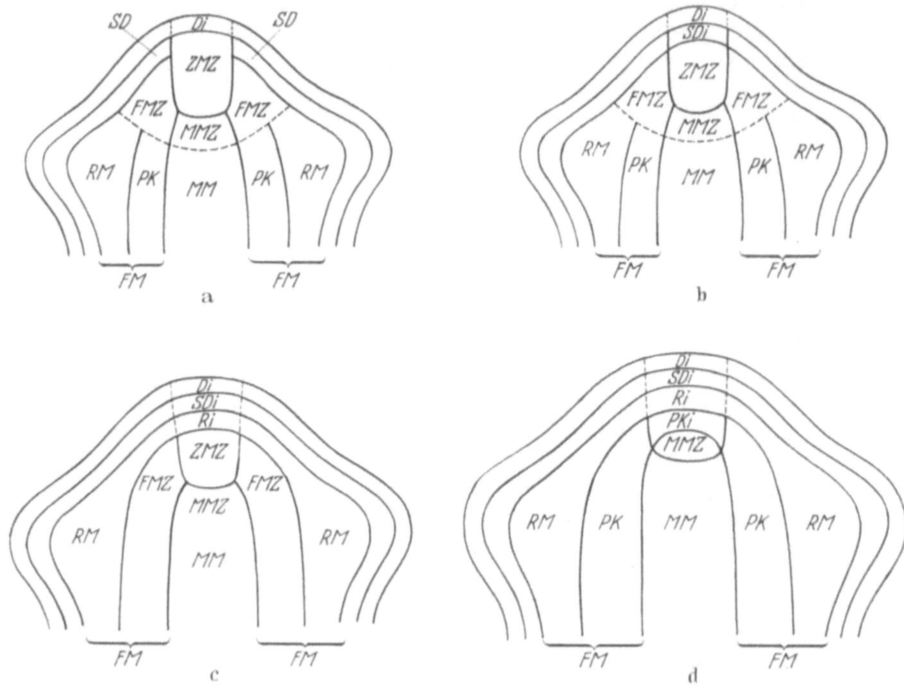

Abb. 128a—d. Schema verschiedener dikotyler Sproßscheitel mit zunehmender Zahl getrennter Initialen für die
einzelnen Schichten. *Di* Dermatogeninitialen; *SDi* Subdermatogeninitialen; *Ri* Rindeninitialen; *PKi* Procam-
biuminitialen; *MMZ* Markmutterzellen; *SD* Subdermatogen; *FMZ* Flankenmutterzellen; *ZMZ* Zentralmutter-
zellen; *RM* Rindenmutterzellen; *PK* Procambium; *MM* Markmeristem; *FM* Flankenmeristem.
(Nach V. GUTTEBERG 1960)

werden in der Regel nicht alle, sondern nur einzelne Zellen polyploid; ihre
Abkömmlinge lassen sich anhand der größeren Kerne und oft auch größeren
Zellen eindeutig verfolgen.

Das Ergebnis dieser vielfältigen Bemühungen ist soeben von Altmeister
v. GUTTENBERG in seinen „Grundzügen der Histogenese höherer Pflanzen"
(1960) erschöpfend dargestellt worden. Unter Hinweis darauf können wir
uns hier auf eine kurze Besprechung des grundsätzlich Wichtigsten beschränken: Wir hatten den Abstand von der Oberfläche immer wieder als
wichtigsten Differenzierungsfaktor kennengelernt. Am Sproßscheitel äußert
sich nun dieser Einfluß in der Weise, daß eine oder mehrere Oberflächen-
lagen in der Differenzierung insofern vorauseilen, als sie sich nicht mehr
oberflächenparallel (periklin) aufspalten, sondern nur noch durch antikline
Teilungen weiten und somit als abgrenzbare Häutchen den allseits teilungs-

fähigen Vegetationskörper umkleiden (bei der Differenzierung des Blattes werden wir weitere Eigentümlichkeiten dieses Vorauseilens der Differenzierung der Haut gegenüber der des Mesophylls kennenlernen). BUDER nennt nun diese ungespalten über den Scheitel und seine Abkömmlinge laufenden Schichten *Tunica* (= Mantel), wobei man mit v. GUTTENBERG die äußerste Schicht weiterhin Dermatogen (HANSTEIN) nennen kann, während v. GUTTENBERG die zweite Schicht lateinisch-griechisch gemischt „Subdermatogen" heißt (gegen den sprachlich einwandfreieren Namen Hypodermatogen spricht, daß diese zweite Schicht meist nicht nur ein Hypoderm, sondern noch viele andere Gewebe liefert).

Unter dem Schutz dieser Tunica bleibt das *Corpus* nach allen Richtungen teilungsfähig, also in höherem Grade meristematisch, und nimmt erst später eine oberflächenparallele Ordnung (Periblem und Plerom HANSTEINs, Phloeogen, Procambium oder Desmogen und Myelogen v. GUTTENBERGs) an.

Unterschiede in diesem Grundschema ergeben sich nun je nachdem, ob die Trennung der Histogene bereits am Scheitel selbst durch in verschiedenen Stockwerken liegende Initialen kenntlich ist oder erst in den „Flankenmeristemen" auftritt (vgl. die schematische Abb. 128). Wenn man die Verhältnisse bis in den Embryo zurückverfolgt, gehen freilich auch solche in Stockwerken getrennte Initialen auf Teilungen einer einzigen Schicht, letzten Endes die der Zygote zurück.

Für die uns hier in erster Linie interessierenden *Blattanlagen* (Primordien) bedeutet das folgendes: Während das Dermatogen auch die Blattanlagen in der Regel ungeteilt überzieht, beginnt die Vorwölbung der Blatthöcker in der Mehrzahl der Fälle bereits mit einer Aufspaltung des Subdermatogens (welches in diesem Falle nach der Terminologie BUDERs bereits dem Corpus zuzurechnen ist). Da sich aber die Blattanlagen apikal verhältnismäßig schnell ausdifferenzieren, während sie intercalar-basal noch lange nachgeschoben werden, dringen in der Regel bald auch Abkömmlinge einer dritten Schicht in den Blattkörper ein und liefern vor allem das Procambium der späteren Nervatur. Somit bietet das Verständnis nicht nur einschichtiger, sondern auch zweischichtiger Chimären (Haplo- bzw. Diplochimären) histogenetisch keine Schwierigkeiten. Nur in seltenen Fällen (besonders den dünnen Blättern der Gräser) entsteht das Blatt nur aus zwei Meristemschichten; dabei kann sogar das Dermatogen gelegentlich perikline Aufspaltungen erfahren; dagegen hat sich die Annahme, daß es in solchen Fällen auch allein blattbildend sein könnte, nicht bestätigt.

Kommen auf diese Weise Abkömmlinge des Dermatogens in tiefere Lagen, so können sie in ihrer weiteren Entwicklung der der Umgebung folgen (THIELKE, HEIMERDINGER): Der endgültige Charakter des betreffenden Gewebes hängt weniger davon ab, aus welcher Schicht am Vegetationspunkt es ursprünglich stammt, sondern in welchem „Gewebefeld" es in der entscheidenden Induktionsphase liegt (v. GUTTENBERGs „*Gesetz der Lage*"). So scheinen in der Kiefernnadel Abkömmlinge der Urhaut durch eine Folge perikliner Teilungen tief genug zu liegen zu kommen, daß sie neben solchen des Urmesophylls am Aufbau des Transfusionsgewebes teilnehmen; nach THIELKE nehmen bei Grasblättern Zellen schon nach einer einzigen periklinen Teilung Mesophyllcharakter an. Es wäre aber verfrüht, solche bemerkenswerte Beobachtungen zu verallgemeinern. Die Problematik der Differenzierung konzentriert sich ja gerade auf die Frage, wie weit hier endgültige genetische Entmischungen oder bloße reversible Milieuwirkungen vorliegen. Die Bedeutung der Chimärenforschung liegt darin, daß hier Erbverschiedenes zu einem gemeinsamen Organ verbunden ist und die Wirkung von Erbgut und Umwelt sozusagen modellmäßig geprüft werden kann.

Unter nochmaligem Hinweis auf v. GUTTENBERG begnügen wir uns damit, die wichtigsten Stadien der Blattentwicklung für *ein* Objekt, *Hypericum uralum* abzubilden, dessen Untersuchung durch ZIMMERMANN ich in Greifswald miterlebt habe (Abb. 129).

Aus der *weiteren* Entwicklung, die wir nicht in allen Einzelheiten verfolgen können, verdienen zwei Gesetzmäßigkeiten hervorgehoben zu werden:

1. Die Basis entwickelt sich im allgemeinen[1] langsamer als die Spitze. Zum Unterschied vom Sproß, insbesondere dem mehr oder weniger unbegrenzt weiterwachsenden Langtrieb, wächst das Blatt nach Art eines basalen Vegetationspunktes. Das bereits erwähnte *Welwitschia*-Blatt stellt nur eine extreme Steigerung einer auch sonst verbreiteten Gesetzmäßigkeit dar. Bei unseren Kiefernnadeln sind z. B. die obersten 2—3 mm schon vor

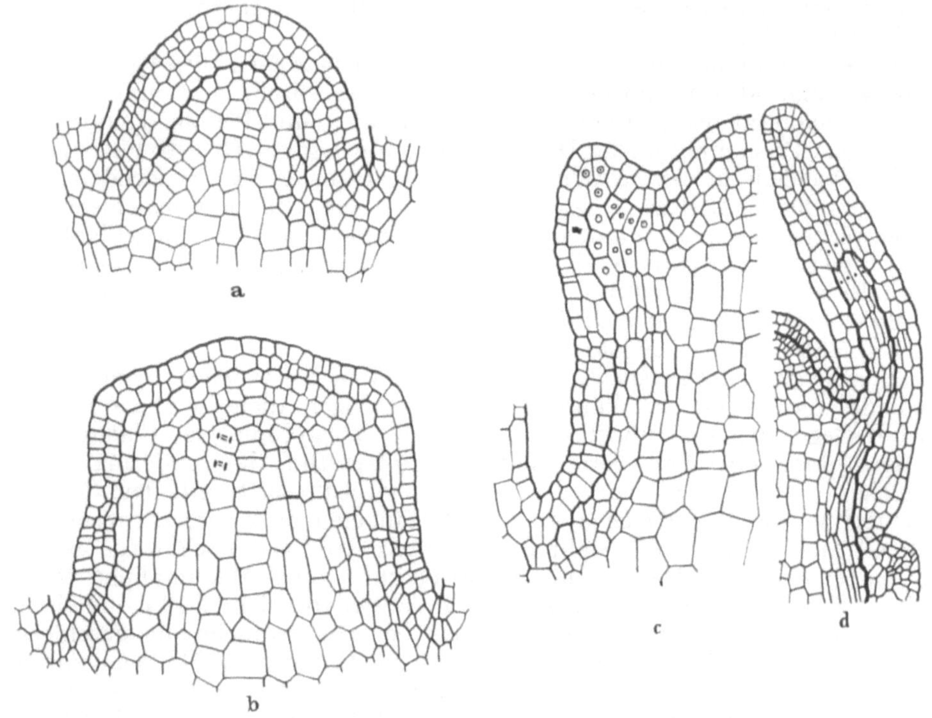

Abb. 129a—d. Mediane Längsschnitte durch den Vegetationspunkt von *Hypericum uralum*. a Sproßscheitel mit zunächst noch vier ungespaltenen Tunicaschichten. b Wenn die gegenständigen Blattanlagen kenntlich werden, verlaufen nur noch zwei Schichten großenteils ungespalten, das Subdermatogen zeigt aber im Internodium bereits tangentiale Aufspaltungen. c Die weitere Vorwölbung des Blattes beruht auf Spaltung des Subdermatogens, eine dritte Schicht drängt aber bereits in den Blattsockel nach. d Die (durch eine stärkere Kontur gegen Dermatogen und Subdermatogen abgegrenzte) dritte Schicht hat das Procambium der Blattanlage gestellt und seine Bildung auch in Abkömmlingen des Subdermatogens an der Blattspitze induziert. a—c 450:1, d 270:1. (Nach ZIMMERMANN, aus V. GUTTENBERG 1960)

der Winterruhe ausdifferenziert, während der Rest erst im Frühjahr nachschiebt. Durch diese späte Differenzierung kann das „Unterblatt" noch mancherlei Ausgliederungen (Nebenblätter, Blattscheiden) bilden; es kann sich anstelle des verkümmernden Oberblattes flächig verbreitern und die Assimilationsfunktion übernehmen; in der Mehrzahl der Fälle streckt es sich allerdings nur zu einem die Spreite tragenden Blattstiel, der sich in seinem inneren Bau dem der Sproßachse nähert. Für genaueres Studium sei auf TROLL verwiesen.

2. In der Blattspreite eilt die Mitte in der Differenzierung voraus, während die Ränder länger teilungs- und entwicklungsfähig bleiben. Dort

---

[1] Das bekannteste Gegenbeispiel sind die bischofsstabförmig eingerollten Farnwedel mit ihrer apikal fortschreitenden Entfaltung.

setzt vor allem die hypodermale Schicht in der Art einer Scheitelkante die Verbreiterung der Blattspreite fort (Abb. 130). Zu den letzten Differenzierungsschritten gehört dann die *Randverstärkung*, welche HABERLANDT als Paradebeispiel physiologischer Anatomie liebevoll geschildert hat. Schöne neue Bilder von brasilianischem Hartlaub geben DE MORRETES u. FERRI (Abb. 131).

4. Die Coniferennadel

Als Beispiel eines axial aufgebauten Blattes betrachten wir die Coniferennadel, insbesondere die seit TH. HARTIG (1840) beliebte und so unerschöpflich mannigfaltige Kiefernnadel *(Pinus nigra austriaca)*. Es gibt kein anderes botanisches Objekt, das auf so kleiner Querschnittsfläche so viel verschiedene Gewebe aufweist. Das genaue Studium der Kiefernnadeln

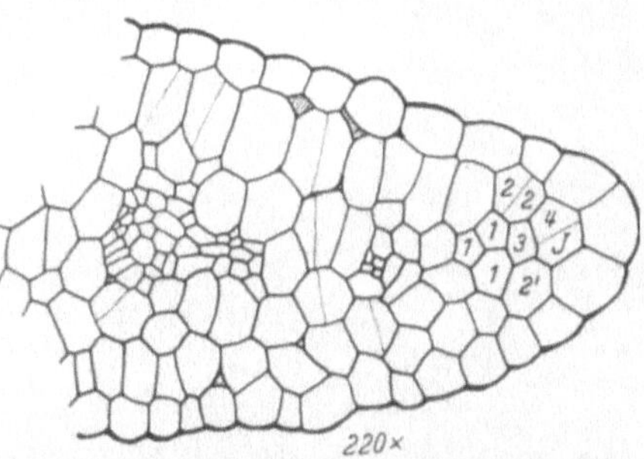

Abb. 130. Das Randwachstum der Keimblätter von *Oenothera* erfolgt durch subepidermale Initialen, die nach Art einer Scheitelkante in der Reihenfolge *1, 2, 3, 4, J* neue Zellen liefern. (Nach SCHÖTZ)

kann daher als vorzügliche Einführung in die gesamte Pflanzenhistologie dienen, besonders wenn man von der bloßen Querschnittsbetrachtung zu räumlichen Vorstellungen vorzudringen trachtet, was neben Querschnittsserien durch Basis, Mitte und Spitze der Nadeln planmäßig orientierte Längsschnitte durch die verschiedenen Gewebelagen verlangt (Abb. 132).

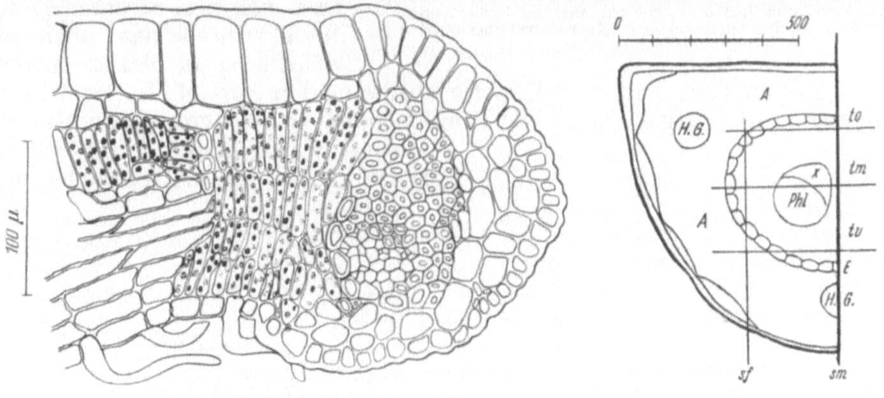

Abb. 131   Abb. 132

Abb. 131. Blattrandfestigung bei *Qualea grandiflora*. (Nach MORRETES und FERRI)

Abb. 132. Schematischer Querschnitt durch die Kiefernnadel zur Erläuterung der wichtigsten Schnittführungen. *sm* medianer, *sf* seitlicher Sagittalschnitt (durch die Flanke des Transfusionsgewebes); *tu, tm* und *to* unterer, mittlerer und oberer Transversalschnitt; *X* Xylem, *Phl* Phloem des Leitbündels; *E* Endodermis; *A* Assimilationsgewebe (Armpalisaden); *H.G.* Harzgänge. (Nach HUBER 1947)

Beginnen wir mit einem Querschnitt durch die Nadelmitte, so fällt bei Übersichtsvergrößerung eine Dreischichtigkeit auf, indem sich das grüne Assimilationsgewebe *A* ebenso scharf gegen ein mehrschichtiges farbloses Hautgewebe (Epidermis, Hypoderm) wie gegen den gleichfalls farblosen Zentralzylinder abhebt (Abb. 132).

a) Zentralzylinder

Der Zentralzylinder besitzt einerseits axiale Bauelemente, die wir bereits vom Sprosse her kennen: Er wird nämlich bei der Mehrzahl der Coniferennadeln von *einem*, bei den Kiefern der Sektion Diploxylon aber von *zwei* offenen kollateralen *Leitbündeln* mit Holz- und Siebteil und dazwischen-

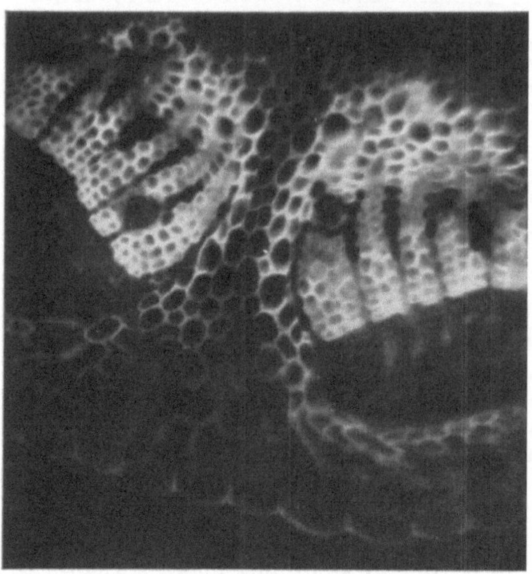

liegendem Cambium durchzogen. Das Cambium liefert im zweiten und dritten Jahr besonders bastseitig noch einen gewissen Zuwachs, der sich aber nicht in Form eines erkennbaren Jahrrings absetzt, weil ausreichende Unterschiede der Zellgröße und Zellbeschaffenheit fehlen. Nur die endarchen Phloemprimanen kollabieren bereits nach der Nadelstreckung. Die zwei Leitbündel der diploxylen Kiefern lassen sich phylogenetisch und ontogenetisch eindeutig auf eine spätere Zerklüftung zurückführen: Nicht nur Keimblätter und Primärblätter sind noch haploxyl, sondern auch die Spitze aller späteren Nadeln. Erst bei der Streckung der Nadel durch das oben erwähnte basale Meristem trennen sich etwa vom dritten Millimeter ab die beiden Bündel. In der Sektion Murraya werden sogar bis zu vier Bündel beobachtet (CRITCHFIELD, SELIK).

Abb. 133. Querschnitt durch das diploxyle Leitbündel von *Pinus nigricans*, der Holzteil durch aufsteigendes Berberinsulfat im Fluorescenzlicht aufleuchtend, während Phloem und Markstrahlen dunkel bleiben. (Nach HEIMERDINGER)

Wichtiger als die junge Neuerwerbung der Diploxylie ist die Tatsache, daß

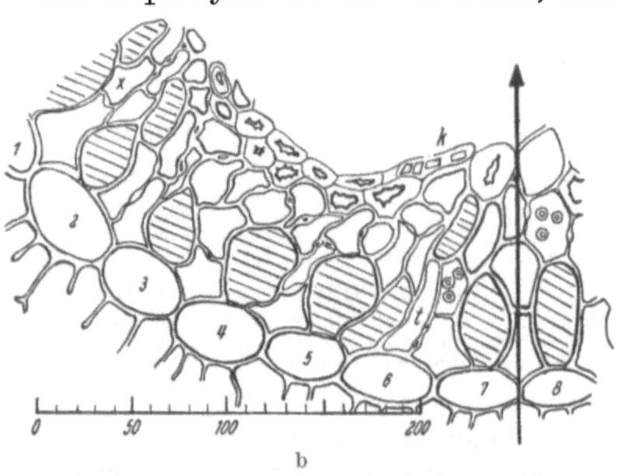

Abb. 134. a Querschnitt durch die Flanke eines Leitbündels und das angrenzende Transfusionsgewebe. *E* Endodermis; *X* Xylem; *C* Cambium; *Phl* Phloem des Leitbündels (die zerdrückten Elemente des älteren Siebteils bei *z* nicht einzeln gezeichnet); punktiert: Übergangs-(Strasburger-)Zellen; schraffiert: Transfusionsparenchym. Bei × Anschluß an das Bild rechts. b Querschnitt durch das Transfusionsgewebe der Nadelunterseite. Den Endodermiszellen *1—8* sitzen mediane Parenchymplatten (schraffiert) auf, während die Tracheidenzüge auf die Radialwände der Endodermis stoßen; nur bei Zelle *6* ist die Folge vertauscht. Der Pfeil bedeutet die Nadelmediane, *k* eine Kristallzelle im Sklerenchymbelag; beim liegenden Kreuz (*x*) Anschluß an das Bild links. (Nach HUBER 1947)

auch das einzelne Leitbündel durch eine Reihe von *Markstrahlen* (und zwar teils stärke-, teils eiweißführende) zerklüftet wird, die auffallenderweise im Siebteil zahlreicher sind als im Holzteil (Abb. 133)[1]. Es gibt Autoren, die darin einen Hinweis auf fiederblättrige Vorfahren (Cycadofilices) erblicken; ich meine aber, daß man eine so achsenähnliche Struktur auch als primitives Merkmal von Blättern auffassen kann.

Gegen das grüne Mesophyll ist der Zentralzylinder durch eine lückenlose Scheide, die *Endodermis*, abgegrenzt. Diese ist aus etwa 36 Zellreihen (neun je Quadrant) aufgebaut, die nicht alternieren, sondern der Länge nach durchlaufen, sich höchstens basal gelegentlich spalten.

Der Raum zwischen den Bündeln und der Endodermis ist von einem axial weniger gestreckten, d.h. häufiger quergeteilten Gewebe erfüllt, welches anstelle der fehlenden Seitennerven die Zu- und Abfuhr von Wasser und Assimilaten zwischen Mesophyll und Leitbündeln vermittelt. Dieses berühmte, auf Archegoniaten beschränkte Gewebe wird als *Transfusionsgewebe* bezeichnet. Es besteht aus inhaltsreichen, lebenden und turgescenten assimilatleitenden Zellen (,,Transfusions-*Parenchym*``) und schmächtigen toten Wasserleitzellen (,,Transfusions-*Tracheiden*``), deren verholzte Wände mit gleichartigen Zellen durch zahlreiche Hoftüpfel verbunden sind (Abb. 134).

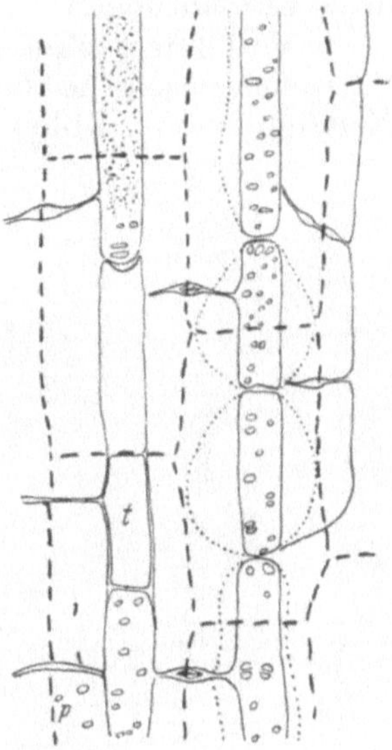

Auf dem Querschnitt wird nicht ohne weiteres verständlich, wie diese Zellen auf dem ganzen Nadelumfang Anschluß an Holz- und Siebteile der Leitbündel gewinnen sollen. Auf diese Frage geben erst subendodermale Längsschnitte durch das Transfusionsgewebe Aufschluß (Abb. 135): Darnach ist das Transfusionsgewebe aus ähnlichen axialen Zellzügen aufgebaut wie die Endodermis; die Zahl der Zellzüge ist aber ziemlich genau doppelt so groß wie in der Endodermis. Es entstehen auf diese Weise alternierende Radialplatten von Transfusions-Parenchym und Transfusions-Tracheiden, wobei erstere vorwiegend der Mitte, letztere vorwiegend den auffällig verholzten radialen Längswänden der Endodermis aufsitzen. Die Parenchymplatten sind in der ersten subendodermalen Schicht durch zahlreiche ,,Brückenzellen`` vernetzt, während die Transfusions-Tracheiden in der zweiten und dritten Schicht zu homogenen Zellverbänden zusammenschließen. Es entstehen auf diese Weise zwei hintereinanderliegende Netze, welche die Teilströme zusammenfassen und den Leitbündeln zuleiten bzw. von dort aus die Verteilung übernehmen.

Abb. 135. Transversalschnitt der Nadelunterseite (entsprechend dem Querschnitt Abb. 134 b). Durchsicht durch die Endodermis (gestrichelt) auf die Ansätze der Parenchym- und Tracheidenplatten, erstere der Mitte, letztere den radialen Längswänden der Endodermis aufsitzend. Die Erweiterung der aufgeblähten Parenchymzellen bei tieferer Einstellung ist stellenweise punktiert angedeutet. Die Alternanz der Parenchym- und Tracheidenplatten ist links durch die Brückenzellen *t—p* gestört. (Nach HUBER)

Diese zweckmäßige Alternanz von Transfusions-Parenchym und Transfusions-Tracheiden, die auf einem inäqualen Teilungsschritt beruhen dürfte, ist innerhalb der Coniferen eine Errungenschaft der Pinaceen. Bei den Taxales, Taxodiales und Cupressales treten Parenchym und Tracheiden in kompakten Komplexen auf (LEDERER). Es scheint sich um zwei grundverschiedene Möglichkeiten zu handeln, die sich stammesgeschichtlich schwer voneinander ableiten lassen. Ein reihenweiser Wechsel von Parenchym und Tracheiden findet sich nämlich bereits bei einigen fossilen Lycopodiales.

Der eigentliche Anschluß an die Leitbündel erfolgt an den Flanken, wo vom Xylem ein kompakter Saum von Transfusions-Tracheiden (,,*Tracheidensaum*`` DE BARYs) ausgeht, der sich erst später aufpinselt; entsprechend mündet das Netz des Transfusions-Parenchyms in einem von STRASBURGER entdeckten großkernigen Drüsengewebe (STRASBURGERs ,,Eiweißzellen``,

---

[1] Diese schon von STRASBURGER beschriebene Tatsache hängt mit dem nachhaltigeren Zuwachs des Phloems zusammen: Die sekundären Markstrahlen reichen mehr oder weniger weit ins Phloem, aber nur 3—0 Zellen weit ins Xylem.

von späteren Autoren meist *Strasburger Zellen* genannt). Dieses Gewebe dürfte die Assimilate aktiv ins Phloem weitersezernieren, wofür auch ihre hohe Phosphatase-Aktivität spricht (ZIEGLER und HUBER; Abb. 136). Auch nach Assimilation von C14 erweisen sich diese Zellen und das Transfusionsparenchym mikroradiographisch als Assimilatleitbahnen (REZNIK).

Für diese Konzentration der Saftströme auf die vorgesehenen Ent- und Beladestellen an den äußeren Leitbündelflanken sorgen noch zwei zusätzliche Einrichtungen:

1. Verhindert eine (auf dem Querschnitt brillenförmig erscheinende) Sklerenchymschiene den unmittelbaren Zutritt der Assimilate von der Nadelunterseite, wobei freilich einzelne „Durchlaßzellen" eine Hintertüre

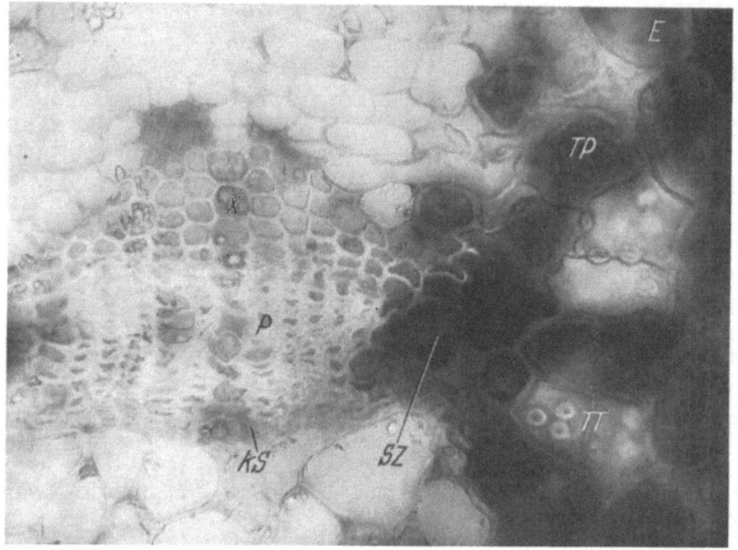

Abb. 136. Querschnitt durch das haploxyle Bündel von *Pinus cembra* und seine rechte Flanke mit histochemischem Nachweis der Phosphatase. Die Strasburger-Zellen (*SZ*), das Transfusionsparenchym (*TP*) und die Endodermis (*E*) zeigen abgestufte Phosphatase-Aktivität (Schwärzung), während die an den Hoftüpfeln kenntlichen Transfusions-Tracheiden (*TT*) hell bleiben. *P* Phloem; *X* Xylem. (Nach F. HUBER)

für schwache Nebentransporte offenlassen. Auf der Nadeloberseite bilden — weniger auffällig — verkorkte Zellen eine ähnliche Sperre für den Wasseraustritt aus dem Xylem.

2. Die Ausdehnung dieser beiden Scheiden nimmt in der Nadel spitzenwärts in gleichem Maße ab wie die Breite der Bündel. Während die der Mediane nächstliegenden Zellreihen beider Bündel bis zur Spitze der Nadel durchlaufen und diese versorgen, dienen für die Versorgung basalerer Teile die seitlich dazukommenden „Schienenstränge", während die mittleren abgeschirmt werden (LIN).

b) Assimilationsgewebe und Harzgänge

Außerhalb der Endodermis nimmt die axiale Zellhöhe durch starke Unterteilungen rasch weiter ab; zugleich isolieren sich die transversalen Zellzüge durch ausgedehnte Intercellularsysteme, so daß ein typisches Palisadengewebe entsteht (Abb. 137; vgl. dazu auch unten, S. 176, Palisadengewebe der Laubblätter).

Auf dem Querschnitt erkennt man von dieser Anordnung freilich wenig, vielmehr scheinen die Zellen bis auf die Atemhöhlen lückenlos zusammenzuhängen. Dafür fällt hier bei der Kiefernnadel eine Vergrößerung der inneren Zelloberflächen durch Membranleisten auf („Armpalisaden"); sie werden in einem gewissen Entwicklungsstadium durch Plasmaansammlungen abgeschieden, welche vom zentralen Zellkern radial ausstrahlen. Den Nadeln von Tanne, Fichte, Lärche sowie den fünfnadeligen Kiefern fehlt diese Differenzierung.

Teils frei im Assimilationsgewebe, teils den äußeren Hautgeweben, seltener der Endodermis angelehnt, durchziehen *Harzgänge* die Kiefernnadeln. Während *Taxus* keine, *Tsuga* einen medianen, *Abies*, *Pseudotsuga*, *Picea* und *Larix* zwei seitliche Harzgänge besitzen, finden sich in den Kiefernnadeln meist mehrere (bis über ein Dutzend) Harzgänge, gelegentlich auch Zwillingsharzgänge (auch in den zentralen Leitbündeln können Harzgänge auftreten). Sie entstehen aus einem einzigen Zellstrang, der nach Vierteilung, auf die noch weitere Teilungen folgen können, eine äußere sklerenchymatische Scheide vom eigentlichen großkernigen Sekretionsgewebe abtrennt, welches bei der Sekretion einen schizogenen Harzgang freigibt. Der Sekretionsdruck ist beträchtlich.

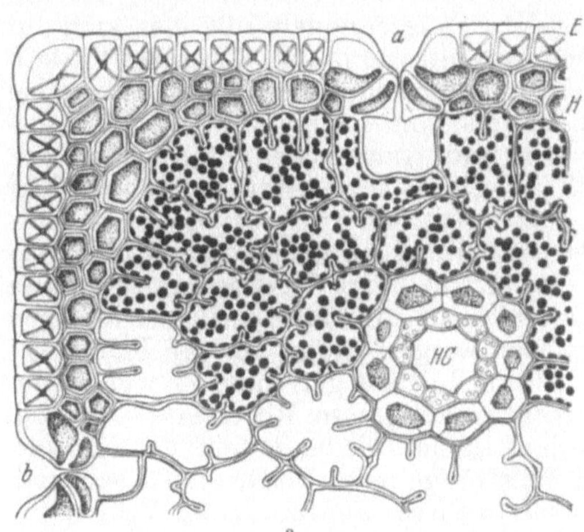
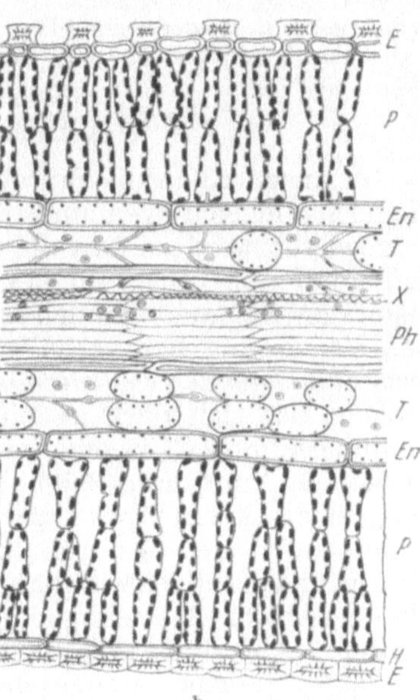

Abb. 137. a Querschnitt durch Epidermis (*E*), Hypoderm (*H*) und Palisadengewebe der Kiefernnadel; *HC* Harzgang mit Drüsenepithel und dickwandiger Scheide. 240:1. (Nach KNY aus Lehrbuch der Botanik für Hochschulen.) b Längsschnitt dazu. Oberseits eine Spaltöffnungsreihe getroffen, Hypoderm daher aussetzend; *p* Palisaden; *En* Endodermis; *T* Transfusionsgewebe (Parenchym mit Plastiden punktiert, Tracheiden mit Hoftüpfeln; *X* Xylem; *Ph* Phloem. Nach HUBER)

c) Hautgewebe

Während sich Tanne, Fichte und Lärche mit einer einschichtigen Epidermis begnügen, entwickeln Kiefern ein zwei- bis vierschichtiges Hautgewebe, das zur erhöhten Dürre- und Frostresistenz wesentlich beitragen dürfte. Während die Wände der Epidermiszellen bis zum Verschwinden des Lumens geschichtet verdickt sind und nur die zur Zufuhr der Baustoffe erforderlichen Tüpfelkanäle aussparen, ist bei *Pinus austriaca* das Hypoderm verhältnismäßig weitlumig, wird aber nach innen noch durch null bis zwei Lagen von Sklerenchymfasern unterstützt, die nur unter den Spaltöffnungsreihen aussetzen und Atemhöhlen freilassen.

Das Spiel der Spaltöffnungen wäre in einer derart geschienten Epidermis erschwert. Es ist daher verständlich, daß die Spaltöffnungen ins Niveau des Hypoderms versenkt sind. Die Schwenkung beginnt bereits mit den verhältnismäßig großlumigen Nebenzellen (Abb. 137 *e*; die Verhältnisse sind schon in der Knyschen Wandtafel im wesentlichen zutreffend wiedergegeben). Der trichterige Vorhof wird durch Wachsausscheidungen verstopft.

Die Wirksamkeit des Hautschutzes vieler Coniferennadeln äußert sich in einer phantastisch geringen winterlichen Transpiration (Größenordnung bei Zirbelkiefer 0,1 % des Frischgewichts/Tag), welche beträchtlich unter der winterkahler Laubhölzer liegt und das Vorkommen von Nadelwäldern am sibirischen Kältepol möglich macht.

d) Entwicklungsgeschichte

Die junge Kiefernnadel besitzt eine periphere Zellreihe (Urhaut) und wenige Binnenzellen (Urmesophyll). Gleich dem Sproßvegetationspunkt der Gymnospermen besitzt aber auch in der Blattanlage die Oberflächenschicht die Fähigkeit zu wiederholten periklinen Teilungen, so daß nicht nur Epidermis und Hypodermis, sondern auch Assimilationsgewebe, Endodermis und wahrscheinlich auch Teile des Transfusionsgewebes protodermalen Ursprungs sind (Heimerdinger).

e) Anhang: Das Blatt der Cycadeen

Im Anschluß an die Betrachtung der Coniferennadeln soll noch kurz auf die höchst eigenartigen anatomischen Verhältnisse in den Cycadeen-Fiedern hingewiesen werden: Das die Fiedern durchziehende Leitbündel ist, wie bei den Coniferen, innerhalb der Endodermis von einem „zentralen" Transfusionsgewebe aus parenchymatischen und tracheidalen Zellen begleitet. Zur Versorgung der verhältnismäßig breiten Fiederstreifen ist aber hier *auch außerhalb der Endodermis ein „akzessorisches Transfusionsgewebe"* entwickelt, das sich nach einem zwei- bis dreischichtigen kompakten „Verbindungskomplex" in ein System einzellschichtiger Platten auflöst. Diese Platten sind mit ihren Schmalseiten senkrecht zur Blattoberfläche zwischen den beiderseitigen Assimilationsgeweben ausgespannt; von der Fläche gesehen laufen sie — durch breite Intercellularen getrennt — wie in der Kiefernnadel zunächst annähernd rechtwinkelig vom Mittelnerv ab, treten aber durch leicht schlängeligen Verlauf immer wieder miteinander in Verbindung (Abb. 138). Die mittleren Zellstränge jeder Platte sind tracheidal, die randständigen parenchymatisch. Daß diese Anordnung der Versorgung breiterer Blattflächen dient, geht u. a. daraus hervor, daß auch bei den breitflächigen „Nadeln" der Coniferengattung *Podocarpus* ähnliche akzessorische Transfusionsgewebe auftreten.

5. Das Laubblatt

a) Einführung

Im Gegensatz zur Coniferennadel ist das Laubblatt — von Sonderanpassungen abgesehen — normalerweise in der Fläche mehr oder weniger stark ausgebreitet. Im Schatten sind dabei die Blätter vorwiegend senkrecht zum stärksten Lichteinfall orientiert und dementsprechend ausgeprägt dorsiventral entwickelt, während am Licht, besonders im Starklicht des Mediterran- und Wüstengürtels, verschiedene Orientierungen bis zur Lichtfluchtstellung der Kompaßpflanzen vorkommen und äquifacialer Blattbau häufig ist.

Ausgedehntere Blattspreiten sind bei den Angiospermen stets von einer irgendwie vernetzten *Nervatur* durchzogen; das gilt auch von den parallelnervigen Monocotylen, deren Hauptnerven seitlich anastomosieren. Nur bei den Farnen (z.B. *Adiantum*), Gymnospermen *(Ginkgo)* und der monotypischen Ranuculaceen-Gattung *Kingdonia* (FOSTER 1959) ist die Vernetzung der Nervatur zum Nachteil des Blattes noch nicht erfunden: Die Durchtrennung eines Nerven führt hier unweigerlich zum Absterben des

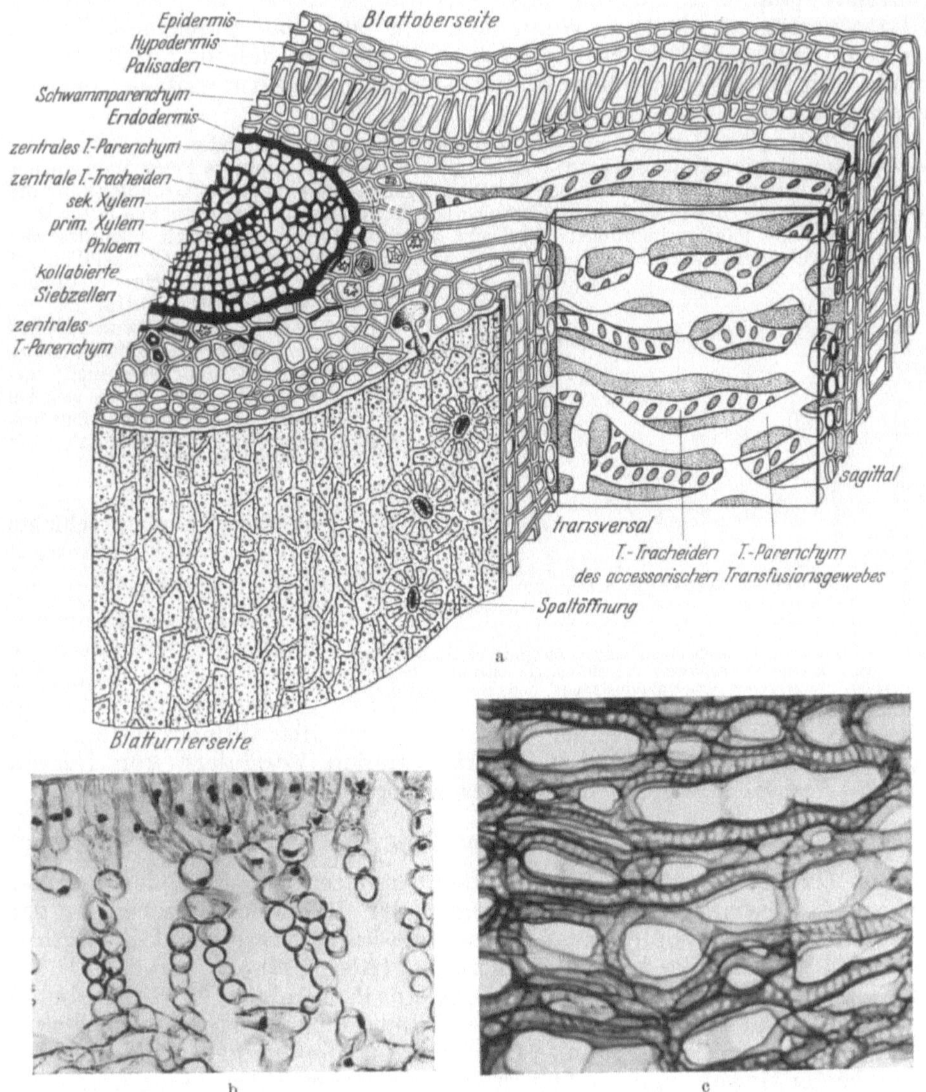

Abb. 138a—c. Schematische räumliche Darstellung der Anatomie einer Blattfieder von *Cycas revoluta*. Das akzessorische Transfusionsgewebe bildet aus vernetzten Zellfäden aufgebaute einschichtige Platten, welche im Quer- (b) und Längsschnitt (c) gezeigt werden. Auf letzterem lassen sich die verdickten Tracheiden und das glattwandige Parenchym gut unterscheiden. (Nach LEDERER)

von ihm versorgten Blattsektors, während bei Angiospermen-Blättern jede Stelle auch auf Umwegen ausreichend versorgt werden kann (WYLIE). Die Dichte der Nervatur steigt mit der Trockenheit des Standortes: Sie ist bei den Sonnenblättern eines Baumes höher als bei seinen Schattenblättern, bei Steppen- und Wüstenpflanzen wesentlich dichter (bis 1000 mm/cm²

Blattfläche) als bei Wald-, Sumpf- und gar Wasserpflanzen (*Nymphaea* nach GESSNER). Die Nervendichte ermöglicht daher auch gewisse Aussagen über die Feuchtigkeit früherer Erdperioden (ZEUNER). Durchschnittlich beansprucht das Versorgungsnetz der Nervatur etwa 20 % der Blattfläche, während etwa 80 % für die Gaswechselfunktion als Hauptaufgabe des Blattes verfügbar bleiben. Wenn demnach auch das Schwergewicht auf den sog. „Intercostalfeldern" liegt, so sollte eine Darstellung der Blattanatomie doch nicht — wie leider üblich — an der Nervatur einfach vorübergehen.

Zum Studium der Nervatur war bereits Mitte des vorigen Jahrhunderts die Technik der *Skelettierung* meisterhaft entwickelt: VON ETTINGHAUSEN hat mehrere Foliobände solcher „Naturselbstdrucke" (Phytotypien) veröffentlicht und damit eine solide Grundlage für die Bestimmung fossiler Blattabdrücke geschaffen. Die Kritik, welche KIRCHHEIMER unter Hinweis auf einzelne Fehlbestimmungen an dieser Methode übte, schießt weit über das Ziel hinaus; die Paläobotanik kann sich bei ihren Bestimmungen nur in seltenen Glücksfällen auf so reiche Fruchtfunde stützen, wie sie KIRCHHEIMER aus der Lausitz vorlegen konnte, und darf daher auf die Bestimmung von Blattabdrücken nicht verzichten, zumal wenn sie das moderne Hilfsmittel der *Cuticularanalyse* (JURASKY) mit heranzieht.

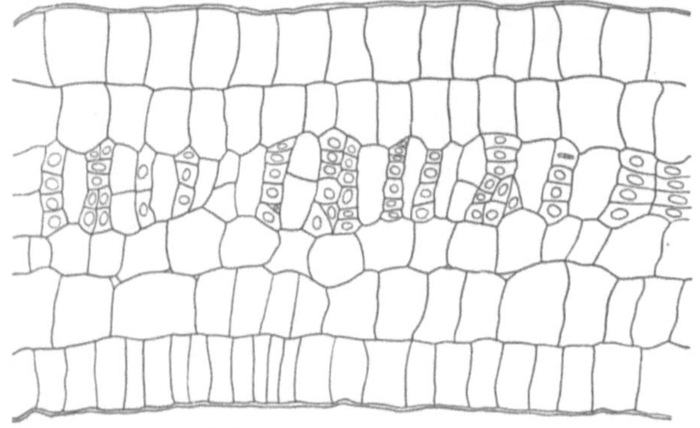

Abb. 139. Querschnitt durch einen jungen Blattlappen eines Fiederblattes von *Quiina pteridophylla*. Im Mesophyll entstehen ziemlich regelmäßig abwechselnd Procambiumstränge und Mutterzellen des Grundmeristems der späteren Intercostalfelder. 615:1. (Nach FOSTER)

b) Entwicklungsgeschichte von Nervatur und Intercostalfeldern

Nach FOSTERs ebenso methodisch eleganter wie grundsätzlich fesselnder Ausführung vollzieht sich die Differenzierung von Procambiumsträngen und Grundmeristem, den Vorläufern von Nerven und Intercostalfeldern, nach zwei verschiedenen Typen.

a) Quiina-Typ

Bei *Quiina pteridophylla* (Familie Quiinaceae, Polycarpicae), einer tropisch-südamerikanischen Angehörigen der Ranales, entstehen in der Mittelschicht des Mesophylls der Blattanlage streng alternierend die Mutterzellen für Procambium und Grundmeristem (Abb. 139). Ihre weitere Differenzierung geht völlig verschiedene Wege: Im Procambium entstehen dichte Verbände langgestreckter Zellen, im Grundmeristem isodiametrische, später intercellularreiche Zellverbände. Der zunächst annähernd gleiche Flächenanteil beider Gewebe verschiebt sich in der weiteren Entwicklung besonders gegen Ende immer mehr zugunsten des Grundmeristems (Abb. 140). Die Differenzierung der Epidermis entspricht der des Mesophylls: Spaltöffnungen entstehen nur über dem Grundmeristem, während der Bereich über den Nerven intercellularfrei bleibt.

β) Liriodendron-Typ

Ganz anders entstehen die Procambiumstränge nach PRAY, einem Schüler FOSTERs, bei *Liriodendron:* Hier überwiegt von Anfang an das Grundmeristem; Procambiumstränge werden nach dem Prinzip eines

Sperreffektmusters eingeschaltet, wenn die nicht innervierte Fläche eine gewisse Ausdehnung überschreitet (ähnlich wie bei der Einschaltung sekundärer Markstrahlen ins Holz; vgl. oben, S. 96f.).

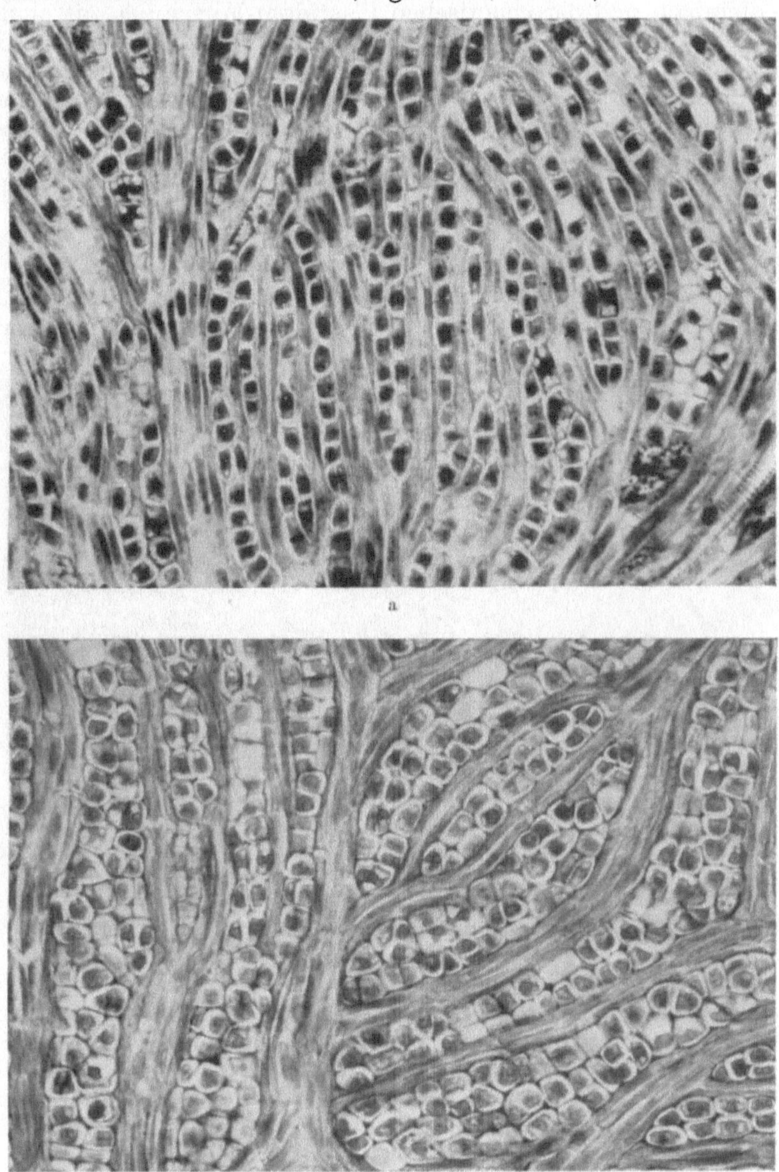

Abb. 140a u. b. Oberflächenparalleler Schnitt durch dieses Netzwerk in zwei verschiedenen Altersstadien. Während im früheren Stadium (a) der Flächenanteil von Procambium und Grundmeristem annähernd gleich ist, hat im späteren Stadium (b) das Grundmeristem seinen Anteil durch nachhaltigere Teilungen vergrößert. 470:1. (Nach FOSTER)

Die Verbreitung der beiden Typen bedarf erst noch systematischer Prüfung; nach dem ersten Eindruck dürfte der *Liriodendron*-Typ häufiger sein.

Die Differenzierung von Nervatur und Intercostalfeldern bedeutet meist auch eine Trennung zwischen farblosen und ergrünenden Geweben. Dieser hochbedeutsame Differenzierungsschritt verdiente im Zeitalter der Plastidenfeinbau- und der genetischen Plastidom-Forschung mit modernen Hilfsmitteln untersucht zu werden. Als Regel ergrünen die Intercostalfelder, während die Leitbündel einschließlich ihrer Scheiden farblos bleiben. Nach PENZES kommt aber in Trockengebieten auch das Umgekehrte vor: Das „Chlorenchym" beschränkt sich auf die besser mit Wasser versorgte Bündelscheide, während die Intercostalfelder als farblose Wasserspeichergewebe dienen (Abb. 141; weitere Beispiele von „Chlorophyllscheiden" bei HABERLANDT).

c) Anatomie der Blattnervatur

Obwohl die Hauptaufgabe der Blätter, die Photosynthese, von den Intercostalfeldern geleistet wird, wollen wir in unserer Darstellung die Anatomie

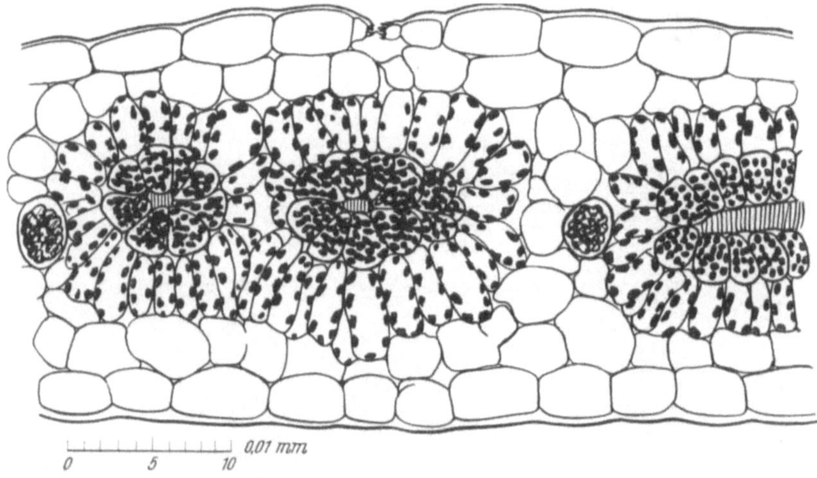

Abb. 141. Blattquerschnitt von *Atriplex tatarica* mit Chlorophyllscheide um die Leitbündel, während das Grundmesophyll ein farbloses Wasserspeichergewebe bildet. (Nach PENZES)

der Nervatur voranstellen, um die Wichtigkeit dieses meist vernachlässigten Gebietes zu unterstreichen.

Bezüglich der eigentlichen Leitbündel können wir uns kurz fassen: Es handelt sich um kollaterale Bündel, wobei der aus dem Achseninneren kommende Holzteil im Blatt nach oben zu liegen kommt (Schema Abb. 55). In die letzten Nervenendigungen dringen nach HABERLANDT vielfach nur die Siebteile vor. In anderen Fällen können sich aber gerade die Enden des Xylems zu „Speichertracheiden" oder auch Steinzellgruppen weiten (Abb. 2). Besondere Erwähnung verdienen jene Leitbündelendigungen, welche die Hydathoden mit Blutungssaft versorgen.

d) Bündelscheide

Die Blattbündel sind stets von einer (meist farblosen) Bündelscheide umschlossen, die wiederum einer modernen vergleichenden Untersuchung wert wäre. In der Regel reicht die Rippe farblosen, intercellularfreien Gewebes von der oberen bis zur unteren Epidermis und trennt die intercellularreichen Intercostalfelder zu isolierten Kammern („heterobarische

Laubblätter"). Bei dicken immergrünen Blättern kann aber die Trennung auch unvollständig sein („homobarische Laubblätter").

Als Aufgabe der Scheide gilt einerseits eine Einengung der Saftströme auf die ihnen zugewiesenen Leitbahnen; in der Tat ist für einen Teil der

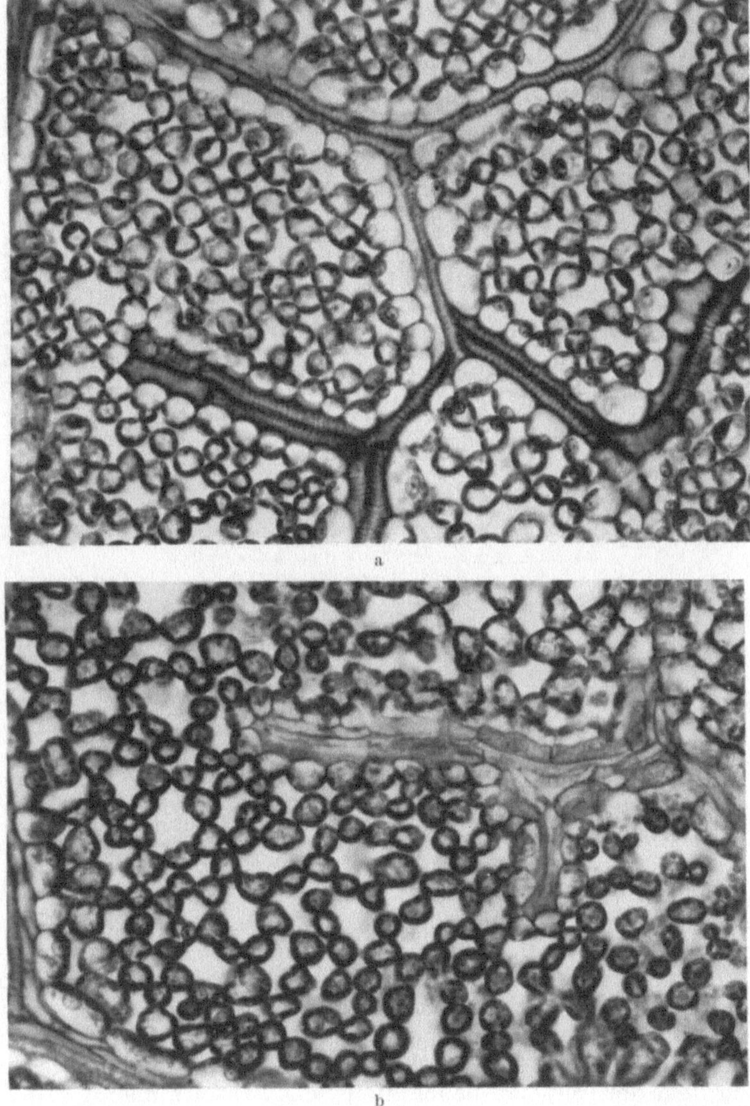

Abb. 142 a u. b. Oberflächenparallele Schnitte durch das Blatt des Flieders *(Syringa)*. a In der Ebene der Tracheiden, b in der der Siebelemente der Nervatur. Beachte die großkernigen Übergangszellen der Gefäßbündelscheide. 210:1. (Nach ESAU aus „Anatomy of seed plants" mit schriftlicher Genehmigung des Verlages Wiley & Sons)

Bündelscheiden Verkorkung nachgewiesen (PLAUT). Mindestens an den Nervenenden muß aber ein Stoffaustausch mit der Umgebung möglich sein. Darnach wäre die isolierende Scheide von den sog. „Übergangszellen" (FISCHER) zu unterscheiden, die mit ihren großen Zellkernen Drüsencharakter vermuten lassen (Abb. 142). Zusätzliche Aufmerksamkeit verdient die

Frage, ob der Charakter der Scheide gegenüber dem Siebteil nicht ein anderer ist als gegenüber dem Holzteil. Beobachtungen darüber sind mir bisher nicht bekannt geworden.

e) Anatomie der Intercostalfelder

α) Übersicht (Abb. 143)

Die Intercostalfelder der Luftblätter unserer Landpflanzen enthalten zwischen den beiderseitigen Epidermen als Mesophyll (Gewebe der Blattmitte) ein Chlorenchym (grünes Gewebe). Die in der Anlage mehr oder weniger isodiametrischen, lückenlos gepackten Zellen weichen bei der Differenzierung auseinander und strecken sich im typisch dorsiventralen

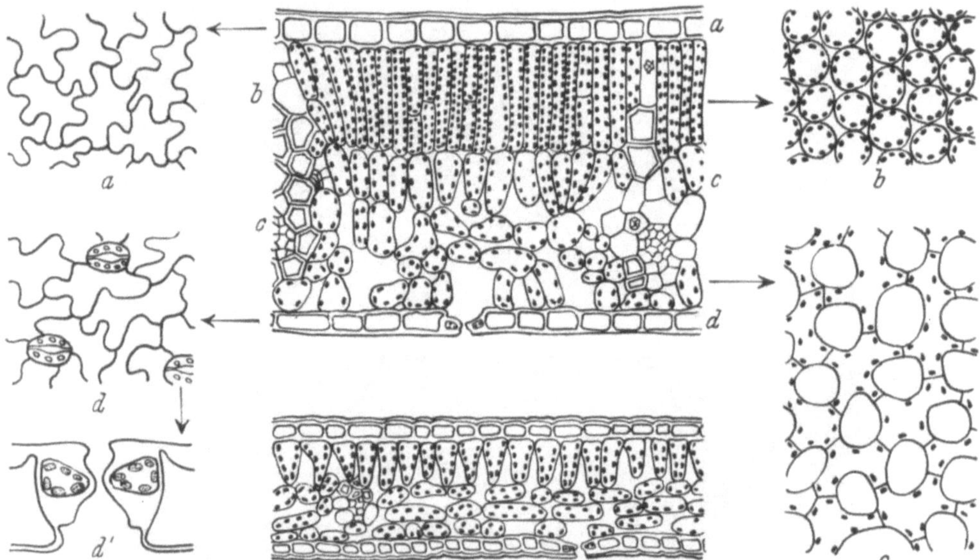

Abb. 143 a—d. Querschnitt durch Sonnen- (Mitte, oben) und Schattenblatt der Buche (Mitte, unten). *a* Obere Epidermis; *b* Palisadengewebe; *c* Schwammgewebe; *d* untere Epidermis mit Spaltöffnungen. Die seitlichen Bilder zeigen dieselben Gewebe im Flächenschnitt, *d'* den Querschnitt durch eine Spaltöffnung stärker vergrößert. (Nach HUBER, Neudammer Forstliches Lehrbuch)

Blatt z.T. senkrecht zur Oberfläche (Palisadengewebe), z.T. aber mehrarmig parallel der Oberfläche (Schwammgewebe). Merkwürdigerweise werden diese verschiedenen Streckungsweisen vorausschauend schon in der Knospenlage angelegt, sind also nicht unmittelbar durch den verschiedenen Lichtgenuß induziert, der am entfalteten Blatt die Palisaden zum Assimilationsgewebe der stärker belichteten Sonnenseite, das Schwammgewebe zu dem der schwach belichteten Schattenseite macht. In der Epidermis beschränkt sich das Flächenwachstum auf wellige Verzahnung der Seitenwände ohne Auseinanderweichen des Zellverbandes[1]. Sie schreitet in dieser Hinsicht in der Differenzierung weniger weit fort als das Mesophyll, das sich schon vorher durch eine stärkere Unterteilung der Zellen auszeichnet (auf eine oberseitige Epidermiszelle kommen bei *Helleborus* durchschnittlich sechs bis neun Palisadenzellen).

---

[1] Im Blütenkolben des Aronstabes weichen nach KNOLL auch die Epidermiszellen zur Duftentleerung nach Art eines Schwammgewebes auseinander („Lückenepidermis", Abb. 170).

β) Epidermis

Betrachten wir die Zellschichten im einzelnen, so dient die Epidermis mit Ausnahme der gleich zu besprechenden Spaltöffnungen als lückenloses Abschlußgewebe. Die unmittelbar an die Außenluft grenzende Außenwand ist meist stärker — in Trockengebieten u. U. sogar extrem — verdickt, durch fettige Einlagerungen „cutinisiert" und von einer mehr oder weniger dicken Cuticula überzogen. Diese dürfte durch Plasmafortsätze, die sich periodisch, in so frühen Entwicklungsstadien vielleicht auch dauernd in die Außenwand vorstülpen („Ektodesmen" zum Unterschied von den die Zellen untereinander verbindenden „Plasmodesmen"), ergossen werden, obwohl Einzelheiten noch nicht feststehen[1]. Durch eine starke Osmiophilie hebt sich die Cuticula an Ultradünnschnitten im Elektronenmikroskop gut ab und läßt sich als „Innencuticula" auch in die Atemhöhle hinein verfolgen, wie das nach lichtmikroskopischen Beobachtungen bereits ARZT und SCOTT angegeben hatten.

Ihrem Inhalt nach sind die Epidermiszellen meist wasserklar, d. h., die anlagemäßig vorhandenen Plastiden ergrünen nicht, sind aber (z. B. bei Orchideen) gelegentlich bereits im Kursmikroskop als Leukoplasten um die Zellkerne zu erkennen. Da die Epidermen phanerogamer Wasserpflanzen (z. B. *Vallisneria*) Chloroplasten führen, wird das Nichtergrünen der Epidermis von Landpflanzen als Schutzanpassung gegenüber dem höheren

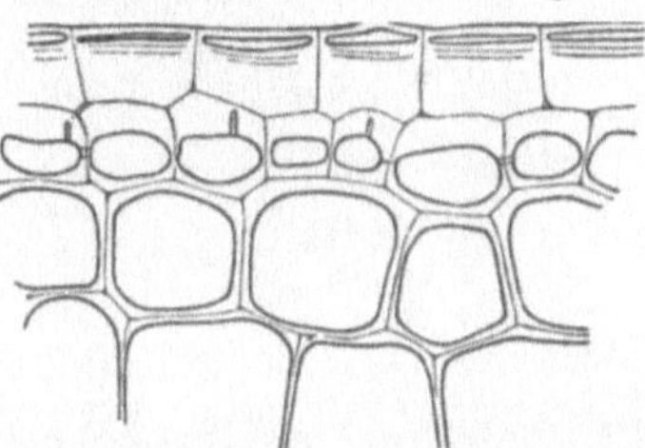

Abb. 144. Zweischichtige Epidermis der Laubblattoberseite der Bromeliacee *Vriesea* (in der Rückwand der ersten Schicht eingesenkte Kieselkörper nicht eingezeichnet). (Nach HABERLANDT)

Lichtgenuß aufgefaßt: Die Epidermis liegt bei Landpflanzen wie eine Milchglasscheibe über dem eigentlichen Assimilationsgewebe (SEYBOLD).

Aus der Gleichförmigkeit der Zellen dieser Schicht können sich *Idioblasten* herausheben, von denen zunächst die mannigfachen Haarbildungen zu erwähnen sind. Neben dem einzelligen Haar kommen mehrzellige in mannigfachster Ausbildung vor, wobei dünne Basalzellen mit mehr oder weniger Recht als Absorptionsorte für die durch Radio-Isotopen neuerdings in weiter Verbreitung erwiesene Ernährung über das Blatt (nutrition by foliar application) gedeutet werden. Mehrzellige Haare sterben oft in ihrem Spitzenteil ab und wirken (wie beim Edelweiß) durch Luftfüllung isolierend. Da es sich um ein altes Lieblingsgebiet der physiologischen Pflanzen-Anatomie handelt, brauchen Einzelheiten hier nicht ausgeführt zu werden, sondern genüge ein Hinweis auf die guten Spezialdarstellungen (HABERLANDT, NETOLIZKY in LINSBAUERs Handbuch).

Einer ausführlichen Betrachtung bedürfen dagegen die Spaltöffnungen (Abschnitt γ); zuvor sei jedoch noch kurz erwähnt, daß durch perikline Teilungen anstelle der einfachen auch zweischichtige Epidermen (z. B. Bromeliaceae, Abb. 144) oder auch mehrschichtige Wassergewebe gebildet werden können.

γ) Spaltöffnungen

Als weitaus wichtigste Idioblasten der Epidermis verdienen die Spaltöffnungen eine genauere Darstellung. In der Mannigfaltigkeit ihrer Aus-

---

[1] Die auffälligsten solcher Ergüsse verkitten die Haftscheiben des wilden Weines mit der Unterlage (HÄRTEL). Als stärkste plasmatische Ausstülpungen sind schon von PFEFFER die „*Fühltüpfel*" der Ranken beschrieben worden.

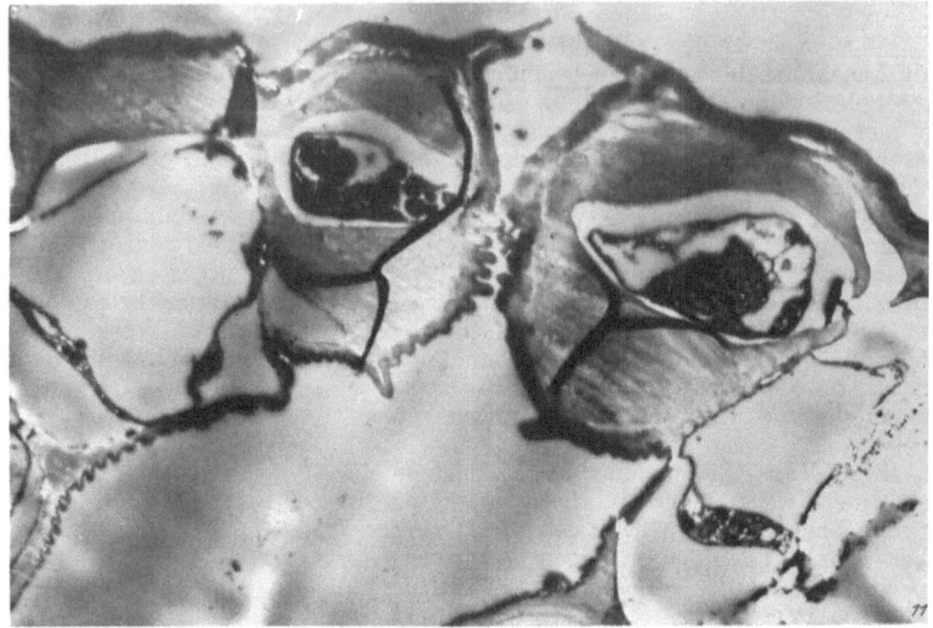

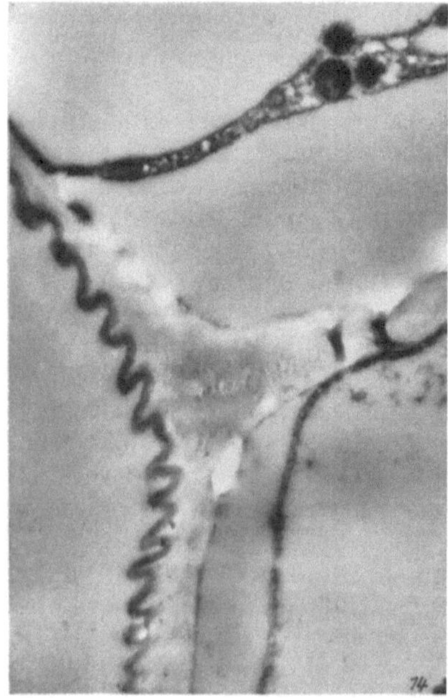

Abb. 145 a u. b. Medianer Ultramikrotomschnitt durch die Spaltöffnung von *Helleborus* im Elektronenmikroskop (2250:1) mit Vorhofleisten, Vorhof, Zentralspalte (mit ineinandergreifenden Cutinfalten), Hinterhof, Hinterhofleisten und großer Atemhöhle. Die Cutinisierung der Membranleisten setzt sich weit in die Atemhöhle hinein fort (b stärker vergrößert, 6750:1). Das Lumen der beiden Schließzellen zielt keilförmig gegen die Zentralspalte. In der Nebenzelle der linken Schließzelle ist das dünnwandige Hautgelenk der sonst dicken Außenwand von einem dunklen Plasmapfropfen erfüllt. (Nach Huber, Kinder, Obermüller und Ziegenspeck)

gestaltung dürften sie das meistuntersuchte Objekt der gesamten Pflanzenhistologie darstellen und darin im Bereich der Pflanzenanatomie überhaupt wohl nur noch vom Zellkern übertroffen werden.

Die Spaltöffnungsmutterzellen entstehen nach den eleganten Untersuchungen von Bünning und Sagromsky in der Regel als Sperreffektmuster, d.h., die Entstehung einer solchen Mutterzelle läßt die einer weiteren erst wieder in einem gewissen Mindestabstand zu. Ihre Bildung beruht auf einer inäqualen Teilung, wobei die größere, aber plasmaärmere Zelle zur gewöhnlichen Epidermiszelle wird, während die kleinere, plasmareichere sich in eine Nebenzelle und zuletzt das Schließzellenpaar weiterteilt. Dieser letzte Teilungsschritt liefert zwei praktisch gleichwertige Zellen, zwischen denen sich später der Zentralspalt auftut. Im Mesophyll spielen sich ganz entsprechende Differenzierungen ab, mit denen wir uns unten, S. 174, beschäftigen werden; insbesondere weichen unter den Schließzellen auch die Mesophyllzellen zu einer „Atemhöhle" auseinander (Abb. 149).

Für das Bewegungsspiel der Schließzellen wichtig ist die auffallende Ungleichmäßigkeit, mit der bei der endgültigen Ausgestaltung die Wandverdickungen auf die verschiedenen Wände verteilt werden: Beim „*Normaltyp*" (*Amaryllis*-Typ HABERLANDTs) bleibt die den Nebenzellen zugewandte Rückwand gleichmäßig dünn; dagegen wird die dem Spalt zugewandte Bauchwand in der Weise verdickt, daß ein oder mehrere innere und äußere

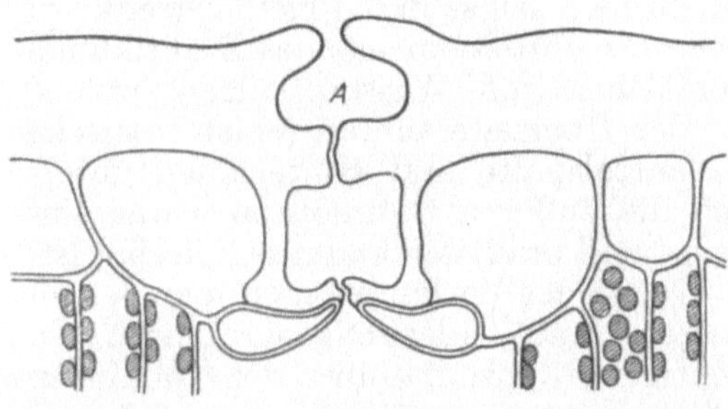
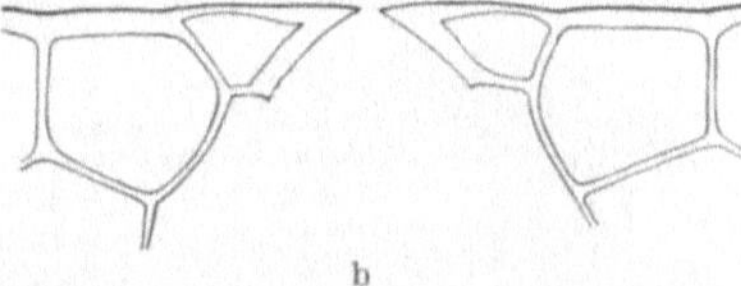

Abb. 146 a u. b. Stark unterschiedliche Ausbildung von Spaltöffnungen auf trockenen und extrem feuchten Standorten. Während die Schließzellen der Wüstenpflanze *Dasylirion* tief eingesenkt unter einer durch Cuticularwülste unterteilten äußeren Atemhöhle (*A*) liegen (a), haben die Spaltöffnungen der Schwimmblätter der Wasserlinse (*Lemna minor*) Zentralspalte und Hinterhofleisten zurückgebildet und damit ihr Regulierungsvermögen weitgehend eingebüßt. Nur die Vorhofleisten sind erhalten geblieben. (Nach HABERLANDT)

Leisten Vor- und Hinterhöfe bilden, während die Umgebung der Zentralspalte relativ dünn bleibt (Abb. 145). Das Lumen der Schließzellen erscheint daher im Querschnitt etwa dreieckig, wobei die Spitze des Dreiecks gegen die Zentralspalte zielt. Die Folge dieser unsymmetrischen Massenverteilung ist, daß der Turgor die Rückwände stärker dehnt als die Bauchwände. Da die beiden Schließzellen an ihren Polen fest miteinander verwachsen sind, führt die Turgordehnung zu einer stärkeren Krümmung der Schließzellen, und die Zentralspalte öffnet bzw. erweitert sich, während sie sich bei sinkendem Turgor verengt und zuletzt schließt. Dieses Spiel wird durch eine polarisationsoptisch nachweisbare Radiomicellierung der Außenwände erleichtert (Micellardehnungssatz ZIEGENSPECKs); für die Hebung und Senkung des Turgors sind aber verwickelte Lebensprozesse verantwortlich, deren Erforschung Aufgabe der Physiologie ist (vgl. die Sammel-

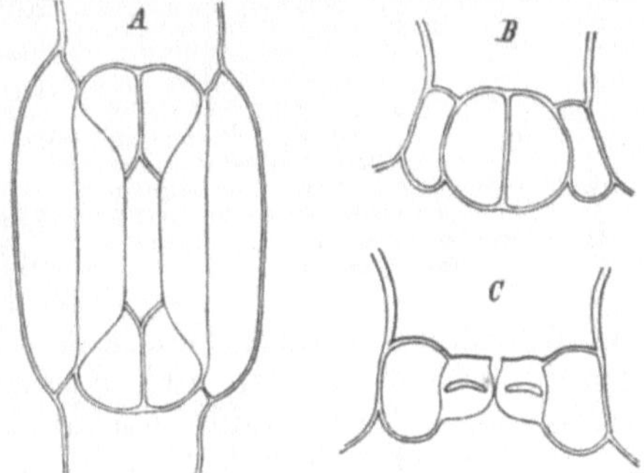

Abb. 147. Spaltöffnung von *Poa annua*. *A* Oberflächenansicht; *B* Querschnitt durch ein erweitertes Ende (Polansicht); *C* Querschnitt durch das Mittelstück des Apparates. (Nach HABERLANDT)

darstellungen STÅLFELTs und HEATHs in Bd. 3 und 17/1 des Handbuchs der Pflanzenphysiologie). Anatomisch hervorzuheben ist in diesem Zusammenhang, daß die Schließzellen abweichend von der übrigen Epidermis Chloroplasten führen und daß ihre median liegenden Zellkerne beim Bewegungsspiel Formänderungen durchmachen. Für die Beweglichkeit der Schließzellen wichtig ist auch, daß ihre nächsten Nachbarzellen als „Nebenzellen" (subsidiary cells) von der übrigen Epidermis etwas abweichen und insbesondere gegen die Schließzelle eine deutlich dünnere Außenwand (Hautgelenk), bisweilen auch Innenwand („inneres Hautgelenk") aufweisen. Als Begleiterscheinung des Bewegungsspiels kann man oft auch ein Auftreten und Verschwinden von Stärke beobachten, das in den Nebenzellen antagonistisch zu den Schließzellen verlaufen kann (STRUGGER u. WEBER).

Von diesem Normaltyp gibt es zahlreiche Abweichungen, von denen hier nur drei beispielsweise behandelt werden können. Sehr auffällig ist die unterschiedliche Ausbildung der Spaltöffnungen auf trockenen und feuchten Standorten (Abb. 146): Auf ersteren pflegen die Vorhöfe mehr oder weniger verengt, mitunter unterteilt, die Schließzellen selbst in die Tiefe versenkt zu sein, wofür die mexikanische Liliaceae *Dasylirion* ein schönes Praktikumsbeispiel liefert. Bei den Schwimmblättern von Wasserpflanzen, welche Spaltöffnungen naturgemäß nur auf der Oberseite führen (epistomatische Blätter), kann die Ausbildung von Zentralspalte und Hinterhöfen unterbleiben, so daß der Spalt nur durch die äußeren Cutinleisten etwas eingeengt und praktisch kaum regulierbar ist.

Wegen des Vorkommens in den beiden riesigen und pflanzengeographisch so wichtigen Pflanzenfamilien der Gramineen und Cyperaceen erwähnt zu werden verdient der *Gramineen-Typ,* dessen Bau und Funktion nur anhand planmäßig geführter Median- und Polschnitte durch die Schließzellen verstanden werden kann (Abb. 147): Die Schließzellen sind in ihrem Mittelteil durch starke und gleichmäßige Verdickungen der Außen- und Innenwände praktisch starr; einer Turgordehnung fähig sind nur die hantelförmig angeschwollenen Enden, deren Volumschwankungen den Spalt durch Parallelverschiebung des Mittelteils öffnen und schließen.

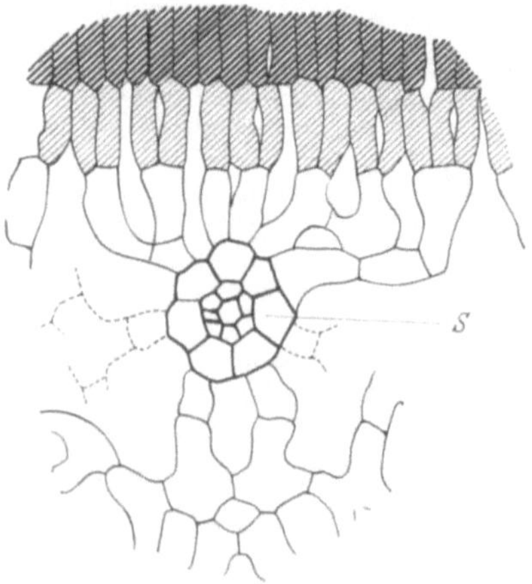

Abb. 148. Partie aus dem Blattquerschnitt von *Ficus elastica.* Die Zellenzahl nimmt von der ersten zur zweiten Palisadenschicht (schraffiert) und weiter zu den Sammelzellen (leer) ab. Die Sammelzellen sitzen der Gefäßbündelscheide (*S*) auf. 230:1. (Nach HABERLANDT)

Zur Phylogenie des Spaltöffnungsapparates sei schließlich erwähnt, daß es sich um eine frühe Errungenschaft der höheren Landpflanzen handeln muß, denn Spaltöffnungen finden sich auf den Sporophyten nicht nur der Psilophyten, Pteridophyten und Spermatophyten, sondern auch auf denen verschiedener Laub- und Lebermoose *(Anthoceros).* Man könnte darnach die Cormophyten fast treffender als Stomatophyten bezeichnen, denn der Gametophyt der Moose kann kaum, am wenigsten bei einfach organisierten Lebermoosen, mit einem Cormus homologisiert werden[1].

Um so auffälliger ist, daß den Wurzeln Spaltöffnungen ausnahmslos zu fehlen scheinen (während sie Lenticellen entwickeln). Allerdings tragen bei den Gymnospermen auch nur die Blätter, nicht aber die Sproßachsen Spaltöffnungen (FLORIN).

δ) Mesophyll

Das Mesophyll nimmt in den Intercostalfeldern eine auffallend andere Entwicklung als die Epidermis:

1. Die antiklinen Zellteilungen gehen wesentlich weiter als im Dermatogen, so daß auf eine Epidermiszelle in jeder Schicht ein Mehrfaches an

---

[1] Verfasser neigt allerdings zur Vorstellung ZIMMERMANNs, daß die Cormophyten auf Formen mit isomorphem Generationswechsel zurückgehen, wobei divergierend die Moose den Gametophyten, die Farne den Sporophyten stärker ausgestalteten und die andere Generation rückbildeten.

Mesophyllzellen kommt. Am weitesten geht diese „Multiplikation"[1] in der ersten Palisadenschicht; schon in der zweiten ist die Zahl der Zellen erheblich geringer, so daß mehrere Zellen der ersten Schicht jeweils einer gemeinsamen „Sammelzelle" der zweiten und dritten Schicht aufsitzen.

2. Die Zellen bleiben nicht im lückenlosen Verband, sondern runden sich ab, so daß sich zwischen ihnen Intercellulargänge auftun (Palisaden), oder entfernen sich sogar durch örtliche Ausstülpungen noch weiter voneinander (Schwammgewebe).

3. Im Gegensatz zur Epidermis differenzieren sich die am Vegetationspunkt vorhandenen Proplastiden zu lamellierten und granaführenden Chloroplasten. Auch diese Entwicklung erreicht ihren Höhepunkt in den Palisaden der ersten Schicht.

Es verdient erwogen zu werden, ob diese drei Unterschiede gegenüber der Epidermis nicht untereinander irgendwie kausal verknüpft sind. Es erscheint denkbar, daß das Ergrünen mit der Ausbildung von Intercellularen gekoppelt ist; zu dieser Auffassung paßt das Ergrünen der Plastiden in den Spaltöffnungsschließzellen, das Nichtergrünen der Nervatur. Vor allem aber darf man wohl Multiplikation der Zellenzahl und Entstehung von Intercellularen im Mesophyll als länger anhaltende und weiter fortschreitende Differenzierung, die Merkmale der Epidermis demgegenüber als Ergebnis einer frühzeitigen Ausdifferenzierung auf verhältnismäßig primitiver Differenzierungsstufe (kleinere Zellenzahl, keine Intercellularen, keine Chloroplasten) auffassen.

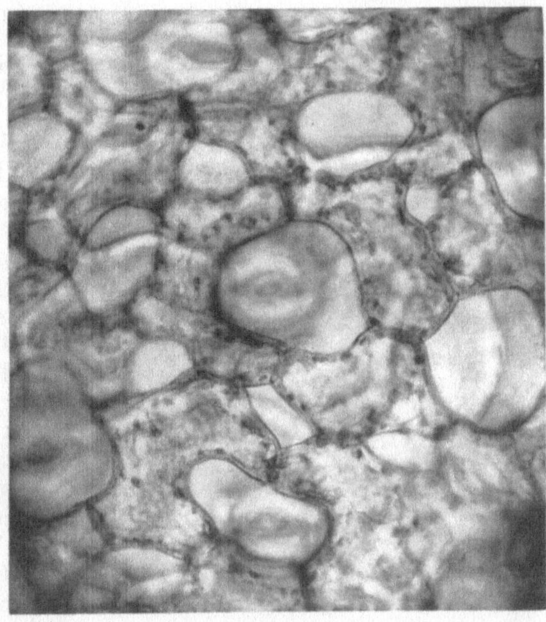

a

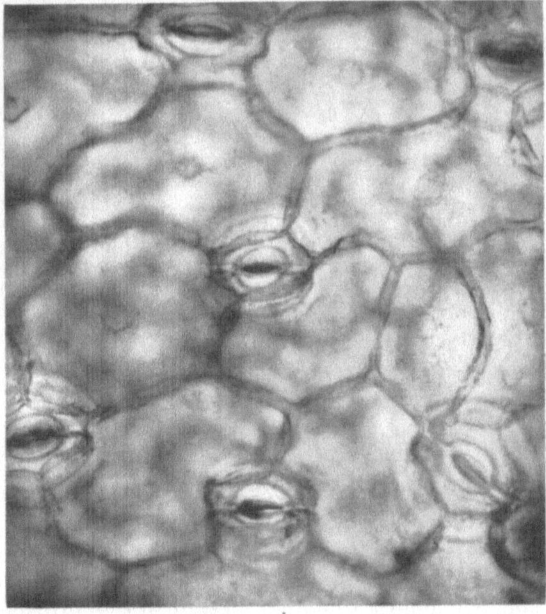

b

Abb. 149 a u. b. Abgezogene untere Epidermis vom Blatt der Christrose *(Helleborus)* mit anhaftendem Schwammgewebe, von innen betrachtet. Durchsicht durch die von den Armen des Schwammgewebes offengehaltenen Atemhöhlen (hohe Einstellung, a) auf die ihnen streng zugeordneten Spaltöffnungen (tiefe Einstellung, b). 350:1

---

[1] Zum Unterschied von der Polyploidie (Vervielfachung der Chromosomensätze) der Zellkerne heißen wir die Vervielfachung der Zellenzahl gegenüber einer Nachbarschicht Multiplikation (LEDERER); bei strenger Verdoppelung kann man von Duplikation sprechen.

Die in der Epidermis zuletzt differenzierten Schließzellen nähern sich in allen drei Kriterien (Zellgröße, Intercellularen, Plastiden) am weitesten Mesophyllmerkmalen; auch die Versenkung von Spaltöffnungen in Gruben (wie bei Nerium) ist einem längeren Embryonalbleiben der spaltöffnungsführenden Epidermisbezirke zuzuschreiben. BÜNNING nennt solche lang teilungsfähige Zellbezirke *Meristemoide*.

Im übrigen nimmt das parenchymatische Ausgangsmaterial im Palisaden- und Schwammgewebe eine divergierende Entwicklung: Kennzeichnend für die *Palisaden* ist die starke Streckung senkrecht zur Blattoberfläche, welche die Ableitung der Assimilate erleichtert. Die abnehmende Zellenzahl tieferer Schichten (Entwicklungshemmung?) sammelt diese Assimilate und führt sie über Zellen, welche nicht mehr senkrecht zur Oberfläche orientiert sind, sondern gegen die Nerven konvergieren, den Übergangszellen der Leitbündelscheide und schließlich dem Phloem zu (Abb. 148).

Im Gegensatz zur antiklinen Erstreckung der Palisaden neigt das *Schwammgewebe* zu einer periklinen Ausstreckung von Zellarmen in der Art eines Sternparenchyms. Die auf diese Weise entstehenden antiklinen Luftschächte korrespondieren mit den Spaltöffnungen bzw. Spaltöffnungsfeldern und gehen offenbar auf eine gemeinsame Induktion zurück (Abb. 149).

Auch hierzu wären entwicklungsmechanische (nicht nur entwicklungsphysiologische) Erwägungen anzustellen: Schon die geringere Zellenzahl im Schwammgewebe verlangt, daß diese Schicht durch Flächendehnung mit der Zellvermehrung der Palisadenschicht Schritt hält. Warum diese Dehnung im Mesophyll zur Bildung von Intercellularen führt, während sie die Epidermiszellen ohne Auseinanderweichen mitmachen, ist vorläufig kausal nicht zu durchschauen, sondern nur beschreibend festzuhalten und teleologisch verständlich.

Vielleicht liegt der Differenzierung von Palisaden- und Schwammgewebe eine allgemeiner gültige korrelative Gesetzmäßigkeit zugrunde: grenzen Schichten verschiedener Zellenzahl aneinander, so weitet sich die Schicht mit weniger Zellen vorwiegend in der Fläche, die mit mehr Zellen vorwiegend senkrecht dazu. Diese Gesetzmäßigkeit gilt nämlich auch für die Procambiumstränge gegenüber dem umliegenden Rindenparenchym einschließlich Transfusionsgewebe.

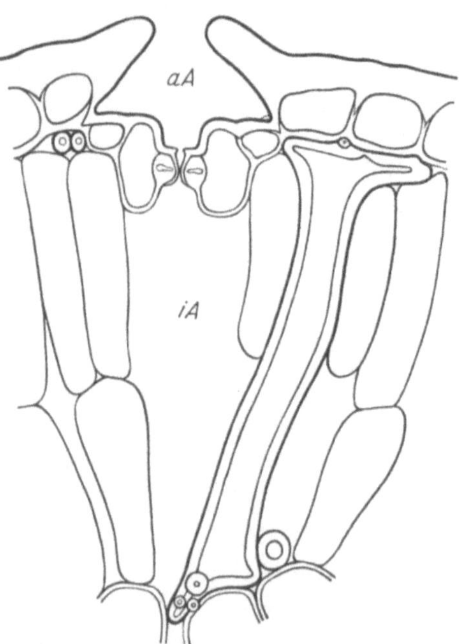

Abb. 150. Querschnitt durch eine Blattfieder der australischen Proteaceae *Hakea suaveolens*. Atemhöhle *A* und Mesophyll sind durch zwischen die Palisadenzellen eingestreute säulenförmige Steinzellen ausgesteift. (Nach v. GUTTENBERG)

Außer zu grünen Assimilationszellen können sich die Palisaden einzeln (als Idioblasten) oder auch in ganzen Lagen zu Steinzellen (Sklereiden) oder auch Speichertracheiden (Tracheoiden) differenzieren. Trockenheit scheint diese Entwicklungsrichtung zu begünstigen, wobei HABERLANDTs teleologische Deutung einer mechanischen Aussteifung bei Turgorverlust dahingestellt bleibe (Abb. 150). Bei manchen Orchideen kann die Zahl der Speichertracheiden so überwiegen, daß sie auf einzelnen Querschnitten lückenlos erscheinen; bei räumlicher Betrachtung lassen sich aber stets lebende Verbindungen zur Epidermis nachweisen (RENNER u. Mitarb.; Ähnliches gilt wohl auch für die angeblich lückenlosen Sklerenchymscheiden der Stengel; HEINRICH). BUSCAGLIONI hält solche Bildungen für homolog den akzessorischen Transfusionsgeweben der Gymnospermen (s. o., S. 164).

Im übrigen muß die ganze ökologische Mannigfaltigkeit verschiedener Blattypen (z. B. die Rollblätter vieler Gräser) in dieser aufs Grundsätzliche konzentrierten Darstellung außer Betracht bleiben.

Literatur

LINSBAUERs Handbuch der Pflanzenanatomie: Die Epidermis von K. LINSBAUER 1930; Das trophische Parenchym. A. Assimilationsgewebe von F. J. MEYER 1923; Das trophische Parenchym. B. Exkretionsgewebe von A. SPERLICH 1939; Das trophische Parenchym C. Speichergewebe von F. NETOLITZKY 1935; Die Pflanzenhaare von F. NETOLITZKY 1932; Die physiologischen Scheiden von H. v. GUTTENBERG 1943.

ARZT, TH.: Untersuchungen über das Vorkommen einer Kutikula in den Blättern dikotyler Pflanzen. Ber. dtsch. bot. Ges. **51**, 470—500 (1933).

BRAUN, A.: Dr. CARL SCHIMPERs Vorträge über die Möglichkeit eines wissenschaftlichen Verständnisses der Blattstellung, nebst Andeutung der hauptsächlichen Blattstellungsgesetze und insbesondere der neuentdeckten Gesetze der Aneinanderreihung von Cyclen verschiedener Maasse. Flora (Jena) 18 (I), 145—192 (1835).

BUDER, J.: Der Bau des phanerogamen Sproßvegetationspunktes und seine Bedeutung für die Chimärentheorie. Ber. dtsch. bot. Ges. **46**, (20)—(21) (1928).

BÜNNING, E., u. H. SAGROMSKY: Die Bildung des Spaltöffnungsmusters in der Blattepidermis. Z. Naturforsch. **3b**, 203—216 (1948).

CRITCHFIELD, W. B.: Geographic variation in *Pinus contorta*. Maria Moors Cabot Foundation Publ. No 3, Harvard Univ. 1957.

ETTINGSHAUSEN, K. v.: Die Blattskelete der Apetalen. Denkschr. Akad. Wien **15** (1858).

—, u. A. POKORNY: Physiotypia plantarum Austriacarum. Der Naturselbstdruck in seiner Anwendung, mit besonderer Berücksichtigung der Nervation in den Flächenorganen der Pflanzen. 5 Folio-Bände. Wien 1856.

— — Die Blattskelete der Dikotyledonen mit besonderer Rücksicht auf die Untersuchung und Bestimmung der fossilen Pflanzen. Wien 1861.

FISCHER, A.: Neue Beiträge zur Kenntnis der Siebröhren. Ber. sächs. Ges. Wiss. Leipzig **38** (1886).

FLORIN, R.: Untersuchungen zur Stammesgeschichte der Coniferales und Cordaitales. Teil 1: Morphologie und Epidermisstruktur der Assimilationsorgane bei den rezenten Koniferen. Kgl. Sv. Vetenskapsakad. Hdl., Tredje Ser. **10**, Nr 1, 1—588 (1931).

FOSTER, A. S.: Foliar venation in angiosperms from an ontogenetic standpoint. Amer. J. Bot. **39**, 752—766 (1952).

— The morphological and taxonomic significance of dichotomous venation in Kingdonia uniflora Balfour F. et W. W. SMITH. Notes from the Royal Botanic Garden Edinbourgh **23** (1) (1959).

GESSNER, F.: Untersuchungen über den Wasserhaushalt der Nymphaeaceen. Biol. generalis (Wien) **19**, 247—280 (1951).

GUTTENBERG, H. v.: Die physiologische Anatomie der Spaltöffnungen. In Handbuch der Pflanzenphysiologie, Bd. 17/1, S. 399—414. 1959.

— Grundzüge der Histogenese höherer Pflanzen. I. Die Angiospermen. In Handbuch der Pflanzenanatomie, 2. Aufl. Berlin 1960.

HABERLANDT, G.: Vergleichende Anatomie des assimilatorischen Gewebesystems der Pflanzen. Jb. wiss. Bot. **13**, 74—188 (1882).

HÄRTEL, O.: Über die Haftorgane von *Parthenocissus tricuspidata*. Biol. generalis (Wien) **19**, 193—210 (1950).

HEATH, O. V. S.: Light and carbon dioxide in stomatal movements. In Handbuch der Pflanzenphysiologie, Bd. 17/1, S. 415—464. 1959.

HEIMERDINGER, G.: Zur Mikrotopographie der Saftströme im Transfusionsgewebe der Koniferennadel. Planta (Berl.) **40**, 93—111 (1951).

HEINRICH, A.: Untersuchungen zur Wasser- und Mineralstoffversorgung der Rinde bei Pflanzen mit einem geschlossenen Sklerenchymring. Z. Bot. **46**, 417—441 (1958).

HIRMER, M.: Zur Kenntnis der Schraubenstellungen im Pflanzenreich. Planta (Berl.) **14**, 132—206 (1931).

HUBER, B.: Zur Mikrotopographie der Saftströme im Transfusionsgewebe der Koniferennadel. I. Mitt. Anatomischer Teil. Planta (Berl.) **35**, 331—351 (1947).

— E. KINDER, E. OBERMÜLLER u. H. ZIEGENSPECK: Spaltöffnungs-Dünnstschnitte im Elektronenmikroskop. Protoplasma (Wien) **46**, 380—393 (1956).

JURASKY, K. A.: Kutikular-Analyse. Grundlegendes zur folgerichtigen Auswertung einer Methode. I.—III. Biol. generalis (Wien) 10, 383—402 (1934); 11 (1), 227—244; 11 (2), 1—26 (1935).

KIRCHHEIMER, F.: Grundzüge einer Pflanzenkunde der deutschen Braunkohlen. Halle (Saale) 1937.

LEDERER, B.: Vergleichende Untersuchungen über das Transfusionsgewebe einiger rezenter Gymnospermen. Bot. Studien, H. 4, 1—42 (1955).

LIN, F. J.: Beiträge zur physiologischen Anatomie der Koniferennadeln. Diss. Münch. 1941.

MOTHES, K., u. L. ENGELBRECHT: Über den Stickstoffumsatz in Blattstecklingen. Flora (Jena) 143, 428—472 (1956).

NEGER, F. W.: Die Wegsamkeit der Laubblätter für Gase. Flora (Jena) 11, 152—161 (1918).

PENZES, A.: Unsere Pflanzen mit netzartigen Assimilationsgeweben. Bot. Közlemenyek 39, 23—32 (1942).

PLAUT, M.: Untersuchungen zur Kenntnis der physiologischen Scheiden bei den Gymnospermen, Equiseten und Bryophyten. Jb. wiss. Bot. 47, 121—185 (1910) (vgl. auch die dort im Literaturverzeichnis angeführten Marburger Dissertationen).

PLYMALE, E. L., and R. B. WYLIE: The major veins of mesomorphic leaves. Amer. J. Bot. 31, 99—106 (1944).

PORSCH, O.: Der Spaltöffnungsapparat im Lichte der Phylogenie. Jena 1905.

PRAY, T. R.: Foliar venation of angiosperms. I.—IV. Amer. J. Bot. 41, 663—670 (1954); 42, 18—27, 611—618, 698—706 (1955).

RENNER, O., und Mitarbeiter: Notizen aus dem Botanischen Garten München-Nymphenburg. 1. DieSpeichertracheiden von *Coelogyne flaccida*. Ber. dtsch. bot. Ges. 65, 295—303 (1952).

REZNIK, H., u. R. URBAN: Die Aufnahme ^{14}C-markierter Ligninbausteine in Fichtennadeln. Planta (Berl.) 47, 1—15 (1956).

SATINA, S., A. F. BLAKESLEE and A. G. AVERY: Demonstration of the three germ layers in the shoot apex of Datura by means of induced polyploidy in periclinal chimeras. Amer. J. Bot. 27, 895—905 (1940). Weitere einschlägige Arbeiten: Amer. J. Bot. 28, 862—871 (1941), 30, 453—462 (1943); 31, 493—502 (1944); 32, 72—81 (1945).

SCHNEPF, E.: Zit. S. 51.

SCHÖTZ, F.: Zit. S. 188.

SCHUMACHER, W.: Über Ektodesmen und Plasmodesmen. Ber. dtsch. bot. Ges. 70, 335—342 (1957).

SCHWARZ, W.: Die Strukturänderungen sproßloser Blattstecklinge und ihre Ursachen. Jb. wiss. Bot. 78, 92—115 (1933).

SCHWENDENER, S.: Mechanische Theorie der Blattstellungen. Leipzig 1878.

SCOTT, F. M.: Internal suberization of tissues. Bot. Gaz. 111, 378—394 (1950).

SELIK, M.: *Pinus brutia* in der Türkei. Forstwiss. Cbl. 78, 43—58 (1959).

STÅLFELT, M. G.: Morphologie und Anatomie des Blattes als Transpirationsorgan. In Handbuch der Pflanzenphysiologie, Bd. 3, S. 324—341. 1956.

— Die stomatäre Transpiration und die Physiologie der Spaltöffnungen. In Handbuch der Pflanzenphysiologie, Bd. 3, S. 351—426. 1956.

STRASBURGER, E.: Über den Bau und die Verrichtungen der Leitungsbahnen in den Pflanzen. Jena 1891.

STRUGGER, S., u. F. WEBER: Zur Physiologie der Stomata-Nebenzellen. Ber. dtsch. bot. Ges. 44, 272—278 (1926).

THIELKE, CH.: Über die Möglichkeiten der Periklinalchimärenbildung bei Gräsern. Planta (Berl.) 402—430 (1951).

VOLZ, G.: Zit. S. 137.

WYLIE, R. B.: The role of the epidermis in foliar organization and its relations to the minor venation. Amer. J. Bot. 30, 273—280 (1943).

— Relations between tissue organization and vascularization in leaves of certain tropical and subtropical dicotyledons. Amer. J. Bot. 33, 721—726 (1946).

ZALENSKI, W. v.: Über die Ausbildung der Nervation bei verschiedenen Pflanzen. Ber. dtsch. bot. Ges. 20, 433—440 (1902).

ZEUNER, F.: Die Nervatur der Blätter von Öningen und ihre methodische Auswertung für das Klimaproblem. Zbl. Mineral. Geol. Paläont. Abt. B, Nr 5, 260—264 (1932).

ZIEGENSPECK, H.: Die Micellierung der Turgeszenzmechanismen. I. Die Spaltöffnungen (mit phylogenetischen Ausblicken). Bot. Arch. 39, 332—372 (1939).

— Der Bau der Spaltöffnungen. III. Repertorium specierum novarum regni vegetabilis. 123, Beiheft (1941).

ZIEGLER, H., u. F. HUBER: Phosphataseaktivität in den „Strasburger-Zellen" der Koniferennadeln. Naturwissenschaften 47, 305 (1960).

ZIMMERMANN, W.: Phylogenie der Pflanzen, 2. Auflage. (Zit. S. 60.)

ZIMMERMANN, W. A.: Histologische Studien am Vegetationspunkt von *Hypericum uralum*. Jb. wiss. Bot. 68, 289—344 (1928).

G. Rückblick

Im Laufe unserer Darstellung ist eine solche Fülle von Einzelerscheinungen an unserem Auge vorübergezogen, daß wir abschließend versuchen wollen, das Grundsätzliche und Gemeinsame, welches dieser anziehenden Mannigfaltigkeit zugrundeliegt, herauszuschälen. Ähnlich wie der Musiker eine beschränkte Zahl von Tönen zu immer neuen Melodien und Harmonien zu kombinieren weiß, so beruht auch die histologische Mannigfaltigkeit im wesentlichen auf der Kombination einer überschaubaren Zahl von Gestaltungsprinzipien.

I. Ontogenetische Differenzierung

Das übergeordnete Prinzip der Histologie ist das der *Differenzierung*, die Tatsache, daß im vielzelligen Organismus neben die Wiederholung gleichartiger Zellen ein Wechsel in der Zellgestalt treten kann. Es gehört zu den erstaunlichsten Eigenschaften des Lebendigen, daß aus einer zunächst einheitlichen Anlage Verschiedenes hervorgeht. Die naive Vorstellung der Präformisten, daß es sich dabei buchstäblich nur um eine „Ent-faltung" mikroskopisch oder submikroskopisch bereits vorgebildeter Muster handle, wie das für die Entfaltung im Vorjahr angelegter Laub- und Blütenknospen im Frühjahr einigermaßen zutrifft, läßt sich für die Ontogenie im ganzen nicht aufrechterhalten: Solange Teile später wieder das Ganze regenerieren können, können die Anlagen nicht einfach entmischt worden sein. Es muß vielmehr die Umwelt, das „Milieu", und zwar mehr das innere als das äußere sein, welches im Verband lebender Zellen zu unterschiedlicher Gestaltung zwingt. Einer der auffälligsten Milieufaktoren im Bereich der pflanzenanatomischen Differenzierung ist die Lage zur Oberfläche: Sie veranlaßt die „Haut" ganz andere Wege der Differenzierung zu gehen als das „Grundgewebe". Daß es dabei tatsächlich entscheidend auf die Lage zur Oberfläche ankommt, lehren WARDLAWs erfolgreiche Operationen am Sproßscheitel von Farnen. Hier entsteht nach Vierteilung an allen neu geschaffenen Oberflächen wiederum Haut, Stranggewebe aber nicht an der ursprünglich dafür bestimmten Stelle, sondern in jedem Teilstück erst in einem gewissen Mindestabstand von der neuen Oberfläche. Die Vorstellung, daß dieser „Oberflächenfaktor" einfach die Sauerstoffspannung sein könnte, hat sich freilich als zu einfach erwiesen. BÜNNING, HUNCK und LUTZ hatten mit dem Versuche, die Gewebedifferenzierung durch Veränderung der Sauerstoffspannung in andere Bahnen zu lenken, vorerst keinen Erfolg. Überhaupt hat sich das von KLEBS gesteckte Ziel „willkürlicher Entwicklungsänderungen" im anatomischen Bereich bisher viel weniger verwirklichen lassen, als im morphologischen. Eine Umstellung zwischen vegetativer und generativer Phase, Ruhen und Treiben gelingt viel leichter als eine Umprägung von Geweben und ihrer gewohnten Schichtenfolge. Immerhin eröffnen die Fortschritte der Gewebekultur die Aussicht, auch die Determinierung bestimmter Gewebe mit der Zeit in die Hand zu bekommen.

Wenn wir auch dem „Milieu" die Hauptrolle bei der Gewebedifferenzierung zusprechen, so soll doch damit die plasmatische, besonders genomatische Komponente keineswegs übersehen werden: Die bahnbrechenden Untersuchungen GEITLERs und seiner Schule haben gezeigt, wie häufig extreme anatomische Spezialisierung mit Endopolyploidie verbunden ist, angefangen von den bivalenten Rhaphiden-Idioblasten und Siebröhrengeleitzellen über die hochpolyploiden *Urtica*-Brennhaare bis zu den mehrtausendchromosomigen Haustorialapparaten vieler Embryosäcke. Hinweise darauf, daß sich neben dem Kern auch das Cytoplasma bei der Gewebeschichtung irgendwie differenzieren kann, findet Höfler im färberischen Verhalten (Hypostasie, vgl. Kasy).

Die hier angedeuteten Fragen gehören freilich schon nicht mehr zum engeren Aufgabenbereich der Anatomie, sondern der *Entwicklungsphysiologie* und können daher hier nicht weiter verfolgt werden. Durch eine sorgfältige Beschreibung der Entwicklungs*geschichte* liefert aber die Anatomie der Entwicklungsphysiologie nicht nur ihre Probleme, sondern auch erste Hinweise auf mögliche Kausalzusammenhänge, welche der Physiologe experimentell weiter prüfen kann. Aus solchen Erwägungen heraus möchten wir versuchen, einige Grunderscheinungen der Gewebedifferenzierung zu beschreiben. Die Sichtung der zunächst schwer überschaubaren Fülle anatomischer Einzelmerkmale hat uns nämlich die Überzeugung aufgedrängt, daß sie auf der Abwandlung verhältnismäßig weniger Grundprinzipien beruht. Unsere Erfahrungen im histologischen Bereich decken sich weitgehend mit denen Zimmermanns, der die Phylogenie der äußeren Gestalt gleichfalls auf verhältnismäßig wenige „Elementarprozesse" zurückführt.

Außer Betracht lassen wollen wir dabei den Übergang von der embryonalmeristematischen Phase in Dauergewebe und von der vegetativen in die reproduktive Phase. Über beides ist schon so viel gedacht und geschrieben worden, daß ich dem z. Z. kaum Neues hinzuzufügen wüßte. Beide Erscheinungen gehorchen der Tendenz zur Arbeitsteilung: Die Trennung von Soma und Keimzellen, bei der letztere die Träger der Kontinuität des Lebens geworden sind, hat im Pflanzen- und Tierreich die ungeheuere Spezialisierung und damit Höherentwicklung ermöglicht. In ähnlicher Weise ermöglicht das Nebeneinander von Dauergeweben und meristematischen Reserven den Gewächsen ein u. U. Jahrtausende währendes Individualleben, welches das der Tiere um ein Vielfaches übertrifft. Besonders im zweiten Fall zeigen die viel untersuchten Möglichkeiten einer natürlichen oder experimentell ausgelösten „Verjüngung", eines Wieder-Embryonalwerdens durch neue Teilungen, daß die ursprünglichen Potenzen in vielen (besonders „parenchymatischen") Zellen immer noch schlummern.

Im folgenden beschränken wir uns darauf, die viel weniger erforschten Differenzierungen bei der Histogenese der Dauergewebe zu betrachten, welche aus Schwesterzellen Verschiedenes werden läßt.

1. Polare und rhythmische Differenzierung

Rein typologisch beschreibend und zunächst ohne Aussage über den stammesgeschichtlichen Rang oder gar den Versuch einer Erklärung begegnen uns schon frühzeitig *zwei Grundformen der Differenzierung: die polare und die periodische (rhythmische)*. Im ersten Fall ändern sich die Eigenschaften entweder einmalig oder stetig gleichsinnig, im zweiten Fall kehrt in einigem Abstand die Ausgangsform wieder. Schon im Bereich der blaugrünen Algen sind die beiden Formen durch *Rivularia* einerseits, *Nostoc* andererseits vertreten (vgl. oben die Abb. 35/36). Daß Polarität und Rhythmik als Bauprinzipien bereits im molekularen, ja sogar atomaren Bereich bedeutsam sind, wird man zunächst wohl nur als Analogie, nicht als Wesensverwandtschaft auffassen. Man kann aber dieser Analogie entnehmen, daß zum mindesten logisch das Prinzip der Polarität insofern noch einfacher ist als das der Rhythmik, als es sich bereits an zwei Elementen verwirklichen läßt, während man von Rhythmik erst sprechen kann, wenn eine Folge von mindestens zwei Bauelementen mehrmals wiederkehrt. In der Tat tritt auch in der Ontogenie die Polarität zuerst in Erscheinung: Oft legt schon die erste Teilung der Zygote die künftige Polaritätsachse fest. Sie kann von außen (z.B. durch das Licht) induziert werden wie bei Moos- und Farnsporen oder durch die Organlage bestimmt sein, wie der Sproß-Wurzelpol der Phanerogamen.

Dabei können Polarität und Rhythmik in verschiedenen Achsenrichtungen auftreten: Längs der Achse lösen sich Wurzel und Sproß, Schatten- und Sonnenblätter polar ab (Längspolarität), während Knoten und Internodien mit der Blattstellung rhythmisch wechseln (Längsrhythmik). Neben der Längspolarität Basis—Spitze besitzt aber das dorsiventrale Blatt auch eine Quer-, der Sproß eine Radiärpolarität. Bei diesem erzeugt z.B. das polar differenzierte Cambium nach innen Holz, nach außen Rinde, arbeitet aber zugleich in jeder der beiden Richtungen durch Anlage von Jahresringen rhythmisch, so wie der Vegetationspunkt periodisch Blätter und Triebe erzeugt.

Für den Bereich der Anatomie ergibt sich nun die Erfahrungstatsache, *daß bei der Differenzierung der Cormophyten die Radiärpolarität zwischen Außen und Innen die größte Rolle spielt*, d.h., die Unterschiede im Bau von Haut, Rinde und Zentralstrang sind nicht nur weit größer als die zwischen Blättern verschiedener Insertionshöhe, sondern sogar eher größer als die zwischen Sproß und Wurzel. Diese Feststellung kann bei der Suche nach den Ursachen der Differenzierung wichtige Hinweise geben.

Der Satz von der dominierenden Rolle der radiären Differenzierung gilt auch in der Form, daß Zellen gleicher Tiefenlage vorwiegend ähnlich gestaltet sind und mehr oder weniger homogene Gewebeschichten bilden: Epidermen, Rindengewebe, Endodermen u.dgl. Soweit innerhalb solcher Zonen *tangentiale Differenzierungen* auftreten, erfolgen sie periodisch (Spaltöffnungen und Haare in der Epidermis, Durchlaßzellen in der Endodermis, Markstrahlen im Holz u.dgl.). Über die Gesetzmäßigkeiten dieser tangentialen Musterbildung hat BÜNNING einen fesselnden Überblick gegeben: Sie beruhen in vielen Fällen nachweislich auf einem „Sperreffekt“, indem eine Anlage als Anziehungszentrum für Baustoffe die Entstehung einer gleichen Anlage in gewissem Abstand verhindert. Diese Deutung ist durch Exstirpation solcher Anlagen (z.B. von Blättern am Vegetationspunkt) leicht zu beweisen.

Nach diesen allgemeinen Vorbemerkungen sollen nun einige besonders wichtige Sonderfälle der Differenzierung im einzelnen besprochen werden.

2. Die Differenzierung von Parenchym und Tracheiden

Der denkbar größte und in seiner Verbreitung erstaunlichste Differenzierungsschritt ist wohl der zwischen lebenden und toten Zellen, zwischen parenchymatischen und tracheidalen im weitesten Sinne. Wir meinen dabei nicht die Erscheinung des natürlichen Todes des höheren Individuums, die Tatsache, daß höher organisiertem Leben eine Altersgrenze gesetzt ist, welche durch die Arbeitsteilung zwischen Soma und Keimzellen überbrückt wird. Wir haben vielmehr die Tatsache im Auge, daß *der Körper der höheren Pflanzen* bei Lebzeiten *gesetzmäßig aus lebenden und frühzeitig rasch absterbenden Zellen aufgebaut* wird. Der Sinn dieser Einrichtung ist primär offenbar die Beseitigung plasmatischer Leitungswiderstände, ohne welche die Versorgung einer höheren Landpflanze vom Boden her unmöglich wäre. Die bloße Streckung der Zellen (bis 25 mm bei den ausgestorbenen Medullosen) genügt nicht; sie müssen auch ihr Cytoplasma verlieren, das mit seiner Semipermeabilität gegenüber der Außenwelt die Aufgabe des Grenzschutzes hervorragend erfüllt, sich aber im innerstaatlichen Verkehr als Hindernis erweist. Diese heroische Selbstaufgabe des Lebens der Wasserleitzellen ist die Grundlage für die Entfaltung höherer Landpflanzen bis zu Höhen von hundert und mehr Metern. Anatomisch möglich wird sie durch die gleichzeitige *Erfindung des Lignins,* die Verholzung der Membranen, welche nun auch als totes Skelet dem Turgor überlebender Nachbarzellen standhalten können. Erst sekundär kann Verholzung und Absterben auch auf festigende Fasern u.dgl. übergreifen. Nun steht der Gesamtheit der lebenden Zellen, dem *Symplasten* MÜNCHS, das System der nach dem Tode weiterdienenden Zellen, des *Apoplasten* gegenüber.

In der Stammesgeschichte scheint das von den Archegoniaten entdeckte Prinzip der tracheidalen Zelle, dem im Reiche der Thallophyten außer den „Gefäßhyphen" des Hausschwamms kaum etwas an die Seite zu stellen ist, zunächst weit um sich gegriffen zu haben, ehe es bei den Angiospermen im wesentlichen auf den Holzkörper beschränkt wurde. Finden wir doch bei den Moosgattungen *Sphagnum* und *Leucobryum tracheidale* Wasserspeicherzellen als Ergebnis eines einzigen inäqualen Teilungsschrittes zwischen dem Netz lebender Zellen über Blätter und Sprosse verstreut. Auch im Blatt von *Cycas* sind, wie wir S. 164 sahen, tote tracheidale Zellen als „akzessorisches Transfusionsgewebe" weit über das sonst bei Blättern Übliche ausgedehnt; als wohl archaisches Gegenstück dazu können aber auch die bei manchen Angiospermen große Teile des Mesophylls einnehmenden „*Speichertracheiden*" betrachtet werden. Auch die die Leitbündel umgebenden „zentralen Transfusionsgewebe", die Markstrahltracheiden und das mit Tracheiden „gemischte Mark" sind Zeugen eines zeitweiligen Überhandnehmens tracheidaler Zellen.

Daß die Sonderung in Parenchym und Tracheiden zu den elementarsten Differenzierungsschritten gehört, geht auch daraus hervor, daß sie in den zunächst undifferenzierten Callushaufen der *Gewebekultur* als erster Differenzierungsschritt aufzutreten pflegt. Die Möglichkeit, Tracheidenbildung durch Wuchsstoffgaben einzuleiten und dann wie eine Infektion weitergreifen zu sehen, eröffnet die Aussicht, experimentell noch tiefer in diese Entwicklungsbedingungen einzudringen (GAUTHERET).

Zwischen den Grenzfällen des langlebigen Parenchyms, das in Kakteen über 100 Jahre alt werden kann (MAC DOUGAL) und bei der Dilatation, Thyllen-, Steinzell- und Borkenbildung immer wieder durch seine Wandlungsfähigkeit überrascht, und der bei lebhaftem Holzzuwachs in wenigen Tagen reifenden Tracheiden und Tracheen kommen letzteren in ihrer Kurzlebigkeit am nächsten die assimilatleitenden Siebzellen und Siebröhren, die zwar während ihrer Funktion noch ein plasmolysierbares Cytoplasma, aber keinen Zellkern mehr besitzen („prämortaler Zustand") und oft schon am Ende der Vegetationsperiode zugrunde gehen und von überlebendem Parenchym zerdrückt werden.

3. Chloroplasten-Differenzierung

Gemessen an der Alternative: lebend oder tot erscheinen alle übrigen Differenzierungsschritte von untergeordneter Bedeutung. Wir besprechen an zweiter Stelle den zwischen grünen und nichtgrünen Geweben.

Da die befruchtete Eizelle nur eine beschränkte Zahl von Proplastiden mitbekommt, wäre es verhältnismäßig einfach, im Wege plasmatischer Entmischung plastidenführende und damit ergrünungsfähige Gewebe von plastidenfreien, nichtgrünen zu trennen. Wieweit es solche Fälle gibt, bedarf weiterer Untersuchung. Die Regel ist jedenfalls auch hier wieder, daß über das Ergrünen weniger der Besitz der Plastiden als die Umweltbedingungen entscheiden. Nicht einmal die *Wurzeln* sind von dieser Regel ausgeschlossen: Sie bekommen nicht nur Proplastiden mit, sondern entwickeln knapp hinter dem Vegetationspunkt zunächst Protochlorophyll, später in der innersten Rindenschicht sogar Chlorophyll (BURSTRÖM). Wie wenig die Pflanze in dieser Hinsicht polarisiert ist, lehren die erfolgreichen Versuche von MOTHES, die Wurzeln von Tomaten *(Lycopersicon)* am Licht ergrünen und assimilieren zu lassen und dafür den Blättern die Mineralstoffaufnahme aus aufgesprühten Nährlösungen zu überlassen. Der Lehrbuchfall der epiphytischen Orchidee *Taeniophyllum*, welche mit ihren bandförmigen Wurzeln assimiliert und die Blätter rückbildet, erscheint im Lichte

solcher Erfahrungen gar nicht mehr so ausgefallen, sondern nur eine spezielle Ausnützung auch sonst vorhandener Möglichkeiten. In der Regel sorgt freilich schon der Lichtabschluß dafür, daß die Wurzeln praktisch chlorophyllfrei bleiben.

In höherem Maße problematisch als das Nichtergrünen der Wurzeln ist das *unterschiedliche Ergrünen oberirdischer Organe.* Bis zu einem gewissen Grade kann man auch hierfür unterschiedlichen Lichtgenuß verantwortlich machen, wenn das Ergrünen einfach nach der Tiefe abnimmt:

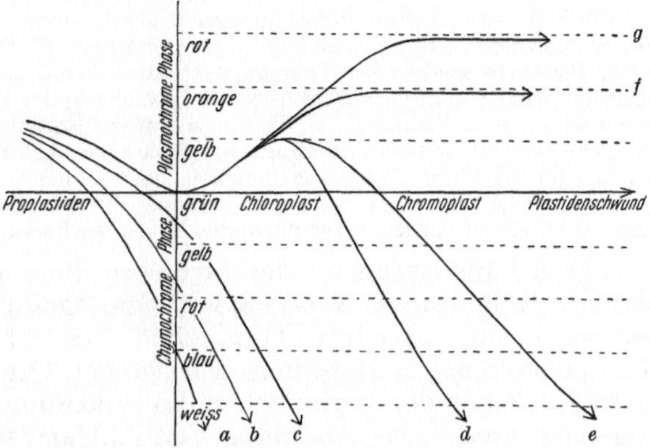

Abb. 151. Schema des ontogenetischen Farbwechsels von Plastiden nach SEYBOLD. Die Proplastiden können ohne Ausbildung eigener Pigmente degenerieren (*a—c*); solche Zellen können aber gefärbte Zellsäfte (Chymochrome) besitzen. Die Plastiden können aber auch für kürzere oder längere Zeit ergrünen und anschließend ein Chromoplasten-Altersstadium erreichen; diese Plastidenfarben (Plasmochrome) können mit Chymochromen kombiniert sein (*d, e*) oder nicht (*f, g*)

Schon die durchscheinenden Stengel des Praktikumobjekts *Pellionia Daveauana* (Urticaceae) zeigt die im Grundgewebe bis ins Mark hinein vorhandenen Plastiden in den oberflächennahen Schichten hauptsächlich assimilierend, gegen das Mark immer stärker speichernd (große Stärkeeinschlüsse, weniger Chlorophyll); erst recht ist bei Holzpflanzen die Rinde chlorophyllreicher als die lebenden Elemente des Holzkörpers (Markstrahlen, Parenchym, zentrales Mark). Auch in dorsiventralen Blättern wird der Chlorophyllreichtum der Palisaden gegenüber dem des Schwammgewebes mit Grund auf Beleuchtungsdifferenzen zurückgeführt.

Diese Erklärung versagt aber gegenüber *Epidermis- und Gefäßbündelscheide,* die in der Regel auch nicht ergrünen. Sie versagt aber auch gegenüber den bunten Farben im Bereich der Blütenregion. Verfasser glaubt zwei Prinzipien zu erkennen, welche solche Fälle einem entwicklungsphysiologischen Verständnis zugänglich machen, doch verdienen die hier vorgetragenen Hypothesen noch weitere experimentelle Prüfung.

Nach SEYBOLD läuft die Entwicklung der Plastiden von den zunächst farblosen Proplastiden über das Chloroplastenstadium zu einem Altersstadium, in welchem die grünen Farbstoffe rascher abgebaut werden als die gelben (herbstliche Laubfärbung). Es gibt demnach zwei Phasen, in denen durch Regulierung des Entwicklungsablaufs ein nichtgrünes Stadium über längere Zeit fixiert wird: entweder durch Ausdifferenzieren im Proplastiden-Stadium vor dem Ergrünen oder durch rasche Alterung und Verweilen in der Endphase (Abb. 151).

In den nichtgrünen Geweben grüner Laubblätter scheint die erste Möglichkeit verwirklicht zu sein: Die schnell ausdifferenzierende Epidermis und die Procambiumstränge sowie die aus ihnen hervorgehende Nervatur ergrünen nicht, während die länger teilungsfähig bleibenden Intercostalfelder einschließlich der ihnen zugeordneten Spaltöffnungen ergrünen. Wenn die Blätter submerser Wasserpflanzen *(Elodea, Vallisneria)* viel gleichmäßiger ergrünen, so kann das damit zusammenhängen, daß bei ihnen so starke entwicklungsgeschichtliche Differenzen wie bei Luftblättern fehlen.

Die hier entwickelten Vorstellungen werden durch die interessante Habilitationsschrift von Schötz über das „Erbleichen" von Oenothera-Blättern gestützt: An sich ergrünungsfähige Plastiden können im Kreuzungsexperiment von artfremdem Cytoplasma in einem bestimmten Entwicklungsstadium (das zur Erreichung der Hemmwirkung notwendig erscheint) gehemmt werden. Proplastiden, die sich schon vor Eintritt der Hemmung zu grünen Plastiden entwickelt hatten, geben normal grüne, später entwickelte bleiche Blattbezirke. Entsprechend der Blattentwicklung liegen die bleichen Bezirke bei früher Hemmung am Blattrand, bei späterer an der Blattbasis, während die zuerst differenzierten Bereiche beiderseits der Mittelrippe am meisten Aussicht auf normales Ergrünen haben.

Für die nichtgrünen oder farblosen Bereiche der Blütenregion (Hochblätter, Kelch- und Kronblätter, Staubgefäße, Narben) nimmt dagegen Seybold ein rascheres Durcheilen des Chloroplastenstadiums in der Knospenlage an, so daß diese kurzlebigen Organe während ihrer Funktion bereits in einer der herbstlichen Laubfärbung entsprechenden Altersphase angelangt sind. Das Auftreten von Anthocyanen entspricht dieser Altersphase, in der nach Wegfall der Assimilationskonkurrenz reduktive Prozesse die Oberhand gewinnen (Noack).

4. Unterschiede in Zellgröße und Zellstreckung

Verschieden lange anhaltende Teilungstätigkeit begünstigt nicht nur eine unterschiedliche Ausgestaltung der Plastiden, sondern auch eine solche der Zellgröße: Bei Betrachtung benachbarter Gewebeschichten fällt oft auf, daß sie sich in der Zellgröße oder — umgekehrt betrachtet — dem Grade der Unterteilung unterscheiden. So kommen im Blatt auf eine Epidermiszelle stets ganze Büschel von Palisadenzellen zu sitzen; in der Kiefernnadel sitzt der Endodermis eine doppelte Zahl von Transfusionsgewebs-Platten auf, wobei die Transfusionstracheiden bevorzugt auf die Wände, das Transfusionsparenchym bevorzugt auf das Lumen der Endodermiszellen stößt. Auch hier hat man den Eindruck, daß die peripher liegende Schicht mit der Teilung früher aufhört und daher großzelliger bleibt als die tiefer gelegene. Das Umgekehrte gilt für Epidermis und Rinde der Wurzel.

Kaum etwas bekannt ist über die Gründe, welche manche, vorwiegend zentral liegende Gewebe zu einer bevorzugten Längs- und einer viel geringeren Querteilung veranlassen, so daß prosenchymatische Stränge (Procambium) entstehen. Sie heben sich am Vegetationspunkt schon früh durch dunklere Färbung heraus, sind also zweifellos plasmatisch irgendwie ausgezeichnet (Esau). Nur die länger lebenden parenchymatischen Elemente besitzen innerhalb dieser Procambiumstränge eine länger anhaltende Querteilungstätigkeit.

5. Vorhandensein und Fehlen von Intercellularen

Überaus auffällig und funktionell bedeutsam ist die Erscheinung, daß manche Gewebe lückenlos zusammenschließen, während sich in anderen die Zellen unter Öffnung intercellularer Spalträume gegeneinander abrunden oder sogar durch örtliche Fortsätze voneinander abspreizen. Da das embryonale Gewebe noch keine Intercellularen besitzt, kann man beschreibend die intercellularfreie Gewebe vielleicht als primitiver bezeichnen. Wie viel damit für das entwicklungsphysiologische Verständnis gewonnen ist, bleibt abzuwarten. Es sieht so aus, als würden die lückenlosen „Häute" (Epidermis, Endodermis) verhältnismäßig rasch ausdifferenziert, während sich in langsamer differenzierenden Teilen intercellulare Spalten auftun. Dieses Kriterium trifft auch für die Spaltöffnungen als die am längsten embryonal bleibenden Bezirke der Epidermis zu. Im Bereich der Lenticellen läßt die Größe der Intercellularen mit abnehmender Wuchsintensität deutlich nach (Zwischenschichten s. o., S. 133). Eine deutlich positive Korrelation besteht zwischen lückenlosem Zusammenschluß und mangelhaftem Ergrünen.

6. Korrelation der Gewebe untereinander

Bei den unter 3.—5. besprochenen Differenzierungen fiel bereits auf, daß sie nicht untereinander unabhängig, sondern vielfach miteinander gekoppelt sind: Die zuerst ausdifferenzierten Gewebe haben sich oft als großzelliger, intercellularärmer und weniger ergrünend erwiesen als die länger teilungsfähig bleibenden. Ebensowenig zu übersehen ist aber auch die Tatsache, daß die Differenzierung verschiedener Gewebe irgendwie aufeinander abgestimmt ist: Die Spaltöffnungen der Epidermis liegen nicht über den Nerven, sondern über den Atemhöhlen der Intercostalfelder, die Durchlaßzellen der Wurzelendodermis und die Seitenwurzel-Anlagen über den Xylemstrahlen u. dgl.

Rein logisch ist bei einem solchen Zusammengehen zweier Merkmale a und b dreierlei möglich: Entweder ist a die Ursache von b oder umgekehrt; es können aber auch a und b die Folgen eines gemeinsamen übergeordneten Prinzips c sein. Was tatsächlich zutrifft, ist von Fall zu Fall abzuwägen. Bei der Gewebedifferenzierung hat man vielfach, aber keineswegs immer den Eindruck, daß die Differenzierung der verschiedenen Schichten einem übergeordneten gemeinsamen Muster gehorcht: Bei den verhältnismäßig dünnen Laubblättern scheint erst einmal das Netzmuster der Nerven und Intercostalfelder quer durch die ganze Fläche festgelegt zu werden; es ist dann eine Folge der Determinierung, daß die zunächst etwa die Hälfte der Fläche einnehmenden Nerven schneller ausdifferenzieren und ebenso intercellularfrei bleiben wie die Epidermis über ihnen, auch nicht ergrünen, während sich die andere Hälfte durch Zellteilungen auf etwa das Vierfache weitet, ergrünt, Intercellularräume und Spaltöffnungen bildet. Auch bei den netzigen Borkenmustern kommt BRAUN zum Schluß, daß das Hauptmuster die Differenzierung der Gewebe bis in beträchtliche Tiefen regelt, vielleicht indem unter den Rissen das Cambium besser mit Sauerstoff versorgt und daher nachweislich zu lebhafterer Teilungstätigkeit angeregt wird als unter den Rippen. Trotzdem klingt nach WUTZ die Induktion unter den Lenticellen mit der Tiefe so rasch ab, daß das Markstrahlmuster entgegen der Vermutung von WETMORE keinen nachweisbaren Zusammenhang zur Verteilung der Lenticellen zeigt.

In anderen Fällen scheint die Induktion allerdings nach dem Schema „a bewirkt b" weiterzugreifen. Das ist besonders zur Erklärung der Kontinuität der Siebbahnen anzunehmen, welche sich stets von den vorhandenen Anlagen aus apikal fortschreitend in die Vegetationspunkte vorarbeiten, im Gegensatz zum Xylem, das sprunghaft entstehen und erst nachträglich Anschluß an seinesgleichen suchen und finden kann (ESAU).

Neben dem *Prinzip der Kontinuität*, welches auf eine mit Infektion vergleichbare Induktion von Gleichartigem deutet, gibt es aber unverkennbar auch ein *Prinzip der Alternanz*, welches einen Wechsel der Elemente bewirkt. Bei der Bildung auf den Querschnitt isoliert erscheinender Gefäße hat man den Eindruck, als hätte die Gefäßbildung die betreffende Cambiumzelle irgendwie erschöpft, so daß sie erst einmal andere Zellsorten bilden muß, ehe sie sich wieder zur Weitung einer Trachee aufrafft. Eine besonders starre endonome Rhythmik in der Alternanz von Fasern, Siebzellen und Parenchym haben wir im Bast der Cupressaceen kennengelernt (s.o., S. 115 f.).

In der Phylogenie zeigen mehrfach nahe verwandte Gruppen eine Alternative zwischen solcher Alternanz und kompaktem Auftreten von Zelltypen. Ich erinnere daran, daß bei Taxaceen und Cupressaceen Transfusionsparenchym und Transfusionstracheiden in geschlossenen Komplexen auftreten, während sie bei Pinaceen reihenweise alternieren. Es sieht also so aus, als ob ein verhältnismäßig elementarer Schritt (ein einziges Gen?) zwischen den beiden Möglichkeiten entschiede.

Die weitere Aufklärung der hier angedeuteten Differenzierungsprobleme ist in erster Linie von entwicklungsphysiologischen Experimenten zu erwarten. Wir hatten in der Einleitung darauf hingewiesen, daß die Pflanzenanatomie ihre Renaissance den verfeinerten Ansprüchen der inzwischen wesentlich fortgeschrittenen Physiologie verdankt. Es wäre ein schöner Dank, wenn nun umgekehrt die vertieften anatomischen Befunde die Physiologie zu neuen Versuchen anregen würde!

II. Phylogenetische Mannigfaltigkeit

Für die phylogenetische Mannigfaltigkeit gelten andere Prinzipien als für die ontogenetische Differenzierung. Bei verschiedenen systematischen Einheiten können nämlich Formen verwirklicht werden, die bei einem Organismus niemals nebeneinander vorkommen. Es gehört ja zum Wesen der Form, daß sie von verschiedenen einander ausschließenden Möglichkeiten eine bestimmte verwirklicht: Eine Fläche kann viereckig oder rund, eine Blüte drei- oder fünfzählig, aber nicht beides zugleich sein; in einem größeren Formenkreis können aber alle diese einander ausschließenden Möglichkeiten vorkommen.

Um das an einem konkreten Beispiel zu erläutern, sei an die unabsehbare Mannigfaltigkeit der Sporen- und Pollenformen erinnert, mit denen sich die Palynologie beschäftigt. Für die einzelne Art, manchmal auch Gattung oder selbst Familie, ist der Pollentyp mehr oder weniger einheitlich. Zwischen verschiedenen systematischen Einheiten aber finden sich so viele qualitative und quantitative Unterschiede, daß der Spezialist vielleicht tausend oder noch mehr Typen auseinanderzuhalten vermag. Ähnliches gilt für die Mannigfaltigkeit der Hölzer, um deren Klassifizierung sich die internationale Holzanatomenvereinigung bemüht.

Bei aller systematischen Mannigfaltigkeit spielt die weitgehend *unabhängige Variabilität der Einzelmerkmale* eine entscheidende Rolle. Wählen wir auch dafür ein konkretes Beispiel aus der Holzanatomie, so variieren unter den Nadelhölzern die Merkmalspaare Besitz und Fehlen von Schraubentracheiden (Ss), von Markstrahltracheiden (Tt) und Harzgängen (Hh) nicht ganz, aber doch einigermaßen unabhängig, so daß folgende Kombinationen verwirklicht sind (Tabelle 3).

Durch dieses freie Kombinationsspiel entsteht bereits bei einer an sich begrenzten Zahl von Allelomorphenpaaren eine außerordentlich große Zahl unterscheidbarer Formen. Um sie auseinanderzuhalten, benützen die Anatomen wie die Systematiker seit alters den Bestimmungsschlüssel (clavis analyticus), der durch eine geschickte Folge möglichst eindeutiger Alternativen zur gesuchten Form führt.

Der Schlüssel alten Stils hatte dabei den Nachteil, daß man keiner Alternative ausweichen konnte, ohne den Faden zu verlieren. In dieser Hinsicht bedeuten die modernen *Lochsortierkarteien* einen entscheidenden Fortschritt, weil man mit jedem beliebigen Merkmal beginnen kann, weshalb der Erfinder von einem „multiple entry card key" spricht. Man wird in erster Linie heranziehen, was einem am meisten auffällt, und kann auf Eigenschaften, über die keine Klarheit zu gewinnen ist, verzichten.

Jeder, der mit solchen Sortierkarteien arbeitet, ist immer wieder freudig überrascht, wie schnell sich durch eine Kombination weniger unabhängiger Merkmale die Zahl der in Betracht kommenden Formen einengt: Unter 50 heimischen Laubholzgattungen vereint z.B. nur eine einzige, die Edelkastanie *(Castanea)*, das Merkmal Ringporigkeit mit einreihigen Markstrahlen, unter fast 500 vom Holzforschungsinstitut Princes Risbourough kartierten Welthandelshölzern nur eines, nämlich Teak *(Tectona grandis)*, Ringporigkeit mit gekammerten Fasern. Schon die Kombination von drei bis fünf Merkmalen ermöglicht in den meisten Fällen eine eindeutige Bestimmung (z. B. Erle, *Alnus:* leiterförmige Gefäßdurchbrechung mit vielen Sprossen, einreihige und falsche Markstrahlen). Die großen Fenstertüpfel der Markstrahlen finden sich außer bei Kiefer auch bei *Sciadopitys;* aber nur die Kiefer hat zugleich weite, dünnwandige Harzgänge.

Die Einsicht, daß die anatomische Mannigfaltigkeit auf der Kombination verhältnismäßig weniger Einzelmerkmale beruht ist deswegen wichtig, weil sie die Zahl der eigentlichen Entwicklungsschritte außerordentlich reduziert und überschaubar macht.

Tabelle 3

	T	t
Ohne Harzgänge (h):		
S	—	*Taxus*
s	—	*Abies, Tsuga, Cedrus*
Mit Harzgängen (H):		
S	*Pseudotsuga*	—
s	*Pinus, Picea, Larix*	—

Literatur

Bünning, E.: Entwicklungs- und Bewegungsphysiologie der Pflanze. In Lehrbuch der Pflanzenphysiologie, Bd. II u. III. Berlin-Göttingen-Heidelberg 1953.

— G. Hunck u. H. Lutz: Über die Rolle longitudinaler und radialer Polaritätsgradienten bei der Gewebedifferenzierung von Pflanzen. Protoplasma (Wien) **46**, 108—115 (1956).

Burström, H., and Z. Hejnowicz: The formation of chlorophyll in isolated roots. Kgl. Fysiogr. Sällsk., Förhdl. **28**, 65—69 (1958).

Gautheret, R. J.: La culture des tissus. Paris 1945.

— Recherches anatomiques sur la culture des tissus de rhizomes de topinambour et d'hybrides de soleil et de topinambour. Rev. gén. Bot. **60**, 129—219 (1953).

GAUTHERET, R. J.: The nutrition of plant tissue cultures. Ann. Rev. Plant. Physiol. **6**, 433—484 (1955).

KASY, R.: Untersuchungen über Verschiedenheiten der Gewebeschichten krautiger Blütenpflanzen in Beziehung zu entwicklungsgeschichtlichen Befunden HANS WINKLERs an Pfropfbastarden. S.-B. öst. Akad. Wiss., math.-nat. Kl., Abt. I **160**, 509—572 (1951).

MOTHES, K., K. RAMSHORN, L. ENGELBRECHT u. A.-N. WAGNER: Über den Stoffwechsel ergrünter Wurzeln, insbesondere über Glykolsäurehydrogenase. Naturwissenschaften **43**, 358 (1956).

NOACK, K.: Physiologische Untersuchungen an Flavonolen und Anthocyanen. Z. Bot. **14**, 1—74 (1922).

SCHÖTZ, F.: Periodische Ausbleichungserscheinungen des Laubes bei *Oenothera*. Planta (Berl.) **52**, 351—392 (1958).

SEYBOLD, A.: Untersuchungen über den Farbwechsel von Blumenblättern, Früchten und Samenschalen. S.-B. Heidelb. Akad. Wiss., math.-nat. Kl. **1953/54**, 29—124 (1954).

SINNOTT, E. W.: Plant morphogenesis. New York-Toronto-London 1960.

Union Internationale des Sciences Biologiques: La physiologie des cultures de tissus végétaux, Sér. B (Colloques), Nr 20, Briançon 1954. Erschienen: Neapel 1955.

WARDLAW, C. W.: Phylogeny and morphogenesis. Contemporary aspects of botanical science. London 1952.

ZEPF, E.: Über die Differenzierung des Sphagnumblattes. Z. Bot. **40**, 87—118 (1952).

Dritter Teil

Anatomie der Fortpflanzungsorgane

Seit DE BARY seine klassische Darstellung auf die Anatomie der Vegetationsorgane beschränkte, ist es beinahe Brauch geworden, den Bau der Fortpflanzungsorgane nicht im anatomischen Teil der Lehrbücher zu behandeln, sondern das ganze Gebiet dem Systematiker zu überlassen, für den es so entscheidende Bedeutung hat. Selbst ein Feuergeist wie HABERLANDT hat es in den sechs Auflagen seiner „Physiologischen Pflanzenanatomie" nicht für nötig erachtet, die Fortpflanzung einzubeziehen.

Es mag gegenüber solchen Vorbildern fast vermessen erscheinen, wenn ich im Streben nach einer einigermaßen abgerundeten Darstellung auch eine Anatomie der Fortpflanzungsorgane zu bieten versuche. Doch wird dieses Unterfangen einmal dadurch erleichtert, daß in LINSBAUERs Handbuch die hierher gehörigen Monographien größtenteils erschienen sind, nicht nur die Gruppenmonographien der Kryptogamenstämme von den Bakterien bis zu den Moosen und Farnen, sondern auch SCHNARFs Embryologie der Gymnospermen und Angiospermen sowie SCHNARFs und NETOLITZKYs Anatomie der Samen. Anderseits hat mich eine fünfjährige Assistentenzeit bei PORSCH mit vielen reizvollen anatomischen Besonderheiten im Bereiche der Blüte bekannt gemacht, so daß ich eine gewisse Vorliebe für dieses Gebiet mitbringe.

A. Die Keimzellen und ihre Behälter

1. Thallophyten

a) Differenzierung von Soma und Keimzellen

Das Reich der *Protisten* kennt die Arbeitsteilung zwischen gewöhnlichen Körperzellen und speziell der Fortpflanzung gewidmeten Keimzellen noch nicht. Jede Zellteilung vermehrt die Zahl gleichartiger Zellen, und wenn diese frei beweglich sind, wie in der Regel bei den Flagellaten, aber auch vielen Bakterien, entstehen mit jeder Zellteilung auch neue Individuen (Abb. 152, a—d).

In manchen Fällen beobachtet man anstelle der Zweiteilung einen *multiplen Zerfall* in zahlreiche Tochterzellen (Abb. 152, e—h); in diesem Falle muß eine längere Phase vegetativen Wachstums eingeschaltet werden, um die ursprüngliche Zellgröße wiederherzustellen. Im Hinblick auf ähnliche Zerfallsvorgänge im Reiche der Viren wird z.Z. erörtert, ob der multiple Zerfall nicht vielleicht sogar ursprünglicher ist als die Zweiteilung. Eine Entscheidung ist noch nicht gefallen.

Noch deutlicher wird der periodische Wechsel zwischen vegetativem Wachstum und Fortpflanzung, wenn Zellverbände, Zellfäden und Zellpakete unter bestimmten Bedingungen ihren Verband aufgeben und Tochterkolonien gründen, wie etwa die *Oscillaria*-Fäden. Trotzdem läßt die Gleichheit der Zellformen den Anatomen zögern, solche Zerfallsprodukte als Keimzellen zu bezeichnen. Wenn aber Grün-, Braun- und Rotalgen — vielfach im Zusammenhang mit seßhafter Lebensweise — Fäden und mehrzellige Vegetationskörper ausbilden, dann wird die *Differenzierung eigener Fortpflanzungszellen* unerläßlich: Allein diese Fortpflanzungszellen behalten in großen Teilen des Pflanzenreichs die freie Beweglichkeit der Flagellaten-Ahnen bei und erobern als „Planosporen" oder „Zoosporen" — wie man die beweglichen Sporen zum Unterschied von den unbeweglichen Aplanosporen nennt — bzw. als Planogameten und Planozygoten neuen Lebensraum oder suchen als Spermatozoide die unbewegliche Eizelle zu befruchten. Erst sekundär gehen bei der Differenzierung der Geschlechter zunächst den weiblichen Keimzellen und später beim Übergang zum Landleben, z.T. auch in der Meeresbrandung, allen Fortpflanzungszellen die wertlos gewordenen Geißelapparate verloren, während im Tierreich die Spermatozoen durch das ganze System beibehalten werden. Unabhängig von dieser

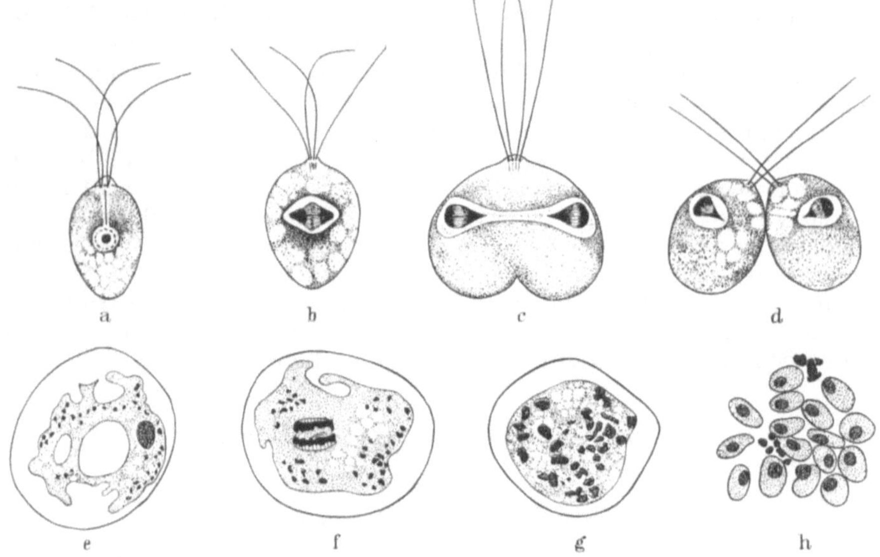

Abb. 152. a—d Einfache Längsteilung des Flagellaten *Polytomella agilis*, e—h multipler Zerfall (Schizogonie) von *Plasmodium vivax* (Sporozoon). (Aus HARTMANN)

Spezialfrage zerfällt nun das Leben in *zwei anatomisch grundverschiedene Abschnitte, das aktiv oder passiv bewegliche Keimzellstadium und das ruhende Stadium der vegetativen Differenzierung.*

Man kann zweifellos behaupten, daß diese Arbeitsteilung für die weitere Gestaltung des gesamten Pflanzenreichs entscheidend geworden ist: Sie verlegte den Schwerpunkt der Entwicklung auf die ruhende und weiterhin seßhafte Lebensweise, während das kurze bewegliche Stadium — von Ausnahmen wie der *Vaucheria*-Synzoospore abgesehen — erst mit der Erfindung der Samen über den Einzeller hinauskam. Die Versuche, im Rahmen der vegetativen Organisation die Beweglichkeit beizubehalten, endeten in der Sackgasse der Volvocales, deren eigenartige Organisationsform bereits geschildert wurde (s. o., S. 54).

Immerhin unterliegt auch die Bildung der Planosporen dem biologischen Gesetz fortschreitender Differenzierung: Zunächst sind es noch alle Zellen eines Fadens, die in der Bildung von Zoosporen aufgehen; werden diese entleert, so bleibt nichts als die leeren Zellwände zurück. Bei den Braunalgen konzentriert sich aber die Sporenbildung schon mehr und mehr auf besondere Abschnitte, z. B. kurze seitliche Ausgliederungen des Zellfadens (*Ectocarpus*, Abb. 153). Die Sporen entstehen nunmehr in besonderen Sporenbehältern, *Sporangien*. Diese Entwicklung bleibt auch für den Stamm der Cormophyten typisch. Erst damit gliedert sich der Vegetationskörper in vegetative und generative Abschnitte, es kommt also über die Bildung der Fortpflanzungs*zellen* hinaus zur Bildung von Fortpflanzungs*organen*.

Über die physiologische *Determinierung der vegetativen und reproduktiven Phase* hat sich seit KLEBS' bahnbrechenden „Willkürlichen Entwicklungsänderungen im Pflanzenreich" ein bedeutender Erfahrungsschatz angesammelt, dessen Darstellung nicht Aufgabe einer „Pflanzen*anatomie*" sein kann; es sei auf Bd. 18 des Handbuchs der Pflanzenphysiologie verwiesen, wo auch die entsprechenden Verhältnisse für die Cormophyten behandelt werden. Als auslösende Faktoren kommen Änderungen von Temperatur und Feuchtigkeit (Austrocknung), aber auch des Lichtes (z. B. der Tageslänge) in Betracht. Die Bemühungen, diese Einflüsse letzten Endes auf chemische (hormonale) Ursachen (Termone, Gamone, Blühhormone) zurückzuführen, haben in einzelnen Fällen bereits zu identifizierten chemischen Verbindungen geführt. Bei den Blütenpflanzen ist aber noch nicht einmal entschieden, ob für den Übergang zur Blühphase ein positiver stofflicher Reiz (Blühhormon) oder nur der Wegfall einer Hemmung verantwortlich ist (v. DENFFER).

Anfangs folgen in den Sporangien die Zellteilungen so rasch aufeinander, daß die Zoosporen wesentlich kleiner sind als die Körperzellen. Es ist, als sollte durch diese rasche Teilungsfolge ein gewisser Ausgleich für die relative Seltenheit der beweglichen Stadien geschaffen werden. Diesem *Prinzip der Vermehrung der Keimzellen* arbeitet aber bald ein zweites entgegen, welches einer uferlosen Verkleinerung Einhalt gebietet, nämlich das Gebot, den Keimzellen wenigstens so viel Nahrung mit auf den Weg zu geben, als die Gründung einer neuen selbständigen Existenz erfordert. Der ideale Ausgleich zwischen diesen widerstreitenden Tendenzen ist der Natur durch Kombination mit dem zunächst unabhängig davon entstandenen *Prinzip der Sexualität* gelungen.

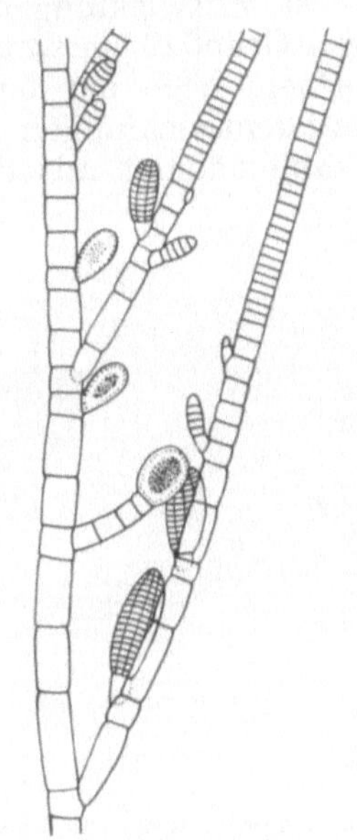

Abb. 153. In der Braunalgenreihe der Ectocarpales entstehen die begeißelten Zoosporen und Isogameten nicht aus beliebigen Zellen des Fadens, sondern in besonderen seitlichen Behältern (Sporangien, Gametangien); die einfächerigen (unilokulären) entleeren Zoosporen, die vielfächerigen (plurilokulären) Gameten. Sie treten selten auf demselben Individuum (*Ectocarpus paradoxus* KUCKUCK), häufiger in aufeinanderfolgenden Generationen auf. (Nach KUCKUCK aus OLTMANNS)

b) Sexualität: Von der Isogamie zur Oogamie

Die *Sexualität*, die mehr oder weniger starke Bindung der Weiterentwicklung von Keimzellen an eine paarweise Vereinigung, ist in ihren Anfängen eine physiologische, aber keine anatomisch-morphologische Erscheinung, d. h. man sieht es den Schwärmern nicht an, ob sie als Zoosporen ohne weiteres zum Auswachsen befähigt oder als Gameten befruchtungsbedürftig sind. Infolge des Versagens gestaltlicher Kriterien war die Gametennatur vieler Schwärmer lange strittig und ist es in einzelnen Fällen bis heute.

Eine morphologische Erscheinung wird die Sexualität erst, wenn sie nach dem immer wieder bewährten Grundsatz der Arbeitsteilung von der *Isogamie* gleichgestalteter Gameten zur gestaltlichen Differenzierung der

Anisogamie weiterschreitet (Abb. 154). Sie gipfelt in der *Oogamie*, der Befruchtung unbeweglicher, aber dafür reichlich mit Nährstoffen ausgestatteter und dementsprechend verhältnismäßig großer Eier durch eines der in gewaltiger Überzahl erzeugten, kleinen und dafür vorzüglich beweglichen Spermatozoide. Von nun an bezeichnet man die Behälter der Eizellen als *Oogonien*, die der Spermien als *Antheridien* (d. h. Vorläufer der Antheren oder Staubbeutel).

Die Entwicklung der Keimzellen der Thallophyten sollte hier nur in ihren Grundzügen so weit angedeutet werden, als das zum Verständnis der Erscheinungen bei den Cormophyten notwendig ist. Daher sind wir auf Sonderentwicklungen nicht eingegangen, welche besonders bei Pilzen im Zusammenhang mit dem Verlust der Beweglichkeit der Keimzellen die

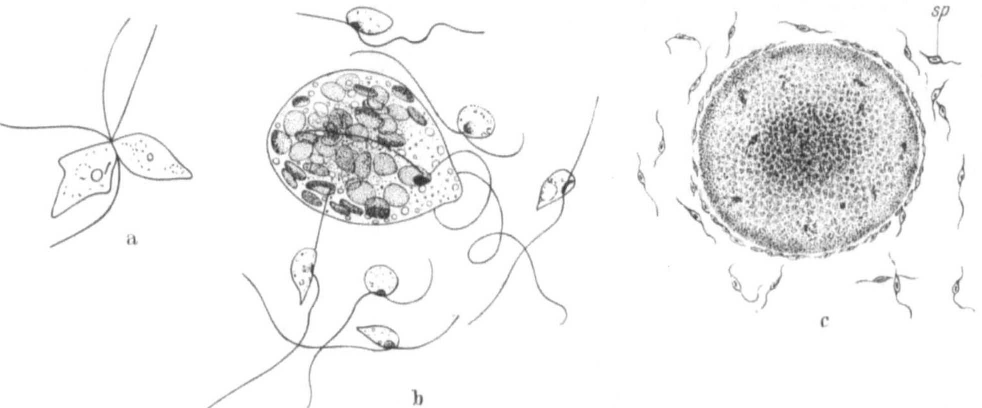

Abb. 154a—c. Entwicklung der sexuellen Fortpflanzung von der Isogamie zur Oogamie. a Vereinigung gleichgestalteter Planogameten (Isogamie) bei *Brachiomonas*. (Aus KNIEP.) b Begeißelte Eizelle, von wesentlich kleineren Spermatozoiden umschwärmt (Anisogamie) bei *Cutleria*. c Große ruhende Eizelle, von Spermatozoiden umschwärmt (Oogamie) bei *Fucus*. (b und c aus OLTMANNS)

vielkernigen Inhalte ganzer Geschlechtsbehälter auf einmal zur Verschmelzung bringen *(Gametangiogamie)* und damit Hunderte von Kopulationen auf einmal erreichen. Um den ganzen Erfindungsreichtum und die schöpferische Mannigfaltigkeit, welche die Natur gerade auf diesem Gebiete verschwendet, kennenzulernen, möge man Spezialwerke wie KNIEPs „Sexualität der niederen Pflanzen" zu Rate ziehen, das reife Werk dieses leider so früh verstorbenen Autors.

2. Cormophyten

a) Gametangien

In den Geschlechtsorganen der Cormophyten ist vor allem bei den Moosen die Homologie zu den entsprechenden Bildungen der Algen noch leicht zu erkennen (Abb. 155). Wie SCHENCK ausgeführt hat, ist die Ähnlichkeit mit den „pluriloculären Sporangien" der Braunalgen, die erst später als Gametangien erkannt wurden, besonders auffällig, obwohl die unterschiedliche Pigmentausstattung der Plastiden eine unmittelbare Vorfahrenschaft ausschließt. Dort wird, wie der Name sagt, der Behälter durch eine ansehnliche Zahl von Zellteilungen mehr oder weniger stark gefächert. Die Antheridien eines Mooses unterscheiden sich von solchen Bildungen im Grunde nur dadurch, daß *nicht mehr alle Zellen* Schwärmer entleeren, also *„sporogen"* sind, sondern daß eine periphere Lage (bei den anschließend zu besprechenden Sporangien auch mehrere) steril bleibt, eine bei Landpflanzen durchaus naheliegende Entwicklung.

Der andere, ebenfalls leicht verständliche Differenzierungsschritt rüstet innerhalb der umwandeten Gametangien die männlichen *(Antheridien)* durch stärkere Unterteilung mit vielen Keimzellen aus, während sich bei

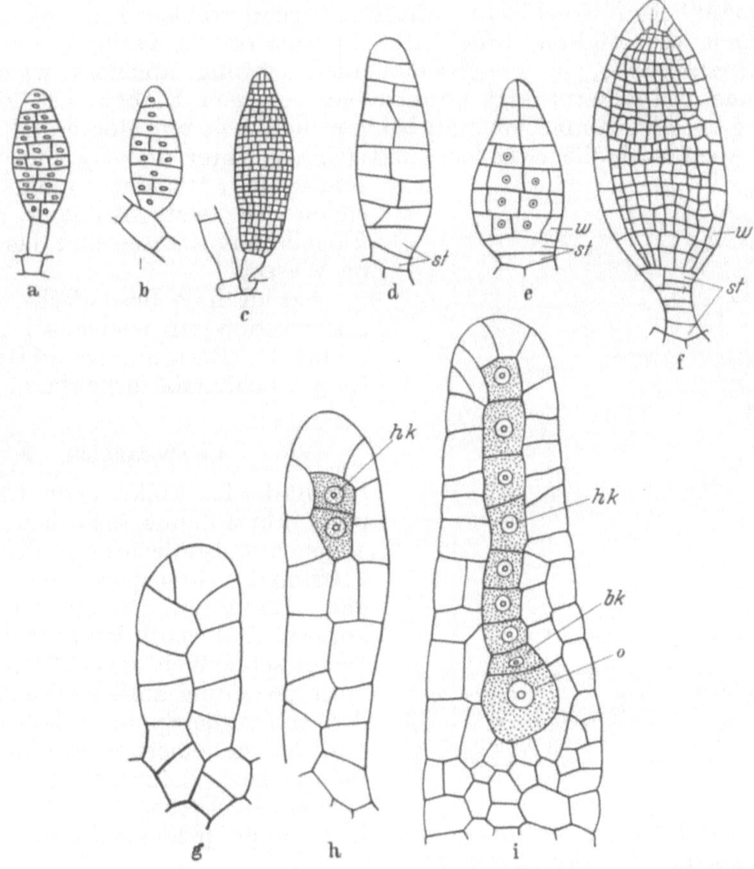

Abb. 155a—i. Homologie der pluriloculären Gametangien von *Ectocarpus* (oben links a—c) mit der Entwicklung eines Lebermoos-Antheridiums (oben rechts d—f) und eines Laubmoos-Archegoniums (unten g—i). *w* Wand und *st* Stiel bleiben steril. Im (punktierten) Archespor des Archegoniums liefert nur die innerste Zelle *o* eine fruchtbare Eizelle, während die Bauchkanalzelle *(bk)* und die Halskanalzellen *(hk)* in der Regel unbefruchtet bleiben und verschleimen. (Nach SCHENCK)

den weiblichen *(Archegonien)* das „Archespor" auf eine einzige Zellreihe beschränkt, welche ursprünglich einmal zweifellos lauter gleichwertige Eizellen lieferte. Die immer wiederkehrende Tendenz, im weiblichen Geschlecht die Zahl der Keimzellen zugunsten der Ausstattung zu verringern, läßt aber die Mehrzahl dieser Eizellen verkümmern und nur die innerste zur einzigen Eizelle werden. Das weibliche Gametangium nimmt auf diese Weise Flaschenform an. Lediglich die vorletzte Zelle, die Bauchkanalzelle nimmt gelegentlich noch an den Sexualfunktionen teil und soll nach PORSCHs Archegontheorie noch im Embryosack der Angiospermen für die doppelte Befruchtung verantwortlich sein.

Im Zuge der zuerst von HOFMEISTER erkannten Rückbildung des Gametophyten werden die Antheridien und Archegonien vereinfacht; letztere sind aber im Embryosack der Gymnospermen noch leicht als solche kenntlich. Ob die acht Kerne im Embryosack der Angiospermen auch noch zwei Archegonien homolog sind, wie PORSCH meint, wird sich nie sicher entscheiden lassen, obwohl gerade in jüngster Zeit wieder einige Stützen für diese Theorie beigebracht werden konnten (Fortschritte der Bot. 12, 62ff.).

Im männlichen Geschlecht geht im Zuge derselben Entwicklung die *Zoidiogamie*, die Bildung begeißelter Spermatozoide verloren und wird durch *Siphonogamie*, die Pollenschlauchbefruchtung, abgelöst, welche die männlichen Sexualkerne erst unmittelbar vor dem Embryosack zur Befruchtung entläßt. Immerhin sind bekanntlich nicht nur Moose und Farne, sondern auch noch die Cycadeen und Ginkgo unter den Gymnospermen zoidiogam. Mit der Siphonogamie endet der letzte Anklang an die Flagellatenvorfahren und das Leben im Wasser.

Auf all diese Besonderheiten der Spermatophyten wollen wir im Abschnitt D, „Bestäubung und Befruchtung", nochmals zurückkommen.

b) Sporangien

Mit der Rückbildung des Gametophyten und damit auch der Gametangien tritt bei den Cormophyten die Bildung der Gonosporen, bei der sich die Reduktionsteilung abspielt, immer auffälliger in den Vordergrund. Wenn schließlich sogar die sexuelle Differenzierung auf sie zurückgreift, d.h. schon die Sporen erkennen lassen, ob sie einen weiblichen oder männlichen Gametophyten liefern werden *(Heterosporie)*, dann gelten

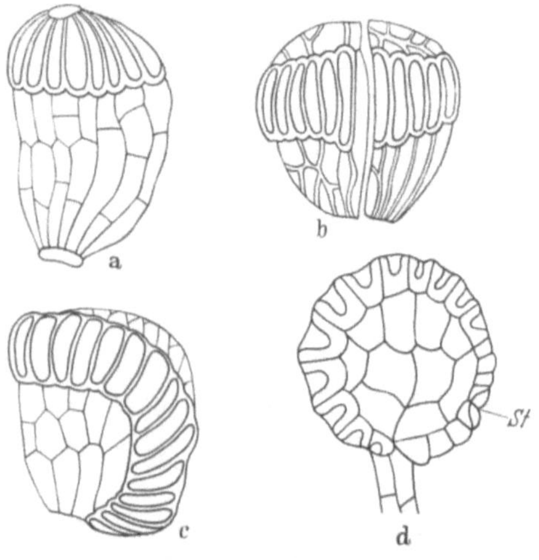

Abb. 156a—d. Verschiedene Sporangientypen leptosporangiater Farne. a *Schizaea*, b *Gleichenia* mit querlaufendem Ring, c *Hymenophyllum*, d *Pleurogramme* mit längs verlaufendem Ring. Im letzten Falle erfolgt die Öffnung an der vorgebildeten Dünnstelle bei *st* (Stomium). (Aus ENGLERs Syllabus der Pflanzenfamilien)

diese zweierlei Sporen, die Makro- und Mikrosporen, jedem nicht ganz Eingeweihten als die Geschlechtszellen selbst.

Die *Sporenbehälter* (Sporangien) bestehen wie die besprochenen Gametangien aus einer sterilen Wandung und dem eigentlichen Archespor. Dem zunehmenden Gewicht des Sporophyten entsprechend erfahren aber die Sporangien eine viel weitergehende Differenzierung und Anpassung an die Erfordernisse einer Landpflanze als die Gametangien.

Den denkbar einfachsten Bau eines umwandeten Sporangiums zeigt heute die *Lebermoos*-Gattung *Riccia*[1]: Im Gefolge einer Oktanten-Teilung der befruchteten Eizelle trennt eine perikline (oberflächenparallele) Teilung eine einfache sterile Wandschicht vom achtzelligen Archespor ab, in welchem durch Tetradenteilung unter Reduktion des Chromosomensatzes 32 Sporen entstehen. Auch viele andere Lebermoose besitzen eine solche einschichtige Wandung und ein ausschließlich sporenlieferndes Inneres. Allerdings ent-

---

[1] Die Systematiker betrachten diese Einfachheit freilich nicht als primitiv, sondern als Rückbildung, einen extremen Grad von Neotenie (frühes Fertilwerden) des Sporophyten.

wickeln ihre Sporophyten außerdem einen Stiel mit Fuß, während bei *Riccia* das Sporangium ungestielt im Gametophyten sitzt.

Höhere Organisationsformen entstehen einerseits durch Vermehrung der Wandschichten, anderseits durch Arbeitsteilung innerhalb der Sporangienwand, schließlich durch Differenzierungen im Archespor. Bekannte Beispiele liefern die verschiedenen Ordnungen der *leptosporangiaten Farne*, bei denen median oder exzentrisch, längs oder quer über das Sporangium Gruppen vergrößerter und besonders verstärkter Zellen laufen, welche beim Austrocknen durch ihre Verkürzung den Behälter aufreißen (Abb. 156). Diese Differenzierung ist bereits bei bestimmten Psilophyten bekannt (*Asteroxylon*).

Noch weit kunstvoller sind die Streueinrichtungen bei den meisten *Laubmoosen* gestaltet: Wir müssen annehmen, daß wohl auch hier das Sporangium ursprünglich eine einheitliche Wandung aus gleichartigen

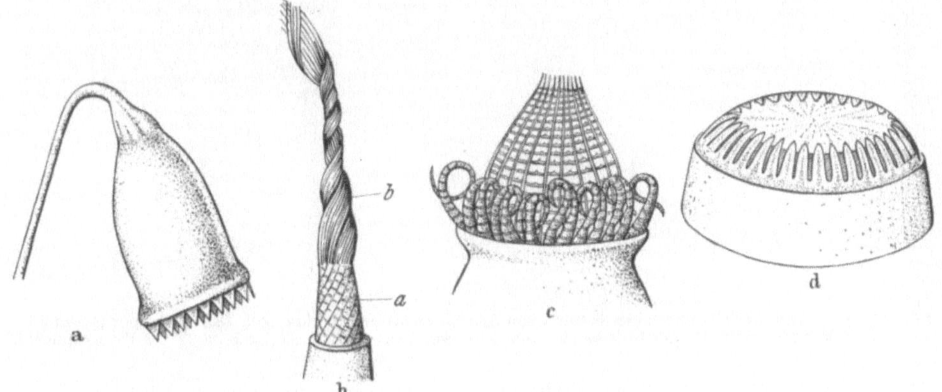

Abb. 157 a—d. Kapselmund verschiedener Laubmoose. a *Bryum cuspidatum* (12:1) mit zwei Reihen frei beweglicher Zähne. b *Barbula ruralis* mit gedrehtem Peristom. c *Fontinalis antipyretica:* äußeres Peristom frei, inneres zu einem Gitterkegel verbunden. d *Pogonatum brevicaule* (Fam. *Polytrichaceae*): die 64 Zähne des Peristoms sind starr und bilden mit dem verbreiterten Ende der Columella (Paukenhaut) eine Streusandbüchse. (a aus RABENHORSTs Kryptogamen-Flora, b—d aus ENGLER-PRANTL, Die natürlichen Pflanzenfamilien.

Zellen besaß, wissen aber nicht, ob die kleinen „kleistokarpen" Erdmoose wie *Phascum* wirklich unmittelbare Nachfahren solcher Urformen oder Reduktionsformen sind. Bei der Mehrzahl der Laubmoose trennt jedenfalls ein exzentrisch querlaufender Ring bei der Reife einen Deckel vom Hauptteil der Kapsel ab. Der Mund der Kapsel liegt aber dann in der Regel nicht frei offen; vielmehr zwingen mannigfach gestaltete, meist hygroskopisch bewegliche Mundbesätze (Peristome) die Sporen, einzeln auszutreten[1]. In der Mehrzahl der Fälle stellen die Peristomzähne anatomisch Wandreste dar, welche zwischen zwei aufgelösten Zellschichten übriggeblieben sind. Nur die Peristomzähne von *Tetraphis* und den Polytrichales umfassen vollständige Zellplatten. Beim Wassermoos *Fontinalis* sind die Peristomzähne nicht frei beweglich, sondern zu einem zierlichen Gitterkegel verwachsen, der die Sporen wie aus einer Streusandbüchse austreten läßt (Abb. 157).

Bei den *eusporangiaten Farnen*, allen Blütenpflanzen, aber auch schon vielen Laubmoosen, wird die Sporangienwand mehrschichtig. Bei den

---

[1] Man beobachtet die Peristome auch im Mikroskop am besten zunächst trocken ohne Deckglas und sieht dann die Zähne mit jedem Atemzug auseinandergehen und wieder zusammenschlagen, je nachdem, ob trockene Luft angesogen oder feuchte ausgeatmet wird.

Staubbeuteln, den Mikrosporangien der Angiospermen, pflegt dann die zweite Schicht spiralig oder faserig verdickt zu sein und beim Austrocknen durch Kohäsionszug den Behälter zu öffnen. Eine weitere als Tapetenschicht bezeichnete Zellage löst ihre Wände frühzeitig auf, so daß die

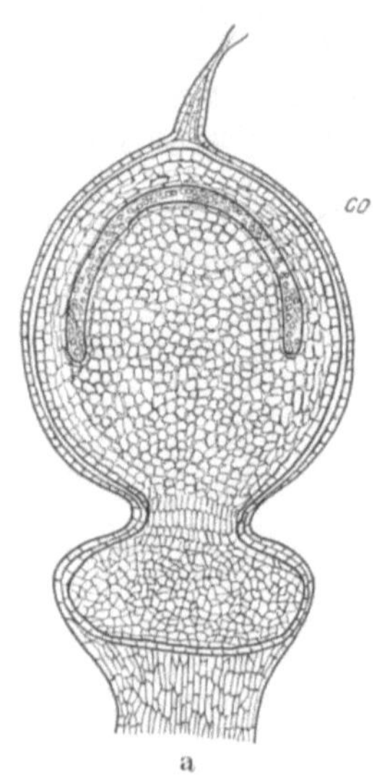
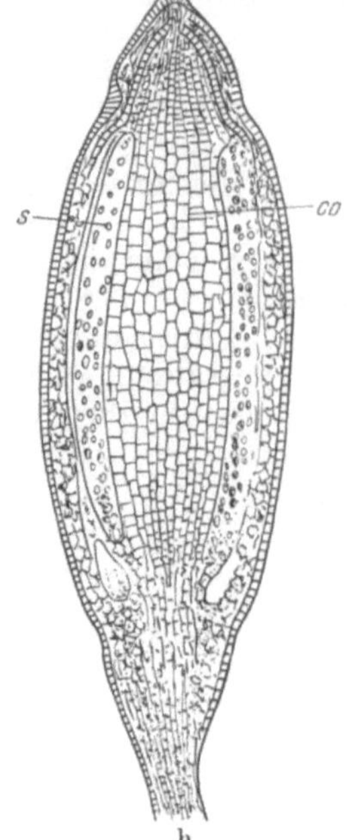

Abb. 158a u. b. Längsschnitt durch die Kapseln von *Sphagnum* (a) und *Mnium* (b). Das Archespor (*s*) umgibt mantel- bzw. kappenförmig die steril bleibende Columella (*co*). (Aus „Lehrbuch der Botanik für Hochschulen")

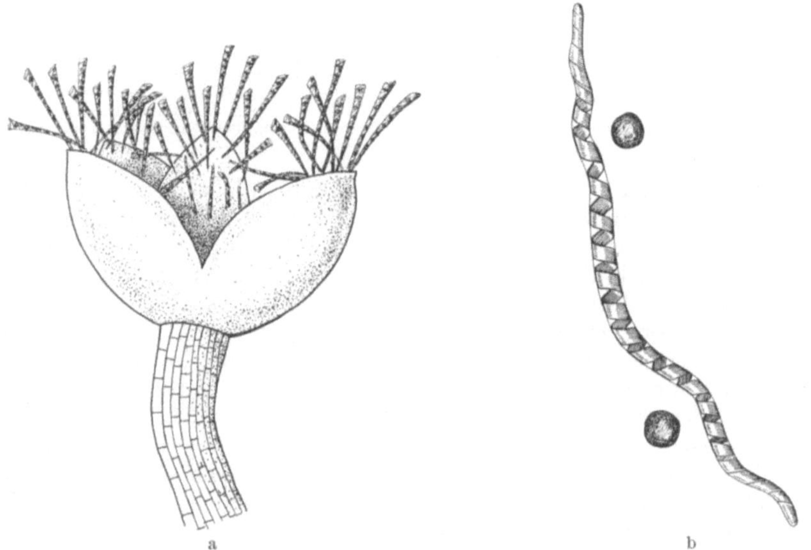

Abb. 159. a Geöffnete Kapsel des Lebermooses *Frullania dilatata:* den Spitzen der vier Kapseln sitzen Büschel von Elateren fest auf; b einzelne Elatere und zwei Sporen von *Aneura pinguis*. (Nach MÜLLER)

Sporen bei der Reifeteilung in einer nackten Plasmamasse schwimmen, welche die Sporen mit zentrifugalen Außenskulpturen versehen kann.

Außer den Wänden können auch mehr oder weniger große Teile im Inneren des Sporangiums von der Sporenbildung ausgenommen sein und

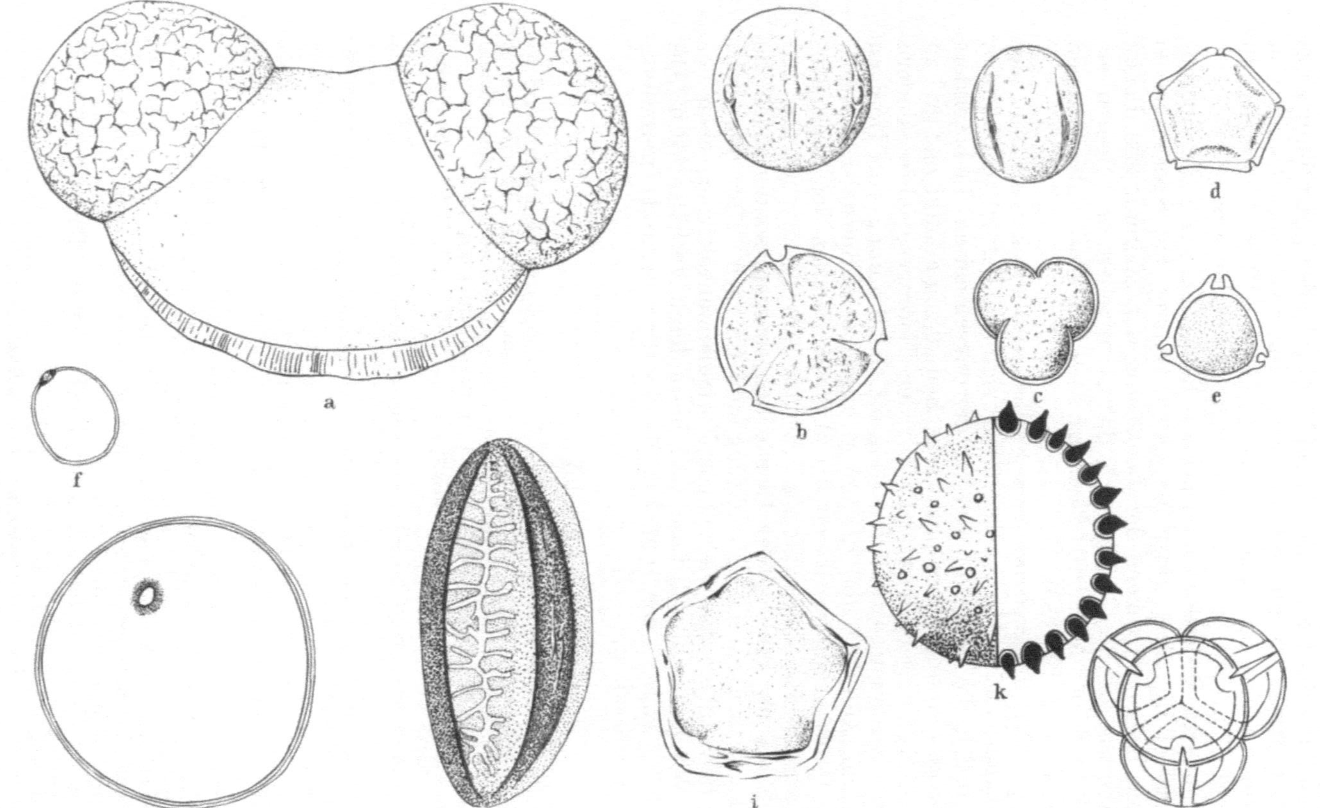

Abb. 160a—l. Einige wichtige Pollentypen. a Tanne *(Abies)*: beim Fall nach oben gekehrte Luftsäcke verringern die Sinkgeschwindigkeit der ungewöhnlich großen Körner. b Buche *(Fagus)*, Seiten- und Polansicht: Dreifurchiger (trisulcater) Pollen mit drei Keimporen (triporat). c Eiche *(Quercus)*, ebenfalls Dreifaltpollen (tricolpat); ähnliche Pollenform besitzen u.a. *Salix, Hippophae* und *Artemisia*. d und e Erle *(Alnus)* und Birke *(Betula)* mit fünf bzw. drei Keimporen. f und g Wildgras- *(Poa trivialis)* und Getreidepollen *(Zea mais)* unterscheiden sich bei fast gleicher Form (einporiger Kugelpollen) infolge Polyploidisierung der letzteren stark in der Größe. h und i *Ephedra*, Seiten- und Polansicht (optischer Schnitt): Zwischen 3—8 (im Bilde 5) Rippen des spindelförmigen Pollens laufen in leichtem Zickzack die Hauptfurchen, von denen mehr oder weniger rechtwinkelig Seitenfurchen abgehen („stephanocolpat"); dieser unverwechselbare Pollentyp findet sich in der postglazialen Wärmezeit nordwärts bis Schweden, während er heute in den Südalpen (Wallis, Vintschgau) endet. k *Malvaccen*-Pollen: vielporiger Stachelpollen (multiporat, echinat). l *Empetrum*: Die Pollen der Ericaceen und von *Empetrum* bleiben in Tetraden beisammen. Die lateinischen Fachausdrücke dienen vor allem der Beschreibung fossiler, besonders tertiärer Pollen, deren Gattungszugehörigkeit nicht sicher feststeht. (a—e nach OVERBECK, f und g nach FIRBAS, h und i nach WELTEN, k und l nach ERDTMANN)

als sterile „*Columella*" das Sporangium durchziehen oder sich halbkugelig in dieses vorwölben (Abb. 158). Auch diese Bildung ist bereits bei Psilophyten bekannt *(Horneophyton)*. Das Sterilbleiben des Inneren kann wohl mit der Umwandlung der Protostele zur Siphonostele, der Entstehung eines minder aktiven Marks verglichen werden. Nur im Sporophyten von *Anthoceros* erinnert die im Querschnitt 16-(4×4-)zellige Columella an einen primitiven Zentralstrang, die Protostele der Psilophyten.

Ein ganz anderes Differenzierungsprinzip liegt vor, wenn die Sporenmutterzellen selbst im Wege einer inäqualen Teilung den Sporen sterile Schwesterzellen beigeben, welche der Lockerung der Sporenmasse dienen und durch hygroskopische Bewegungen das Ausstreuen der Sporen erleichtern. Solche Schleuderzellen *(Elateren)* zeichnen bestimmte Gruppen der Lebermoose aus (Abb. 159).

Die Mannigfaltigkeit der *Sporenformen* selbst zu überschauen, kann hier nicht unsere Aufgabe sein. Mit ihr beschäftigt sich eine besondere Disziplin, die Palynologie, d.h. die Lehre von den Verbreitungseinheiten, die besonders als „*Pollenanalyse*" so ungeheure praktische Bedeutung erlangt hat und zu einer wichtigen Hilfswissenschaft nicht nur der Florengeschichte, sondern auch der Heufieberdiagnose und der Herkunftsbestimmung von Honigen geworden ist (vgl. Abb. 160 und die unten angegebene Spezial-Literatur).

Besondere Betrachtung verdienen die Makrosporangien der Spermatophyten. Sie werden als *Samenanlagen* bezeichnet, weil sie nicht nur den Gametophyten bis zur Bildung der Eizelle beherbergen, sondern sich die Eizelle in ihnen noch nach der Befruchtung zum Embryo weiterentwickelt, wodurch aus der Anlage ein vielzelliger Fortpflanzungskörper, eben der *Samen* wird. Wir kommen auf diese ganz besonderen Verhältnisse in Abschnitt D zurück, wollen aber zunächst die Sporophylle und Sporophyllstände (Blüten) behandeln.

Literatur

LINSBAUERS Handbuch. Die Fortpflanzungsorgane der Thallophyten werden in den S. 57 zitierten Bänden behandelt. Bryophyta noch nicht bearbeitet. Pteridophyta (bearbeitet von OGURA) s. S. 76. Die Zitate für Spermatophyten folgen in den nächsten Abschnitten.

ENGLER, A.: Syllabus der Pflanzenfamilien. I. 12. Aufl. Berlin-Nikolassee 1954.

ENGLER-PRANTL: Die natürlichen Pflanzenfamilien. 2. Aufl., Bd. **11/12.** Bryophyta, Leipzig 1924—1925.

GÄUMANN, E.: Die Pilze. Grundzüge ihrer Entwicklungsgeschichte und Morphologie. Basel 1949.

Handbuch der Pflanzenphysiologie, Bd. 18: Sexualität, Fortpflanzung, Generationswechsel. (Noch nicht erschienen.)

HARTMANN, M.: Allgemeine Biologie, 4. Aufl. Stuttgart 1953.

KNIEP, H.: Die Sexualität der niederen Pflanzen. Jena 1928.

LIMPRICHT, K.: Die Laubmoose. RABENHORSTs Kryptogamenflora, 2. Aufl., Bd. IV, Abt. 2. Leipzig 1895.

LOTSY, J. P.: Vorträge über botanische Stammesgeschichte. 3 Bde. Jena 1907—1911.

MÜLLER, K.: Die Lebermoose. In RABENHORSTs Kryptogamenflora, 2. Aufl., Bd. VI, Abt. 2. Leipzig. 1906—1916, Neuaufl. 1939ff (nicht abgeschlossen.)

OLTMANNS, F.: Morphologie und Biologie der Algen, 2. Aufl. Jena 1922.

PORSCH, O.: Versuch einer phylogenetischen Erklärung des Embryosackes und der doppelten Befruchtung der Angiospermen. Jena 1907.

SCHENCK, H.: Über die Phylogenie der Archegoniaten und Characeen. Engler, Bot. Jb. **42**, 1—37 (1908).

Spezial-Literatur für Pollenanalyse

ERDTMAN, G.: An introduction to pollen analysis. Waltham, Mass. 1943.
— Pollen morphology and plant taxonomy. Stockholm 1952.
FAEGRI, K., and J. IVERSEN: Text-book of modern pollen analysis. Kopenhagen 1950.

Firbas, F.: Der pollenanalytische Nachweis des Getreidebaus. Z. Bot. 31, 447—478 (1937).
Overbeck, F.: Pollenanalyse quartärer Bildungen. In Handbuch der Mikroskopie in der Technik, Bd. II/3, S. 325—410. 1958.
Rein, U.: Quantitative Pollenanalyse an Lagerstätten tertiärer Braunkohlen. In Handbuch der Mikroskopie in der Technik, Bd. II/3, S. 289—324. 1958.
Thiergart, F.: Die Mikropaläontologie als Pollenanalyse im Dienste der Braunkohlenforschung. Schr. a. d. Braunstoffgeologie H. 13, Stuttgart 1940.
Welten, M.: Über das glaziale und spätglaziale Vorkommen von *Ephedra* am nordwestlichen Alpenrand. Ber. schweiz. Bot. Ges. 67, 33—54 (1957).
Wodehouse, R. P.: Pollen grains. Their structure, identification and significance in science and medicine. New York and London 1935. Neudruck New York 1959.

B. Sporophylle und Sporophyllstände (Blüten)

Bei Moosen und Psilophyten stehen die Sporangien endständig, soweit sie nicht wie bei *Riccia* stiellos im Bauche des Archegons und damit im Thallus des Gametophyten versenkt bleiben. Die Entwicklung der Blätter bei den höheren Farnen bot aber eine günstige Möglichkeit, die Sporangien in den Schutz dieser Anhangsgebilde des Cormus zu verlegen, und so begegnen uns bei den höheren Farnen und Blütenpflanzen fast ausschließlich *Blätter als Träger der Sporangien* (Abb. 161).

Nur bei wenigen Blütenpflanzen, *Ginkgo* und der Eibe *(Taxus)* stehen die Makrosporangien (Samenanlagen) ohne nachweisbare Beziehung zu Blättern endständig, was als Nachklang der Psilophytenorganisation aufgefaßt werden muß (Telom-Theorie Zimmermanns). Wenn man bedenkt, daß die Sporangien stammesgeschichtlich naturgemäß viel älter sind als die Blätter, muß man eigentlich staunen, daß sich das Sporophyll so schnell und allgemein durchgesetzt hat.

Anfangs hat jedes Laubblatt grundsätzlich die Fähigkeit, unter geeigneten Bedingungen (zu denen vor allem ausreichendes Licht gehört) Sporangien hervorzubringen. Im immer wieder bewährten Zuge der Arbeitsteilung bahnt sich aber eine zunehmende Trennung von Ernährungsblättern *(Trophophyllen)* und Sporangien tragenden Blättern *(Sporophyllen)*

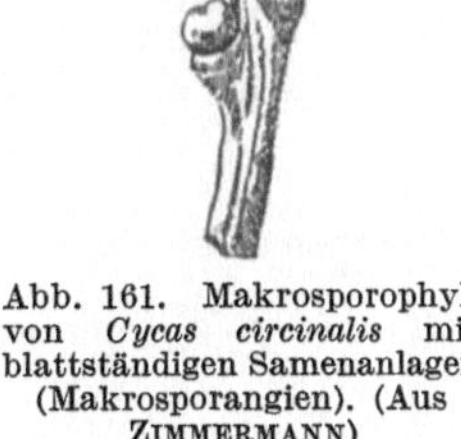

Abb. 161. Makrosporophyll von *Cycas circinalis* mit blattständigen Samenanlagen (Makrosporangien). (Aus Zimmermann)

an (Abb. 162). In altertümlichen Familien, wie den *Osmundaceae* unter den lepto-, den *Ophioglossaceae* unter den eusporangiaten Farnen, sind es *verschiedene Abschnitte desselben Blattes*, die sich in beide Aufgaben teilen. Der fertile Abschnitt kann dabei endständig *(Osmunda regalis)* oder zwischenständig sein *(Osmunda claytoniana)* oder auch einen Ast gegabelter Blätter umfassen *(Botrychium, Ophioglossum)*. Maßgebend dafür sind offenbar irgendwelche hormonalen Gefälle, die über Sterilbleiben oder Fertilwerden entscheiden (s. u.). Häufiger aber wechseln sterile und fertile Wedel rhythmisch, z. B. jahreszeitlich, miteinander ab: *Osmunda cinnamomea*[1], die Gattungen *Onoclea (Struthiopteris)*, *Blechnum* u. a. erzeugen in der ersten Hälfte der Vegetationsperiode so viele Assimilate, daß in der zweiten Hälfte auf derselben Achse Sporophylle erzeugt werden können; dieses Spiel wiederholt sich in jeder neuen Vegetations-

---

[1] Die üppigen Laub-Mischwälder des atlantischen Canada (Provinz Quebec beiderseits des St. Lorenz-Stromes), die ich im Anschluß an den IX. Internationalen Botanischen Kongreß September 1959 durchreisen konnte, enthalten heute noch alle geschilderten Typen nebeneinander.

periode. Ein solcher *periodischer Wechsel von Trophophyllen und Sporophyllen* findet sich sogar noch in der Gattung *Cycas*, der einzigen rezenten Samenpflanze ohne eigentliche „Blüte" (s. u.).

Diese Entwicklung führt schließlich zur Bildung der *Blüte*, d. h. ausschließlich in den Dienst der Fortpflanzung gestellter Sprosse, welche damit in der Regel ihr Wachstum abschließen. Ausnahmen wie die (vegetativ) durchwachsene Rose fesselten schon die Aufmerksamkeit GOETHEs; noch häufiger sind durchwachsene Lärchenzapfen. Zunächst sind die Blütenachsen von vegetativen Sproßachsen noch nicht allzu sehr verschieden, axial gestreckt und dementsprechend spiralig beblättert (Beispiele: *Magnolia*, *Myosurus minimus*, der Mäuseschwanz, ein heimisches Ackerunkraut aus der Familie der Hahnenfußgewächse, Abb. 163). Ihr begrenztes Wachstum begünstigt aber eine zunehmende Stauchung, in der Folge wirtelige Blattstellungen (meist dreizählig bei Monocotylen, fünfzählig bei Dicotylen; spiralige Stellung, etwa die 2/5-Stellung der Kelchblätter der Heckenrose und *Gruinales*, gilt seit ENGLER mit Recht als primitives Merkmal) und mannigfache Verwachsungen (Gamophyllien TROLLs, Abb. 164). Solche betreffen nicht nur die Glieder eines Wirtels (verwachsene Kelche, Blumenkronröhren, Staubblattröhren, synkarpe Gynöceen), sondern können sich sogar auf Glieder aufeinanderfolgender Wirtel erstrecken (seriale Gamophyllie; Beispiele: Hinaufwachsen der Staubblätter in der Kronröhre; bei Orchideen, den *Gynadrae* LINNÉs, sogar Hinaufwachsen der Staubblätter auf das Fruchtblatt; Versenken der Fruchtknoten im Achsenbecher; viele Beispiele bei TROLL).

Diese Fertilisierungs-Tendenz beschränkt sich nicht nur auf die (einachsige) Blüte, sondern kann mehrachsige Sproßsysteme (Blüten*stände*)

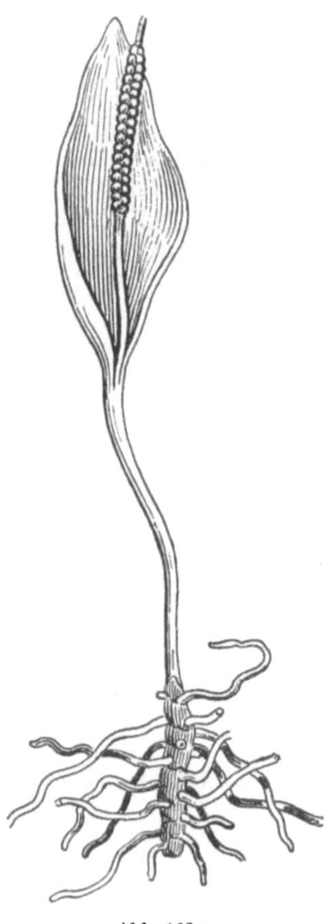

Abb. 162 a

ergreifen, die bei Typen wie den Umbellifloren und Compositen aber auch schon den Abietaceen-Zapfen zu höheren morphologischen Einheiten der fertilen Region werden.

Besonders durch diese Stauchungen sind die *Vegetationspunkte der Blütenregion* von vegetativen frühzeitig leicht zu unterscheiden (Abb. 165); ausführliche Einzelheiten bringt v. GUTTENBERG (1960, S. 220—235). Bei unseren Nadelbäumen entscheidet sich etwa im August welche Knospen im nächsten Jahr steril, welche fertil sein werden. Obwohl man weiß, daß Reichtum an Assimilaten das Blühen begünstigt (Auslösung von Mastjahren durch trockene Sommer), ist die Physiologie dieser wichtigsten Umstimmung im Leben der Pflanzen in feineren Einzelheiten noch immer unklar. Über den Stand unseres einschlägigen Wissens bzw. Nichtwissens informiert Bd. 18 des Handbuchs der Pflanzenphysiologie.

Solche fertile Abschnitte, welche das Wachstum des betreffenden Sprosses abschließen, finden sich übrigens auch bei *Lycopodiales* (*Lycopodium*, Untergattung *Urostachys*, *Selaginella*; die entsprechenden Bildungen fossiler Lepidodendren werden Lepido*strobus* genannt) und *Equi-*

setales. Man müßte auch hier von Blüten sprechen, wenn man den Begriff nicht, wie üblich, für Samenpflanzen reservieren will. Auf jeden Fall kann man die höchststehenden Cormophyten nur durch das Kriterium des

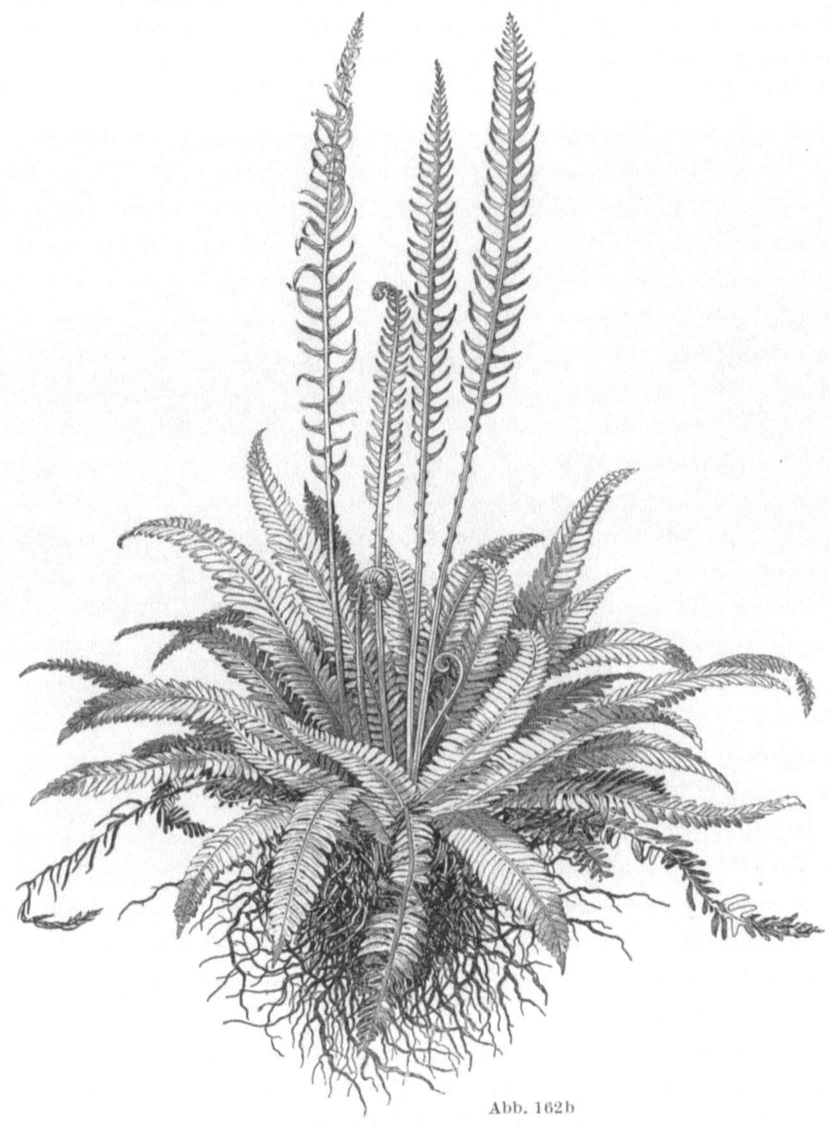

Abb. 162. Bei den altertümlichen Natterzungengewächsen *(Ophioglossaceae)* gabelt sich das Blatt in einen sterilen und einen fertilen Abschnitt (a). Beim Rippenfarn *(Blechnum spicant)* folgen auf breitflächig ausgebreitete grüne Trophophylle im Laufe der Vegetationsperiode aufrechte Sporophylle mit schmäleren Fiedern (b). (Aus OLTMANNs Pflanzenleben des Schwarzwalds)

Samens, nicht aber das der Blüte gegen die Pteridophyten abgrenzen. Die Bezeichnung Samenpflanzen (Spermatophyta) ist daher der Bezeichnung Blütenpflanzen (Anthophyta) logisch vorzuziehen.

Wie sich schon in den „Hymenien" (Sporangienlagern) der höheren Pilze und den Geschlechtsständen der Moose zwischen die Behälter der

Fortpflanzungszellen (Asci, Basidien, Antheridien und Archegonien) sterile „Safthaare" (Paraphysen) zu mischen pflegen, so bestehen auch die Blüten und Blütenstände nicht nur aus Sporophyllen und den sie tragenden Achsen, sondern auch sterilen Blättern. Entwicklungsphysiologisch beruht das wohl darauf, daß der hohe Nährstoffbedarf der Fortpflanzungskörper einfach nicht ausreicht, alle Anhangsgebilde entsprechend auszustatten[1]. Diese sterilen Blattgebilde der Blütenregion werden aber in so mannigfacher

Abb. 163. *Myosurus minimus (Ranunculaceae)* als Beispiel einer primitiven gestreckten Blütenachse mit vielen freien Einzelfruchtknoten in spiraliger Anordnung. (Nach BOAS)

Weise zur Unterstützung der eigentlichen Sporophylle herangezogen, daß wir ihnen einen besonderen Abschnitt „III. Nebenapparate" widmen wollen.

Der Ansatz der Sporangien auf den Sporophyllen, *Placentation* genannt, kann randständig (marginal) oder flächenständig (laminar) sein. (Abb. 166) Solange die Sporangien auf der freien Blattfläche stehen, wie bei den Pteridophyten und Gymnospermen, pflegen sie von mancherlei Wucherungen (Indusien) schützend umhüllt zu sein. Als solche Indusien können vielleicht auch die Integumente betrachtet werden, welche die Samenanlagen aller Spermato-

---

[1] Der höhere und nachhaltigere Nährstoffbedarf der weiblichen gegenüber den männlichen Organen begünstigt auch sekundäre Getrenntgeschlechtigkeit, wobei bei einhäusiger Verteilung (phänotypischer Geschlechtsbestimmung) die anspruchsloseren männlichen Blüten weitaus überwiegen.

phyten umhüllen und heranwachsend den fertigen Samen als Samenschale umgeben. Mit diesen beschäftigen wir uns weiter unten, S. 211 ff.

Das die Sporangien tragende Blatt braucht in seinem Bau von dem des gewöhnlichen Laubblattes nicht allzu sehr abzuweichen; mit zunehmender Spezialisierung tritt aber bei den Sporophyllen die Assimilationsfunktion und der damit verbundene Bau immer stärker in den Hinter-

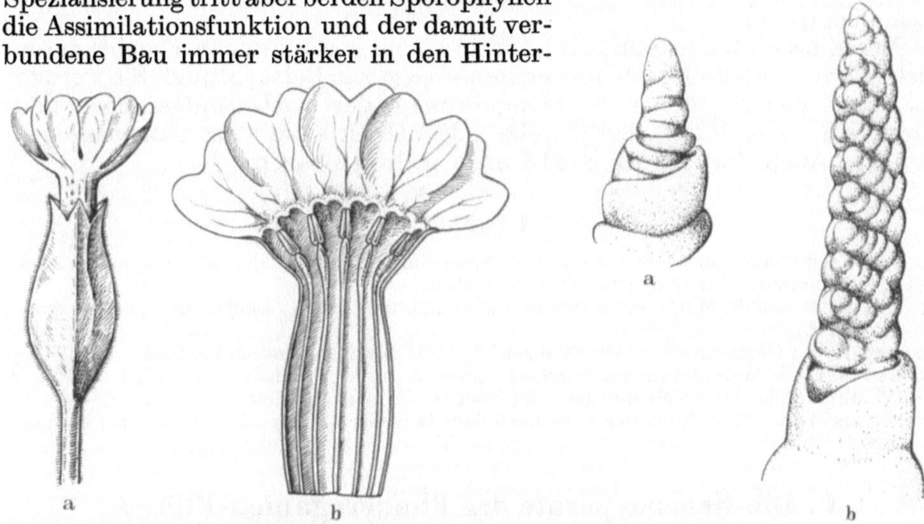

Abb. 164   Abb. 165

Abb. 164. a Blüte von *Primula* mit verwachsenem Kelch und verwachsener Blumenkrone; b Krone aufgeschlitzt und ausgebreitet. Die Staubblätter sind in der Kronenröhre hochgewachsen (seriale Gamophyllie). (Nach TROLL)

Abb. 165a u. b. Vegetationsspitze des Weizens *(Triticum)* a im vegetativen Stadium noch vor der Ährenbildung mit den Primordien der Laubblätter, b im fertilen Stadium mit den Anlagen der Ähre und der Ährchen. (Nach BARNARD aus ESAU, Anatomy of seed plants)

grund. Besonders die Mikrosporophylle (Staubblätter) der Angiospermen sind vielfach nur noch Träger der Mikrosporangien (Staubbeutel). Die bei Typen wie den Seerosen *(Nymphaeaceae)* noch gut entwickelte Spreite kann so weit

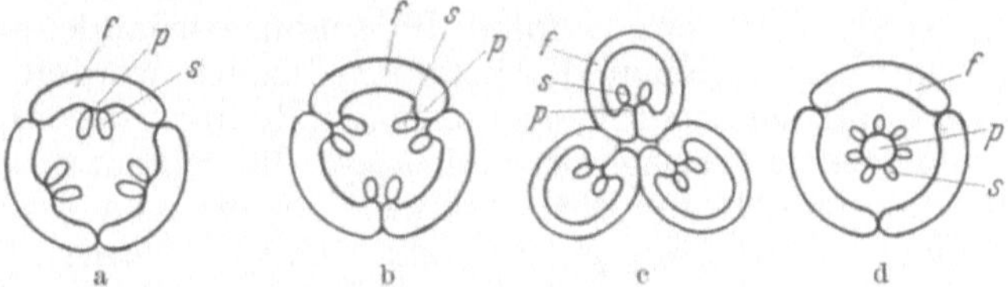

Abb. 166a—d. Schema der Placentation einiger dreiblättriger Fruchtknoten. a Einfächiger Fruchtknoten mit laminarer Placentation (Beispiel: *Viola, Helianthemum, Parietales*). b Dasselbe mit marginaler Placentation. c Dreifächiger Fruchtknoten mit marginaler Placentation (Beispiel: *Liliifloren*). d Einfächeriger Fruchtknoten mit zentraler Achsenplacenta (Beispiel: *Silene, Centrospermae*). *f* Fruchtblatt; *p* Placenta; *s* Samenanlage. (Nach V. WETTSTEIN)

reduziert sein, daß LAM die Mehrzahl der Angiospermen-Staubblätter als Telome, also urtümliche Achsenorgane mit endständigen Sporangien aufgefaßt und die Angiospermen in „stachyospore" und „phyllospore" gliedern wollte, eine Auffassung, der die jüngste Entwicklung (Fortschr. Bot. **19**, 25; **21**, 102) nicht gefolgt ist, weil die Argumente für eine Einheit der Angiospermen doch weit überwiegen.

Die stammesgeschichtlich bedeutsamste Spezialisierung im Bereich der Sporophylle ist der Zusammenschluß der Makrosporophylle zu geschlossenen

Fruchtknoten (Pistille) bei den Angiospermen. Zunächst faltet sich bei den Polycarpicae jedes einzelne Sporophyll in der Mittelrippe und schlägt mit den Rändern zu einer losen, bei der Reife wieder platzenden Bauchnaht zusammen (apokarpes Gynöceum); in höheren Entwicklungsstufen können aber mehrere Sporophylle zu einem gemeinsamen „synkarpen" Gynöceum zusammentreten.

Der Einschluß der Samenanlagen in einem geschlossenen Fruchtknoten verlangt von den Pollenschläuchen neue Wege zur Befruchtung. Sie werden auf einem neuerworbenen Empfängnisorgan, der Narbe, aufgefangen und durch ein besonderes „Leitgewebe" des Griffels zu den Samenanlagen geführt. Auch darüber ist S. 216 noch mehr zu sagen.

Literatur

BOAS, F.: Zeigerpflanzen. Umgang mit Unkräutern in der Ackerlandschaft. Hannover 1958.
ESAU, K.: Anatomy of seed plants. New York 1960.
FOSTER, A. S., and E. M. GIFFORD: Comparative morphology of vascular plants. San Francisco 1959.
GOEBEL, K. v.: Organographie der Pflanzen, 3. Aufl. 3 Bde. Jena 1928—1933.
OLTMANNS, F.: Pflanzenleben des Schwarzwaldes, 3. Aufl. Freiburg i. Br. 1927.
TROLL, W.: Vergleichende Morphologie der höheren Pflanzen. 3 Bde. Berlin 1937.
WETTSTEIN, R. v.: Handbuch der systematischen Botanik, 4. Aufl. 2 Bde. Leipzig u. Wien 1935.

C. Die Nebenapparate der Phanerogamen-Blüten

1. Schauapparate

Die Blütenregion fällt schon dem freien Auge in vielen Fällen durch Farben auf, die vom Grün der Laubblätter abweichen. Bei den Angiospermen wird diese Farbe oft in den Dienst der optischen Anlockung der Bestäuber gestellt, doch tritt die Färbung als solche in der botanischen Stammesgeschichte schon viel früher auf. Beispiele dafür liefern die Hüllblätter um die Antheridienstände mancher Moose *(Polytrichum)* und viele Coniferenblüten (besonders Fichte und Lärche). Die Physiologie hat herausgebracht, daß speziell die Anthocyanfärbungen eine Begleiterscheinung des Assimilatstaues sind, in dessen Gefolge die schon vorhandenen farblosen „Leukobasen" zum eigentlichen Farbstoff reduziert werden, wenn der nascierende Sauerstoff der Photosynthese fehlt (Redoxsysteme).

Der morphologischen Wertigkeit nach kann die Färbung die verschiedensten Organe im Bereich der Blüte erfassen, angefangen von den Hochblättern (Beispiele: *Poinsettia pulcherrima, Bougainvillea*) über Kelch, Blumenkrone bis zu den Staub- und Fruchtblättern (z.B. *Iris*-Narben); als häufigster Träger der Farbe gilt aber mit Recht die Blumenkrone (Corolla), also die innere Blütenhülle, während die äußere Blütenhülle, der Kelch, oft laubig bleibt (Heckenrose; viele weitere Beispiele bei TROLL).

Dem liebenswürdigen Kapitel der *Anatomie der Blütenfarben* hat MÖBIUS in LINSBAUERs Handbuch eine ansprechende Monographie gewidmet. Was die Farbstoffe betrifft, so kommt *weiß* bereits nach dem Prinzip der Totalreflexion ohne eigentliche Farbstoffe zustande: So genügen lockere Intercellularsysteme, auch tote lufterfüllte Haarfilze (Edelweiß), um, wie bei frisch gefallenem Schnee, ein blendendes Weiß zu erzeugen. Das Erröten mancher weißer Blüten bei der Defloration zeigt aber, daß in weißen Blüten Anthocyane als Leukobasen vorhanden sein können, welche unter bestimmten Bedingungen in eigentliche Farben übergehen können; auch

Schneeglöckchen *(Galanthus)* besitzen solche Farbstoffe, die durch Ammoniakdämpfe blau gefärbt werden können.

Von den eigentlichen Farbstoffen sind die *Anthocyane* (je nach Reaktion rot, violett oder blau) und *Anthochlore* (gelb) im Zellsaft gelöst (Chymochrome SEYBOLDs). Ihre chemische Natur ist von WILLSTÄTTER aufgeklärt worden. An Plastiden (Chromoplasten) gebunden sind die meist gelbroten *Carotine* (Plasmochrome). Die Chromoplasten, deren von den Chloroplasten abweichender elektronenoptischer Feinbau jüngst von STEFFEN und WALTER untersucht wurde, werden von SEYBOLD als vorzeitig gealterte Chloro-

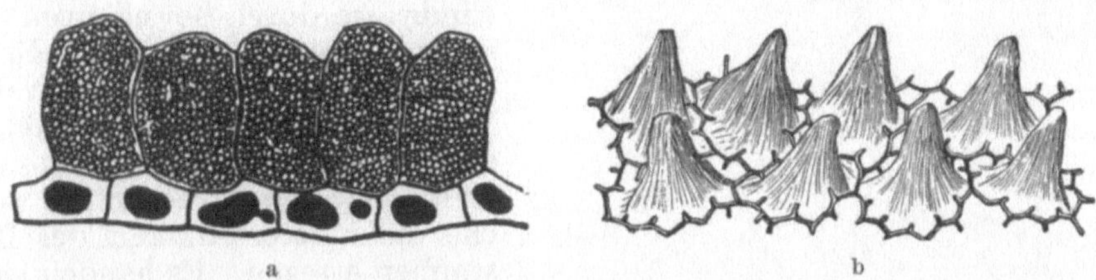

Abb. 167a u. b. a Ausschnitt eines Blütenblatt-Querschnittes von *Ranunculus repens*. Der Fettglanz beruht darauf, daß das Licht an der dichten Stärkepackung der subepidermalen Zellen reflektiert wird und die mit gelbem Öl gefüllten Epidermiszellen durchdringt. b Der Samtton des Stiefmütterchens *(Viola tricolor)* beruht auf Papillenbildung der Epidermis. (a Aus CAMMERLOHER. b Aus Lehrbuch der Botanik für Hochschulen)

plasten aufgefaßt; die Laubblätter erreichen nämlich erst zur Zeit des Laubfalles prämortal ähnliche Stadien. Membranfarbstoffe spielen nur eine untergeordnete Rolle.

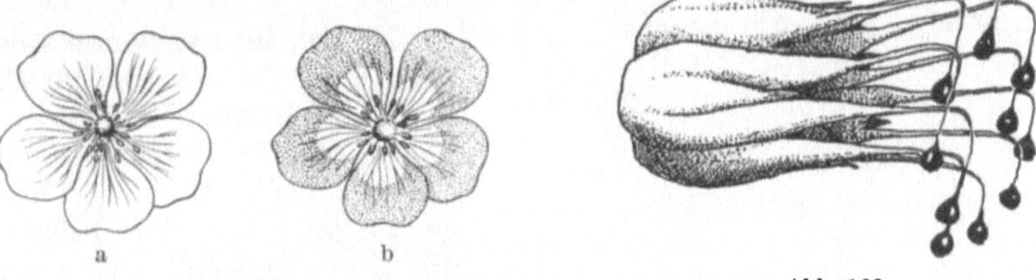

Abb. 168   Abb. 169

Abb. 168a u. b. Die dem menschlichen Auge mehr oder weniger einheitlich gelb erscheinenden Blüten des kriechenden Fingerkrauts (*Potentilla reptans*; a) erscheinen dem Bienenauge durch Reflexion des uns unsichtbaren Ultravioletts in dem durch Punktierung gekennzeichneten äußeren Teil purpurn. (Nach V. FRISCH)

Abb. 169. Pendelnde Flimmerkörper als Anhängsel der Nebenkrone der südafrikanischen Asclepiadacee *Tavaresia grandiflora*. 4:1. (Nach VOGEL)

Überaus reizvoll ist die Mannigfaltigkeit, mit der die Natur in den Blütenfarben verhältnismäßig wenige Grundprinzipien zu variieren weiß. So beruht der fettige Glanz der Hahnenfußblüte *(Ranunculus)* darauf, daß der gelbe Öltropfen enthaltenden Epidermis eine dicht gepackte spiegelnde Stärkeschicht unterlagert ist, während der Samtton der Stiefmütterchen auf Papillenbildung der Epidermis beruht (Abb. 167).

In größtem Umfange wird von Farbkontrasten, einem Nebeneinander verschiedener Farben, Gebrauch gemacht. Die starke Reizwirkung solcher „Saftmale" ist im Tierversuch einwandfrei erwiesen (v. FRISCH, KNOLL, KUGLER). Als Sonderfall hat W. TROLL jüngst die „Fenstereffekte" mancher Kesselfallblumen untersucht. In einer sonst dunklen Umgebung werden bestimmte Bezirke durch Pigmentarmut, eventuell auch Mangel an Intercellularen durchscheinend (transparent, oder — wie TROLL sagt — diaphan) gehalten. Ausgangsuchende Insekten fliegen auf diese Stellen wie auf Fenster zu und können dadurch irregeleitet und in die Falle gelockt werden (verschiedene Araceen, auch tierfangende *Nepenthes*- und *Saracenia*-Kannen). Im Auge behalten muß man auch, daß die Sicht des Insektenauges weiter ins Ultraviolett reicht als die des menschlichen Auges; auf diese Weise können Blumen für unser Auge nicht ohne weiteres erkennbare Farbwirkungen oder auch Zeichnungen besitzen, welche die UV-empfindliche Photographie zu entschleiern vermag (Abb. 168).

Daß die Sinnfälligkeit optischer Eindrücke durch Bewegungen gesteigert wird, weiß jedes Kind. Es ist daher überzeugend, wenn Trolls Schüler Vogel bei Blüten des südafrikanischen Buschs „*Flimmerorgane*" beschreibt, welche die Aufmerksamkeit der Bestäuber erregen. Es handelt sich um Anhängsel der Blumenkrone, welche im leisesten Lufthauch auf ihren haarfeinen Stielen zu zittern beginnen (Abb. 169).

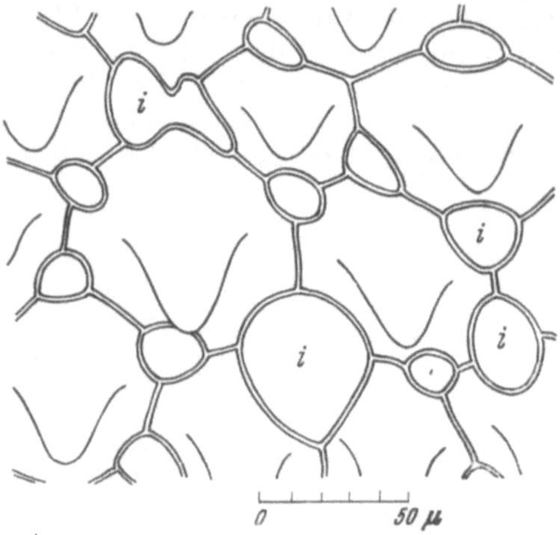

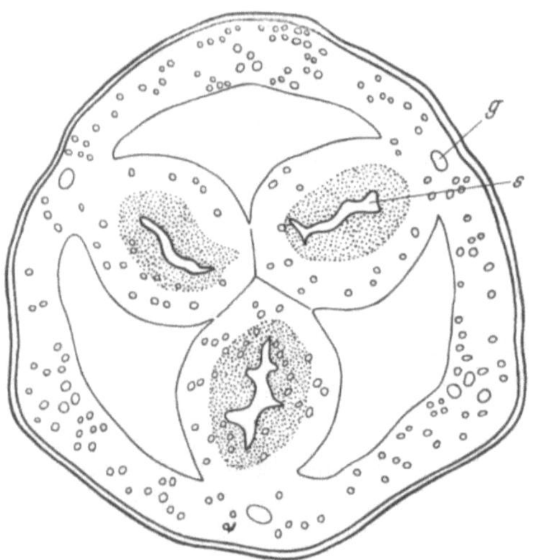

Abb. 170. Der Duftentleerung dienende Lückenepidermis am Übergang zum Spathahals und Kessel des Aronstabes. *i* Intercellularräume. (Nach Knoll)

Abb. 171. Querschnitt durch die obere, nektarsezernierende Region eines dreifächerigen Liliiflorenfruchtknotens. *g* Gefäßbündel; *s* Septalnektarium. Die Sekretion erfolgt in den Spalträumen (Septen) der unvollständig verwachsenen Fruchtblätter (Septalnektarium) durch ein (punktiert angedeutetes) plasmareiches Drüsengewebe. Zur Versorgung mit Assimilaten und Wasser sind die Fruchtblätter reich innerviert (Leitbündelquerschnitte als größere und kleinere Kreise eingetragen). (Nach Porsch)

2. Duftapparate

Neben der optischen spielt die chemische Anlockung der Bestäuber eine kaum geringere Rolle. Auch hierfür liefert die erhöhte Stoffwechselaktivität so kurzlebiger Organe wie der Blütenhüllen die physiologische Voraussetzung. Der Kolben des Aronstabes veratmet in 24 Std $^3/_4$ seiner Trockensubstanz. Bei gesteigertem Umsatz werden u. a. auch gasförmige Stickstoffverbindungen (Amine) frei, welche wie Trimethylamin neben noch unbekannten Komponenten eine erhebliche Rolle spielen (Klein und Steiner).

In eine „*Pflanzenanatomie*" gehören solche Erscheinungen nur soweit, als sich besondere Einrichtungen zur Dufterzeugung oder Duftentleerung nachweisen lassen. Während über die genauere Lokalisierung der Duftproduktion verhältnismäßig wenig bekannt ist, hat Porsch die für Rutaceen bekannte Entleerungseinrichtung innerer Ölbehälter (Aufspalten des epidermalen „Deckels" an vorgebildeten Dünnstellen) auch an den Blütenblättern von *Boronia megastigma* nachgewiesen. In anderen Fällen werden (bei *Brugmansia* und *Rafflesia* mehrzellig umgebildete) Spaltöffnungen für die Duftentleerung verantwortlich gemacht („Duftspalten"). Bei der Duftentleerung des Aronstabes spielt der seltene Fall einer Lückenepidermis eine Rolle (KNOLL, Abb. 170).

3. Nektarien

Auch die zuckerabscheidenden Nektarien sind kausalphysiologisch als Begleiterscheinung des Assimilatstromes zur Blütenregion, als „Saftventile" zu betrachten, werden aber besonders bei den Angiospermen in großem Umfange für die Anlockung der Bestäuber ausgenützt. Während sie außerhalb der Blütenregion nur gelegentlich auftreten („extraflorale Nektarien" befinden sich bereits auf den Farnwedeln von *Pteridium* und

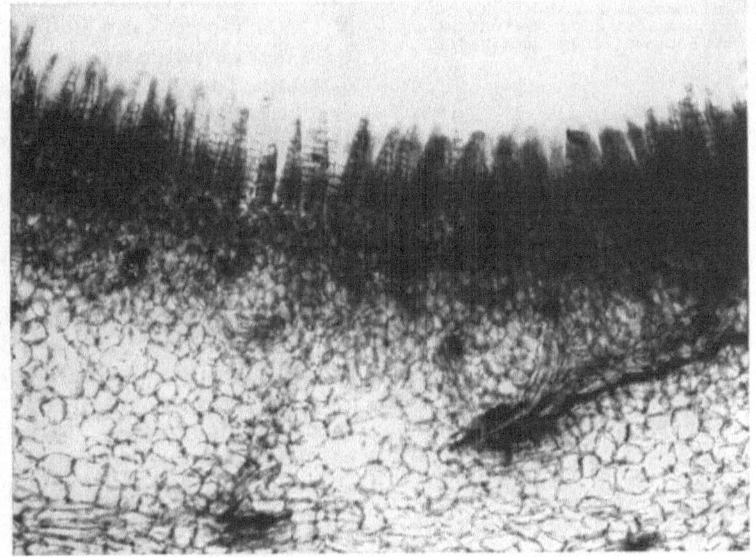

Abb. 172. Histochemischer Nachweis von Phosphatase im Kelchblatt von *Abutilon striatum* (Malvaceae). Aktive Gewebe geschwärzt. 80:1. (Nach ZIEGLER)

Platycerium; LÜTTGE), können sie in der Blütenregion, ähnlich wie die Anthocyanfärbung, auf den verschiedensten Organen auftreten, den Hochblättern der Euphorbien, den Kelchblättern von *Abutilon*, den Kronblättern zahlloser Blüten (z.B. den Honiglippen der Orchideen, den Spornen von *Tropaeolum* u.dgl.), besonderen Honigblättern der Ranunculaceen (Zwischenbildung zwischen Kron- und Staubblättern), den echten Staubblättern und ihren Anhängseln *(Viola)* oder umgebildeten „Staminodien", in den Scheidewänden der Fruchtknoten (Septal-Nektarien, besonders bei Liliifloren, Abb. 171), schließlich auch scheibenförmigen Verbreiterungen der Blütenachse (Discus der *Rhamnales*, *Umbelliflorae*).

Anatomisch gemeinsam ist allen Nektarien der Charakter eines *Drüsengewebes*: Die eigentlichen sezierenden Stellen erscheinen durch reichen plasmatischen Inhalt dunkel. Zur Versorgung von Assimilaten sind sie stets innerviert und zwar nach den modernen Untersuchungen von AGTHE, einem Schüler FREY-WYSSLINGs, in vielen Fällen von Phloem allein, in anderen aber von vollständigen Leitbündeln. Im ersteren Fall werden

Siebröhrensäfte hoher Konzentration (30—50%), im zweiten durch Ver-
dünnung mit Blutungswasser wesentlich verdünntere Nektare ausgeschieden (große Mengen dünnflüssigen Nektars sind besonders für Vogel-
blumen bezeichnend).

In keinem Fall wird unveränderter Siebröhrensaft ausgeschieden. Der Drüsencharakter des Sekretionsgewebes sorgt vielmehr dafür, daß Zucker, vor allem Rohrzucker, abgegeben, im Siebröhrensaft enthaltene Aminosäuren und Phosphor aber weitgehend zurückgehalten bzw. rückresorbiert werden (das N:C-Verhältnis kann sich dabei um 2—3 Zehnerpotenzen verschieben; ZIEGLER, LÜTTGE). Im Dienste der Sekretion steht der histochemisch nachweisbare Gehalt an Phosphatase, Abb. 172; das enzymhemmende Calcium-Ion pflegt im Bereich der Nektarien durch reichliche Calciumoxalatfällungen festgelegt zu sein.

Als Austrittspforten des Nektars werden bisweilen (z.B. im Blütenboden der Birne) Spaltöffnungen als den Wasserspalten (Hydathoden) vergleichbare „Saftspalten" benützt; in den meisten Fällen aber erfolgt der Austritt durch die Cuticula, die für so kleine Moleküle wegsam sein muß. Die von NIEUWENHUIS-UEXKÜLL für Nektarien von *Euphorbia* lichtmikroskopisch angegebenen Cuticularkanäle konnten im Elektronenmikroskop ebensowenig bestätigt werden wie die von DOUS für Agaven angegebenen Wachsporen.

Nicht durch aktive Sekretion, sondern durch Auflösung des Nucellus-Scheitels entstehen die „*Bestäubungstropfen*" der Gymnospermen (Abb. 173), welche den angewehten Blütenstaub festhalten und beim Wiedereintrocknen in die Mikropyle ziehen. Durch den Gehalt an Zuckern und organischen Säuren locken sie außerdem frei bewegliche Spermatozoide an und begünstigen Keimung und Wachstum von Pollenschläuchen (ZIEGLER).

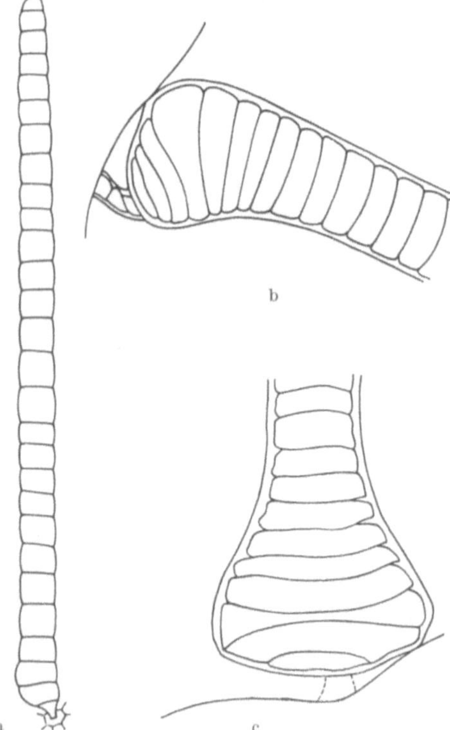

Abb. 173. Bestäubungstropfen an den beiden Samenanlagen der Lärche nach Einbringen der Fruchtschuppe in eine feuchte Kammer. 8,5:1. (Nach ZIEGLER)

Abb. 174 a—c. Reusenhaare der *Aristolochia*-Blüte. a Ganzes Haar. b und c Haarbasis mit Sperrvorrichtung in Seiten- und Rückansicht. Stärker vergrößert. (Aus CAMMERLOHER, z.T. nach CORRENS)

4. Sonstige Einrichtungen

Aus der Fülle der auch anatomisch verschiedenen Bestäubungseinrichtungen können nur noch ein paar Beispiele herausgegriffen werden: Kein geringerer als CORRENS hat in den Jahrbüchern für wissenschaftliche

Botanik 1891 die Reusenhaare beschrieben, welche Insekten das Hereinkriechen in die *Aristolochia*-Blüte ermöglichen, während sie ihren Rückweg versperren. Es handelt sich dabei um lange, einzellreihige, starr-turgescente Haare, welche mit einem dünnen, gelenkigen Stiel in einer grubigen Vertiefung sitzen, während die Basalzellen des eigentlichen Haares besonders nach außen verbreitet sind und so ein sperriges Widerlager bilden, welches ein Zurückbiegen der Haare unmöglich macht (Abb. 174). Erst wenn die Haare ihren Turgor verlieren und welken, wird der Ausgang für die eingedrungenen Bestäuber frei.

JOST hat sich in der Stahl-Festschrift (Flora, 1918) mit den Griffelhaaren der Glockenblume *(Campanula rapunculoides)* beschäftigt, die in eigenartiger Weise dafür sorgen, daß der Blütenstaub aus der proterandrischen Blüte von der gleichen Stelle geholt werden kann, an der später im weiblichen Blütenstadium die Narbenlappen liegen. Ähnlich wie bei den Compositen liegen bei den Campanulaceen in der Knospenlage die Staubgefäße in einer Röhre um den Griffel. Sie entleeren aber ihren Blütenstaub noch

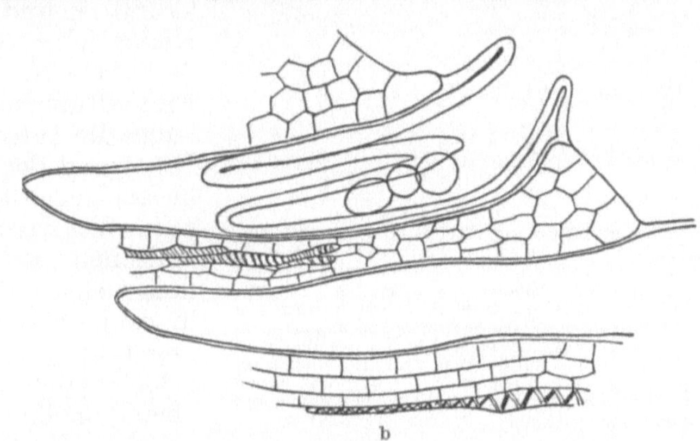

Abb. 175a u. b. Längsschnitt durch den Griffel der Glockenblume *Campanula rapunculoides.* Im männlichen Blütenstadium (a) ist die Griffeloberfläche von Pollensammelhaaren besetzt, die sich im weiblichen Stadium (b) handschuhfingerartig in ihre Haarbasen zurückziehen. a 40:1. b 160:1. (Nach JOST)

vor dem Öffnen der Blüte nach Innen und schrumpfen. Der entleerte Blütenstaub haftet nun an der dichten Haarbürste, welche die Außenseite des Griffels und der drei noch geschlossenen Narbenäste bekleidet. In der frisch geöffneten Glockenblume ist daher der Griffel vom eigenen Blütenstaub dicht eingepudert. In einem nächsten Stadium ziehen sich diese Haare durch Schrumpfelung des Inhalts handschuhfingerartig in ihre Haarbasen zurück, so daß der vorher behaarte Griffel fast glatt erscheint (Abb. 175). Nun erst rollen die drei Narbenäste mit ihrer empfindlichen Innenseite nach außen und kommen an dieselbe Stelle zu liegen, wo erst die Griffelbürste mit dem Blütenstaub lag.

Auch beim Stiefmütterchen, *Viola tricolor,* wird der Blütenstaub vom Bestäuber nicht unmittelbar aus den Staubbeuteln, sondern durch Vermittlung knotenstockartiger „Pollensammelhaare" entnommen, welche den Eingang in den Honigsporn auskleiden. Zu ihnen rieselt der Blütenstaub aus dem darüber befindlichen Staubbeutelkranz hinab, während die Anhängsel zweier Staubgefäße als Nektardrüsen in den Kronensporn ragen. Gleichzeitig erleidet der Fruchtknoten korrespondierende Umbildungen: Beim Empfänglichwerden des Narbenkopfes verschleimen einige Zellen,

während ihre resistenteren cutinisierten Außenschichten kammartig hinab-
hängen und den aus anderen Blüten mitgebrachten Blütenstaub vom ein-
geführten Rüssel nehmen. Wird dann der Rüssel aus dem Honigsporn zurück-
gezogen, so klappt der Kamm gegen die Narbenhöhle und schoppt den entnom-
menen Blütenstaub in die auf-
nahmebereite Schleimschicht
(Abb. 176).

Zwar hat nicht alles, was das
19. Jahrhundert auch an anatomischen „Anpassungen" im Bereich der Blüte beschrieben hat,
späterer Kritik standgehalten;
aber das kritisch Gesicherte ist
erstaunlich genug. Es hat, möchte
man fast sagen, die antiteleologi-
sche Phase der Biologie über-
dauert; denn heute zweifelt
kaum jemand, daß es zu den
Kennzeichen des Lebens gehört,
daß es sich systemerhaltende
Einrichtungen schafft. Nicht
mehr die Tatsache, sondern die
Erklärung der Anpassungen ist
heute Gegenstand der Diskussion. Wer darüber weitere Informationen sucht, findet sie auf
dem Gebiete der Blütenbiologie
in zwei kritisch-experimentellen
Darstellungen unseres Jahr-
zehnts in den lesenswerten Bändchen von KUGLER und KNOLL.

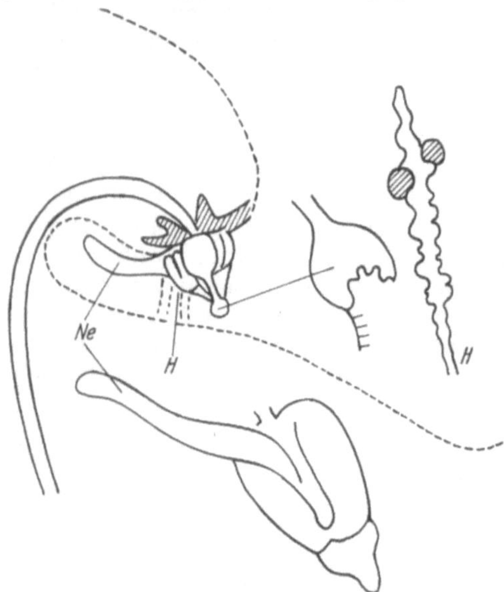

Abb. 176. Schematischer Längsschnitt durch die Veilchen-
blüte. Kelchblätter, medianes (unteres) Kronblatt und die
beiden unteren (seitlichen) Staubblätter gespornt; die
Staubblattsporne (*Ne*) fungieren als Nektarien. Der von
den Staubblättern herabrieselnde Blütenstaub wird von
den Pollensammelhaaren (*H*) des Sporneingangs aufgefangen.
Der Scheitel des Narbenkopfes verschleimt, wobei die Cutinschichten der Epidermis übrigbleiben und als Pollenkamm
in den Sporneingang herabhängen. Rechts bzw. unten
Narbenkopf, Pollensamenhaar mit anhaftendem Pollen und
Staubblatt mit Nektarium stärker vergrößert.

Literatur

LINSBAUERS Handbuch der Pflanzenanatomie: Die Farbstoffe der Pflanzen. Von M. MÖBIUS
    1927.
AGTHE, C.: Über die physiologische Herkunft des Pflanzennektars. Ber. schweiz. bot. Ges.
    61, 240—274 (1951).
CAMMERLOHER, H.: Blütenbiologie. I. Wechselbeziehungen zwischen Blumen und Insekten.
    Sammlung Bornträger, Bd. 15, Berlin 1931.
CORRENS, C.: Beiträge zur biologischen Anatomie der *Aristolochia*-Blüte. Jb. wiss. Bot.
    22, 161—189 (1891).
DOUS, F.: Über Wachsausscheidungen bei höheren Pflanzen. Ein Studium mit dem Ober-
    flächenmikroskop. Bot. Archiv **19**, 461 (1927).
FRISCH, K. v.: Aus dem Leben der Bienen. In: Verständliche Wissenschaft, Bd. 1, 6. Aufl.
    Berlin 1959.
— Biologie, 2. Aufl. 2. Bde. München 1961.
JOST, L.: Die Griffelhaare der *Campanula*-Blüte. Flora (Jena) **111/112**, 478—489 (1918).
KLEIN, G., u. M. STEINER: Stickstoffbasen im Eiweißabbau höherer Pflanzen. I. Ammoniak
    und flüchtige Amine. Jb. wiss. Bot. **68**, 602—710 (1928).
KNOLL, F.: Über die Lückenepidermis der *Arum-Spatha*. Öst. bot. Z. **72**, 246—254 (1923).
— Insekten und Blumen. Experimentelle Arbeiten zur Vertiefung unserer Kenntnisse über
    die Wechselbeziehungen zwischen Pflanzen und Tieren. Abh. zool. bot. Ges. Wien **22**
    (1926).
— Die Biologie der Blüte. In: Verständliche Wissenschaft, Bd. 57. Berlin 1956.
KUGLER, H.: Einführung in die Blütenökologie. Stuttgart 1955.

Lüttge, U.: Über die Zusammensetzung des Nektars und den Mechanismus seiner Sekretion. I.
    Planta (Berl.) **56**, 189—212 (1961).
Nieuwenhuis-von Uexküll-Güldenband, M.: Sekretionskanäle in den Cuticularschichten
    der extrafloralen Nektarien. Trav. bot. néerl. **11**, 291—311 (1914).
Porsch, O.: Die Duftentleerung der *Boronia*-Blüte. Verh. Zool. bot. Ges. Wien **56**, 605—607
    (1906).
Troll, W.: Botanische Notizen II/6. Diaphane Strukturen an Perianth- und Hochblättern.
    Akad. Wiss. Mainz 1951, S. 48—62.
Vogel, St.: Blütenbiologische Typen als Elemente der Sippengliederung, dargestellt an Hand
    der Flora Südafrikas. Bot. Studien 1 (1954).
Ziegler, H.: Untersuchungen über die Leitung und Sekretion der Assimilate. (Habilitations-
    schrift.) Planta (Berl.) **47**, 447—500 (1956).
— Über die Zusammensetzung des „Bestäubungstropfens" und den Mechanismus seiner
    Sekretion. Planta (Berl.) **52**, 587—599 (1959).

D. Anatomie von Bestäubung und Befruchtung der Phanerogamen

1. Gymnospermen

a) Pollen (Mikrosporen)

Die Bestäubung der Nacktsamer (Gymnospermen) ist gegenüber der anschließend zu besprechenden der Bedecktsamer (Angiospermen) bekanntlich insofern einfacher, als der Pollen unmittelbar an die Mikropyle der Samenanlagen gelangt, der Weg zu den Eizellen daher kürzer ist als der mitunter viele Zentimeter lange Weg durch den Griffel der Angiospermen.

Den Transport von den geöffneten Mikrosporangien der Mikrosporophylle (den Pollensäcken der Staubblätter) besorgt bei den Gymnospermen stets der Wind (Anemophilie = Windbestäubung), genauer gesagt, die atmosphärische Turbulenz. Bei der höchstspezialisierten Gruppe, den Pinaceen (vgl. schon oben S. 159), sind die Mikrosporen (Pollenkörner) für diesen Transport mit meist zwei (ausnahmsweise bis zu sieben) Schwebesäcken ausgestattet, welche durch Abhebung der Außenhaut (Exine) von der Innenhaut (Intine) mit Luft gefüllt sind (Abb. 177). Sie verringern das spezifische Gewicht auf etwa ein Drittel und stehen nach Eisenhuts Beobachtungen beim langsamen Fall (Fallgeschwindigkeit 3—12 cm/sec) nach oben. Dank dieser Schwebevorrichtungen können sie verhältnismäßig viel Nährstoffe mit sich führen. Die Pollenkörner der Tanne gehören mit Querdurchmessern um $100\,\mu$ und einem Tausendpollenkorngewicht von 0,25 mg zu den größten. Pollen ohne Luftsäcke sind stets viel kleiner, erreichen aber auf diese Weise z. T. noch langsamere Sinkgeschwindigkeiten.

Auf der Mikropyle angelangt, keimt der luftfeuchte Pollen in der Regel unverzüglich, bei *Pinus* aber erst nach monatelangem Aufenthalt in der Pollenkammer, zum männlichen Gametophyten, dem Mikroprothallium. Bevor wir aber dieses betrachten, müssen wir einen Blick auf die Samenanlagen, die Makrosporangien, werfen.

b) Samenanlagen (Makrosporangien)

Die Makrosporangien, bei den Samenpflanzen im Hinblick auf die spätere Entwicklung zum Samen seit alters „Samenanlagen" genannt, sind von einem mehrschichtigen *Integument* umhüllt. Seine stammesgeschichtliche Herkunft ist strittig: Manche möchten es mit den Indusien homologisieren, welche die Sporangienhaufen (Sori) vieler Laubfarne bedecken. Man müßte in diesem Fall annehmen, daß die schon mehrfach

erwähnte Tendenz, im weiblichen Geschlecht die Zahl der Fortpflanzungskörper zugunsten der Ausstattung zu reduzieren, auch im Sorus ein einziges
Makrosporangium übrig ließ (monangischer Sorus). Anatomisch wahrscheinlicher ist die Homologie des Integuments mit irgendwelchen Blattorganen. Da-

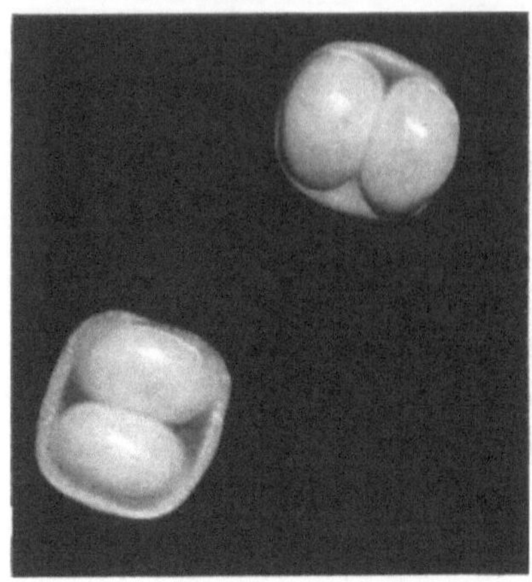

für spricht seine Entstehung aus zwei zunächst getrennten Höckern, welche erst
in der Weiterentwicklung zu einem gemeinsamen Ringwulst verwachsen (während es bei den Angiospermen von Anfang an als solcher Ringwulst kenntlich
wird). Das Integument ist mehrschichtig,
wobei die innerste und äußerste Zellage
Epidermischarakter mit Cuticula und bisweilen sogar Spaltöffnungen besitzt. Das
„Mesophyll" — wenn wir so sagen dürfen —
ist von Leitbündeln durchzogen, welche
in den phylogenetischen Diskussionen
eine große Rolle spielen. Eine phylogenetische Deutung muß auch die zahlreichen
Funde fossiler Samen berücksichtigen,
auf die wir hier nicht eingehen können
(Näheres bei SCHNARF).

Abb. 177. Auflichtaufnahme naturfeuchten
Tannenpollens. 175:1. (Nach EISENHUT)

Im Inneren des Makrosporangiums finden wir einen vielzelligen Gewebe-
körper, der, vom Integument entweder vom Grunde an getrennt („ober-

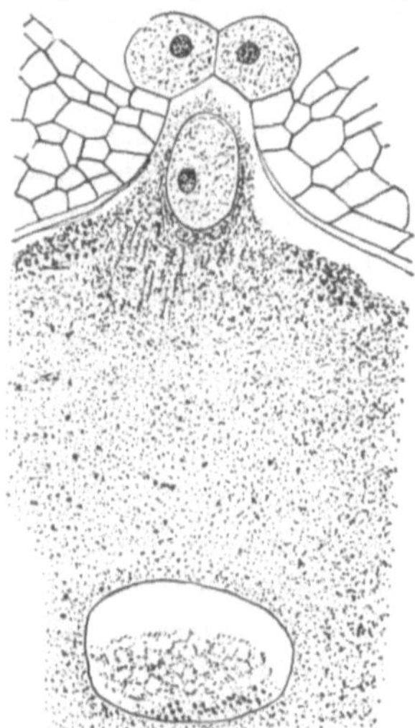

ständig") oder mehr oder weniger weit mit ihm verwachsen („unterständig"), im freien Teil auf jeden
Fall auch seinerseits mit einer Cuticula umhäutet
ist: den *Nucellus*. In ihm werden, in eine vielzellige
Grundmasse eingebettet, bei der Reduktionsteilung zwar vier Makrosporen angelegt; davon gehen
aber fast ausnahmslos drei zugrunde, und nur eine,
in der Regel die innerste einer axialen Reihe, wird
zum *Embryosack*.

Diese einzige Makrospore, der Embryosack,
besitzt bei den Gymnospermen noch eine typische
Sporenmembran, obwohl er, ohne das Sporangium
und damit die Mutterpflanze zu verlassen („endo-
spor"), zu einem vielhundertzelligen, z. T. sogar
ergrünenden *Makroprothallium*, dem *primären
Endosperm*, keimt, einem Nährgewebe für den
späteren Embryo. Damit dieses Nährgewebe nicht
unnütz bereitgestellt wird, wird seine Entwicklung
in der Gattung *Pinus* (unter den Gymnospermen
aber auch nur bei dieser) erst vom hormonalen
Reiz der Bestäubung ausgelöst, während die Angiospermen ihr „sekundäres Endosperm" zum
gleichen Zweck auf anderem Wege erzeugen (s. u.).

Abb. 178. Oberer Teil des Archegoniums (zwei Halszellen, Bauchkanalkern und Eikern) von *Dioon
edule*. 30:1. (Nach CHAMBERLAIN,
aus SCHNARF)

Infolge der endosporen Entwicklung des weiblichen Gametophyten (Makroprothalliums) fehlen dem Makrosporangium im Gegensatz zum Mikrosporan-
gium Öffnungs- und Entleerungseinrichtungen; solche können sich höchstens
in einem viel späteren Entwicklungsstadium zur Vorbereitung der Samenkeimung entwickeln.

Die Entwicklung des Makroprothalliums gipfelt in der der bereits bekannten *Archegonien*. Durch das mütterliche Gewebe geschützt, sind sie hier gegenüber Moosen und Farnen auf eine — oft sehr (bei Dioon 5 mm) große — Eizelle, eine Bauchkanalzelle und wenige Halszellen reduziert (Abb. 178); zwischen Eikern und Bauchkanalkern kann die Bildung einer Trennwand unterbleiben; die beiden Kerne entsprechen dann den beiden Spermakernen des Pollenschlauches und können gelegentlich auch beide befruchtet werden.

Die Archegonien entstehen bei primitiven Gattungen in großer Zahl (*Agathis* bis 25, *Widdringtonia* bis etwa 100), bei den höher spezialisierten aber meist nur in einem Kranz am Scheitel des Embryosacks. Dünne Längsschnitte durch die Samenanlage zeigen daher meist nur zwei Archegonien, allenfalls ein drittes bei tiefer Einstellung durchschimmern, während Querschnitte bei *Pinus silvestris* und *nigra* in der Regel fünf Archegonien erkennen lassen.

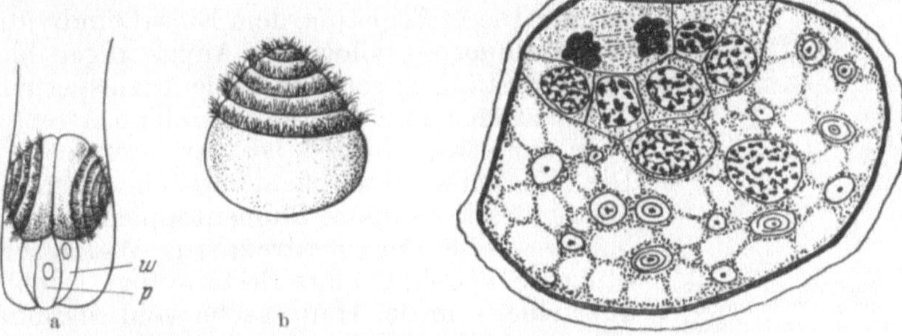

Abb. 179   Abb. 180

Abb. 179a u. b. a Ende des Pollenschlauches von *Zamia floridana* mit Prothalliumzelle (*p*), Stielzelle (*w*) und den beiden Spermatozoiden vor der Entleerung. b Frei schwimmendes Spermatozoid mit Wimperspirale. 75:1. (Aus Lehrbuch der Botanik für Hochschulen)

Abb. 180. Pollenkorn von *Araucaria* mit zwei Reihen von Prothalliumzellen, Antheridialzelle und Pollenschlauchkern. 770:1. (Aus Schnarf)

Zuletzt verschleimen die über den Archegonien liegenden Zellen des Nucellus-Scheitels und liefern einen verschiedene Zucker und Aminosäuren enthaltenden „*Bestäubungstropfen*", der den angewehten Pollen tiefer in die Mikropyle saugt und seine Keimung erleichtert (s. o., Abb. 173). Über seine chemische Zusammensetzung vgl. Ziegler 1959. Das solcherart für die Aufnahme des Pollens vorbereitete Nucellargewebe wird „Pollen*kammer*", bei weniger weitgehender Auflösung des Gewebeverbandes „Pollen*kissen*" genannt.

c) Befruchtung

Bei Cycas und Ginkgo verankert sich die zum Mikroprothallium keimende Mikrospore (das Pollenkorn) mit ihrem Keimschlauch, der stammesgeschichtlich als Rhizoid gelten kann, noch im Substrat, in diesem Falle der Wand des Integuments. Im Hauptteil der Mikrospore werden durch wenige perikline Teilungen noch die Wände eines Antheridiums kenntlich, dessen Inneres (Archespor) meist zwei (bei *Mikrocycas* aber bis zu zehn) auffallend große, mit Durchmessern bis über 300 μ dem freien Auge sichtbare, mit einem spiraligen Wimperband bewegliche *Spermatozoide* entläßt. Es war eine Krönung der Hofmeisterschen Entwicklungsreihe, als die Japaner Fuji, Hirase, Ikeno und Miyake 1895—1898 in rascher Folge die Zoidiogamie der Cycadeen und von *Ginkgo* entdeckten (Abb. 179).

Bei den Coniferen wird dann dieser Überrest im Wasser lebender Ahnen über Bord geworfen und der Pollenschlauch unmittelbar in den Dienst der

Befruchtung, des Transports der generativen Kerne bis an den Hals der Archegonien benützt (Siphonogamie). Das Mikroprothallium besteht nun in der Regel nur noch aus zwei Prothallium- und einer Antheridialzelle; letztere liefert schrittweise eine Wand-(Stiel-)Zelle, einen vegetativen Pollenschlauchkern und zwei — oft ungleich große — generative *Spermakerne;* es kommen aber z.B. bei *Araucaria* auch erheblich mehr Kern- und Zellteilungen vor (Abb. 180).

Bevor wir uns mit der Weiterentwicklung der befruchteten Eizelle zum Embryo beschäftigen, müssen wir die entsprechenden Verhältnisse bei den Angiospermen kennenlernen.

2. Angiospermen
a) Pollen (Mikrosporen)

Bei den Angiospermen wird der Pollen bekanntlich in der Regel durch Tiere (Insekten, Vögel, Fledermäuse, Beuteltiere) auf die weibliche Narbe ge-

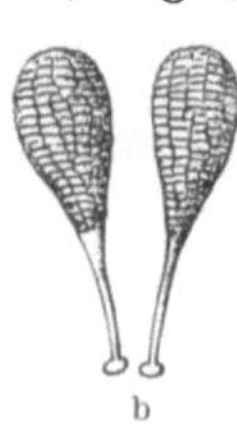

Abb. 181a u. b. a Klemmkörper einer Asclepiadacee mit anhängenden Pollinien. b Pollinien einer Orchidee mit basalen Haftscheiben. (Nach R. v. WETTSTEIN)

bracht. Dieser *Zoophilie,* dem Einsatz individueller, durch sinnesphysiologische Anpassungen blumensteter Bestäuber, verdanken die Angiospermen ihre Formenfülle (rund eine Viertelmillion Arten gegenüber nur etwa tausend bei den Gymnospermen). Die Zoophilie ermöglicht anstelle einheitlicher Massenbestände bunte Blumenteppiche und sichert beispielsweise der verstreut im Waldesschatten blühenden Orchidee ihre Bestäubung. Daneben ist aber eine — in der Hauptsache wohl sekundäre — Windbestäubung, *Anemophilie* (z.B. bei Kätzchenblütlern, Gräsern und Palmen) weit verbreitet.

Im Falle der Zoophilie ist der Pollen durch Reste des Tapetums klebrig, in mehr oder weniger großen Massen zusammenhaftend, zur Anheftung ans Haar- bzw. Federkleid der Bestäuber z.T. auch skulpturiert (stachelig bei Malvaceen, Cucurbitaceen; Abb. 160). Den Höhepunkt dieser Entwicklung stellt die Vereinigung aller Pollen eines Pollenfaches zu einem einheitlichen „*Pollinium*" bei Orchideen und Asclepiadaceen dar (Abb. 181). Sie heften sich über ein Stielchen an besondere Haftscheiben bzw. Klemmkörper, die bei den Orchideen aus der Narbenoberfläche, bei Asclepiadaceen aus den fünf Griffelkanten hervorgehen. Bei der Orchidee *Catasetum* wird das Pollinium bei Berührung empfindlicher „Antennen" am Blüteneingang dem Bestäuber sogar buchstäblich an den Kopf geworfen, indem sich das Rostellum plötzlich aus seiner Zwangskrümmung streckt, wobei eine Wurfweite von einigen Dezimetern erreicht wird (v. GUTTENBERG).

Bei *Windblütlern* bleibt der Pollen trocken, stäubend. Durch seine Kleinheit (Tausendpollenkorngewicht von *Salix,* Abb. 182, nach EISENHUT 3γ) besitzt er auch ohne Luftsäcke Sinkgeschwindigkeiten von nur etwa 3 cm/sec und wird daher über erstaunlich weite Strecken (Hunderte von Kilometern) verfrachtet. Bei *Unterwasserpflanzen* wie Seegras *(Zostera marina)* kann der im Wasser flutende Pollen durch Überwiegen von Längsteilungen im Archespor fadenförmig (bis 2 mm lang) gestaltet sein, was seine Aussicht, an den spreizenden Narben hängenzubleiben, erhöht.

b) Narbe, Griffel, Fruchtknoten und Samenanlagen

Bei den Bedecktsamigen liegen die Samenanlagen nicht frei der Bestäubung zugänglich, sondern sind im Fruchtknoten eingeschlossen. Zum

Einfangen des Blütenstaubes mußte daher ein neues Empfängnisorgan, die
Narbe (Stigma), geschaffen werden. Da der Fruchtknoten durch Einrollung
und Verwachsung eines oder mehrerer Fruchtblätter (Makrosporophylle)
entsteht[1], muß auch die Narbe als Ausgliederung eines Blattorgans gelten.
Davon überzeugt man sich am leichtesten im Formenkreis der Polycarpicae,
wo etwa die Fruchtknoten der Sumpfdotterblume *(Caltha palustris)* ohne

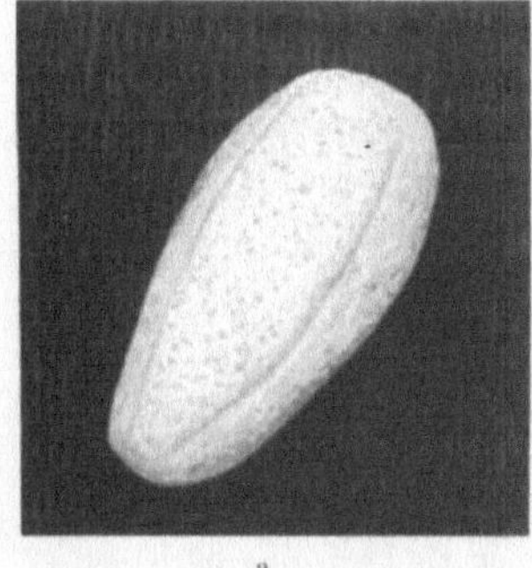
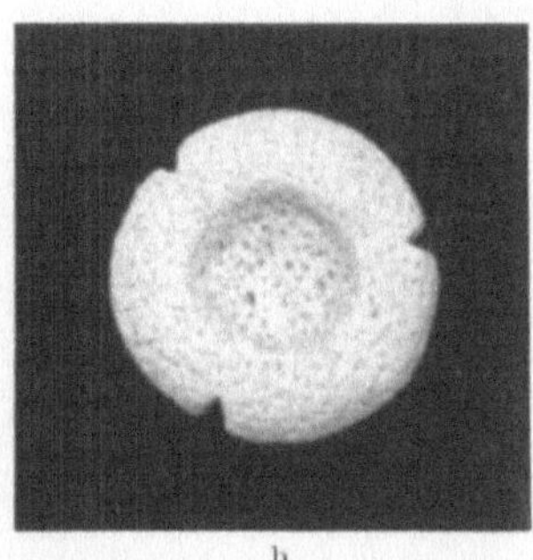

Abb. 182 a u. b. Plastilinmodelle naturfeuchter Pollen. a *Salix*, 1250:1. b *Tilia*, 600:1. Solche frische Pollenkörner im Auflicht schauen wesentlich anders aus als die fossilisierten Häute der Pollenanalyse (vgl. Abb. 160).
(Nach EISENHUT)

weiteres als an der Mittelrippe gefaltete Blätter kenntlich sind; die einge-
schlagenen Blattränder verzahnen sich nur lose an der Bauchnaht und
weichen an dieser bei der Reife wieder auseinander. Die Narbe gibt sich in
diesem Fall als Blattspitze zu erkennen.

Im Laufe der Stammesgeschichte erfährt aber
die Narbe eine mannigfache Ausgestaltung, die
besonders bei Windblütlern der Vergrößerung der
den Pollen auffangenden Oberfläche dient. Zum
Festhalten des Pollens pflegt die Narbenoberfläche papillös zu sein. Berühmt ist, daß bei
heterostylen (ungleichgriffligen) Primeln den
zweierlei Pollengrößen der Lang- und Kurzgriffel
reziprok korrespondierende Größenunterschiede
der Narbenpapillen entsprechen (Abb. 183). Seltener wird dem Pollen durch Verschleimung der
Narbenoberfläche ein intercellularenreiches und
sezernierendes Grundgewebe als Keimbett ange-
boten (*Viola* s.o. S. 209 f.).

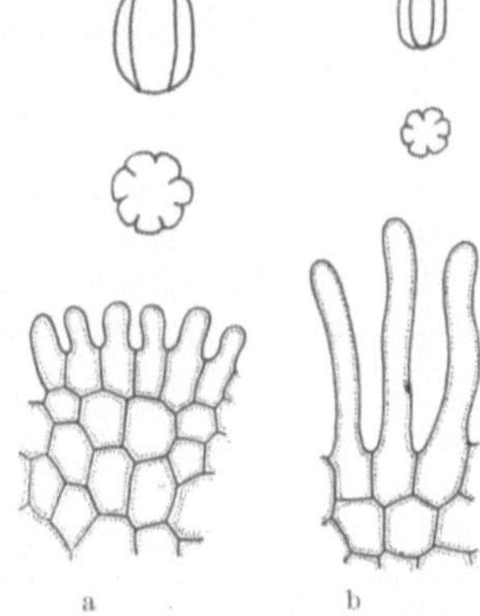

Abb. 183 a u. b. Narbenpapillen
und Pollenkörner (Seiten- und Polansicht) einer kurzgriffeligen (a) und
einer langgriffeligen Primelblüte(b).
(Nach DARWIN aus CAMMERLOHER)

Zur fortschreitenden Spezialisierung gehört
auch, daß nicht mehr der ganze Fruchtknoten
fertil, d.h. mit Samenanlagen (Makrosporangien)
besetzt ist, sondern diese nur in bestimmten (in
der Regel basalen) Abschnitten des Fruchtblattes, eben dem Frucht*knoten*
(Ovarium), konzentriert sind. In diesem Fall entsteht apical ein mehr oder
weniger langer steriler Abschnitt, der *Griffel* (Stylus) genannt wird, während

---

[1] Im ersten Falle spricht man von einem apokarpen, im zweiten von einem synkarpen
Gynöceum. Das synkarpe Gynöceum ist gefächert, wenn sich jedes Fruchtblatt selbständig
einschlägt, ungefächert, wenn sich die Fruchtblätter nur mit ihren Rändern berühren. Als
Beispiel für ersteres seien die Liliifloren, für letzteres die darnach benannte Reihe der Pari-
tales (*Cistaceae*, *Violaceae* usw.) genannt. Eine moderne Darstellung der morphologischen
Tatbestände findet man bei TROLL.

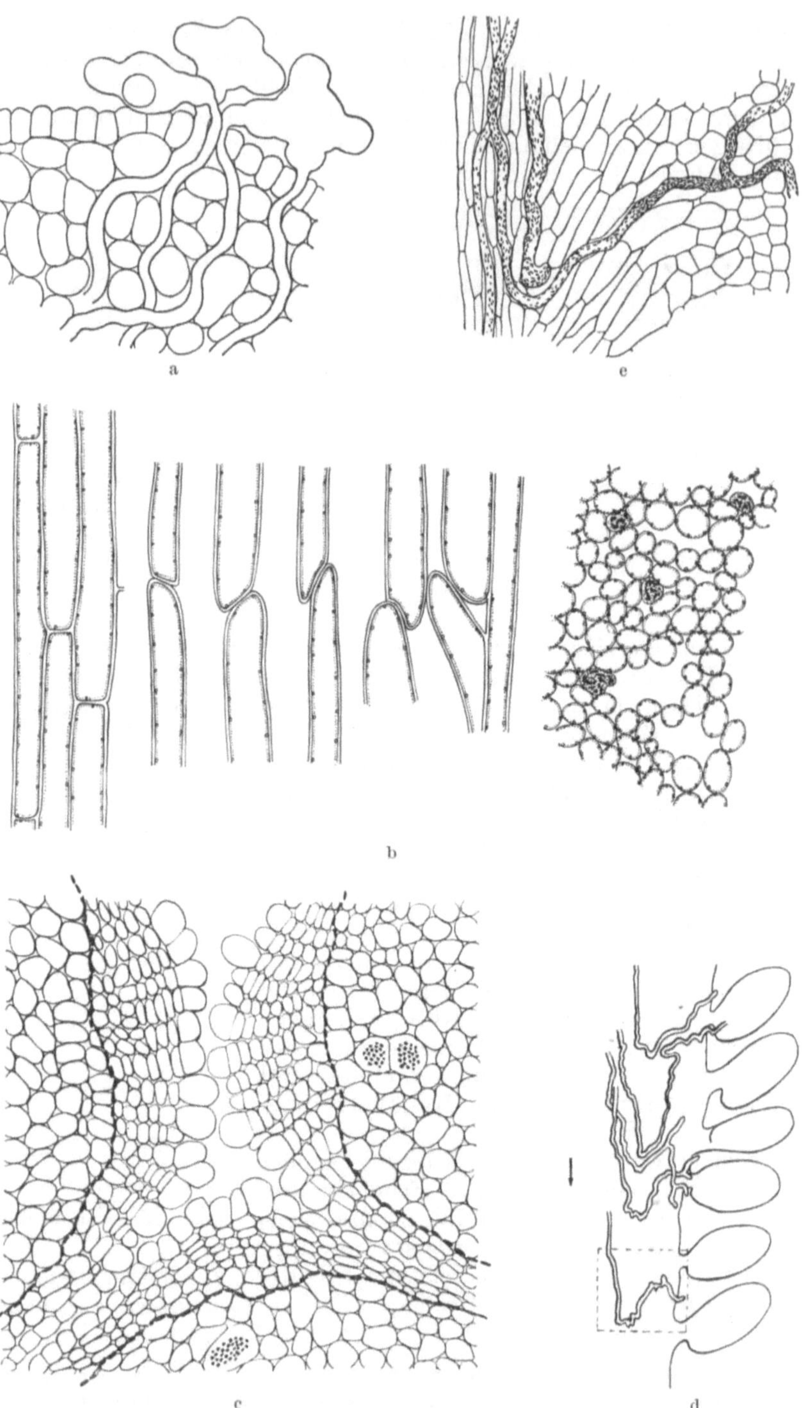

Abb. 184a—d. Weg des Pollenschlauches bei Oenotheraceen von der Narbe (a, 80:1) durch das Leitgewebe des Griffels (b), dessen Entwicklung von links nach rechts fortschreitend dargestellt wird (letztes Bild Querschnittansicht), und das Leitgewebe des Fruchtknotens (c, 160:1) in die Placenten der Samenanlagen (d, 25:1; e, 160:1). Weitere Erklärung im Text und S. 221. (Nach RENNER, PREUSS-HERZOG u. KAIENBURG)

ein steriler Abschnitt unterhalb des Fruchtknotens Gynophor heißt *(Capparidaceae, Stanleya* unter den *Cruciferae)*. Die Entwicklung eines Griffels wird korrelativ vor allem dann notwendig, wenn wegen der Anpassung an langrüsselige Bestäuber lange und enge Blumenkronröhren auftreten und — oft gleichzeitig — die Fruchtknoten in die Blütenachse versenkt (unterständig) werden. Die Griffel können in solchen Fällen zehn und mehr Zentimeter lang werden.

Als Ergebnis einer Blattrollung ist der Griffel vielfach nicht massiv voll, sondern röhrig gebaut, das Innere der Röhre ist von einem Gewebe ausgekleidet, welches man *Leitgewebe* nennt, weil man ihm die Aufgabe zuschreibt, den Pollenschläuchen den Weg zu den Samenanlagen zu weisen und zu erleichtern (Abb. 184). Ehe wir aber die Pollenschläuche auf ihrem Wege anatomisch verfolgen, müssen wir auch noch die Anatomie der Samenanlagen kennenlernen.

Nach Ansicht der Phylogenetiker dürften die Samenanlagen bei den primitivsten Angiospermen die ganze Ober- (= Innen-) Seite des Fruchtblattes bedeckt haben. Erst im Wege der Spezialisierung sind die heute unterscheidbaren Typen der „*Placentation*" entstanden. Sie beschränkt sich nicht auf die bereits beschriebene axiale Lokalisierung auf den Frucht-*knoten* (während apicale, seltener auch basale Abschnitte als Griffel und Gynophor steril werden); auch innerhalb dieses allein fertilen Achsenabschnittes können wir eine marginale und laminare Placentation unterscheiden, je nachdem ob die Samenanlagen dem Rand oder der Mittelrippe des einzelnen Fruchtblattes aufsitzen (Abb. 166). Viel diskutiert worden sind die angeblich „freien" Achsenplacenten der darnach benannten Centrospermen (Caryophyllaceen und Verwandte) und ihres sympetalen Gegenstücks der Primulales. Nach den Untersuchungen von ECKARDT aus W. TROLLs Schule scheint hier aber keinesfalls ein primitiver Typ im Sinne der Telomtheorie (endständige Sporangien), sondern ein abgeleiteter vorzuliegen, bei dem die Samenanlagen am Grunde ihrer Tragblätter entstehen und nur durch starke placentare Wucherungen von den Sporophyllen unabhängig erscheinen.

Auch weiterhin unterliegt die Zahl der Samenanlagen einer starken Reduktion, so daß viele Entwicklungslinien schließlich bei einsamigen Fruchtknoten enden. Wir wollen darauf bei der Anatomie der Früchte und Samen nochmals zurückkommen.

Auf eine Darstellung der Nervatur der Fruchtblätter möchte ich unter Hinweis auf ESAU verzichten. Es ist klar, daß Fruchtblätter und Placenten so ausreichend innerviert sind, daß sie eine fasciculäre Stoffversorgung der heranwachsenden Früchte und Samen ermöglichen. Das Schwergewicht sollte dabei erwartungsgemäß beim Phloem liegen, doch fehlen darüber m. W. moderne quantitative Untersuchungen.

Während die Erforschung der Placentation noch mehr in den Aufgabenbereich der Morphologie gehört, konzentriert sich das Interesse der Anatomen auf den *Bau der einzelnen Samenanlage*. Sie gleicht denen der Gymnospermen insofern, als auch sie die eigentliche Samenknospe (Nucellus) von ein oder häufiger zwei Hüllen (Integumenten) umschlossen hat, welche an der Spitze für den eindringenden Pollenschlauch und später den Austritt der Keimwurzel eine Mikropyle (d. h. kleine Pforte) offen lassen. Nur einige Schmarotzerfamilien (Santalales) besitzen hüllenlose Nucellen.

Die Integumente sind vorwiegend zwei- bis drei-, gelegentlich auch nur einschichtig, besitzen beiderseits eine Cuticula und z. T. Spaltöffnungen, in manchen Familien auch eine Nervatur. Auch bei den Angiospermen entwickelt das Archespor eine einzige Sporenmutterzelle, deren Reduktionsteilung durch sukzedane Teilungsschritte vier axial hintereinander angeordnete Makrosporen liefert, von denen aber nur eine — in der Regel die basale — zum Embryosack wird, während die drei anderen degenerieren.

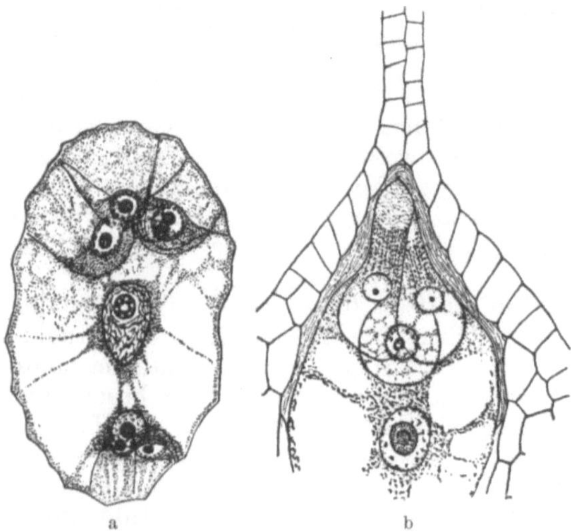

Abb. 185a u. b. a Achtkerniger Embryosack einer Ranunculacee, die beiden Embryosackkerne bereits zu einem verschmolzen. b Oberer Teil des Embryosacks von *Polygonum* mit Eiapparat (Eizelle und zwei Synergiden) und sekundärem Embryosackkern. (AUS SCHNARF)

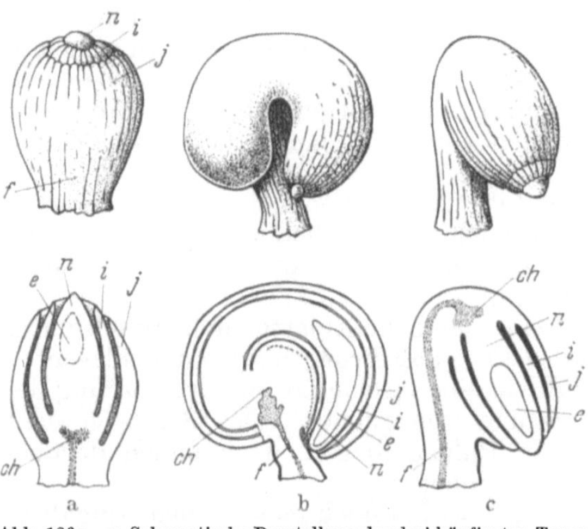

Abb. 186a—c. Schematische Darstellung der drei häufigsten Typen von Samenanlagen; oben räumlich, unten im Schnitt. a Atrop — aufrecht. b Campylotrop — gekrümmt. c Anatrop — hängend. *f* Funiculus; *ch* Chalaza; *i* inneres Integument; *j* äußeres Integument; *n* Nucellus; *e* Embryosack. (Nach v. WETTSTEIN)

Die Keimung dieser einen, nun nicht mehr besonders umhäuteten Makrospore zum Makroprothallium ist aber gegenüber den Gymnospermen weiterhin stark reduziert und beschränkt sich in der weitaus vorherrschenden Regel auf drei Teilungsschritte des „primären Embryosackkerns", so daß der berühmte *achtkernige Embryosack der Angiospermen* entsteht (Abb. 185). Zunächst liegen diese acht Kerne einigermaßen spiegelbildlich in einer basalen und einer apikalen Vierergruppe, die aber beide „sekundäre Embryosackkerne" nach der Mitte senden, wo sie zu einem diploiden Kern (mit meist zwei Nucleolen) verschmelzen. Während dieser sekundäre Embryosackkern frei im großvacuoligen Embryosack liegt, umhäuten sich die restlichen Kerne mit Zellwänden. Es entstehen auf diese Weise am oberen (mikropylaren) Ende die Eizelle mit ihren beiden Synergiden (Gehilfinnen). Die Eizelle bleibt dabei dadurch kenntlich, daß sie weiter in den Embryosack hineinreicht.

Die drei Zellen des basalen (chalazalen) Endes nennt man Antipoden (Gegenfüßler). Sie haben bisweilen stark drüsigen Charakter, neigen zu hochgradiger Polyploidisierung (Abb. 193) und dürften den Stofftransport aus den an der Chalaza endenden Leitbündeln in den Embryosack vermitteln.

Bei aufrechten (atropen) Samenanlagen stellt nur ein ganz kurzer innervierter Nabelstrang (Funiculus) die Verbindung mit der Placenta her.

Häufiger sind aber die Samenanlagen hängend (anatrop); in diesem Fall verläuft der Funiculus an der Rückseite der Samenanlage entlang und hinterläßt später am Samen eine als Raphe bezeichnete Narbe. Zwischen den beiden Typen steht die gekrümmte (campylotrope) Samenanlage (Abb. 186).

Die emsige Suche nach *verschiedenen Typen der Embryosackentwicklung*, die in den ersten Jahrzehnten unseres Jahrhunderts, besonders den zwanziger Jahren, betrieben wurde, hat eigentlich nur bescheidene Abwandlungen des Grundtypus zutage gefördert. Bei diesem führen fünf Teilungsschritte zunächst zur einzig überlebenden Makrospore (die beiden Schritte der Reduktionsteilung) und weiter zu den acht haploiden Kernen (drei Teilungsschritte). Von diesen fünf können die beiden ersten „eingespart" und die Reduktionsteilung in die Entwicklung des Embryosacks verlagert werden. Ausnahmsweise führen sogar nur zwei Teilungsschritte nach Art der tierischen Reifeteilung zur Bildung einer Eizelle, einer Antipode und eines diploiden Embryosackkerns. Auf der anderen Seite sind bei den Penaeaceen als Ergebnis von sechs Teilungsschritten 16kernige Embryosäcke bekannt geworden, die

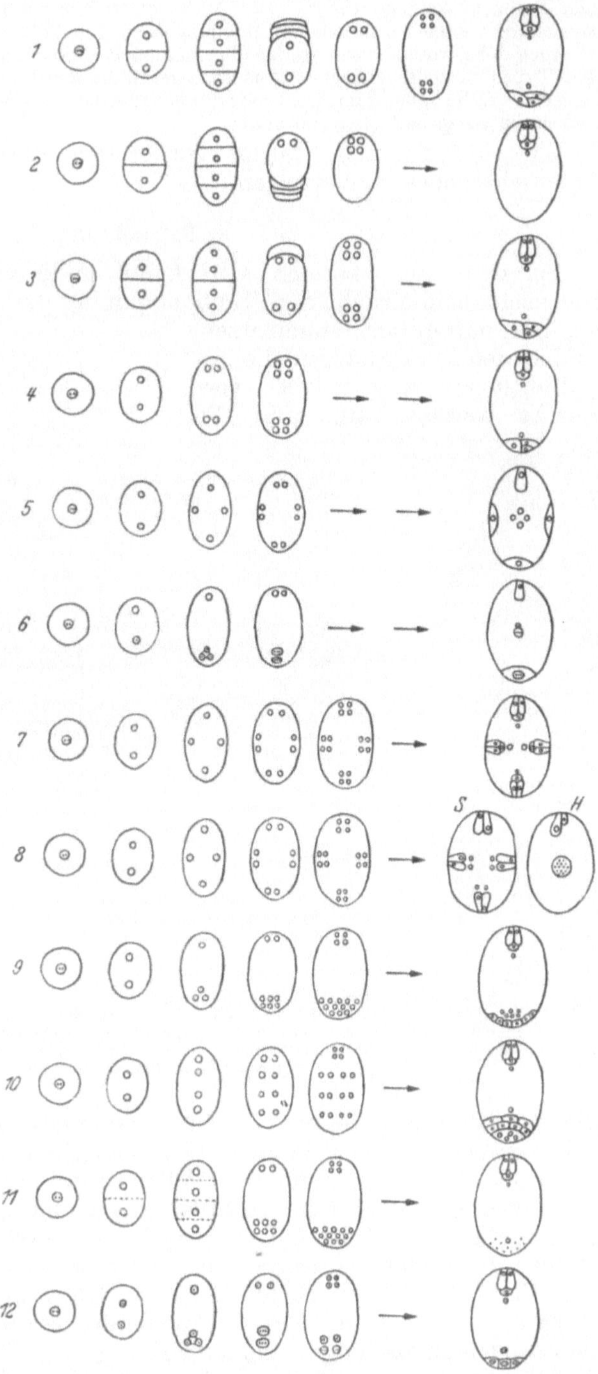

Abb. 187. Schema aller bekannt gewordenen Typen der Embryosackentwicklung bei Angiospermen. *1* Normaltyp: achtkernig, in fünf Teilungsschritten erreicht. Diesem Typ folgen 70 % aller untersuchten Angiospermen. *2 Oenothera*-Typ: vierkernig, vier Teilungsschritte. *3 Scilla*-Typ: achtkernig aber zweisporig, daher nur vier Teilungsschritte. *4 Adoxa*-Typ: achtkernig, viersporig, drei Teilungsschritte. *5 Plumbago*-Typ: viersporig, achtkernig aber vierpolig (entsprechend vier Archegonien), drei Teilungsschritte. *6 Plumbagella*-Typ: viersporig, vierkernig, zwei Teilungsschritte. *7 Penaea*-Typ: viersporig, 16kernig. Tetrapolar. *8 Peperomia*-Typ: viersporig, 16kernig, tetrapolar, vier Teilungsschritte wechselnd (*S* Pep. sintenisii; *H* P. hispidula). *9 Gunnera*-Typ: viersporig, 16kernig, davon sechs Pol-, sechs Antipodenkerne. *10 Pyrethrum*-Typ: viersporig, 16kernig, unterste Antipodenzelle vierkernig, darüber in zwei Stockwerken sieben weitere einkernige Antipodenkerne. *11 Majanthemum*-Typ: viersporig, 16kernig davon elf bald degenerierende Antipodenzellen. *12 Fritillaria*-Typ: 4-sporig, achtkernig. Vom Normaltyp durch Verschmelzung und Wiederteilung einzelner Kerne verschieden. Aus Fortschr. d. Bot. 8. 38 (1939)

nach Porschs Archegontheorie vier Archegonien entsprechen würden. Eine schematische Darstellung dieser verschiedenen Möglichkeiten gibt Abb. 187.

Auch der *Nucellus* kann an der allgemeinen Reduktion teilhaben: Während er bei primitiven Typen vielzellig (crassinucellat) ist, beschränkt er sich in extremen Fällen auf eine einzige Zellreihe, welche außer dem Archespor nur eine einzige, den Scheitel deckende Epidermis- oder Deckelzelle übrig läßt (tenuinucellat).

Wir sind nunmehr darauf vorbereitet, den Weg des befruchtenden Pollenschlauches zu verfolgen.

c) Befruchtung

Bei den Angiospermen sind keine Fälle von Zoidiogamie bekannt, Pollenschlauchbefruchtung (Siphonogamie) die Regel. Als Kuriosum sei erwähnt, daß in der Schmarotzerfamilie der Loranthaceen die geschlechtliche Angriffslust vertauscht werden kann und die

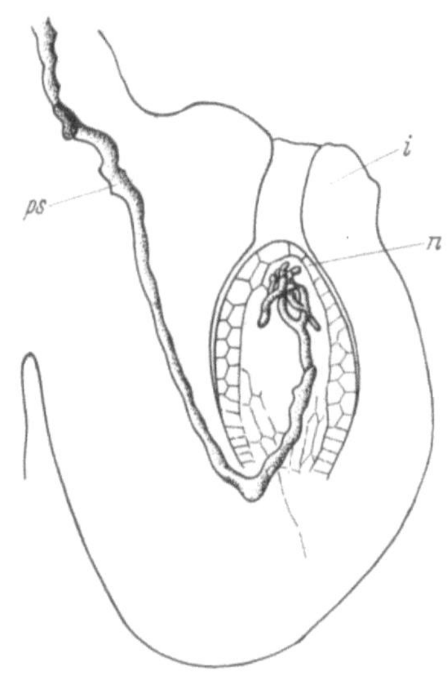
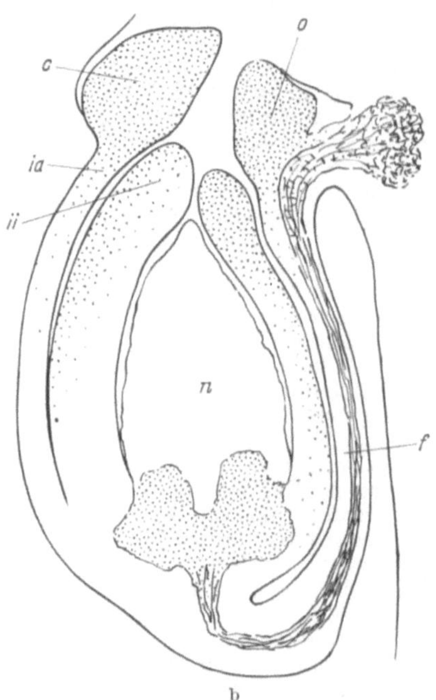

Abb. 188a u. b. a Chalazogamie der Samenanlage von *Betula*, 150:1. (Nach NAWASCHIN, aus R. v. WETTSTEIN.) b Die Porogamie von *Euphorbia* wird durch Wucherungen des Funiculus (Obturator *o*) und des äußeren Integuments (Caruncula *c*) erleichtert, welche den Weg für den Pollenschlauch durch die Fruchtknotenwandung zur Mikropyle überbrücken. Praktikumszeichnung von W. KOCH. *n* Nucellus; *ii, ia* inneres und äußeres Integument; *f* Funiculus; *ps* Pollenschlauch

Embryosäcke Empfängnisschläuche zu den passiv auf den Narben liegenden Pollenkörnern treiben können [Fortschritte der Botanik **17**, 91 (1955)].

In der Regel aber keimt der Pollen, durch Narbensekrete gefördert, auf der Narbe aus, wächst intercellular (oder auch gewaltsam lösend?) durchs Leitgewebe des Griffels und erreicht die Samenanlagen entweder, eine kurze Strecke überbrückend, durch die Mikropyle oder aber im Gewebe bleibend vom Funiculus her durch die Chalaza. RICHARD VON WETTSTEIN hält die Chalazogamie für primitiver und betrachtet den Sprung über die Luftbrücke, die Porogamie, als jüngere Neuerwerbung. Bei Euphorbiaceen legt sich eine thyllenartige Wucherung der Placenta, der Obturator, zwischen Griffel und Mikropyle und leitet den Pollenschlauch zu dieser (Abb. 188).

Der keimende Pollenschlauch läßt seine Homologie mit dem Mikroprothallium nur noch andeutungsweise erkennen: In der Regel liefert eine

erste Teilung einen vegetativen und einen generativen Kern; letzterer teilt
sich in der Regel erst im Pollenschlauch weiter. An der Spitze des Schlauches
marschiert zunächst meist der aus diesen Teilungen hervorgegangene vegetative Kern, während sich der generative Kern noch im Hintergrund hält.
Erst in der Nähe des Zieles teilt sich dieser in zwei generative Kerne (Spermakerne), welche die *doppelte Befruchtung* von Eizelle und Embryosackkern
vollziehen und damit zwei neue Embryonalentwicklungen auslösen, die uns
im nächsten Abschnitt beschäftigen werden: die Bildung des Embryos aus
der Eizelle und des sekundären Endosperms (Nährgewebe) aus dem Embryosackkern. PFEIFFER VON WELLHEIM, ein Liebhaberbotaniker in Wien,
pflegte in meiner Studentenzeit die Botaniker mit Musterpräparaten zu er-
freuen, welche die doppelte Befruchtung auf einem einzigen Mikrotomschnitt
erkennen ließen.

Werfen wir in diesem Zusammenhang einen kurzen Blick auf Anatomie
und *Pollenschlauchwachstum* (Näheres Handbuch der Pflanzenphysiologie,
Bd. XIV): Zahlreiche Autoren haben das Auswachsen der Pollenschläuche
auf der Narbe mikroskopisch beobachtet. Besonders gut eignen sich dafür
Gräser mit ihren reich verzweigten Narben und raschwüchsigen Pollenschläuchen (JOST 1907): Beim Roggen *(Secale cereale)* sieht man die Pollenschläuche schon 5 min nach der Bestäubung zwischen die bis vier Zellreihen
der Narbenhaare eindringen und stündlich 1 mm weiterwachsen.

Das Wachstum *im Griffel* kann dann nicht mehr unmittelbar verfolgt,
sondern muß in Stichproben zu verschiedenen Zeiten nach der Belegung der
Narbe geprüft werden. Es ergeben sich dabei bis zum Erreichen der Eizelle
ungeheure Unterschiede zwischen wenigen Stunden und vielen Wochen.
Wir schildern die Verhältnisse, wie sie RENNER und seine Schülerinnen
PREUSS-HERZOG und KAIENBURG bei Oenotheraceen ermittelt haben
(Abb. 184): Dort bohren sich die Pollenschläuche zwischen den Narbenpapillen und zartwandigem, intercellularreichem Parenchym zunächst
mehr oder weniger senkrecht ein und folgen dann augenscheinlich dem Weg
geringsten Widerstandes, d.h. durch die weitesten Intercellulargänge.
Dieser Weg führt zwangsläufig in das *Leitgewebe*, welches die Mitte des
Griffels und der Fruchtknotenscheidewände erfüllt. Es besteht aus sehr
langen, engen, dünnwandigen Zellen, die durch reichliche Intercellular-
bildung in der Längsrichtung den Pollenschläuchen die Wanderung leicht
machen. Während nämlich im jungen Griffel die Zellen noch lückenlos
zusammenschließen und die Querwände senkrecht auf den Längswänden
stehen, tritt später durch gleitendes Spitzenwachstum eine Verschiebung
ein, die bis zur völligen Isolierung der aneinander vorbeiwachsenden Zell-
enden führen kann; die Intercellularen erreichen dabei auf dem Querschnitt
größere Flächenanteile als die Zellen selbst. Auch die Wandungen des vier-
fächerigen Fruchtknotens sind dort, wo sie in der Mittelsäule zusammen-
stoßen, mit „Leitstreifen" ausgekleidet, welche an den breitesten Stellen
bis 20 Zellen stark werden. Von hier biegen die Pollen, wiederum durch
Leitgewebe gelenkt, zu den Placenten und Samenanlagen.

Bei vielen Objekten stockt das Pollenschlauchwachstum am unteren
Ende des Griffels, um die erst durch den Wuchsstoffreiz der Bestäubung
ausgelöste Entwicklung des weiblichen Sexualapparates abzuwarten (viele
Kätzchenblütler und Orchideen). Bei langen Wegen bleibt der Pollenschlauch trotz der zusätzlichen Ernährung durch das Leitgewebe des Griffels
nicht auf der ganzen Strecke am Leben, sondern verlagert sein Plasma unter
mehr oder weniger lebhafter Strömung dauernd spitzenwärts, während der

Ausgangspunkt abstirbt und schrittweise durch Callose-Pfropfen abgeriegelt wird. Der Weg des Pollenschlauches in der Samenanlage läßt sich am Aufhellungspräparat nachträglich feststellen. Auf diese Weise sind Chalazogamie und Porogamie anschaulich geworden (Abb. 188).

Literatur

ECKARDT, TH.: Vergleichende Studie über die morphologischen Beziehungen zwischen Fruchtblatt, Samenanlage und Blütenachse bei einigen Angiospermen. Neue Hefte z. Morph. **3**, 1—90, Weimar 1957.

EISENHUT, G.: Untersuchungen über die Morphologie und Ökologie der Pollenkörner heimischer und fremdländischer Waldbäume. Diss. München 1960.

GUTTENBERG, H. v.: Anatomische und physiologische Studien an den Blüten der Orchideengattungen *Catasetum* und *Cycnoches*. Jb. wiss. Bot. **56**, 374—415 (1915).

JOST, L.: Über die Selbststerilität einiger Blüten. Bot. Ztg **65** (1), 77—116 (1907).

KAIENBURG, A.-L.: Zur Kenntnis der Pollenplastiden und der Pollenschlauchleitung bei einigen Oenotheraceen. Planta (Berl.) **38**, 377—430 (1950).

RENNER, O.: Zur Biologie und Morphologie der männlichen Haplonten einiger Önotheren. Z. Bot. **11**, 305—380 (1919).

—, u. G. PREUSS-HERZOG: Der Weg der Pollenschläuche im Fruchtknoten der Oenotheren. Flora (Jena) **136**, 215—222 (1942/43).

E. Embryologie

Als Gegenstück zur Embryonalentwicklung im Mutterleib der Säugetiere haben die Samenpflanzen als Krönung der generativen Entwicklung im Pflanzenreich auch ihrerseits die Anfänge neuen Lebens in den Schutz der Mutterpflanze verlegt. Der Vorteil dieser Einrichtung ist, daß ein kräftigeres und besser ausgestattetes Individuum „das Licht der Welt erblickt" und dem Kampf ums Dasein ausgesetzt wird.

Der Aufschwung, den die zoologische Embryologie in der zweiten Hälfte des vorigen Jahrhunderts im Zeichen der Entwicklungslehre erfuhr (HAECKELs „Biogenetisches Grundgesetz" erblickt in der Ontogenie eine kurze Wiederholung der Phylogenie), hat auch die Botanik zu gleichgerichteten Untersuchungen angespornt. So ist die Entwicklung der befruchteten Eizelle zum normalerweise bereits in Keimwurzel (radicula), Keimblätter (cotyledones) und Sproßvegetationspunkt (plumula) differenzierten Embryo des Samens (Abschnitt F) bereits frühzeitig fast Zelle für Zelle untersucht worden. Zuletzt hat SCHNARF in Wien diesen Fragen seine Lebensarbeit gewidmet und in zwei Bänden des Linsbauerschen Handbuches der Pflanzenanatomie niedergelegt[1]. Noch neuere Monographien finden sich im angloamerikanischen Schrifttum (JOHANSEN 1950, MAHESWARI 1950). Wir folgen mit zwei getrennten Kapiteln für Gymnospermen und Angiospermen in knappster Form der Schnarfschen Darstellung.

1. Gymnospermen

Die Embryologie der Gymnospermen pflegt den fortgeschrittenen Studenten nach STRASBURGERS „Großem Botanischen Praktikum" am Beispiel des Kiefernsamens vorgeführt zu werden (Abb. 189); allerdings stellt die Gattung *Pinus* in dieser wie in vieler anderer Hinsicht (vgl. S. 102, 140, 159 und 211) eine Spitzenleistung der Spezialisierung dar, die nicht ohne weiteres verallgemeinert werden darf.

---

[1] Abweichend von SCHNARF fassen wir den Begriff Embryologie in dem von der Zoologie und Medizin geläufigen strengen Wortsinn, während SCHNARF in seinem Werk auch noch die Entwicklung der männlichen und weiblichen Gametophyten mitbehandelt, die wir schon in Abschnitt D kennengelernt haben.

Wie wir hörten, liegt am Scheitel des Embryosacks (mikropylares Ende) ein Kranz von meist fünf Archegonien. Bei ausreichender Bestäubung werden daher auch fünf Eizellen in rascher Folge befruchtet (Polyzygotie), zwischen denen ein eigentümlicher Wettstreit um die Sicherheit der Nachkommenschaft einsetzt. Jede einzelne befruchtete Eizelle entwickelt, die Befruchtung ausnutzend („proembryonal"), zunächst vier — bei Cycadeen sogar bis zu 1000 — freie Kerne; diese begeben sich an die Basis der Eizelle

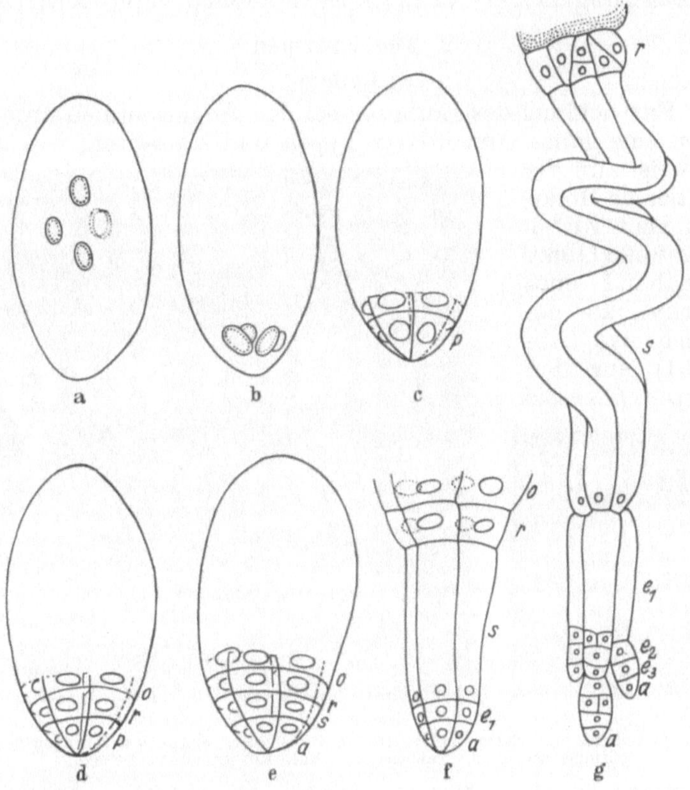

Abb. 189a—g. Schematische Darstellung der proembryonalen Entwicklung von *Pinus*. a Vier freie Kerne sind in der Mitte der Eizelle. b Diese wandern nach der Basis. c Durch Teilung und anschließende Wandbildung entstehen zwei Stockwerke, deren oberes offen bleibt. d und e Beide Stockwerke teilen sich weiter, wobei die Schichten o, r, s und a entstehen. f Die Schicht (s) streckt sich zum Suspensor, während a sekundäre Suspensorzellen (e_1) abtrennt. g Während sich s und e weiterstrecken, entstehen aus a vier Proembryonen, p Embryoinitialen. (Nach Buchholz, aus Schnarf)

und liefern hier durch Querteilungen und Streckung vier Suspensoren, welche an ihrer Spitze die eigentlichen Embryonen tragen (Abb. 189; die sehr komplizierten und genau studierten Einzelheiten sind bei Schnarf nachzulesen). Auf diese Weise finden sich nebeneinander Embryonen verschiedener Archegonien (polyzygotische Embryonie) und monozygotische oder Spaltungs-Polyembryonie innerhalb einer Zygote. Trotzdem pflegt aus diesem Ausscheidungskampf in der Regel nur ein Embryo als Sieger hervorzugehen, wahrscheinlich der, welcher den Platz im Mittelpunkt des Embryosacks zuerst erreicht, so daß die Erscheinung eine erste Leistungsauslese darstellen würde; gegen diese Deutung wird allerdings die genetische Einheitlichkeit der monozygotischen Spaltungsembryonen ins Feld geführt.

Die weitere Entwicklung ist viel weniger genau erforscht. Sie führt zu einem mehrhundertzelligen Embryo, der mit seiner Keimwurzel (Radicula) gegen die Mikropyle zielt, während am Gegenpol zwischen vier Keimnadeln (von denen im medianen Längsschnitt nur zwei getroffen sind) die Plumula liegt. Die Entwicklung des Embryos ist in vielen Fällen beim Ausstreuen der Samen noch nicht abgeschlossen; seine Maße können sich bei der, beispielsweise bei Zirbelkiefer, erforderlichen Stratifizierung (winterliche Kalt-Naß-Lagerung in der Natur) noch erheblich vergrößern (Abb. 190).

2. Angiospermen
a) Embryo

Bei der Entwicklung des Embryos bei den Angiospermen unterscheiden die Autoren eine ganze Anzahl von Typen und Varianten, von denen wir unter Hinweis auf die eingangs zitierten Monographien und neuerdings von GUTTENBERG (1960, S. 1—9) anhand eines von GUTTENBERG gegebenen Schemas (Abbildung 191) nur den Astereentyp *(Senecio*

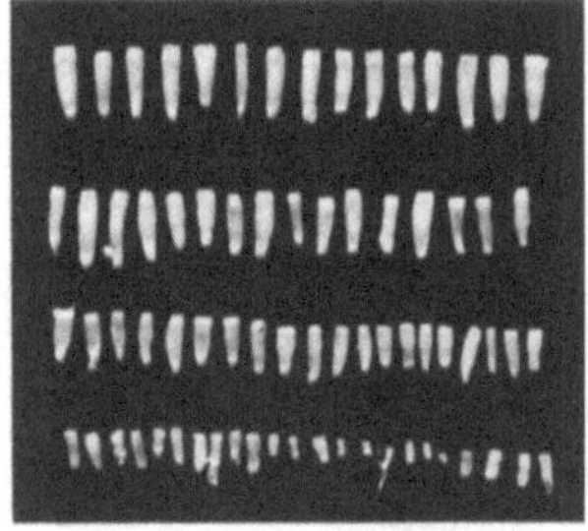

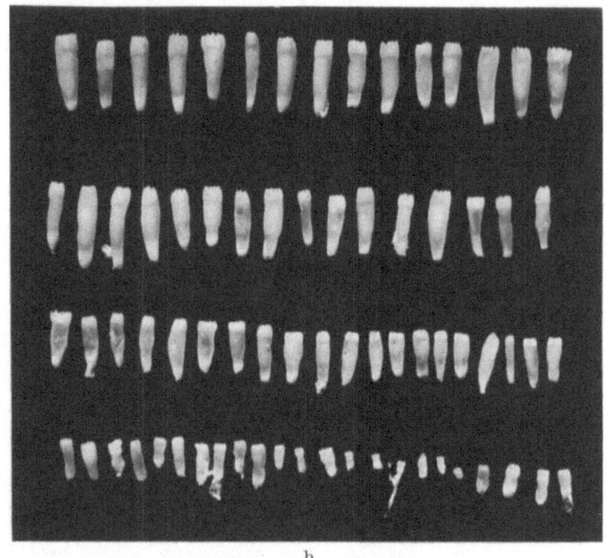

Abb. 190a u. b.   Je 100 frei präparierte Embryonen der Zirbelkiefer. a Aus dem ruhenden Samen.   b Nach siebenmonatiger Kalt-Naßlagerung. (Nach ROHMEDER und LOEBEL)

vulgaris) schildern wollen. Zum Verständnis der Abbildung ist zu beachten, daß die Embryonen in den Darstellungen üblicherweise bereits im Sinne der späteren Pflanze, also Sproß nach oben, orientiert werden, obwohl sie in Samenanlage und Samen in Wirklichkeit umgekehrt (Radicula mikropylar) liegen.

Die befruchtete Eizelle (Zygote) teilt sich zunächst in eine im Sinne der erwähnten späteren Orientierung apicale und eine in der Regel größere basale Zelle (a und b), von denen in der Regel die basale, manchmal (beim Caryophyllaceentyp) aber auch die apicale eine mittlere Etage (m) abspaltet, die sich senkrecht zur Achse in mehrere Etagen (m, n, o) weiterteilt. Gleichzeitig tritt in der oberen Halbkugel eine antikline Quadrantenteilung ein, auf welche perikline Teilungen folgen (vgl. die über dem Längsschnitt e dargestellte Querschnittansicht im Niveau von a). Früher oder später wird in diesen oberen Quadranten ein zweischneidig arbeitendes Plattenmeristem erkennbar, dessen verstärkte Teilungstätigkeit zur Vorwölbung der Keimblätter (co) führt, während der Sproßvegetationspunkt lange Zeit grubig zurückbleibt.

Der *basale Teil* dient keineswegs der Bildung der Keimwurzel; vielmehr entwickelt sich die der Mikropyle nächstgelegene Zelle zu einem großkernigen, drüsigen „Suspensor", die übrigen Zellen liefern das „Hypophyse" gerannte einzellreihige Zwischenstück, welches den eigentlichen Embryo tief in die Mitte des Embryosacks schiebt. *Schon die Keimwurzel* (Radicula) *entsteht* ähnlich wie die späteren Seitenwurzeln (s.o., S. 74) *endogen* aus den unteren Teilen von a oder auch m. Dabei sondern sich frühzeitig die Initialen für Wurzelhaube (wh), Periblem (pe) und Plerom (p) in besonderen Etagen ab.

Der fertige Embryo läßt in der Regel Radicula mit Haube, ein Hypokotyl als untersten Achsenabschnitt, zwei Keimblätter[1] und einen grubig eingesenkten oder schwach kegelförmig vorgewölbten Sproßvegetationspunkt erkennen. Nur ausnahmsweise sind schon im Samen die ersten Seitenwurzeln angelegt (*Impatiens*, Abbildung 192).

Da der Sinn der Samenbildung eine gute Ausstattung der Nachkommenschaft ist, sind Entwicklungen, bei denen der Embryo auf einer weniger differen-

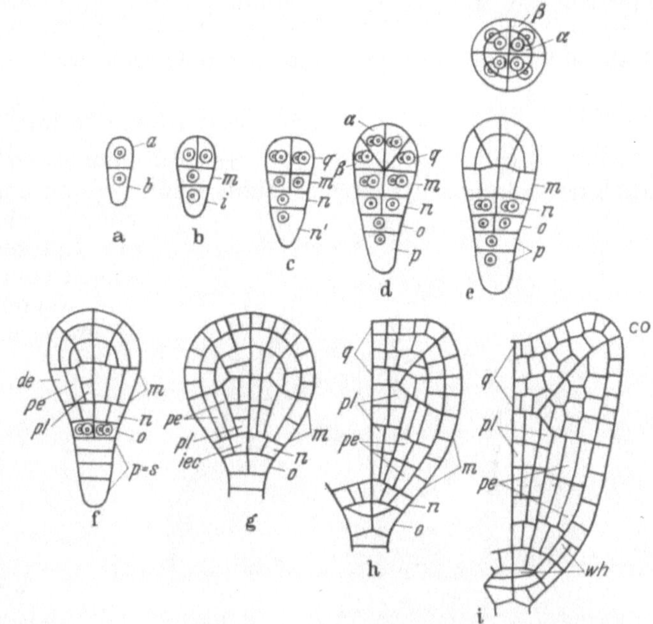

Abb. 191a—i. Schema der Embryoentwicklung von *Senecio vulgaris*. (Nach SOUÈGES, aus V. GUTTENBERG.) Erklärung im Text

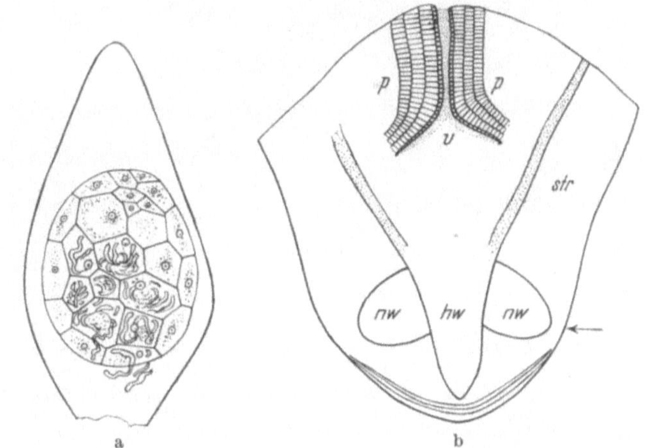

Abb. 192a u. b. a Kugeliger, wenigzelliger Embryo im Samen von *Neottia* mit beginnender Verpilzung. b Hochdifferenzierter Embryo von *Impatiens* mit Haupt- und Nebenwurzeln (*hw* und *nw*), Gefäßstrang (*str*) und drei Lagen von Palisaden (*p*) in den Keimblättern. (a Nach BERNARD; b nach HEINRICHER)

zierten Stufe stehen bleibt, als sekundäre Rückbildungen in Anpassung an besondere Verhältnisse aufzufassen. Das bekannteste Beispiel ist die Ordnung der „Mikrospermen" mit der Familie der Orchideen; diese

---

[1] Auf eine Darstellung der erheblich abweichenden Embryonalentwicklung der Monocotylen sei hier verzichtet.

haben als Gegenstück zur hoch individualisierten Bestäubungsweise ihrer komplizierten Blüten eine Verbreitung durch staubfeine Samen (Tausendkorngewicht um 1 mg) ausgebildet, deren undifferenzierte kugelige Embryonen sich nur mit Hilfe pilzlicher Ammen (mykotroph) oder synthetischer Nährböden mit Zuckern und Aminosäuren weiterentwickeln (BURGEFF).

b) Endosperm (Nährgewebe)

Vom zweiten generativen Kern des Pollenschlauchs befruchtet, wird auch der sekundäre Embryosackkern zur Teilung angeregt. Er liefert aber keinen echten Embryo, sondern ein Nährgewebe, das zum Unterschied vom primären Nährgewebe von Gymnospermen *sekundäres* Endosperm genannt wird. Als

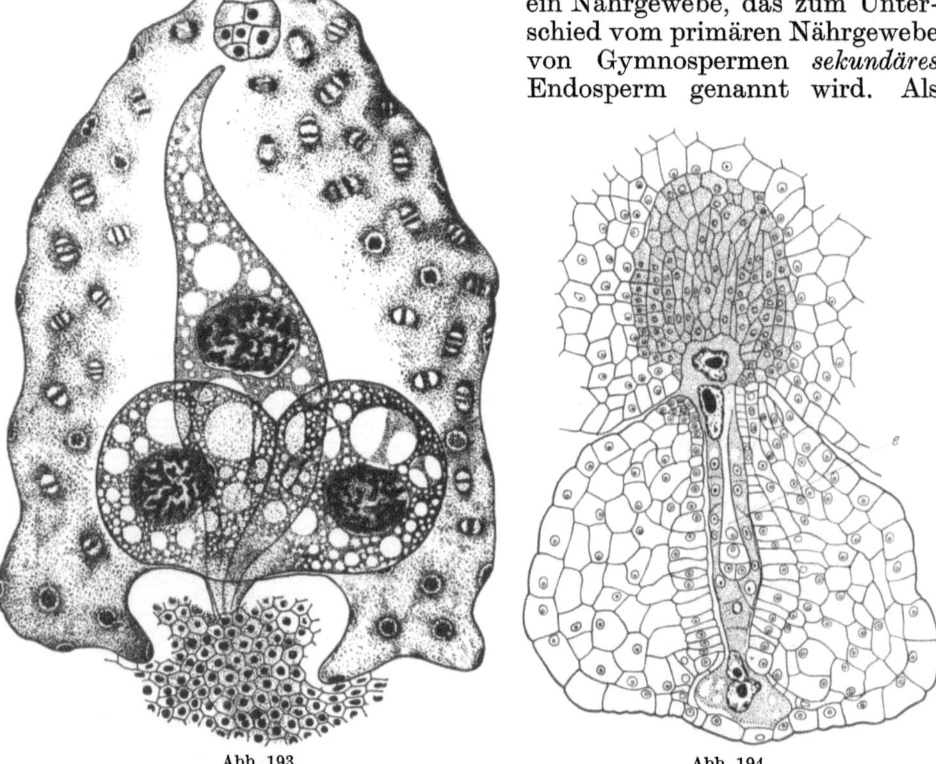

Abb. 193
Abb. 194

Abb. 193. Embryosack von *Aconitum napellus*. Die drei Antipoden auf dem Höhepunkt ihrer Entwicklung. Embryo erst wenigzellig, Endosperm nucleär. 200:1. (Aus SCHNARF)

Abb. 194. Samenanlage und Placenta von *Utricularia vulgaris* im Längsschnitt. Der wenigzellige Proembryo (*e*) ist von einem cellulären Endosperm (punktiert) umgeben, welches sowohl am mikropylaren sowie chalazalen Ende großkernige Haustorialzellen entwickelt hat. (Aus SCHNARF)

Produkt einer Befruchtung gibt es sich durch die berühmte Erscheinung der Xenienbildung zu erkennen, d.h. die Tatsache, daß bei Bastardierung das Nährgewebe auch Eigenschaften des bestäubenden Pollens, z. B. Pigmentierung bei Mais, mitbekommt.

In der Regel eilt die Entwicklung des Nährgewebes der der befruchteten Eizelle ähnlich weit voraus wie bei der Keimung die der Wurzel der des Sprosses. Das Nährgewebe kann bereits 1000 Kerne zählen, ehe die Zygote den ersten Teilungsschritt getan hat. Die Teilungen des frei im Cytoplasma des Embryosacks schwimmenden Embryosackkerns erfolgen zunächst ohne entsprechende Zellwandbildung. Viele Pflanzen bleiben bei diesem Zustand eines nucleären Endosperms (Abb. 193). Meist aber folgt früher oder später fast schlagartig die Ausfällung von Zellwänden und es entsteht ein celluläres Endosperm (Abb. 194).

c) Schicksal der übrigen Embryosackzellen

Die übrigen Zellen des Embryosacks spielen nach der Befruchtung meist keine Rolle mehr. Bei Compositen ist aber ein schlauchartiges Auswachsen der Synergiden in die Mikropyle beschrieben worden. Die Bezeichnung Synergiden-Haustorien erscheint dabei nur dann passend, wenn die Schläuche bis in die Placenta vordringen und von dort nachweislich Stoffe übernehmen. In anderen Fällen handelt es sich wohl eher um thyllenartige Verschlüsse der Mikropyle zum Schutz vor Infektionen, wie er auch durch Wachstum der Integumente selbst erzielt wird.

Die Funktion von Haustorien, drüsigen Vermittlern des Stoffaustausches zwischen Mutter und Kind, hat dagegen zweifellos die gewaltige Vergrößerung der Antipodenkerne durch Endopolyploidie (Abb. 193). Allerdings gehen nicht alle sog. Antipodenhaustorien wirklich aus den ursprünglichen Antipoden hervor; vielfach nimmt nach den ersten Teilungen des befruchteten Embryosackkerns einer oder mehrere sowie ihre Abkömmlinge am Antipodenpol Platz; die den Stoffaustausch mit der Mutterpflanze vermittelnden Zellen können dabei wieder auffällig drüsigen Charakter annehmen (Abb. 194).

Literatur

Linsbauers Handbuch der Pflanzenanatomie, Bd. X/2: Embryologie der Angiospermen von Schnarf 1929; Embryologie der Gymnospermen von Schnarf 1933.

Bernard, N.: Recherches expérimentales sur les orchidées. Rev. gén. Bot. 16, 405—451, 458—476 (1904).

— L'évolution dans la symbiose. Les orchidées et leurs champignons commensaux. Ann. des Sci. natur. Bot., Sér. IX 9, 1—196 (1909).

Burgeff, H.: Samenkeimung der Orchideen und Entwicklung ihrer Keimpflanzen. Jena 1936.

Heinricher, E.: Zur Biologie der Gattung *Impatiens*. Flora (Jena) 71, 163—175 u. 179—185 (1888).

Johansen, D. A.: Plant embryology. Waltham, Mass. 1950.

Maheswhari, P.: An introduction to the embryology of angiosperms. New York and London 1950.

Rohmeder, E., u. M. Loebel: Keimversuche mit Zirbelkiefer. Forstw. Cbl. 62, 25—48 (1940).

F. Same und Frucht

1. Einführung

Wie ein Kind im Mutterleib auch in diesem tiefgreifende Veränderungen bewirkt, so ist auch das Heranwachsen von Embryonen in den Samenanlagen der Pflanzen von starken Veränderungen der gesamten Blütenregion begleitet. Dabei handelt es sich nicht um eine unmittelbare Beeinflussung durch die Befruchtung, sondern um hormonale Ausstrahlungen. Für die Pflanze hat das Fitting 1909 in einer klassischen Arbeit dargetan, in der er u. a. zeigen konnte, daß auch abgetöteter Pollen auf chemischem Wege die typischen „*Postflorationsvorgänge*" der Orchideenblüte auslöst. Inzwischen ist diese chemisch-physiologische Seite des Vorgangs weitgehend geklärt. Man hat die Stoffe in die Hand bekommen, welche insbesondere bei vielen Kulturpflanzen die vom Feinschmecker gewünschte Parthenokarpie, die Entwicklung (zumal fleischiger) Früchte ohne Samenkerne ermöglicht (Avery).

Anatomisch äußern sich die Vorgänge nach der Befruchtung in verschiedenen Teilen der Blütenregion, ja der ganzen Pflanze, in verschiedener Weise: Soweit die Aufwendungen nur der Bestäubung und Anlockung der Bestäuber dienten, werden sie rasch abgebaut: Schauapparate, besonders Blumenkronen verwelken, die Nektarabscheidung versiegt, Staubbeutel und ganze männliche Blüten werden abgeworfen[1]. Ja, bei zweihäusigen Pflanzen können die ganzen männlichen Exemplare durch Überhandnehmen von Abbauvorgängen rasch absterben wie beim einjährigen Hanf, oder wenigstens früher einziehen, wie bei der Knollenpflanze *Tamus communis* aus der Familie der *Dioscoreaceae*.

Im Gegensatz zu solchen peripheren Abbauvorgängen erfährt alles, was dem Schutze der heranwachsenden Embryonen dient, eine weitere Ausgestaltung: Aus der Samenanlage aller Samenpflanzen wird der Same, bei den Angiospermen aus dem Fruchtknoten die Frucht. Da bei diesen Umbildungen die linearen Maße ums 10—100fache, das Gewicht ums 1000fache und mehr zuzunehmen pflegt, erfordert das einen starken Zustrom an Baustoffen, z.T. auch Wasser. Er wird durch Cutinisierung der Integumente und des Nucellus sowie Verkorkungen im Bereiche der Chalaza in bestimmte Bahnen („Cuticularloch") gelenkt und offenbar nicht den Leitbündeln allein überlassen (Anteil von Phloem und Xylem?), sondern auch durch Drüsengewebe (Antipoden-Haustorien s.o.) geregelt. Um dafür einen besonders sinnfälligen Beleg zu nennen, bleiben die berühmten Jungpflanzen von *Rhizophora*, welche sich auf der Mutterpflanze vivipar entwickeln, nach WALTER von der für die übrige Pflanze typischen Versalzung frei.

Das *Wachstum* wird auch außerhalb des Embryos nicht bloß durch Streckung der vorhandenen Zellen allein bestritten, es finden Zellteilungen, starke Zellveränderungen, z.T. auch Zerreißungen und Zerdrückungen statt, die es im einzelnen zu verfolgen gilt.

Wir beginnen mit der engeren Umwelt des Embryos, der Umwandlung der Samenanlage zum Samen, die bei Gymnospermen und Angiospermen in vielem ähnlich verläuft, und schildern erst dann die Entstehung der Frucht der Angiospermen, obwohl auch diese bereits im Wachstum der Fruchtschuppen der Coniferen vorbereitet wird. Den Samen bezeichnet (nach einem Zitat von SCHNARF) MACMILLAN als eine symbiontische Einheit, in der drei Generationen, zwei Sporophyten und eine dazwischenliegende gametophytische Phase zusammenwirken.

2. Samen

Den Samen der Gymnospermen und Angiospermen haben SCHNARF (1937) und NETOLITZKI (1926) je einen Band des Handbuchs der Pflanzenanatomie gewidmet. Beide beschreiben nach einer allgemeinen Einführung die ganze Mannigfaltigkeit fossiler und recenter Samen in systematischer Reihenfolge. Unter nachdrücklichem Hinweis auf diese hervorragenden Monographien wollen wir hier nur zwei Grenzfälle herausgreifen:

Am leichtesten darzustellen und zu verstehen ist der offenbar abgeleitete Grenzfall, daß der heranwachsende Embryo rücksichtslos alles an sich reißt und bis auf die Samenschale alle übrigen Gewebe (Endosperm, Nucellus) verdrängt und zerdrückt. Ist gar ein einziger Samen in einer Schließfrucht (Nuß, Nüßchen) eingeschlossen, welche den Schutz des Samens übernimmt,

---

[1] Bei *Stachytarpheta* wird die Blumenkrone aktiv abgeworfen (WENT).

wie bei Walnuß *(Juglans)*, Haselnuß *(Corylus)*, Eßkastanie *(Castanea vesca)*, so bleibt vom ganzen Samen außer dem Embryo überhaupt nur das dünne Häutchen übrig, das wir beim Genuß dieser Nüsse abzuziehen pflegen (Abb. 195). Da der Zerdrückung die Cutinschichten der Integumente am leichtesten standhalten, besitzen diese dünnen Samenschalen immer noch eine ausgeprägte Semipermeabilität, welche den Embryo vor·Stoffverlusten schützt und seine Keimung verzögern dürfte.

So dünne Samenschalen lassen sich an Aufhellungspräparaten in der Flächenansicht leicht studieren, während die Anfertigung von Querschnittspräparaten zum Studium ihres Schichtenbaus mehr Schwierigkeiten bereitet. In verschiedenen Altersstadien des Lorbeersamens *(Laurus nobilis)* beobachten wir dabei über die bereits in der Samenanlage vorhandene Nervatur hinaus vor dem Absterben eine ausgedehnte Bildung von „Speichertracheiden" (Abb.196). Wir möchten aber den Fall nicht ohne weiteres mit dem Transfusionsgewebe der Gymnospermen homologisieren, wie das italienische Autoren (BUSCAGLIONI; vgl. auch KASAPLIGIL) getan haben. Prämortale tracheidale Zellaussteifungen sind vielmehr bei Monocotylen und Dicotylen weiter verbreitet. Ich erinnere an ähnliche Bildungen an den Blattbasen der Malaxiden (GOEBEL, HUBER 1921), welche die Knollen

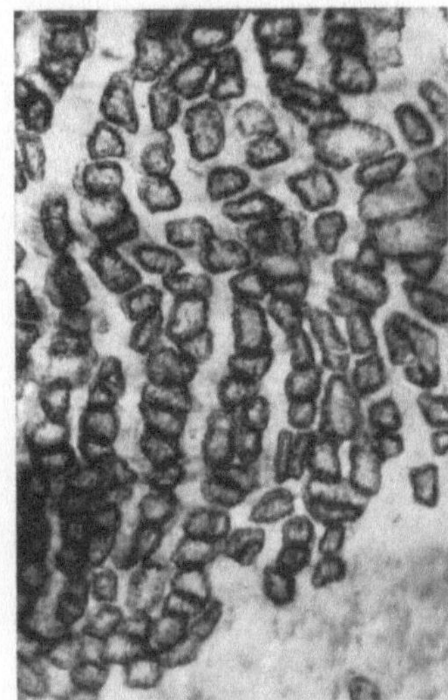

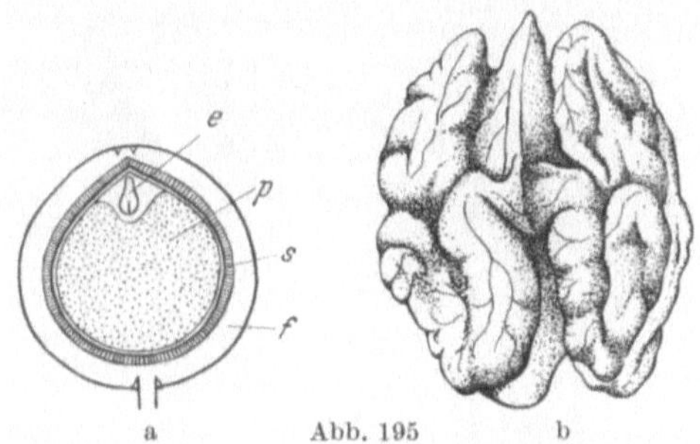

a   Abb. 195   b   Abb. 196

Abb. 195a u. b. Der Samen des Pfeffers (*Piper*, a) enthält neben Embryo (*e*) und Endosperm (weiß) innerhalb der Samenschale (*s*) noch ein sehr ausgedehntes Perisperm (*p*) (punktiert). Die äußere Umhüllung stellt die Fruchtschale (*f*) dar. Im Gegensatz dazu besteht der Samen der Walnuß (*Juglans regia*, b) außer dem in Sproßvegetationspunkt, Wurzelvegetationspunkt und zwei Keimblätter differenzierten Embryo nur aus einer dünnen Samenschale. (Nach v. WETTSTEIN).

Abb. 196. Flächenansicht der abgezogenen, aufgehellten und gefärbten Samenschale von *Laurus nobilis*. Bei der Samenreife sind (z. T. unterbrochen) durch nachträgliche Wandverdickung ursprünglich parenchymatischer Zellen Bahnen von Speichertracheiden entstanden. 150:1. (Nach einer nicht zum Abschluß gebrachten Arbeit von Frau E. HYNTSCH, geb. STETTER)

dieser Moororchideen mit einer sphagnumartigen Hülle umgeben. Bei fossilen Gymnospermensamen sind sogar vielfach getrennte integumentäre und nucelläre Leitbündelnetze nachgewiesen (SCHNARF).

Häufiger als dieser Grenzfall und zahlreicher Abstufungen fähig ist der *Normalfall*, bei dem im Samen außer dem Embryo auch die übrigen Komplexe der Samenanlage mehr oder weniger erhalten und weiterentwickelt werden:

1. das aus der Befruchtung des sekundären Embryosackkerns hervorgegangene *sekundäre Endosperm,*

2. bei den Gymnospermen das *primäre Endosperm* (Nährgewebe) des Gametophyten,

3. seltener auch noch nucellare Speichergewebe des mütterlichen Sporophyten („*Perisperm*" besonders bei den Piperales, Abb. 195),

4. ganz allgemein die aus den Integumenten hervorgehende *Samenschale* (Testa).

Um mit dieser zu beginnen, so unterscheiden SCHNARF und NETOLITZKI eine aus der Epidermis hervorgehende fleischige, manchmal *(Linum)* auch verschleimende Exotesta (SCHNARFs „Sarkotesta"), eine aus der inneren Epidermis hervorgehende, oft gleichfalls fleischige, später aber meist zerdrückte trockene Endotesta. Das dazwischenliegende „Mesophyll" pflegt sich besonders bei hartschaligen Samen zu einer vielschichtigen Sklerotesta (Steinschicht) zu entwickeln, für die wir als Beispiel die Samenschale der „Nußeibe" *(Torreya nucifera)* abbilden (Abb. 197); in den Steinzellen der Zirbelkiefer treten sogar noch verstärkende Kieselkörper auf.

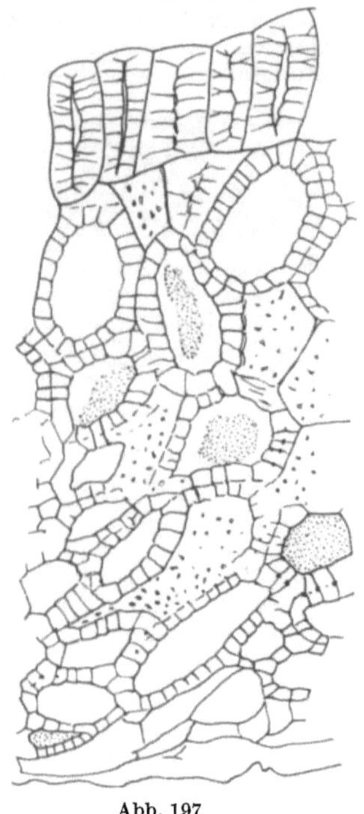

Die Umhüllung des Samens weist anlagemäßig an der Mikropyle eine Lücke auf. Gerade diese wird aber durch starke Wachstumsvorgänge dieser Region zunächst weitgehend verschlossen (Mikropylarverschluß). Trotzdem bleibt sie zweckmäßigerweise der locus minoris resistentiae, durch den bei der Keimung die Primärwurzel nach außen dringt, ähnlich wie bei den Säugetieren der Weg der Begattung auch als Geburtsweg dient. Auch für Pilzinfektionen stellt die Mikropyle nach GÄUMANN eine bevorzugte Eintrittspforte dar, der man durch Samenbeize zu begegnen sucht. Der Austritt der Keimwurzel kann sogar durch „besondere Dehiszenzlinien" erleichtert werden, welche von den Geweben der Mikropyle anatomisch vorgebildet sind.

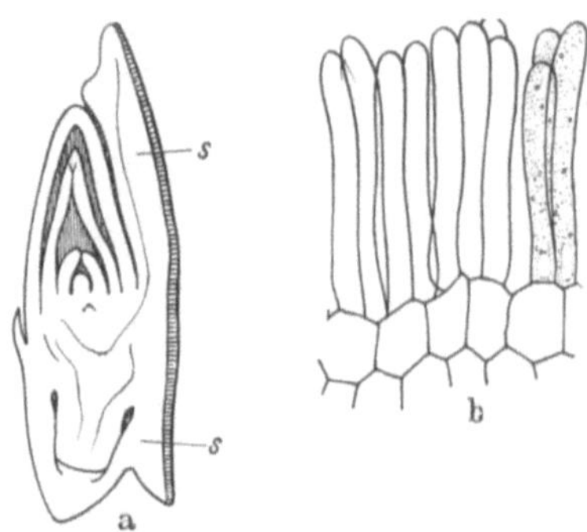

<table>
<tr><td>Abb. 197</td><td>Abb. 198</td></tr>
</table>

Abb. 197. Querschnitt durch die Samenschale der Nußeibe *Torreya nucifera.* Die Steinzellen sind in der Epidermis palisadenförmig, im Innern unregelmäßig angeordnet. 200:1. (Nach SCHNARF)

Abb. 198a u. b. a Der Weizenkeimling liegt dem (nicht mitgezeichneten) Nährgewebe des Getreidekorns mit einem als Scutellum bezeichneten Blattorgan (*ss*) an. b Zur Zeit der Keimung verwandelt sich die Epidermis des Scutellums in ein Absorptionsgewebe schlauchförmiger Zellen. (Nach HABERLANDT)

Die unter 1.—3. aufgeführten Perisperme, primären und sekundären Endosperme sind unabhängig von ihrer entwicklungsgeschichtlichen Herkunft als Speichergewebe ausgebildet. Als Speicherstoffe finden sich Eiweiß (Aleuron), Fett, Stärke oder auch Reservecellulosen (viele Gräser, Dattelkern). Sie unterscheiden sich darin histologisch nicht allzu sehr vom Embryo selbst, soweit dieser die Speicherung übernimmt.

Anatomisch bemerkenswert und viel untersucht sind die Grenzschichten, an denen der keimende Embryo die von den Nährgeweben bereitgestellten Stoffe übernimmt. Sie tragen vielfach drüsigen Charakter, wobei der Embryo aufschließende Fermente sezernieren und anschließend das Aufgeschlossene resorbieren dürfte. Als Beispiel führen wir im Anschluß an STRASBURGERs Botanisches Praktikum das Scutellum des Grassamens an (Abb. 198).

Mit der Darstellung dieser Erscheinung haben wir aber bereits die Anatomie des ruhenden Samens verlassen und uns auf das Gebiet der Keimung begeben, die hier nicht mehr erörtert werden soll.

3. Frucht

a) Einsamige Früchte

Auch der Bau der Frucht ist dann am einfachsten, wenn es sich um einsamige Schließfrüchte, Nüsse bzw. Nüßchen handelt. In diesem Fall übernimmt die Fruchtwand im wesentlichen die Rolle der Samenschale, während sich Öffnungs- und Ausstreueinrichtungen erübrigen. Wir erwähnten als Beispiel bereits bei den Samen Haselnuß *(Corylus)* und Eichel *(Quercus)*, deren Fruchtschalen gleichmäßig sklerotisch sind, während wir bei der Walnuß *(Juglans)* ein hartes Endokarp von einem fleischigen Exokarp unterscheiden können. Während bei der Walnuß das fleischige Exokarp höchstens in Frühstadien genießbar ist und somit nur zum Schutz, aber nicht zur Verbreitung der Früchte beiträgt, ist beim Steinobst (Gattung *Prunus*) das Exo- und Mesokarp nur in der Gattung *Amygdalus* (Mandeln) ungenießbar, bei Pfirsichen, Aprikosen, Zwetschgen und Pflaumen sowie Kirschen aller Art in den Dienst zoochorer Verbreitung gestellt: Während das harte Endokarp den einverleibten Samen vor Verdauung schützt, wird das fleischige Mesokarp dem Verbreiter als Speise geopfert. Die Haut (Exokarp) ist beim Pfirsich noch pelzig behaart, bei den höher entwickelten Formen aber dünn und glatt.

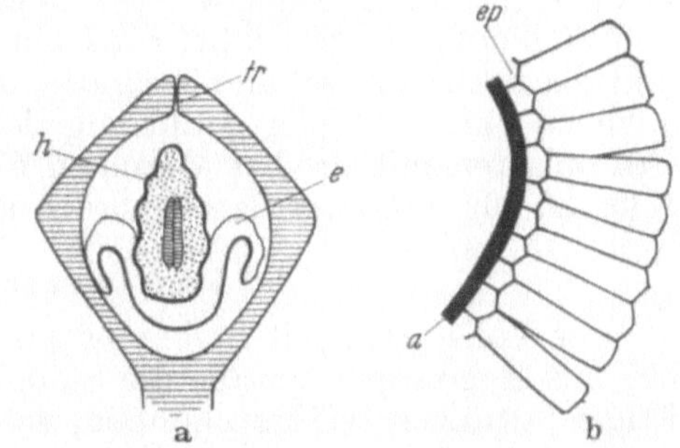

Abb. 199a u. b. Ausspritzen der Samen beim Sauerklee *(Oxalis acetosella)*. a Querschnitt eines Faches des fünffächerigen Fruchtknotens. Der hartschalige Samen (*h*) liegt in einer bereits teilweise zurückgeschlagenen fleischigen Exotesta (*e*); *tr* Trennlinie der Kapsel. b Teil der Exotesta stärker vergrößert. Die Epidermis (*ep*) mit verdickter Außenhaut (*a*) dient als Widerlager des eigentlichen Schwellgewebes, dessen starke Dehnung schließlich zur Umstülpung führt und den Samen ausschleudert. (Nach Overbeck)

Im Dienste der Windverbreitung (Anemochorie) gliedert die Frucht (wie auch viele Samen) mannigfache Flügel aus, welche zentral (z. B. *Ulmus, Paliurus*) oder mehr oder weniger exzentrisch (z. B. *Fraxinus, Acer*) den Samen enthalten.

b) Vielsamige Früchte

Komplizierter wird der Bau bei vielsamigen Früchten, weil hier im allgemeinen eine Ausstreuung der Samen sinnvoll ist. Nur unter extremen Klimabedingungen (Sahara) kann Synaptospermie, ein Zusammenbleiben der Samen zu truppweiser Keimung, Selektionsvorteile bieten.

Bei *Trockenfrüchten* bewirken Gewebeverkürzungen ein Aufreißen. Die anatomischen Grundlagen dieses Vorganges hat schon Haberlandt in einem besonderen System als „Bewegungsgewebe" dargestellt; durch viele eigene Untersuchungen bereichert, hat v. Guttenberg den Bewegungsgeweben einen besonderen Band des Handbuchs der Pflanzenanatomie gewidmet. Es handelt sich stets darum, daß eine „aktive Schicht" beim Austrocknen oder Feuchtwerden besonders starke Längenänderungen durchmacht, während eine weniger veränderliche Sperrschicht als Widerlager dient. Erfolgt das Öffnen — wie in unseren Breiten die Regel — beim Austrocknen, so spricht man von Xerochasien (Trockenspaltern), erfolgt sie — besonders in Wüstengebieten — bei Befeuchtung, von Hygrochasien (Feuchtspaltern).

Besondere Aufmerksamkeit fanden seit je Früchte, in denen die Öffnung irgendwie hintangehalten wird und dann (z.B. beim Berühren) explosionsartig erfolgt, wie beim Rühr-mich-nicht-an, der Spritzgurke u.a. Dieses liebenswürdige Sondergebiet hat der Moorforscher OVERBECK seit seiner Dissertation so nebenbei als Hobby gepflegt und ihm im Handwörterbuch der Naturwissenschaften eine lebendige und vorzüglich bebilderte Darstellung gewidmet, der wir Abb. 199 entnehmen. Als der beste Artillerist erweist sich das Kürbisgewächs *Cyclanthera explodens*, das seine discusförmigen Samen beim Aufklappen der Fruchtwand etwa 10 m weit schleudert.

Für die fleischigen „*Beerenfrüchte*" aller Art sind anatomisch die autolytischen Vorgänge bezeichnend, welche über die Vollturgeszenz hinaus vielfach zu einem Teigigwerden führen. Nach einer Spezialuntersuchung von W. TROLL werden dabei zunächst vor allem die Mittellamellen abgebaut und die noch von Sekundärwänden umhäuteten Zellen frei. Es kann aber auch zu einer völligen Auflösung der Zellwände kommen, wobei lebende Protoplasten mit großen Vacuolen als Kugeln herumschwimmen, wie das KÜSTER für *Solanum*-Beeren beschrieben hat.

c) Fruchtschuppen der Coniferen

Der Vollständigkeit halber sei aber doch darauf hingewiesen, daß auch bei den Gymnospermen die die Samen tragenden Fruchtschuppen ähnliche Umgestaltungen erfahren können, wie die Fruchtknoten der Angiospermen, wenn sie auch die Samen selbst dabei nicht einhüllen. Besonders bei den Nadelhölzern wachsen die Zapfen auf ein Vielfaches heran und verholzen. Zum Freigeben der Samen genügen in vielen Fällen ähnliche xerochastische Vorgänge wie bei den Trockenfrüchten der Angiospermen. In anderen Fällen *(Araucaria, Abies, Cedrus)* aber kommt es zu einem Zerblättern der Zapfen.

Solche Abwurfmechanismen sind im Bereich aller Fortpflanzungsstände weit verbreitet. Sie werden offenbar durch wenige Gene ausgelöst, und so war es der Menschheit schon auf frühen Kulturstufen als einer der ersten Züchtungserfolge möglich, besonders beim Getreide den ursprünglichen Zerfall der Ähren hintanzuhalten und die Ähren als Ganzes zum Drusch bzw. in die Scheuer zu bringen. Auch über dieses wichtige Sondergebiet unterrichtet ein Heft des Handbuchs der Pflanzenanatomie (Trennungsgewebe von H. PFEIFFER), auf das verwiesen sei.

Literatur

LINSBAUERS Handbuch der Pflanzenanatomie: Die Bewegungsgewebe von H. v. GUTTENBERG, 1926; Die pflanzlichen Trennungsgewebe von H. PFEIFFER, 1928.

SCHNARF, K.: Anatomie der Gymnospermen-Samen. In LINSBAUERS Handbuch der Pflanzenanatomie, Bd. X/I, Abt. II. Berlin 1937.

NETOLITZKY, F.: Anatomie der Angiospermen-Samen. In LINSBAUERS Handbuch der Pflanzenanatomie, Bd. X, Abt. II, Teil 2: Pteridophyten und Anthophyten. Berlin 1926.

AVERY, G. S., and E. B. JOHNSON: Hormones and horticulture. The use of special chemicals in the control of plant growth. New York and London 1947.

BUSCAGLIONI, L.: Il legno critto gamico del fascio vascolare seminale di talune angiosperme considerato nei suoi rapporti colle moderne teorie filogenetiche. Malpighia A **29**, Fasc. I—II, 46—80; Fasc. III/IV, 113—204 (1919).

— Sulle tracheidi micropilari del seme delle Laurine. Boll. Accad. Gioemia ser. 2/47, 9 (1919).

FITTING, H.: Die Beeinflussung der Orchideenblüte durch die Bestäubung und durch andere Umstände. Z. Bot. 1, 1—86 (1909).

— Weitere Entwicklung physiologischer Untersuchungen an Orchideenblüten. Z. Bot. **2**, 225—226 (1910).

GÄUMANN, E.: Pflanzliche Infektionslehre, 2. Aufl. Basel 1951.
GOEBEL, K.: Morphologische und biologische Bemerkungen IX. Zur Biologie der Malaxideen. Flora (Jena) 88, 94—206 (1901).
HUBER, B.: Zur Biologie der Torfmoororchidee *Liparis Loeselii* RICH. S.-B. Wiener Akad. 130, 307—328 (1921).
KASAPLIGIL, B.: Morphological and ontogenetic studies of *Umbellularia californica* NUTT., and *Laurus nobilis* L. Univ. Calif. Publ. Bot. 25, 115—240 (1951).
KÜSTER, E.: Über die Gewinnung nackter Protoplasten. Protoplasma (Berl.) 3, 223—233 (1927).
OVERBECK, F.: Turgescenz-Schleudermechanismen zur Verbreitung von Samen und Früchten. Naturwissenschaften 14, 969—976 (1926).
— Verbreitungsmittel der Pflanzen. In Handwörterbuch der Naturwissenschaften, 2. Aufl., Bd. X, S. 164—172. 1934.
TROLL, W.: Botanische Notizen III/1. Grundsätzliches zur Frage nach dem Teigigwerden von Früchten. Abh. Akad. Wiss. Mainz 1951, 83—86.
WALTER, H., u. M. STEINER: Die Ökologie der ostafrikanischen Mangroven. Z. Bot. 30, 65—193 (1936).
WENT, F. W.: Durch Reizung hervorgerufene Abstoßung der Blumenkrone einiger *Stachytarpheta*-Arten (Traumatochadismus). Ann. Jard. Bot. Buitenzorg 43, 1—24 (1933).

Nachwort

Nachdem ich seit 1950 mit vielen Unterbrechungen an der vorstehenden Darstellung gearbeitet hatte, hat eigenartigerweise ein Herzinfarkt Abschluß und Drucklegung beschleunigt: Er veranlaßte mich nämlich, auf manche mir noch vorschwebenden Einzeluntersuchungen zu verzichten und die Abbildungen größtenteils vorhandenen Werken zu entnehmen. Meinen wissenschaftlichen Mitarbeitern, Privatdozent Dr. W. LIESE, Dr. J. JUNG, Dr. W. KOCH, Dr. W. MERZ sowie der Sekretärin Frl. A. HAUMAIER danke ich für die opfermütige Hingabe, mit der sie mich beim Abschluß dieses Werkes durch Beschaffung der Abbildungen, Zusammenstellung der Literaturverzeichnisse und Register sowie beim Lesen der Korrekturen unterstützten und mich von anderen Arbeiten entlasteten.

Für eine allenfalls notwendige zweite Auflage habe ich mit Zustimmung des Verlages meinen auf diesem Gebiet am erfolgreichsten tätigen Schüler Privatdozent Dr. H. BRAUN-Freiburg i. Br. als Mitarbeiter gewonnen, der sich schon jetzt um die Schließung einiger Lücken bemüht. Im übrigen hoffe ich, daß gerade der wiederholte Hinweis auf solche Wissenslücken unseren akademischen Nachwuchs anspornt und die in Deutschland einst so blühende Pflanzenanatomie vor dem Aussterben bewahrt!

Verzeichnis der in der Literatur aufgeführten Autoren

Vorbemerkung. Da die Literatur nach jedem Kapitel angegeben wird, erscheint es ausreichend, im Register nicht jedes einzelne Zitat im Text, sondern die Erwähnung im Literaturverzeichnis anzuführen; dafür wird mehrfach zitierten Autoren ein kurzes Stichwort über die
betreffende Arbeit beigegeben.

Sachverzeichnis